U0296011

泛可靠性工程
理论与实践

Theory and Practice of
Pan Reliability Engineering

易 宏 梁晓锋 等 编著

上海交通大学出版社
SHANGHAI JIAO TONG UNIVERSITY PRESS

内容提要

本书分为上、中、下三篇：上篇为基础理论篇，着重介绍与泛可靠性相关的一些基本理论，包括可靠性概念和基本特征量、典型系统的可靠性分析方法、一般系统的可靠性分析方法、故障树分析法、可靠性数字仿真等；中篇为工程方法与应用篇，从泛可靠性参数体系出发，介绍了可靠性工程体系以及开展可靠性设计、分析及试验评估的方法；对泛可靠性管理进了系统梳理，并以一定篇幅对以功能为导向的建造质量管理体系进了初步阐述；下篇为工程工具篇，介绍了可靠性分析的统一模型方法和故障树模型的数字化描述，最后对课题组开发的可靠性工程工具包进行了简要介绍。

本书适合从事船舶设计、研究、生产和使用的各类科技人员阅读，也可供从事可靠性工程的科技人员和大专院校船舶及海洋工程专业教学参考。

图书在版编目(CIP)数据

泛可靠性工程理论与实践/易宏等编著. —上海：上海交通大学出版社，2017
ISBN 978 - 7 - 313 - 18178 - 7

Ⅰ.①泛… Ⅱ.①易… Ⅲ.①可靠性工程—研究
Ⅳ.①TB114.3

中国版本图书馆 CIP 数据核字(2017)第 238953 号

泛可靠性工程理论与实践

编　　著：易　宏　梁晓锋等
出版发行：上海交通大学出版社　　　　　　　地　　址：上海市番禺路 951 号
邮政编码：200030　　　　　　　　　　　　　电　　话：021 - 64071208
出 版 人：谈　毅
印　　制：当纳利(上海)信息技术有限公司　　经　　销：全国新华书店
开　　本：787mm×1092mm　1/16　　　　　印　　张：27
字　　数：609 千字
版　　次：2017 年 10 月第 1 版　　　　　　　印　　次：2017 年 10 月第 1 次印刷
书　　号：ISBN 978 - 7 - 313 - 18178 - 7/TB
定　　价：148.00 元

版权所有　侵权必究
告读者：如发现本书有印装质量问题请与印刷厂质量科联系
联系电话：021 - 31011198

前言

随着现代化工业和科学技术的迅猛发展,产品的功能越来越丰富,组成也越来越复杂。当我们关注一件装备时,思路通常是首先关注其功能,看看是否适合自己的需要。接下来,要考虑的问题是该装备是否"管用"。那么,怎么样才算"管用"呢?有很多词汇可以用来描述"管用"。例如这个产品可以用多长时间?容易坏吗?坏了容易维修吗?不管是生产者还是使用者,都希望生产的装备在满足功能需求的同时,有过硬的质量,经久耐用,坏了容易维修。事实上,这就是广义的可靠性问题。

可靠性问题在 20 世纪 50 年代就开始引起重视,并提上议事日程。从那时起,人们开始关注可靠性技术,发展并运用可靠性技术。只不过,可靠性技术在刚诞生时,重点研究是狭义可靠性问题,也就是关注产品在规定条件下、规定时间内完成规定功能的能力。半个多世纪以来,可靠性技术逐渐从电子工程领域发展到机械工程、结构工程、核工程甚至财政金融等领域之中,极大地推动了装备可靠性的提高。

可靠性是设计出来的,管理出来的。产品的可靠性在设计时赋予,建造时落实,使用中发挥。在推动装备可靠性工程的尝试中,人们认识到,从装备完好性和寿命周期费用的观点出发,单纯提高可靠性不是一种最有效的方法,必须综合考虑可靠性、可维修性和保障性才能获得最佳的效果。

人们不仅希望装备的可靠性好,还要易维修、好保障,也就是要求产品具有"高可靠""易维修""好保障"的特点。对装备的"高可靠""易维修""好保障"的追求,也推动了可靠性理论的发展,狭义可靠性逐渐拓展成可靠性、可维修性、保障性、测试性、安全性,即"泛可靠性"。

泛可靠性工程是对狭义可靠性工程的一种拓展,其内容涉及可靠性、可维修性、测试性以及与故障相关的保障性和安全性,是一种以产品的质量保证为目标,研究在产品全寿命过程中同故障做斗争的技术。

本书是作者及其同仁们多年工作的总结。从可靠性的基本定义和基本概念讲起,由浅入深,全面系统地介绍泛可靠性的基本理论、可靠性设计分析的基本原理和方法。同时也介绍了泛可靠性工程领域的某些最新发展,并初步阐述了以功能为导向的建造质量管理体系(function oriented quality control,FOQC)。

为了适应不同专业的要求,在考虑系统性的同时,各章节之间又有相对独立性,便于读者查阅使用。

　　本书由上海交通大学易宏、梁晓锋、张裕芳等人合作完成,编著团队成员还包括王鸿东、李英辉、陈炉云、曹轶、刘旌扬等诸位。在本书的编著过程中,得到了上海交通大学出版社的大力支持和协助,以及上海交通大学海上装备与系统研究所的热情支持和鼓励。在此,作者一并表示感谢。

　　限于编者水平,书中存在的不详尽和谬误之处,恳请读者指正。

符号表

符号	全　称	
A_a	achieved availability	可达可用度
A_i	inherent availability	固有可用度
A_o	operational availability	使用可用度
BIT	built-in testing	机内测试
CA	criticality analysis	危害性分析
CFR	constant failure rate	恒定失效率
DFR	decreasing failure rate	递减型失效率
DMEA	damage mode and effects analysis	损坏模式及影响分析
ESR	effect severity ranking	严酷度等级
FMEA	the failure mode and effect analysis	失效模式及影响分析
FMECA	the failure mode, effect and criticality analysis	失效模式、影响及危害性分析
FTA	fault tree analysis	故障树分析
LR	lanch reliability	发射可靠度
MCSP	mission completion sucsess probability	任务成功率
MLDT	mean logistics delay time	平均后勤延误时间
MTBCF	mean time between critical failure	致命性故障间隔任务时间
MTBF	mean time between failure	平均故障间隔时间
MTBM	mean time between maintenance	平均维修间隔时间
MTBR	mean time between removal	平均拆卸间隔时间
MTPM	mean time of preventine maintenance	平均预防维修时间
MTRDFB	mean time till the repair of dangerous fault on board	平均危险性故障舰上修复时间
MTTF	mean time till failure	平均故障修复时间
MTTR	mean time to repair	平均修复时间
MTTRDFB	mean time till the repair of dangerous fault on board	平均危险性故障舰上修复时间
OPR	occurrence probability ranking	故障模式的发生概率等级
OR	operational readiness	战备完好率
PHM	prognostics and health management	预测与健康管理
RCM	reliability centered maintenance	可靠性为中心的维修
R_d	dispatch reliability	出勤可靠度
R_e	enroute reliability	航行可靠度
R_i	inflight reliability	飞行可靠度

（续表）

符号	全　称	
R_o	operational reliability	航行可靠度
RPN	risk priority number	风险优先数
R_{sc}	Schedule Reliability	航班可靠度
TMPBDF	time of mission period between dangerous fault	危险性故障间隔任务时间
R_u	use reliability	使用可靠性
R_i	inherent reliability	固有可靠性
$\lambda(t)$	failure rate	故障率
$\mu(t)$	maintenance ratio	维修率
$M(t)$	maintainability	维修度
$m(t)$	maintenance time density function	维修时间密度函数
$R(t)$	reliability	可靠度
$T_{e^{-1}}$		特征寿命
$T_{0.5}$		中位寿命
T_r		可靠寿命
C_{mj}		故障模式危害度
C_r		装备危害度
R_{FD}		故障检测率
R_{FI}		故障隔离率
T_{FD}		故障检测时间
T_{FI}		故障隔离时间
T_{CD}		平均中修时间
T_{CL}		平均小修时间
R_S		贮存可靠度
T_{FO}		首次大修寿命
$I_i^{pr}(t)$		概率重要度
$I_i^{st}(t)$		结构重要度
$I_i^{cr}(t)$		关键重要度

目录

上篇 基础理论篇

1 绪论 3

1.1 可靠性与泛可靠性 ……………………………………………………………… 3
1.2 泛可靠性理论的发展 …………………………………………………………… 6
1.3 泛可靠性技术的作用 …………………………………………………………… 11
1.4 泛可靠性的研究方法 …………………………………………………………… 13

2 泛可靠性常用概念和基本特征量 15

2.1 可靠度与可靠度函数 …………………………………………………………… 15
2.2 失效率与浴盆曲线 ……………………………………………………………… 18
2.3 产品的寿命特征 ………………………………………………………………… 20
2.4 维修性参数度量 ………………………………………………………………… 22
2.5 可用性参数度量 ………………………………………………………………… 24
2.6 系统可靠性参数之间的关系 …………………………………………………… 25
2.7 泛可靠性工程中常用的概率分布 ……………………………………………… 28

3 典型系统可靠性分析方法 35

3.1 可靠性框图法 …………………………………………………………………… 35
3.2 串联系统的可靠性 ……………………………………………………………… 36
3.3 并联系统的可靠性 ……………………………………………………………… 38
3.4 n 中取 r 系统的可靠性 ……………………………………………………… 40

3.5 旁联系统的可靠性 ……………………………………………………………… 43

4 一般系统的可靠性分析方法 45

4.1 基本概念 ……………………………………………………………………… 45
4.2 状态枚举法 …………………………………………………………………… 48
4.3 全概率公式分解法 …………………………………………………………… 54
4.4 网络法 ………………………………………………………………………… 56

5 故障模式及影响分析法 61

5.1 失效模式及影响分析法 ……………………………………………………… 61
5.2 危害性分析 …………………………………………………………………… 67

6 故障树法 72

6.1 故障树基本概念 ……………………………………………………………… 72
6.2 故障树逻辑符号 ……………………………………………………………… 73
6.3 故障树的建立方法及步骤 …………………………………………………… 77
6.4 故障树定性分析 ……………………………………………………………… 92
6.5 故障树的结构函数 …………………………………………………………… 95
6.6 故障树定量分析 ……………………………………………………………… 97
6.7 故障树分析的特点及困难 …………………………………………………… 102

7 可维修系统和可靠性数字仿真 107

7.1 概述 …………………………………………………………………………… 107
7.2 随机抽样序列和随机数 ……………………………………………………… 110
7.3 离散型随机变量的抽样方法 ………………………………………………… 114
7.4 连续型随机变量的抽样方法 ………………………………………………… 116
7.5 随机向量的一般抽样方法 …………………………………………………… 120
7.6 以最小割集为基础的可靠性数值仿真 ……………………………………… 121

中篇 工程方法及应用篇

8 泛可靠性工程方法 127

8.1 装备可靠性影响因素 ………………………………………………………… 127

8.2 泛可靠性工程基本要求 …………………………………………… 128

8.3 泛可靠性工程工作内容 …………………………………………… 130

9 泛可靠性参数选择与指标确定 131

9.1 泛可靠性工程常用概念 …………………………………………… 131

9.2 泛可靠性参数体系 ………………………………………………… 134

9.3 装备可靠性指标确定 ……………………………………………… 153

9.4 装备研制过程中的可靠性指标控制 ……………………………… 157

10 复杂系统泛可靠性模型 164

10.1 任务可靠性模型 …………………………………………………… 164

10.2 可维修性模型 ……………………………………………………… 184

11 泛可靠性设计与指标分配 195

11.1 可靠性设计 ………………………………………………………… 195

11.2 可靠性指标分配 …………………………………………………… 205

11.3 维修性指标分配 …………………………………………………… 226

11.4 测试性指标分配 …………………………………………………… 228

11.5 复杂系统顶层可靠性指标的分配与分解 ………………………… 235

12 泛可靠性预计 242

12.1 可靠性指标预计 …………………………………………………… 242

12.2 维修性指标预计 …………………………………………………… 248

12.3 测试性预计 ………………………………………………………… 250

13 泛可靠性因素分析 257

13.1 系统可靠性薄弱及关重件确定 …………………………………… 257

13.2 可维修性分析 ……………………………………………………… 267

13.3 测试性分析 ………………………………………………………… 279

13.4 保障性分析 ………………………………………………………… 294

13.5 人因可靠性分析 …………………………………………………… 311

14 泛可靠性试验与评价 320

14. 1 可靠性试验概述 320
14. 2 环境应力筛选试验 323
14. 3 可靠性增长试验 326
14. 4 可靠性测定试验 330
14. 5 可靠性鉴定试验 332
14. 6 可靠性验收试验与评估 337
14. 7 维修性试验与评价 339
14. 8 保障性项试验与评价 340
14. 9 泛可靠性数据收集与处理 344

15 泛可靠性管理 354

15. 1 可靠性管理概述 354
15. 2 设计过程中的可靠性管理 358
15. 3 定型过程中的可靠性管理 363
15. 4 建造过程中的可靠性管理 364
15. 5 使用过程中的可靠性管理 377

下篇　工程工具篇

16 计算机辅助可靠性分析 383

16. 1 可靠性分析的统一模型方法 383
16. 2 故障树模型的数字化描述 385
16. 3 可靠性工程工具包 386

参考文献 415

索引 417

上篇

基础理论篇

1

绪　　论

　　科学技术的进步、国际局势的风云变幻,带来了武器装备的变革,同时也对武器装备的发展提出了更高的要求。大量先进复杂系统、设备的配备,大大提高了现代装备的战技性能。然而,装备的发展史以及使用情况表明:技术性能好并不等于整体作战能力强。整体作战能力是较好的技术性能与较高的可靠性的有机结合。

　　理论上讲,系统越简单,越容易获得较高的可靠性,但是系统简单,功能往往无法满足要求;系统越复杂,越容易实现较好的技术性能,但是系统的复杂化又将带来可靠性下降问题。因此,理想的状态是,在追求较好技术性能的同时,尽可能地提高装备的可靠性性能,也就是让装备高可靠、好保障、易维修。

　　获得高可靠性的必要条件是实施系统的可靠性工程。

1.1　可靠性与泛可靠性

　　什么是可靠性? 让我们从采购一件产品开始。

　　在采购一件产品①时,人们首先关注其功能,看看是否适合自己的需要。如一部手机的功能合不合要求? 通话、短消息功能有没有? 具不具备智能功能? 操作界面方便不方便等。对于舰船而言,人们首先考虑这艘舰船航速够不够快,打击能力怎样,雷达能不能抓住目标,导弹能不能精确制导,火炮能打多远? 我们通常把这些称为产品的功能,或者产品的性能。当产品的基本功能确定了以后,要考虑的问题是该产品功能是否"管用"。如手机通话会不会断? 短消息能不能发布出去? 舰船的航速会不会降下来? 武器系统能不能抓不到目标? 导弹或火炮能不能发射出去? 等等。如果第一个选择是功能,那么,第二个选择是产品功能发挥的稳定性。这种产品功能发挥的稳定性就是产品的可靠性。通俗地说,可靠性是关于产品质量稳定性的学科,是对产品核心质量量化描述的手段。经过长期的发展,这种质朴的对产品"管用"能力的追求演化成一条公认的关于可靠性的科学定义,即产品在规定时间内

---

① 这里的产品是一个广义的概念,可以是一个简单的产品,可以是一个系统,也可以是由若干系统组成的复杂装备。在以后的阐述中,有时用产品,有时用系统,有时用装备,用什么名称并非本质上的区别,主要是为了方便理解。

和规定条件下完成规定功能的能力。

这条定义明确了可靠性的四大要素。首先,定义明确了可靠性是产品的内在能力。这种能力和船舶的装载量、航速等一样,是产品的固有属性。这种能力仅仅从定性上理解是不够的,还必须有定量的刻画。由于产品故障带有随机性,不能仅以一个产品的工作情况来评价这一批产品可靠性的高低,而应在观察了大量同类产品的工作情况后方能确定这种能力的高低。所以,可靠性定义中的"能力"带有统计学的意义。在工作中失效的产品数占产品总数的比例越小,则这种能力就越大。这样,可靠性的度量要用概率术语。或者说,只有用概率的方法才能进行可靠性度量。常用的可靠性术语(或参数)有可靠度、不可靠度、平均无故障间隔时间等。

其次,这条定义明确产品的可靠性和产品的规定功能密切相关。功能的确定明确了能力是否具备的判据。简单地说,达到规定功能的标准就是具备能力,反之则是不具备能力。在此,中间没有灰色地带。这是把握产品失效尺度的关键。以一艘双轴双桨的舰船为例,该船双轴工作时航速为 12 kn,单轴工作时航速是 8 kn。若将预定功能规定成全速航行(12 kn),则当一套轴系发生故障时,舰船就不能全速航行了。从可靠性的角度上看,该舰船失效了。若将这种预定功能规定成能进行 8 kn 以上航速航行,则在一套轴系发生故障时,舰船仍然能够完成其预定功能,舰船并没有失效。因此,规定"预定功能"是进行可靠性分析的前提。

再次,这条定义明确产品可靠性对应的规定功能的实现有明确的条件限制,这种条件主要指环境条件,如环境温度、湿度、振动等。就像足球运动员在高温烈日下和在阴凉舒适的环境下表现完全不同一样,在不同的环境条件下,产品所表现出来的功能是完全不一样的。如一台 16VPA6 型柴油机,在普通的水面舰船上使用时可产生 5 000 马力以上的功率,而在潜艇上使用时,由于背压环境影响,只能产生 2 600 马力的功率。若笼统地对该型柴油机提出产生 5 000 马力功率的要求,则在潜艇条件下根本办不到,即可靠度等于 0。同样,舰船用雷达等电子设备在空气湿度大、盐分含量多的海域使用时,比在空气相对来说比较干燥的海域使用时出故障的次数多。舰船用钢板的腐蚀情况也是如此。此外,实验室条件下的可靠性和现场使用条件下的可靠性也是不一样的。

最后,这条定义明确了产品可靠性对应的规定功能有持续时间的要求。这条规定可以简单地理解为要求任何运动员以跑 100 m 比赛的平均速度去跑马拉松是不可能的。时间,也就是耐久性是产品满足其功能的能力的重要度量。离开了时间就无可靠性而言。从一般常识来看,产品使用的时间越长,就越容易出故障,可靠性就越差。时间是研究可靠性问题的关键。这种"规定时间"的长短随着产品的不同以及使用目的的不同而异。如导弹系统只求在几分钟甚至是几秒钟之内可靠即可,而海底电缆则要求在几十年之内可靠。

如何理解泛可靠性呢?让我们把话语回到"管用"。通过"管用"两字,人们首先想到的是产品不出故障。于是,人们会想到如何使产品强壮,包括使用最好的材料,采用最精细的加工等。结果是产品故障少了,但负担越来越大,成本越来越高。更关键的是,杜绝产品故障似乎是一件不可能的事。于是,人们对"管用"的认识有了第一次的拓展:出了故障能尽快修复照样"管用"。对产品质量的期待也变为"产品能够尽量少出故障,出了故障能够尽快修复"。修复越快，产品可以投入使用的时间就越多，系统就越好用。此时，可靠性这个大的概念拓展出了可维修性和可用性这两个概念。

可维修性（maintainability），是产品在规定维修条件下、规定时间内完成维修工作的能力。可维修性虽然不是产品的独立特性，但它是其设计和装配的一种特性，它赋予产品一种便于维修的特有品质，从而减少维修工时，降低维修工作所要求的技能水平，节约时间、备件及维修费用，使得产品能够在较短时间内以及较少花费下得到其功能的恢复。该概念描述系统故障后能够快速恢复功能的能力。

可用性（availability），产品在规定时间内、规定条件下处于可工作状态的能力。这种概念是一种从实用角度出发的综合评价概念，可以简单理解为产品可工作时间与总需求时间之比。它从宏观评价可修复系统在整个时间段中处于可以发挥其功能的状态能力。

显然，与单纯"不发生故障"相比，可维修性和可用性这两种能力的出现使得"管用"的概念得到了合理的细分，也丰富了可靠性的内涵。

"管用"这个概念的第二次扩展来自对产品维修策略的深入研究。可维修性和许多因素有关，如固有简单性、维修方便性、备品备件、维修技术水平、维修工具（器材）保障等。如舰船在故障维修时，要对故障部位进行初步判断，对故障部位进行拆卸。如果零部件损坏，则需要更换，最后要将拆卸部位还原。在这一系列过程中，技术人员的技术水平、支撑拆卸的工具无不限制拆卸和回装的时间。同时，当需要备件时能不能马上获得，也决定了产品功能恢复的时间。如此，备品备件备多少，技术支撑到什么程度，专用的技术装备要准备哪些？引起了产品研发人员的高度重视。围绕这两个重要因素，可靠性概念迎来了第二次拓展，即保障性。

保障性（supportability），是装备的设计特性和计划的保障资源满足平时战备和战时使用要求的能力。这里，保障性有两方面的内容，其中"装备的设计特性"是指装备本身与任务能力有关的各种特性，概括起来就是产品的核心功能的发挥能力。这些特性是由设计赋予的，因此必须在产品设计时加以考虑。另一方面是"计划的保障资源"，指为保证装备的使用和保障而规划的各种资源和条件，主要包括人员、备件、技术资料、训练、保障设备与设施，以及包装、贮存、运输等。这些虽然看起来全是外部条件，但是，却是装备发挥其预定功能不可或缺的条件。从装备发挥其作用的大体系来看，可以把执行任务的核心装备看作主装备，而把另一类辅助装备看作保障装备。目前，在许多场合，特别是超越原有装备体系发展新装备时，如建设航母战斗群，其保障装备是主装备正常发挥其功能不可缺少的部分。如舰艇码头、航空煤油供应链、舰艇维修的专用场所和设备等。

保障性的直接研究对象是产品维修过程中所需要的各种保障条件，通过合理配置维修保障条件以及备品备件，保证在最小的代价下，用最快时间恢复产品的功能，实现故障产品的修复。

"管用"这个概念的第三次拓展来自对产品维修过程的再度细分。从复杂系统的维修活动来说，产品的故障定位往往是最费时，也是最困难的一个环节。就像本书后面要介绍的可靠性计算量将随系统规模呈指数增长一样，依靠经验为主的故障检测将花费大量的故障定位时间，从而阻碍维修时间的进一步缩短。为此，在 20 世纪后半叶，随着电子技术的不断提高,以快速故障定位为主要目标的测试性技术不断发展及完善,在有效缩减故障检测时间,并及时发现故障,避免系统故障进一步发展的同时,测试性技术也得到了完善。

测试性(testability),是产品(系统、子系统、设备或组件)能够及时而准确地确定其状态(可工作、不可工作或性能下降),并隔离其内部故障的一种设计特性。简言之,测试性是产品能够及时、准确地进行测试的设计特性。它既包括对主装备(任务系统)自身的要求,又包含测试装备(设备)的性能要求。一般而言,在产品使用阶段的测试是属于维修范畴内的,包括预防性维修中的检测和修复性维修中的故障检测、隔离(合称故障诊断)及检验等活动。所以,测试性最早也是作为维修性的一部分,而且至今在多数领域内仍然这样对待。随着电子技术的发展和广泛应用,各种装备、设备的复杂化,测试性的地位更加突出,鉴于其理论、技术的特殊性,最初在电子设备,随后在其他装备中开始把测试性作为一种独立的系统特性。

可以看到,随着相关技术的进步以及人类认识的发展,围绕着"产品在一定时间内、规定条件下完成规定功能的能力"这么一个命题,可靠性的概念发生了多次拓展。可靠性(狭义)、可维修性、可用性、保障性、测试性等,是在这一个命题下对研究问题的细分。所有这些特性的核心就是装备完成规定功能的能力。它们的目标是一致的,它们的研究基础是一致的,所依托的数据基础也是一致的。它们在一起汇成泛可靠性。随着认识的深入,泛可靠性概念还可能进一步发展。

泛可靠性工程概念如图 1-1 所示。

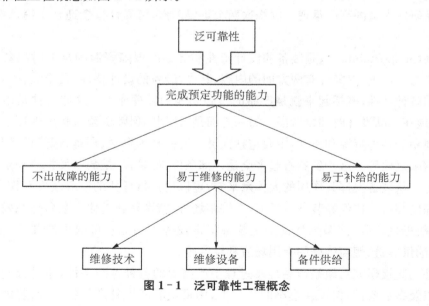

图 1-1　泛可靠性工程概念

1.2　泛可靠性理论的发展

从传统的观念来看,只要设计正确,产品就能发挥其预定功能。如果没有特殊的外在原因,产品不会发生什么故障。在第二次世界大战以前,电子技术还没有广泛采用,情况确实如此。只要精心制造,一般产品都还比较耐用。因而,可靠性问题没有为人们所认识。

在二战中,以现代电子技术为先导的各种新技术广泛运用于各类装备中,让人意想不到的是,各种问题也源源不断地出现。如战时美国运往远东的飞机电子装置中,有 60% 在到达时就发生了故障。备品中的 50% 以上实际上无法使用。空军的轰炸机用电子装置中很少能 20 h 无故障地工作,舰船装备中的电子装置有 70% 不能正常工作。日本的新型驱逐舰的涡轮叶片屡屡发生断裂事故,德国的 V1、V2 火箭在试验中也出现过不少麻烦,这一切都不能不令人深思。1943 年,德国科学家拉瑟(R. Lusser)在开发 V1、V2 型火箭时已经意识到了可靠性问题。然而由于不久德国战败,可靠性的研究并没有在德国马上开花结果。拉瑟本人也于战后被送到美国,协助美军进行导弹开发工作,并继续对导弹的可靠性进行深入的研究。后来,他率先提出了用定量的、统计的方法来处理可靠性问题的思想,奠定了现代可靠性技术的基础。因而,拉瑟被誉为"可靠性技术之父"。

二战时美国电子装置的频频故障,使得美军不得不正视这个问题。1950 年,美国陆海空军共同开发局设立了电子装置可靠性调查委员会,由陆海空三军人士及民间专家担任委员,承担起对问题做全面、彻底研究的使命。从此,可靠性问题正式列入了议事日程。

1950 年至 1952 年,这个委员会十分活跃。为了进一步扩大对军用电子设备故障的认识,他们和军队以外的各种研究机构签订了委托调查合同,如海军委托维托(Vitro)公司、贝尔研究所研究电子元件的故障,陆军与康乃尔大学签订了电子管分析的长期合同,空军请兰德公司对军用电子装置的可靠性进行了全面的调查。在此期间,美军内部也统一了意见,即在武器的采购及使用时,把可靠性作为最优先的目标来考虑。根据可靠性调查委员会 1952 年的报告,该委员会在同年脱离陆海空共同开发局,并发展成为电子装置可靠性咨询委员会,但其使命任务依旧未变。按照 1954 年的最后指令报告,为了实现军用电子装置的可靠性,电子装置可靠性咨询委员会必须确保由科学、技术、生产经营方面的权威人士组成,对电子装置的设计、开发、供应、生产、维修、使用和培训等各有关领域的可靠性问题进行监管,发现问题并进行适当的咨询。电子装置可靠性咨询委员会对可靠性技术的初期发展起到了极大的推进作用。

与此同时,由于朝鲜战争的爆发,可靠性问题再次成为人们关注的焦点。当时所使用的战斗机失事很多,失事的主要原因是电子装置有问题。这些问题使得美国国会中一个委员会以"在战争中购入有重大故障的武器是对税金的巨大浪费,世界大战已过去五年了,为什么还重复着同样的失败?"为题向政府质询,并宣传他们的观点:"为了满足复杂的性能要求,仅仅在装置的设计上下功夫是不够的。不但购入的费用要经济,使用的费用也要较低,并且必须适应不断变化的作战要求。"为此,电子装置可靠性咨询委员会不得不马上做出反应,于 1956 年设置了九个专业小组。除军内人员外,还任命了几十位军外的学者、技术人员,扩大和强化了机构,并于 1957 年 6 月发布了著名的报告书《电了装置可靠性咨询委员会报告》。其内容以已收集的大量情报和知识为基础,归纳了"可靠性要求的定量化和开发的确认试验法",劝告美军购置电子装置的实施方针要有大的转变。从那时起直到 1960 年左右,可靠性方面的美国军用标准、规范和手册陆续出版,成为当今世界上可靠性标准体系的基础。

20 世纪五六十年代是可靠性工程全面推进的发展阶段,可靠性工程理论和方法在一些重大装备(如 F－16A 飞机、M1 坦克等)研制中得到了应用,并取得了良好的效果。20 世纪 80 年代以来,可靠性工程得到了深入的发展,可靠性已成为提高装备战斗力的重要因素,可靠性已被置于与性能和费用同等的地位。1980 年美国国防部首次颁布可靠性及可维修性指令 DoDD5000.40《可靠性及可维修性》。1985 年,美国空军推行了"可靠性及可维修性 2000 年行动计划"(R&M2000)。该计划从管理入手,依靠政策和命令来促进空军领导机关对可靠性工作的重视,加速观念转变,使可靠性工作在空军部队形成制度化。这一系列措施加强了可靠性工作,提高了武器装备的战斗力,其成效在海湾战争、科索沃战争中已得到充分证明。

随着可靠性工作的深入发展,人们认识到从装备战备完好性和寿命周期费用的观点出发,单纯提高可靠性不是一种最有效的方法,必须综合考虑可靠性及维修性才能获得最佳的结果。

维修性概念自产生以来,其发展历程大致经历了三个时期:

一是初始阶段(1966 年以前)。在这个时期之初,由于工业生产的规模不大,产品本身的技术水平和复杂程度都很低,设备的利用率和维修费用问题还没有引起人们的广泛注意,这时的产品主要是进行事后维修,即所谓不坏不修,坏了再修。后来,由于大生产发展,产品技术水平和复杂程度都有了明显提高,故障对生产的影响也显著增加,与之相应的是,带来了维修费用急剧上升。为使产品在满意水平上运行,降低和避免因故障而带来的损失,人们开始重视产品的维修问题。此时关于可维修性研究的主要内容是修复性维修的定性和定量分析。起初,主要是提出设计指南。1956 年美国莱特航空公司的 J. D. Folley 和 J. W. Altman 在《机械设计》上先后发表了 12 篇文章对维修设计进行了介绍。后来,人们又选择把维修时间作为一种定量尺度,开始研究维修时间与维修人员技能与经验、维修环境和设备等因素,以及与备件准备、试验和保障、行政管理等维修活动之间的关系。这些研究成果主要包含在 MIL－STD－721B 之中。这段时期维修性技术发展的标志是 1966 年制订的三个重要文件:MIL－STD－470(《可维修性大纲要求》)、MIL－STD－471(《可维修性验证》)和 MIL－HDBK－472(《可维修性预计》)。

二是发展阶段(1966—1978 年)。这一时期维修性研究进展主要有两个:一是采用自动测试设备;二是应用以可靠性为中心的维修思想。

为了提高装备的战备完好性,解决易于维修的问题,需要开展可维修性工程。可维修性工程工作的重点是确保装备存在潜在故障时尽可能预防故障的发生,并在出现故障时能够简便、迅速、经济地完成对装备的测试、维修,从而缩短维修时间,增加装备的可用时间。但是,为了减少维修时间,首先要找到故障部位,有时找到故障部位所花的时间比修复故障时间还要长,特别是对于采用微型器件的电子设备,因而产生了测试性工程,测试性工程在过去通常作为维修性工程的一个分支。

20 世纪 70 年代,随着半导体集成电路及数字技术的迅速发展,军用电子设备的设计及维修产生了很大变化,设备自测试、机内测试(BIT)、故障诊断等概念引起了设计师和维修工程师的重视。此后,故障诊断能力、机内测试成为维修性设计的重要内容。后来,美国颁布了一系列军用标准,强调测试性是维修工作的一个重要组成部分,认为机内测试及外部测试性不仅对维修性设计产生重大影响,而且影响到装备的战备完好性和寿命周期费用。为解决现役装备存在的诊断能力差、机内测试虚警率高等方面的问题,美英等国相继开展了综合诊断及人工智能技术的应用研究,并在新一代的武器系统中得到应用。美国空军实施了通用综合维修和诊断系统计划,海军实施了综合诊断系统计划,陆军实施了维修环境中的综合诊断计划。综合诊断已在美国空军的先进战术战斗机 F-22h 轰炸机 B-2V 陆军的倾斜转子旋翼机 V-22 及 M1 坦克的改型中得到应用。美军近些年来提出了不少保障装备正常运转的新的理念和技术,如"精确保障""自主式保障""基于绩效的保障(PBL)以及预测与健康管理系统(PHM)",这些都是测试技术发展和装备内各种信息综合运用的结果。

而以可靠性为中心的维修思想(RCM)则是以"预防为主"维修思想的进一步发展。1968 年和 1970 年,美国联邦航空局分别颁布了第一个和第二个以可靠性为中心的维修大纲 MSG-1 和 MSG-2。该大纲主要是根据每个设备的固有可靠性和每个可能发生的失效后果,采用逻辑分析决断技术,确定机载设备需要什么就维修什么。维修方式也主要是以程序主导型维修为主,包括定时维修、视情维修和状态维修。在此基础上,后来,又产生以任务主导型维修为主的 MSG-3 大纲。1978 年美国的 Stanley Nowlan 和 Howard Heap 撰写的《以可靠性为中心的维修》报告标志着 RCM 理论的正式诞生。在这段时期内,维修性工作的主要内容是对有关标准作了进一步修订。1973 年 3 月,MIL-STD-471 改为 MIL-STD471A,1975 年 1 月又增加了"注意事项",并更名为《可维修性鉴定、验证和评估》。1978 年 12 月,颁布了 MIL-STD-471A 的一项附录"装备/系统的验证和评估——机内检测/机外检测/故障隔离/可试验性的特征和要求"。

三是成熟阶段(1978 年至今)。到 20 个世纪 70 年代末,维修性工程已发展成为一门成熟的工程学科,提出了很多维修性分析、预测和试验方法,并广泛用于系统设计之中。1979 年研制成功的存储容量为 64 K 的超大规模、超高速集成电路的出现,使进行自身功能测试并故障诊断的电路和计算机软件融为一体成为可能,从而极大地推动了系统故障诊断和状态监测等维修技术的发展。1980 年美国国防部正式颁布了第一个关于可靠性和维修性的条令 5000·40。规定了发展各种武器系统的可靠性和可维修性政策,以及有关部门对可靠性和可维修性的职责。要求所有武器系统从采购计划一开始就要考虑可靠性和可维修性,并通过设计、研制、生产及使用各阶段来保证所要求的可靠性和可维修性。这一时期内,可维修性标准修订主要是:1981 年 1 月公布了修订的 MIL-STD-470A,名称更名为"系统和设备的可维修性大纲",在内容上有相当大的扩充,主要有两点变化:一是强调把设备的可测试性作为可维修性大纲的一个组成部分;二是强调在所有三级维修中都要考虑可维修性大纲。

总的来说,我国可维修性研究工作还处在打基础阶段。从 20 世纪 60 年代开始我国进行可靠性研究以来,经过多年的曲折和反复,到 80 年代以后,可靠性和可维修性研究才得到了新的较快发展。1986 年我国成立了军事技术装备可靠性标准化委员会。随后,1987 年和 1988 年先后颁发了国家军用标准《准备维修性通用规范》(GJB368-87)和《装备研制与生产和可靠性通用大纲》(GJB450-88)。1989 年制定了航空工业标准 HB6211《飞机、发动机及设备以可靠性为中心维修大纲的制定》。1992 年和 1993 又发布了国家军用标准《装备预防性维修大纲的制定要求与方法》(GJB1378-92)和《武器装备可靠性维修性管理规定》。1994年颁布了《装备预防性维修大纲实施指南》,进一步指导各类武器装备维修大纲的制定。2001年海军装备部完成了《维修理论及其应用研究》。这些规章的发布与实施,推动了可维修性研究工作的深入和发展,标志着我国可维修性研究正在进入一个新的发展时期。

在20世纪70年代中期,美英等国大部分现役战斗机的战备完好性都较低,其能执行任务率一般为61%左右,严重地影响着部队的作战能力。例如,F-15A飞机每出动飞行一个架次平均需要维修15 h,其中大约20%的时间用于等待备件,30%的时间处于维修或等待维修。

随着大型装备复杂程度的提高,战备完好性差和保障费用高越来越成为人们"头痛"的问题。为了解决这个难题,装备的保障性问题开始引起人们的重视。美国国防部在1973年颁布标准 MIL-STD-138-1《后勤保障分析》和 MIA-5TD-1388-2《国防部对后勤保障分析记录的统一要求》,随后又经过多次修改补充,这两个标准规定了装备寿命周期内各个阶段开展保障性工作的要求和程序,为改善装备的保障性提供了技术手段。

20世纪80年代中期,美国军方认识到,不仅需要通过分析与设计来解决,更重要的是要从管理入手,综合运用各种工程技术来解决保障性问题。于是,提出了"综合后勤保障"的概念。1983年,美国国防部颁布了指令 DoDD50000.39《系统和设备综合后勤保障的采办和管理》。该指令规定保障性应当与性能和费用同等对待,规定了从装备寿命周期的一开始就要开展综合后勤保障工作,并要求当装备部署到部队时保障系统也应当同时建成。

20世纪90年代,美国国防部进行了采办改革,提出了"采办后勤"的概念,废除了DoDD50000.39,将综合后勤保障纳入国防部指示 DoDI5000.2《防务采办管理政策和程序》。该政策规定:"在武器系统的整个采办中开展采办后勤保障活动,以确保系统的设计和采办能够经济有效地考虑保障问题,并确保提供给用户的装备有优化的保障资源,以满足平时和战时的战备完好性要求"。1997年5月30日,美国国防部颁布了 MIL-HDBK-02《采办后勤》,将综合后勤保障改为采办后勤。从采办后勤的内涵可看出,采办后勤的内容要比综合后勤保障的内容宽,综合后勤保障主要解决综合考虑保障要素的问题,而采办后勤则要全面考虑保障性的问题,在研制装备的同时,采办装备所需的后勤保障资源。采办后勤实质上是更加突出强调保障性的地位。美国在新一代装备的研制中,都突出强调了保障性,例如,从F-22战斗机工程项目一开始,就重视保障性,在方案论证阶段有40%的工作量都用在考虑与保障性有关的问题。联合攻击战斗机(JSF)研制过程中,明确提出保障性是飞机的三大性能要素(杀伤力、生存性和保障性)之一,并且要求在经济可承受的范围内实现飞机的保障性要求。

美国国防部于2003年5月29日颁布了《武器系统的保障性设计与评估——提高可靠性和缩小后勤保障规模的指南》,2005年8月3日颁布了《可靠性可用性和可维修性指南》等一系列指导性文件。

20世纪80年代后期,国外综合后勤保障概念引入我国。随着综合后勤保障概念的引入,国内组织跟踪了国外发展动态,在消化、吸收和借鉴国外经验的基础上,结合我国国情,先后制订了 GJB-1371《装备保障性分析》,GJB-3837《装备保障性分析记录》和 GJB-3872

《装备综合保障通用要求》等军用标准,出版了《综合保障工程》、《装备保障性工程》等专著,召开了多次研讨会,为在我国普及和推广装备综合保障工作奠定了基础。

可靠性工程的核心是从设计上保证装备尽可能无故障,同时预先分析出装备在工作时出现故障的模式和原因,以确保采取有效的改进措施。它对提高装备的战备完好性和降低保障费用起到了重要作用。这项工程技术方法是从电子产品发展而来,因而有些分析技术、设计方法只适合于电子产品,对于机械产品、软件产品就不一定完全适用,加之缺乏数据积累,因而在型号实施中的效果有时还达不到要求。随着信息技术在装备中的广泛应用,软件在装备中的比例不断增大,出现了一种新型的装备形态,称为软件密集装备或软件装备,这些装备采用的硬件大都是成熟产品,一般情况可靠性指标都非常高,因此传统的预计和分配技术失去意义,而软件可靠性成为最突出的问题,如何提出软件可靠性、可维修性、保障性要求,如何对其进行设计、分析和评价,成为一个新的难题。同时,即使装备的可靠性有所提高,但还是不能完全解决装备的全部使用和保障问题,装备除了解除故障需要保障资源支持外,要执行任务还需要诸如装备使用前的准备、加注燃料和特种液体、补充弹药、充电和充气、装备的储存和运输等使用保障活动。而且为了提高装备的可靠性,必须采用冗余设计、高可靠的元器件,这会造成装备复杂程度提高,研制费用和保障费用都会增加,也增加了使用与保障工作量,装备的战备完好性水平有时并不一定能得到明显提高。因此,单纯通过可靠性工程解决装备使用和保障问题的作用受到一定的限制。

1.3　泛可靠性技术的作用

可靠性技术发展到今天,已给我们带来了诸多的实惠。它指出了一条科学评价产品质量的方法,并通过可靠性工程可以使产品的质量大为提高。它提供了一种减少产品总费用的思维方法,从而使得人们能在更少的费用下取得更大的收益。更重要的是它改变了人们对故障的认识,找到了一条通往大型、复杂工程的道路,从而带来了技术上的飞跃,使得各种各样的大型复杂系统能源源不断地进入到我们的日常生产、工作和生活之中。

可靠性工作的开展能带来产品质量的提高,这一点已成为当今世界各行各业的共识。以航天工业部某研究所为例,该所自 1982 年推行可靠性工作以来,已使老产品的平均故障间隔时间(MTBF)成倍增长,新产品的 MTBF 也达到了国外同类产品的水平。在一般情况下,产品可靠性的提高会带来经济效益的提高。例如,在遇到敌人导弹空袭时,要求用对空导弹以 0.99 的概率将敌导弹击毁。如果地对空导弹的可靠度是 0.99,则发射一枚就够了。如果地对空导弹的可靠度为 0.9,则需要发射二枚。如果可靠度只有 0.8,则大体上要发射三枚。从另一方面看,产品的经济性不能只看其出厂成本,还要看其使用及维修成本。以电视机为例,如果以 1980 年年产 200 万台为基数,以平均年增长 15% 计算,修理一次以 10 元计算,若电视机的平均无故障工作时间为 500 h,则 1980—1990 年期间使用者需付出 10.6 亿元的维修费。如果电视机的平均无故障工作时间提高到 10^4 h,则只需付出 2.3 亿元。单这一方面的节约就是一笔巨大的财富。

产品的可靠性是不是越高越好呢? 回答是"不一定"。人们生产或采购一项产品时,往

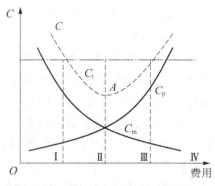

图 1-2　费用-可靠性关系曲线

往希望能以最小的成本获取最大的收益。而产品的成本包括生产成本(或购买费用)和使用成本。可靠性高的产品由于其故障频率低,维修少且方便,维修费用较少,工作的时间也多,所产生的收益必然高。但由于在其生产过程中要确保其具有较高的可靠性,必然在其设计、选材、加工和管理等方面比寻常产品要投入更多的人力、物力和财力。生产成本必然高,连带售价也会提上去。如果产品的收益是一定的,则该产品的生产费用与使用费用之和越低就越受人们欢迎。因而,在选择一项产品时,人们往往根据自己的财力和工作现场的需要,考虑选择具有合适可靠性水平的产品。可靠性技术的发展为这种选择提供了方便。图1-2表示的是费用-可靠性关系曲线。

由图1-2可以看到,产品可靠性的提高会带来产品生产成本 C_p 的提高,但同时也会带来使用维修成本 C_m 的降低。由生产成本和使用维修成本组成的总成本 C_t 的曲线是一根凹曲线。曲线上 A 点是最低点,所对应的可靠性 R_{Cmin} 即是使总成本最低的可靠性,也是人们刻意追求实现的一点。根据产品的总成本曲线 C_t 和使用者的成本限制,产品的可靠性可分为 Ⅰ、Ⅱ、Ⅲ、Ⅳ四个区:

Ⅰ区,产品的可靠性太低,将导致维修费用太高,使得总成本高出了使用者所能承受的成本限。此时,应该提高产品的可靠性来使其总成本下降。

Ⅱ区,产品的总成本已到成本限以下,可喜的是,随着可靠性的提高,产品的总成本还会继续下降。此时,可以采用提高可靠性的方法来降低总成本。

Ⅲ区,产品的总成本已到成本限以下,但随着可靠性的提高,产品的总成本也会上升。此时,可采取简化工艺降低生产成本的方法来降低总成本。

Ⅳ区,由于追求高可靠性,产品的生产成本太高,导致总成本超过了使用者所能承受的成本限。此时,应采用简化工艺降低生产成本的方法来降低总成本。

对于一般产品,我们总希望将其可靠性选择在Ⅱ、Ⅲ两区的结合部,Ⅰ区和Ⅳ区则不予考虑。

这个曲线不是一成不变的。随着技术和工艺水平的提高,取得同样可靠性的费用及在此可靠性水平下的使用维修费用会逐步减少,致使这根曲线逐步下降变平。在同样的成本限制下,Ⅱ区和Ⅲ区的范围会逐步变大,人们选择的余地也就更多了。

可靠性技术的发展不仅在经济上给人们带来了诸多的实惠,而且还改变了人们对故障的认识,从而带来了技术思想的飞跃。

无论是对生产者还是对使用者来说,遇到故障总是一件不好的事情。并且,在由对立双方通过谈判来解决问题时,也总是容易在如何处理、责任何在等问题上相互推诿,达不到解决问题的目的。及时处理和弄清责任当然很重要,但这是生产管理问题。作为产品的整体来说,只有找出产生故障的原因,并研究出防止故障再次发生的办法,才能从根本上解决问题。

可靠性理论将概率的方法引入到这种对故障发生特征的研究之中,略去大多数与故障无关的的情况,暂时撇开有关人员的责任,按照普遍的定理来客观地处理问题。这样,就有了超越生产者、使用者立场的共同语言。为解决问题重新制订贯穿产品设计、生产和使用全过程的生产、管理和经营方针创造了条件。因而,在某种意义上可以这么说:可靠性技术的出现带来了工程观念上的一大变革。这一变革为大型复杂系统的迅速发展及产品质量的迅速提高铺平了道路,从而使得人们能够解决大型复杂系统的实际应用问题。如第二次世界大战时飞机电子设备的故障率达 50% 以上。而现在,不论是飞机电子设备还是舰船武器系统,其复杂程度都远甚于二战时期,而故障率却低得多。这就是可靠性技术带来的好处。

1.4　泛可靠性的研究方法

泛可靠性工程是一门牵涉面很广、具有相当深度的学科。它与各边缘学科有着密切的联系。为了有效地掌握船舶可靠性工作的基本方法,应该注意以下几个基本要点:

1) 掌握概率论基础知识

概率论与数理统计是可靠性工程的理论基础。离开了概率论与数理统计的基本思想不仅不能进行可靠性的定量分析,甚至连定性的概念也建立不起来。

2) 注意与固有技术的联系

可靠性技术是一种通用技术。通用技术和固有技术相结合,就能发挥其应有的效果。船舶是一个各种技术的综合体,要有效地将可靠性技术运用于船舶工程之中,必须首先掌握船舶工程的固有技术。

3) 与其他通用技术相结合

学习船舶可靠性工程,除了密切联系船舶工程技术以外,与系统工程学,预测统计学,运筹学,计划工程,人因工程,技术经济,生产组织学,经营管理学等通用技术相结合是至关重要的。无论是固有技术还是通用技术都有这么一个特点:凡是新兴学科的发展往往体现在不同技术学科的交叉区域,即所谓边缘学科。

4) 重视基本思考方法

所谓思考方法,并不是指专门知识,而是指思考问题的路径。有些问题初看上去似乎是个难题,但如果观点略加改变,可能会意外地发现这个问题并不难,用常规的方法即能解决。这种尝试性的方法关键在于灵活应用可靠性技术的一般规律。可靠性技术所利用的一般规律涉及面颇广,今后在基础理论和应用技术两方面还将进一步扩大。

5) 致力于日常信息资料的收集

有人称可靠性工程为"万能工程"。的确,它与其他边缘技术学科有着密切的联系。因而,读者应该经常接触各类学会刊物和论文集,经常性致力于基础理论和应用技术两方面信息资料的积累工作。

6) 重视人为过错

当今社会是人和机器密切联系的复杂巨系统,即人机系统迅速地发展并渗透我们日常生活各个领域的社会。在这种情况下,系统中人为所致的错误,即人为过错,可以说是一个老生常谈的问题。随着系统的大型化、复杂化，人为过错也逐渐变得复杂多样，并严重地威胁着我们的社会。加拿大的迪隆在其所著《人的可靠性》中表明，经统计分析，与人的过错有关的系统失效占所有系统失效的 $40\%\sim60\%$，而直接由人为过错造成的系统失效占所有系统失效的 20%。因而，在研究可靠性问题时必须考虑人为过错。要记住这样一点：左右系统可靠性的因素是人的可靠性。

2

泛可靠性常用概念和基本特征量

可靠性表达的是产品在规定时间内规定条件下完成规定功能的能力。从直观来看,这是一种定性的表达。但是,可靠性是产品一项重要的质量指标,如果只从定性方面来分析,显然是不够的,必须使之量化,才能进行精确的描述和比较。

可靠性特征量表示系统或产品总体可靠性水平高低的各类可靠性量化指标。由于泛可靠性是一个广义的概念,包括狭义可靠性、可维修性、保障性以及它们之间的融合,因此,很难用某一个特征量来完全代表,需要根据使用场合的不同、分析目的的不同,从各个维度来描述其可靠性特征。

2.1 可靠度与可靠度函数

可靠度是狭义可靠性的一种度量,其定义为:产品在规定条件下、规定时间内完成规定功能的概率。既然它是一种概率,就只具有统计意义。它不能准确地预计一个产品工作多少小时后失效,但可以预计一批产品的平均工作时间。下面这个假想试验可以用来弄清这种统计意义究竟是怎么回事。

取 N_0 个具有相同性质的产品,让它们不停地工作直到失效。记录下每个产品的失效前工作时间。把工作时间按 Δt 为一段分成 t_1, t_2, $\cdots$, $t_n(t_1 < t_2 < \cdots < t_n)n$ 份。若某一产品的失效时间为 t_f,则当 $t_{i-1} < t_f \leqslant t_i$ 时,就将这个产品放到第 i 个小区间中。

这样,第 i 个小区间里就有 ΔN_i 个失效产品,标志着在这一段时间内有 ΔN_i 个产品失效。图 2-1 是表示产品失效频数的直方图。取某一时刻 t_m 来观察,那么在 t_m 时刻之前所有失效的产品数 N_{fm} 为

$$N_{fm} = \sum_{i=1}^{m} \Delta N_i \qquad (2-1)$$

由于全部产品的总数是 N_0 个,则在 t_m 时间内产品失

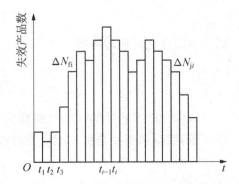

图 2-1　表示产品失效频数的直方图

效的频率 F_m 为

$$F_m = \frac{N_{fm}}{N_0} = \frac{\sum\limits_{i=1}^{m} \Delta N_i}{N_0} \tag{2-2}$$

当所取的时间段越来越多,每段时间的间隔越来越小,即 $n \to \infty$,$\Delta t \to 0$ 时,时间 t 内的失效产品数就趋近于 $N_f(t)$,失效频率趋近于失效概率 $F(t)$,且式(2-2)可以演化为

$$F(t) = N_f(t)/N_0 = \int_0^t \frac{1}{N_0} \mathrm{d}N_f(t) = \int_0^t \frac{1}{N_0} \frac{\mathrm{d}N_f(t)}{\mathrm{d}t} \mathrm{d}t \tag{2-3}$$

令

$$f(t) = \frac{1}{N_0} \cdot \frac{\mathrm{d}N_f(t)}{\mathrm{d}t} \tag{2-4}$$

则

$$F(t) = \int_0^t f(t) \mathrm{d}t \tag{2-5}$$

从概率论的角度看,$f(t)$ 是概率密度函数,$F(t)$ 是概率分布函数。在可靠性理论中,$F(t)$ 和 $f(t)$ 具有更具体的含义:

$f(t)$ 是失效密度函数,反映的是 t 时刻产品失效的可能性。

$F(t)$ 是累积失效分布函数,反映的是在试验时间 t 内有多少产品失效。它具有下式所示的特征:

$$F(\infty) = \int_0^\infty f(t) \mathrm{d}t = 1 \tag{2-6}$$

即若无限期试验下去,所有产品都将失效。因而通常把 $F(t)$ 称为不可靠度函数。

失效与正常是一对矛盾,在 t 时间内,一部分产品失效了,另一部分产品还在继续工作。若与 t 时间内的失效产品数 $N_f(t)$ 相对应,设在 t 时刻后残存的未失效而继续工作的产品数为 $N_s(t)$,则显然存在如下关系:

$$N_s(t) + N_f(t) = N_0 \tag{2-7}$$

式(2-7)变化以后即可得

$$\frac{N_s(t)}{N_0} + \frac{N_f(t)}{N_0} = 1 \tag{2-8}$$

式(2-8)左边的第一项可解释为残存概率,第二项为失效概率。对照可靠度的定义可以知道,残存概率就是可靠度。若将残存概率,即可靠度用 $R(t)$ 来表示,则有

$$R(t) + F(t) = 1 \tag{2-9}$$

将式(2-5)代入式(2-9),可得

$$R(t) = 1 - \int_0^t f(t)\,\mathrm{d}t = \int_t^\infty f(t)\,\mathrm{d}t \qquad (2-10)$$

对式(2-10)进行求导变换可得

$$f(t) = -\,\mathrm{d}R(t)/\mathrm{d}t \qquad (2-11)$$

汇集起来，$F(t)$、$f(t)$和$R(t)$之间的关系如图2-2所示。

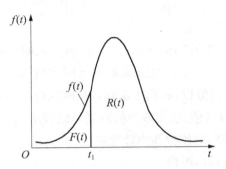

图2-2　$F(t)$、$f(t)$和$R(t)$的关系

$f(t)$曲线和t轴所围的总面积为1，若以t_1为考察时刻，则在$t < t_1$部分$f(t)$下面积即是$F(t_1)$，$t > t_1$部分$f(t)$下面积即是$R(t)$。

例2.1　某产品的失效密度函数为

$$f(t) = \begin{cases} \lambda \mathrm{e}^{-\lambda t}, & t \geqslant 0 \\ 0, & t < 0 \end{cases}$$

式中$\lambda = 0.001$，写出该产品的可靠度函数，并分别求出该产品在工作50 h、100 h和1 000 h的可靠度。

解： 已知该产品的失效密度函数$f(t)$，则根据式(2-10)，产品的可靠度函数可表示为

$$R(t) = 1 - \int_0^t f(t)\,\mathrm{d}t = 1 - \int_0^t \lambda \mathrm{e}^{-\lambda t}\,\mathrm{d}t = \mathrm{e}^{-\lambda t}$$

由于$\lambda = 0.001$，则产品的可靠义函数为$R(t) = \mathrm{e}^{-0.001t}$。

该产品在50 h的工作时间内的可靠度为

$$R(50) = \mathrm{e}^{-0.001 \times 50} = 0.951$$

该产品在100 h的工作时间内的可靠度为

$$R(100) = \mathrm{e}^{-0.001 \times 100} = 0.905$$

该产品在1 000 h的工作时间内的可靠度为

$$R(1\,000) = \mathrm{e}^{-0.001 \times 1\,000} = 0.368$$

2.2 失效率与浴盆曲线

在评价产品的可靠性,特别是元器件的可靠性时,失效率是一个重要的特征量。它表示在某一时刻 t 的单位时间内产品发生失效的概率,并可定义为

$$\lambda(t) = \frac{1}{N_s(t)} \cdot \frac{dN_f(t)}{dt} \tag{2-12}$$

式中: $dN_f(t)$ 表示当 $\Delta t \to 0$ 时在时间区间 $(t + \Delta t)$ 内失效的产品数; $N_s(t)$ 表示到 t 时刻尚未失效的产品数。所以, $dN_f(t)/N_s(t)$ 表示在时间区间内当 $\Delta t \to 0$ 时的产品失效概率。在式 $(2-12)$ 中把 $dN_f(t)/N_s(t)$ 再除以 dt,则表示在单位时间内产品发生失效的概率。由于 $\Delta t \to 0$,所以 $\lambda(t)$ 实际上是一个瞬时值。从失效率的定义可以看出,它是衡量产品在单位时间内失效次数的参数。因而,常用时间的倒数作为计量单位,即 $1/h$。

将式 $(2-4)$ 代入式 $(2-12)$,可得

$$\lambda(t) = N_0 \cdot f(t)/N_s(t) = f(t)/R(t) \tag{2-13}$$

将式 $(2-11)$ 代入式 $(2-13)$,得

$$\lambda(t) = -\frac{1}{R(t)} \cdot \frac{dR(t)}{dt} \tag{2-14}$$

对式 $(2-14)$ 进行积分,可得

$$\int_0^t \lambda(t)\,dt = -\int_0^t \frac{1}{R(t)}\,dt = -\ln R(t) + \ln R(0)$$

当 $t = 0$ 时, $R(0) = 1$, $\ln R(0) = 0$,则上式可变为:

$$R(t) = e^{-\int_0^t \lambda(t)\,dt} \tag{2-15}$$

式 $(2-15)$ 确定了失效率和可靠度之间的关系。当 $\lambda(t) = \lambda$(常数)时,式 $(2-15)$ 可以写为

$$R(t) = e^{-\lambda t} \tag{2-16}$$

将式 $(2-16)$ 代入式 $(2-13)$,则可得

$$f(t) = \lambda e^{-\lambda t} \tag{2-17}$$

例 2.2 设某产品的寿命分布密度为

$$f(t) = 2te^{-t^2}$$

求该产品的失效率。

解: 根据式 $(2-5)$,

$$F(t) = \int_0^t f(t)\mathrm{d}t = \int_0^t 2t\mathrm{e}^{-t^2}\,\mathrm{d}t = -\int_0^t \mathrm{e}^{-t^2}\,\mathrm{d}(-t^2)$$

$$= -\mathrm{e}^{-t^2}\,|_0^t = -\mathrm{e}^{-t^2} + 1$$

根据式(2-9),有

$$R(t) = 1 - F(t) = \mathrm{e}^{-t^2}$$

根据式(2-13),该产品的失效率为

$$\lambda(t) = f(t)/R(t) = 2t\mathrm{e}^{-t^2}/\mathrm{e}^{-t^2} = 2t$$

失效率反映的是产品在某一时刻的失效概率,它是随时间而变化的。一种产品在制成后,经过一段时间的使用直至报废,其失效率的变化趋势如图2-3所示。这根曲线可以分为三个区:早期失效区(Ⅰ区);偶然失效区(Ⅱ区);耗损失效区(Ⅲ区)。

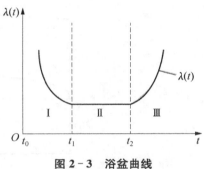

图2-3 浴盆曲线

(1) 早期失效区。即产品刚刚开始使用时,由于产品中含有不合格的元器件,或是由于装配、运输等原因使产品存在某些不完善的地方,产品是很容易发生失效的。实际使用中的不合格产品都是在早期失

效区中暴露出来的。在该区,失效率随着时间的增大而减少。因而,此时的失效率称为递减型失效率(DFR)。由于早期失效率较高这一客观事实的存在,因而正常工作的设备不宜过多地进行拆装。因为每次拆装都无形地增加了一次早期失效的机会。早期失效可以通过设备的磨合、元器件的精心筛选以及精心制造来加以限制,将其控制在最低的范围内。

(2) 偶然失效区。由于经过了早期失效的淘汰,因而剩下的产品不管是在材质上还是在安装上均属正常的。此时发生的失效往往由应力条件的随机变化而引起。因而,产品在偶然失效区,失效率将趋于稳定,接近于一个与时间无关的常数。这个区域是产品的最佳使用区,又叫使用寿命期。而此时的失效率称为恒定失效率(CFR)。

(3) 耗损失效区。由于经过了长期的使用,产品已处于老化、衰变和退化状态。因而失效率迅速上升。通常,处于这个阶段的产品是不能再使用了,应该予以更换。

由图2-3的失效率曲线可以看出,它很像一个浴盆的剖面。因此,该曲线常称为"浴盆曲线"。这根曲线给人们一个启示,即应通过精心选材、精心制作来尽可能地缩短早期失效区,延长偶然失效区,并能在耗损失效区即将到来之前换掉容易发生故障的零件和元器件,从而延长产品的使用寿命。

国内外研究也表明,产品的故障率变化模式除了上面所讲的服从"浴盆曲线"外,还有其他6种模式。

在一项民用飞机故障率模式调查中发现,以上6种故障率模式所占的比例情况如表2-1所示。

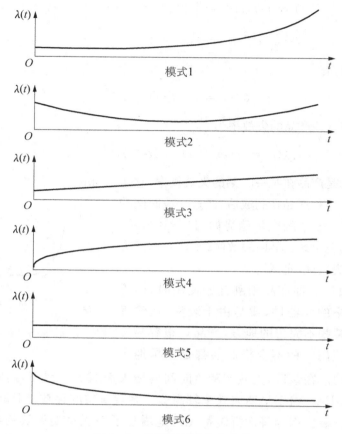

图 2-4 几种故障率变化曲线

表 2-1 民用飞机故障模式比例

模式	所占比例/%	模式	所占比例/%
1	2.0	4	3.7
2	1.4	5	4.14
3	2.5	6	≥68

注：此表中数据只针对特定的对象，不具有普遍意义。

　　一般来说，在实际运行中，产品故障率应该是如图 2-4 所示 6 种曲线中的一种或几种的合成（浴盆曲线可以看作模式 1、5、6 的合成），其故障率可能与民用飞机的故障率不完全相同。但产品的故障率取决于产品的复杂性，产品越复杂，其故障曲线越是接近于模式 5 或模式 6。

2.3 产品的寿命特征

　　在如图 2-1 所示的产品失效频数直方图中，到 t_{i-1} 时刻尚在工作而到 t_i 时刻为止失效

的产品数为 ΔN_{fi}。现假设这 ΔN_{fi} 个产品都工作到 t_i，则所有产品的累计持续工作时间为

$$\sum_{i=1}^{n} t_i \Delta N_{fi}$$

而这一批产品的平均工作时间 $E(t)$ 就可以用下式来表示：

$$E(t) = \frac{1}{N_0} \sum_{i=1}^{n} t_i \Delta N_{fi} = \sum_{i=1}^{n} t_i \frac{\Delta N_{fi}}{N_0} \tag{2-18}$$

当 $n \to \infty$，$\Delta t \to 0$ 时，

$$\lim_{\substack{n \to \infty \\ \Delta t \to 0}} \frac{\Delta N_{fi}}{N_0} = \frac{dN_{fi}}{N_0} = \frac{1}{N_0} \frac{dN_{fi}}{dt} dt$$

则根据式（2-4），当 $n \to \infty$，$\Delta t \to 0$ 时，可将式（2-18）变为

$$E(t) = \int_0^{\infty} t f(t) dt \tag{2-19}$$

$E(t)$ 是所有产品寿命的均值，人们常把这个寿命称为平均寿命，记作 m。对于不可维修产品，它代表平均故障前工作时间，记作 MTTF(mean time till failure)。对于可维修系统，它代表平均故障间隔时间，记作 MTBF(mean time between failure)。

由式（2-19）和式（2-11），有

$$E(t) = \int_0^{\infty} t \left[-\frac{dR(t)}{dt} \right] dt = \int_0^{\infty} -t dR(t) = -tR(t) \Big|_0^{\infty} + \int_0^{\infty} R(t) dt$$

当 $t=0$ 时，$tR(t)=0$；

当 $t \to \infty$，$R(t)$ 以比 $1/t$ 更快的速度趋近于 0。因而，$tR(t) \to 0$。而上式可变为

$$E(t) = \int_0^{\infty} R(t) dt \tag{2-20}$$

式（2-20）给出了平均寿命和可靠度函数之间的关系。当 $\lambda(t)$ 为常数，也即产品的可靠性服从指数分布时，可以对上式直接积分：

$$E(t) = \int_0^{\infty} e^{-\lambda t} dt = 1/\lambda \tag{2-21}$$

这表明在失效率为常数的情况下，产品的平均寿命为失效率 λ 的倒数。而在这种情况下，产品工作到平均寿命时的可靠度为

$$R(1/\lambda) = e^{-1} = 0.37$$

这表明失效率为常数的产品能工作到平均寿命时间的产品仅占整批产品的 37%。这种使产品的可靠度为 e^{-1} 的寿命时间 T_{e-1} 称为产品的特征寿命。

除平均寿命和特征寿命外，可靠性工程中还常用到中位寿命、可靠寿命和更换寿命等概念。

习惯上，人们常把 $R(t)=0.5$ 时的寿命时间 $T_{0.5}$ 称为中位寿命，此时失效产品和剩余产品各占一半。如果某产品的最低可靠性限度为 r，则使产品的可靠度下降到 r 时的寿命时间

T_r 就叫产品的可靠寿命。在许多实际工程中,人们也常用产品的失效率作为判断产品是否要更换的依据。若规定产品在失效率为 λ 时必须更换,则根据式(2-13)计算出来的相对应的时间 T_λ 即为产品的更换寿命。

如果说产品的平均寿命、特征寿命和中位寿命是描述产品可靠性特征的参数,那么,可靠寿命和更换寿命则为产品的定时维修及元器件、零部件的更换提供依据。

2.4 维修性参数度量

可维修性的定义是:产品在规定条件下和规定时间内,按规定的程序和方法进行维修时,保持或恢复到规定状态的能力。

从定义中可见可维修性包含了以下要素:

(1)它是通过设计所赋予产品的一种固有的属性。

(2)它是使产品保持或恢复正常状态的能力的尺度。

(3)这种尺度涉及产品本身,维修人员素质,维修的方法、设备、环境和资源等。

(4)此尺度是随机变量,具有统计的意义,可用概率来表示。

下面对描述维修性的基本参数进行介绍。

1)维修度 $M(t)$

维修度可以定义为:可维修产品在规定条件下和规定时间内完成维修工作的概率。它是产品维修性好坏的概率度量,是可维修难易程度的表征。越容易维修,产品的 $M(t)$ 就越大。

维修度 $M(t)$ 是维修时间 T 的函数:

$$M(t) = P\{T \leqslant t\} \qquad (2-22)$$

且

$$\lim_{t \to 0} M(t) = 0, \ \lim_{t \to \infty} M(t) = 1$$

由于产品发生故障的时间和部位具有随机性,所以修复时间 T 是一个随机变量,因而,维修度 $M(t)$ 也定义为修复时间不超过规定时间的概率。维修度 $M(t)$ 函数曲线如图2-5所示。

可以看出,维修度 $M(t)$ 是随维修时间 T 的增加而增加的函数,其增加的速度常用维修时间密度函数 $m(t)$ 表示。

2)维修时间密度函数 $m(t)$

$$m(t) = \mathrm{d}M(t)/\mathrm{d}t \qquad (2-23)$$

称为维修时间 T 的概率密度函数,简称密度函数。

上式积分后可得

$$M(t) = \int_0^t m(t)\,\mathrm{d}t \qquad (2-24)$$

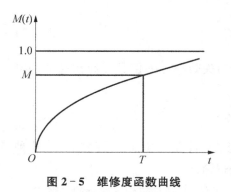

图2-5 维修度函数曲线

维修密度函数反映的是产品在 t 时刻被修复的可能性。

3）维修率 $\mu(t)$

维修率反映的是在 t 时刻以前产品还没有被修复的情况下，在时刻 t 的单位时间内完成维修工作的条件概率。

$$\mu = m(t)/G(t) \qquad\qquad (2-25)$$

式中 $G(t) = 1 - M(t)$，称为未维修度。

4）平均故障修复时间 $\overline{M}_{ct}$（或 MTTR）

平均故障修复时间 $\overline{M}_{ct}$ 是维修时间 T 的数学期望值，有时也记作 MTTR：

$$MTTR = \overline{M}_{ct} = \int_0^\infty tm(t)\,\mathrm{d}t \qquad\qquad (2-26)$$

5）平均预防维修时间 $\overline{M}_P$

设预防维修时间 T 的密度函数为 $m(t)$，则

$$\overline{M}_P = \int_0^{+\infty} tm(t)\,\mathrm{d}t$$

$\overline{M}_P$ 为平均预防维修时间。

6）平均维修时间 $\overline{M}$

产品全部维修活动（排除故障维修与预防维修）时间的平均值

$$\overline{M} = \frac{\lambda \overline{M}_{ct} + f_P \overline{M}_P}{\lambda + f_P}$$

式中：λ 为装备的平均故障率，如每小时平均故障次数；f_P 为装备预防维修的频率，如每小时平均预防维修次数。

7）修复时间中值 M_{ct}（或 ERT）

设修复时间 T 的维修度为 $M(t)$，使 $M(t) = 0.5$ 成立的时间 t 称为修复时间中值，记作 M_{ct}。

由上述定义可知，$M(M_{ct}) = 0.5$

当 T 服从指数分布时，$M_{ct} = 0.693\overline{M}_{ct}$

当 T 服从正态分布时，$M_{ct} = \overline{M}_{ct}$

当 T 服从对数正态分布时，$M_{ct} = \mathrm{e}^{-\frac{\sigma^2}{2}}\overline{M}_{ct}$

同理，可定义预防维修时间中值 M_P。

8）最大修复时间 M_{maxct}

当产品达到规定维修度（通常是 90% 或 95%）的修复时间，也即预期完成全部修复工作的某个百分位所需要的时间。

若修复时间 T 服从指数分布，当要求 $M(t) = 95\%$ 时，相应的 $M_{maxct} \approx 3\overline{M}_{ct}$。

同理，可定义最大预防修复时间 M_{maxpt} 和最大维修时间 M_{max}。

2.5 可用性参数度量

就可靠性来说,人们所关心的是使设计出来的系统能正常工作的时间越长越好;就可维修性来说,关心的重点则是使设计出来的系统在发生故障时能尽快地修复。可维修性与可靠性的重要区别在于对人的因素的依赖程度不同。系统的固有可靠性主要取决于系统各构成成分的物理特性;系统的可维修性不可能脱离人的因素的影响。相同的系统,由于采用了不同的维修概念和不同的后勤保障方式,还由于从事维修工作的人员在技术水平上的差异,会表现出不同的维修特性。

可用度是系统可靠性和可维修性的综合表征,通过进行可用性分析,可以在系统的可靠性和可维修性参数间做出合理的权衡。可用度是把系统的可靠性和可维修性综合考虑的参数。

可用度定义为,产品在规定的条件下在任意时刻正常工作的概率,记作 $A(t)$。

如果产品的可靠度和维修度均服从指数分布,即

$$R(t) = \mathrm{e}^{-\lambda t}$$
$$M(t) = \mathrm{e}^{-\mu t}$$

则可用度 $A(t)$ 满足微分方程:

$$\frac{\mathrm{d}A(t)}{\mathrm{d}t} = -\lambda A(t) + \mu[1 - A(t)] \tag{2-27}$$

由式(2-27)解得

$$A(t) = \frac{\mu}{\lambda + \mu} + \frac{\lambda}{\lambda + \mu} \mathrm{e}^{-(\lambda + \mu)t} \tag{2-28}$$

当 $t \to \infty$,$A = \lim\limits_{t \to \infty} A(t)$ 的极限存在,则称 A 为平衡状态下的可用度,即

$$A = \frac{\mu}{\lambda + \mu} \tag{2-29}$$

可用度定义也可以这样理解,即在规定的条件下,当任务需要时,装备处于可使用状态的概率,即

$$A = T_\mathrm{u}/(T_\mathrm{u} + T_\mathrm{D}) \tag{2-30}$$

式中:T_u 为装备的可使用(可工作)时间;T_D 为装备的不可使用(不能工作)时间。

T_u 反映装备的可靠性,T_D 表征装备的维修性。提高可靠性(T_u 增大)和可维修性(T_D 减小)可使可用度提高(A 增大)。根据确定 T_u 和 T_D 的不同条件,便有不同的可用度。

1) 固有可用度 A_i

固有可用度是在规定条件下使用,不考虑供应及行政延误时间和预防维修时间的可用度。在这种情况下,装备不可用时间仅仅是排除故障维修时间,可用时间就是故障间隔时间。

$$A_\mathrm{i} = \frac{MTBF}{MTBF + MTTR} \tag{2-31}$$

式中：$MTBF$ 为平均故障间隔时间；$MTTR$ 为平均故障修复时间。

2）可达可用度 A_a

可达可用度是在规定条件下使用，不考虑供应和行政延误时间，但要同时考虑预防维修和排除故障维修时间的可用度。在这种情况下，装备不可用时间是维修时间，可用时间是维修间隔时间。

$$A_a = \frac{MTBM}{MTBM + \overline{M}} \qquad (2-32)$$

式中：$MTBM$ 为平均维修间隔时间；$\overline{M}$ 为由排除故障维修和预防维修引起的平均维修时间。

3）使用可用度 A_o

使用可用度是在规定条件下使用，考虑维修时间和供应及行政延误时间的可用度。使用可用度参数用于描述装备能够投入使用的能力。使用可用度 A_o 通常受装备利用率的影响。在规定的时间内，装备工作时间越短，A_o 就越高。

$$A_O = \frac{T_U}{T_U + T_D} \qquad (2-33)$$

式中：T_U 包括工作时间、不工作时间（能工作）、待命时间；T_D 包括预防性维修时间、修复性维修时间、管理和保障延误时间。

当平均维修间隔时间（$MTBM$）与平均不工作时间（MDT）已知时，使用可用度 A_o 可由下式计算：

$$A_O = \frac{MTBM}{MTBM + MDT} \qquad (2-34)$$

式中：$MTBM$ 为平均维修间隔时间（h）；MDT 为平均不工作时间（h）。

此外，当 $MTBF$、$MTTR$ 及平均后勤延误时间（$MLDT$）可获得时，A_o 可由下式计算：

$$A_O = \frac{MTBF}{MTBF + MTTR + MLDT} \qquad (2-35)$$

式中：$MTBF$ 为平均故障间隔时间；$MTTR$ 为平均故障修复时间（h）；$MLDT$ 为平均后勤延误时间（h）。

平均后勤延误时间是不能工作时间与故障总数之比的另一部分，表示除 $MTTR$ 以外所有为修复故障而在资源保障方面出现的各种延误时间之和的平均值。各种延误时间包括：人员、在其他等级上的修复、供应保障、运输以及其客观存在不属于实际动手维修时间（$MTTR$）内的各种综合延误，这些延误时间的定量值在系统研制的各阶段可以用不同的方法得出。$MLDT$ 是系统保障性的计量，一般是通过对保障体系的设计来控制的。

2.6　系统可靠性参数之间的关系

2.6.1　不可维修系统可靠性参数之间的关系

不可维修系统的可靠性可以从不同的角度用多种多样的参数加以评价，如失效概率密

度函数 $f(t)$、失效率 $\lambda(t)$、可靠度 $R(t)$、不可靠度 $F(t)$、平均故障前工作时间 $MTTF$、特征寿命 $T_{e^{-1}}$、中位寿命 $T_{0.5}$ 和可靠寿命 T_r 等。虽然它们是在实践中分别从不同的角度提出来的，但它们的物理意义及数学公式却有着密切的联系。

以失效率 $\lambda(t)$、失效密度分布函数 $f(t)$、不可靠度函数 $F(t)$ 和可靠度函数 $R(t)$ 中任何一个为起点，都可以推出其他所有参数的表达式。如已知某产品的失效度函数 $\lambda(t)$，则有

$$f(t) = \lambda(t) e^{-\int_0^t \lambda(t) dt} \tag{2-36}$$

$$R(t) = e^{-\int_0^t \lambda(t) dt} \tag{2-37}$$

$$F(t) = 1 - R(t) = 1 - e^{-\int_0^t \lambda(t) dt} \tag{2-38}$$

$$MTTF = \int_0^\infty R(t) dt = \int_0^\infty e^{-\int_0^t \lambda(t) dt} dt \tag{2-39}$$

$$T_r = R^{-1}(r) \tag{2-40}$$

$$T_{0.5} = R^{-1}(0.5) \tag{2-41}$$

$$T_{e^{-1}} = R^{-1}(e^{-1}) \tag{2-42}$$

以 $R(t)$、$F(t)$、$f(t)$ 为起点，同样可推出别的参数。可靠性参数关系如图 2-6 所示。

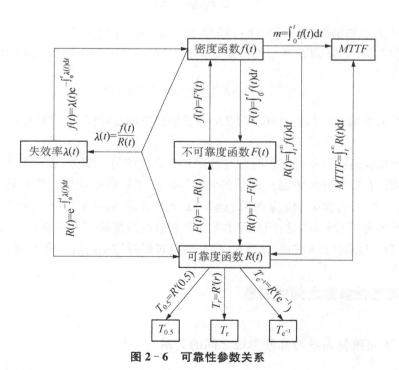

图 2-6　可靠性参数关系

2.6.2　可维修系统可靠性参数之间的关系

在实际生活中遇到的大部分系统都是可维修系统。可维修系统在发生故障时,经维修后可以恢复正常工作。这样,可维修系统总是正常与故障交替出现,它的整个寿命周期包括整个修复—故障—维修的循环。可维修系统寿命周期如图 2-7 所示。

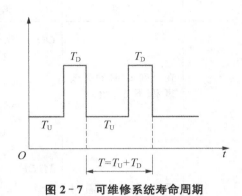

图 2-7　可维修系统寿命周期

根据可维修系统的特点,其整个寿命包括两部分:一是修复—故障过程,也即从维修好一直工作到再发生故障为止的时间,记作 T_U;二是故障—修复过程,即从发生故障一直到维修好为止的时间,记作 T_D。而产品在两次相邻故障间的平均时间就称平均寿命周期,记作 M_T。且

$$M_T = T_U + T_D \tag{2-43}$$

在修复—故障过程中,可维修系统的可靠性特征参数和不可维修系统的可靠性特征参数几乎完全一样,有 $R(t)$、$F(t)$、$f(t)$、$\lambda(t)$ 等。但此时的平均寿命 m 则演化成平均故障间隔时间,记作 $MTBF$。

在故障—修复过程中,情况就比较复杂了。与修复—故障过程的特征参数作比较,若将 $M(t)$ 和 $F(t)$、$m(t)$ 和 $f(t)$、$\mu(t)$ 和 $\lambda(t)$、$MTTR$ 和 $MTBF$ ——对应起来,可以发现它们之间的关系式的形式完全是一样的。这一特征可以帮助读者理解故障—修复过程的可靠性特征参数的含义。

由于可维修性理论是在可靠性理论基础上发展起来的,因而,其参数、指标体系乃至研究方法都与可靠性有着很多共同之处。表 2-2 列出了可维修性参数和可靠性参数之间的对应关系。

表 2-2　可维修性参数与可靠性参数的对应关系

序号	可靠性		可维修性	
	变量	函数	变量	函数
1	失效时间概率密度函数	$\begin{aligned} f(t) &= \lambda(t)R(t) \\ &= \lambda(t)e^{-\int \lambda(t)dt} \\ &= \lambda(t)[1-Q(t)] \end{aligned}$	修复时间概率密度函数	$\begin{aligned} g(t) &= \mu(t)[1-M(t)] \\ &= \mu(t)e^{-\int \mu(t)dt} \\ &= \mu(t)[1-M(t)] \end{aligned}$
2	失效率	$\begin{aligned} \lambda(t) &= \frac{f(t)}{R(t)} \\ &= \frac{f(t)}{1-Q(t)} \end{aligned}$	修复率	$\begin{aligned} \mu(t) &= \frac{g(t)}{1-M(t)} \\ &= \frac{g(t)}{G(t)} \end{aligned}$

（续表）

序号	可靠性		可维修性	
	变量	函数	变量	函数
3	在时间 t_1 时的失效概率（不可靠度）	$\begin{aligned} Q(t_1) &= P(t < t_1) \\ &= \int f(t)\mathrm{d}t \\ &= 1 - R(t_1) \\ &= 1 - \frac{f(t_1)}{\lambda(t_1)} \\ &= 1 - \mathrm{e}^{-\int \lambda(t)\mathrm{d}t} \end{aligned}$	在时间 t_1 时完成维修的概率（维修度）	$\begin{aligned} M(t_1) &= P(t \leqslant t_1) \\ &= \int g(t)\mathrm{d}t \\ &= 1 - \frac{g(t_1)}{\mu(t_1)} \\ &= 1 - \mathrm{e}^{-\int u(t)\mathrm{d}t} \end{aligned}$
4	平均故障间隔时间 MTBF	$\begin{aligned} MTBF &= \bar{t} \\ &= \int t f(t)\mathrm{d}t \\ &= \int R(t)\mathrm{d}t \end{aligned}$	平均故障修复时间 MTTR	$\begin{aligned} MTTR &= \bar{t} \\ &= \int \tan(t)\mathrm{d}t \end{aligned}$

如果把可维修系统的整个寿命过程整体地进行考虑，情况就更加复杂了。现在提出来的参数已不少于 8 个，但有许多参数的应用范围并不是很广。

2.7　泛可靠性工程中常用的概率分布

在产品可靠性研究中会遇到许多随机变量。各种随机变量有着各自不同的概率分布，而产品寿命的概率分布是可靠性研究中最基本的，也是最重要的概率分布。此外，还有产品性能指标的概率分布、维修时间的概率分布以及加在产品之上的应力的概率分布。欲了解和研究产品的可靠性，就必须掌握这些概率分布。

1）指数分布

通常，产品在超过了早期失效阶段进入到偶然失效区后，故障率随时间的变化若不大，其故障率可以视为恒定的，即

$$\lambda(t) \equiv \lambda \tag{2-44}$$

根据式（2-10）和式（2-17），产品的可靠性服从指数分布，且有

$$R(t) = \mathrm{e}^{-\lambda t} \tag{2-45}$$

$$f(t) = \lambda \mathrm{e}^{-\lambda t} \tag{2-46}$$

$$F(t) = 1 - \mathrm{e}^{-\lambda t} \tag{2-47}$$

指数分布在电子系统可靠性领域中是一种应用非常广泛的分布，也是在可靠性工程中用得最多的一种分布。指数分布之所以用得这么广，是因为它具有一种非常便于数学处理的特性——无记忆性。

假设产品 t_1 时刻处于正常状态，在经历时间 t 后产品失效。那么在 t_1 时刻产品是良好

的条件下，$t_1 + t$ 时产品失效的条件概率可用下式表示：

$$F[(t_1 + t) \mid t_1] = \frac{1}{R(t_1)} \int_{t_1}^{t_1+t} f(\tau) \mathrm{d}\tau \qquad (2-48)$$

根据式(2-5)及式(2-9)，有

$$\int_{t_1}^{t_1+t} f(\tau) \mathrm{d}\tau = F(t_1 + t) - F(t_1) = -R(t_1 + t) + R(t_1)$$

将式(2-45)代入上式，得

$$\int_{t_1}^{t_1+t} f(\tau) \mathrm{d}\tau = \mathrm{e}^{-\lambda t_1} - \mathrm{e}^{-\lambda(t_1+t)}$$

将上式及式(2-45)代入式(2-48)，则为

$$F[(t_1 + t) \mid t_1] = (\mathrm{e}^{-\lambda t_1} - \mathrm{e}^{-\lambda(t_1+t)})/\mathrm{e}^{-\lambda t_1} = 1 - \mathrm{e}^{-\lambda t}$$

则

$$R[(t_1 + t) \mid t_1] = 1 - F[(t_1 + t) \mid t_1] = \mathrm{e}^{-\lambda t} = R(t) \qquad (2-49)$$

这表明，在 t_1 时刻产品处于正常状态的前提下，经 t 时间后产品仍然良好的概率与从 0 时刻起到 t 时刻产品仍然良好的概率是一样的，即产品的可靠性仅由工作时间 t 的长短来决定，而与起始时刻无关。

当产品的可靠性服从指数分布时，产品的平均寿命、特征寿命、中位寿命和可靠性寿命分别为

$$m = \int_0^\infty R(t) \mathrm{d}t = \int_0^\infty \mathrm{e}^{-\lambda t} \mathrm{d}t = 1/\lambda \qquad (2-50)$$

$$T_{\mathrm{e}^{-1}} = m = 1/\lambda \qquad (2-51)$$

$$T_{0.5} = \frac{1}{\lambda} \ln 2 \qquad (2-52)$$

$$T_r = \frac{1}{\lambda} \ln \frac{1}{r} \qquad (2-53)$$

如果某种单元受到一种应力环境的影响，如果这种环境应力是按泊松分布方式经常发生的某种类型的"冲击"，并且这种"冲击"一发生，该单元就失效。当这种"冲击"不发生时，该单元就正常，如果这个泊松分布的参数为 λ，则该单元的失效分布就是服从参数为 λ 的指数分布。

指数分布在一定条件下可以用来描述大型复杂系统的故障间隔时间的分布。这些条件是：

（1）系统由大量电子元器件构成（由不同类型的单元构成），各元器件（单元）相互独立，互不影响。

（2）任何一个元器件（单元）的失效都可能引起整个系统的失效。

（3）元器件（单元）失效后可立即更换或修复，更换或修复的时间可以忽略。

那么，当系统经过了较长的工作时间后（超过早期失效期），其故障间隔时间近似地服从指数分布。如船上导航系统、雷达系统、指控系统等，其故障间隔时间都近似地认为服从指数分布的。

2）正态分布

正态分布是统计学理论及实际应用中重要的分布，也是在机械产品和结构工程中研究应力分布和强度分布时常用的一种分布形式。同时还常用于模拟因腐蚀、磨损和疲劳而引起的故障分布。其失效密度函数为

$$f(t) = \frac{1}{\sqrt{2\pi}\sigma} e^{-\frac{(t-\mu)^2}{2\sigma^2}} \tag{2-54}$$

其失效分布函数为

$$F(t) = \frac{1}{\sqrt{2\pi}\sigma} \int_0^t e^{-\frac{(t-\mu)^2}{2\sigma^2}} dt \tag{2-55}$$

正态分布有这么一个性质，即标准差 σ 和均值 μ 与所在的横坐标位置无关。为了计算方便，可以把 μ 移到 O 点，并将横坐标改成以 σ 为单位，也即令 $u = (t-\mu)/\sigma$，则可将一般正态分布的密度函数转换成标准正态分布的密度函数：

$$\phi(\mu) = \frac{1}{\sqrt{2\pi}} e^{-\frac{\mu^2}{2}} \tag{2-56}$$

分布函数也可化为

$$\varphi(X) = \frac{1}{\sqrt{2\pi}} \int_{-\infty}^{X} e^{-\frac{\mu^2}{2}} du \tag{2-57}$$

用概率理论不难证明：

$$\varphi(-X) = 1 - \varphi(X) \tag{2-58}$$

图 2-8 是正态分布密度函数，它形象地表示了式（2-58）的含义。

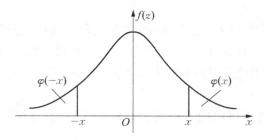

图 2-8　正态分布密度函数

正态分布密度函数明确了正态分布的含义，寿命服从正态分布的产品的可靠性参数就不难得到。它们分别为

$$R(t) = 1 - \left[\varphi\left(\frac{t-\mu}{\sigma}\right) - \varphi\left(\frac{\mu}{\sigma}\right) \right] \qquad (2-59)$$

$$\lambda(t) = \frac{f(t)}{R(t)} = \frac{\dfrac{1}{\sqrt{2\pi}}\mathrm{e}^{\frac{(t-\mu)^2}{2\sigma^2}}}{1 - \left[\varphi\left(\dfrac{t-\mu}{\sigma}\right) - \varphi\left(\dfrac{\mu}{\sigma}\right)\right]} \qquad (2-60)$$

当 $\mu \ll \sigma$ 时，有

$$\lambda(t) = \frac{\mathrm{e}^{\frac{(t-\mu)^2}{2\sigma^2}}}{\displaystyle\int_t^\infty \mathrm{e}^{\frac{(t-\mu)^2}{2\sigma^2}}\mathrm{d}t} \qquad (2-61)$$

此时 $\lambda(t)$ 是 t 的递增函数。

$$m = \mu \qquad (2-62)$$

$$T_r = \mu + \sigma\varphi^{-1}\left[1 - r + \varphi\left(-\frac{\mu}{\sigma}\right)\right] \qquad (2-63)$$

$$T_{0.5} = \mu + \sigma\varphi^{-1}\left[0.5 + \varphi\left(-\frac{\mu}{\sigma}\right)\right] \qquad (2-64)$$

3）威布尔分布

在可靠性工程中，威布尔分布常用于描述金属材料的疲劳寿命和电子管的故障分布等。图 2-9 为威布尔分布的概率密度函数。

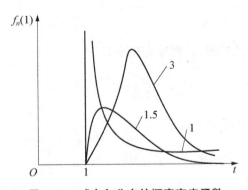

图 2-9　威布尔分布的概率密度函数

威布尔分布的分布函数和概率密度分布函数分别为

$$F(t) = 1 - \mathrm{e}^{-\left(\frac{t-r_0}{\eta}\right)^m} \quad (t \geqslant r_0) \qquad (2-65)$$

$$f(t) = \frac{m}{\eta}\left(\frac{t-r_0}{\eta}\right)^{m-1}\mathrm{e}^{-\left(\frac{t-r_0}{\eta}\right)^m} \quad (t \geqslant r_0) \qquad (2-66)$$

式中：m 决定分布曲线的形状（见图 2-9），因而称形状参数；r_0 决定曲线的起点，因而称位置参数；而 η 决定曲线的高低，因而称尺度参数。特殊地，当 $m=1$ 时，威布尔分布就变成了

指数分布。

威布尔分布的可靠度函数为

$$R(t) = 1 - F(t) = \mathrm{e}^{-\left(\frac{t-r_0}{\eta}\right)^m} \qquad (2-67)$$

威布尔分布的失效率函数为

$$\lambda(t) = f(t)/R(t) = \frac{m}{\eta}\left(\frac{t-r_0}{\eta}\right)^{m-1} \qquad (2-68)$$

由式(2-68)可以看出,当 $m > 1$ 时,$\lambda(t)$ 为单调递增函数,失效率属 IFR 型。当 $m = 1$ 时,$\lambda(t)$ 为常数 $1/\eta$,失效率属 CFR 型(恒定型失效率)。当 $m < 1$ 时,$\lambda(t)$ 为单调递减函数,失效率属 DFR 型(递减型失效率)。这样,威布尔分布对浴盆曲线上的三种失效区域都适用。因而,威布尔分布的应用面很广。

威布尔分布的平均寿命、可靠寿命、中位寿命和更换寿命分别为

$$E(t) = r_0 + \eta\Gamma\left(\frac{1}{m}+1\right) \qquad (2-69)$$

$$T_r = r_0 + \eta\left(\ln\frac{1}{r}\right)^{\frac{1}{m}} \qquad (2-70)$$

$$T_{0.5} = r_0 + \eta(\ln 2)^{\frac{1}{m}} \qquad (2-71)$$

$$T_\lambda = r_0 + \eta\left(\frac{\lambda\eta}{m}\right)^{\frac{1}{m-1}} \qquad (2-72)$$

4) 伽马分布

伽马分布是指数分布的扩展,其概率密度函数为

$$f(t) = \frac{\lambda^\alpha}{\Gamma(\alpha)}t^{\alpha-1}\mathrm{e}^{-\lambda t}, \ t \geqslant 0 \qquad (2-73)$$

式中 $\Gamma(\alpha)$ 称为伽马函数,并可用下式定义:

$$\Gamma(\alpha) = \int_0^\infty x^{\alpha-1}\mathrm{e}^{-x}\mathrm{d}x, \ \alpha > 0$$

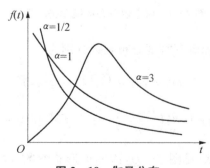

图 2-10　伽马分布

图 2-10 为伽马分布。从图中可以看出 α 决定 $f(t)$ 图像的形状,因而称形状参数。λ 称尺度参数。不难看出,当 $\alpha=1$ 时,伽马分布就成了指数分布。

伽马分布时的不可靠度函数和可靠度函数分别为

$$F(t) = \frac{\lambda^\alpha}{\Gamma(\alpha)} \int_0^t x^{\alpha-1} \mathrm{e}^{-\lambda x} \mathrm{d}x \tag{2-74}$$

$$R(t) = \frac{\lambda^\alpha}{\Gamma(\alpha)} \int_t^\infty x^{\alpha-1} \mathrm{e}^{-\lambda x} \mathrm{d}x \tag{2-75}$$

伽马分布的失效率为

$$\lambda(t) = f(t)/R(t) = \frac{t^{\alpha-1} \mathrm{e}^{-\lambda t}}{\int_t^\infty x^{\alpha-1} \mathrm{e}^{-\lambda x} \mathrm{d}x} \tag{2-76}$$

伽马分布的平均寿命为

$$m = E(t) = \int_0^\infty x \frac{\lambda^\alpha}{\Gamma(\alpha)} x^{\alpha-1} \mathrm{e}^{-\lambda x} \mathrm{d}x = \frac{\alpha}{\lambda} \tag{2-77}$$

由式(2-76)可以看出,当 $0 < \alpha < 1$ 时,$\lambda(t)$ 为递减函数,且当 $t \to \infty$ 时,$\lambda(t) \to \lambda$。当 $\alpha = 1$ 时,$\lambda(t) = \lambda$;当 $\alpha > 1$ 减时,$\lambda(t)$ 为递增函数,且当 $t \to \infty$ 时,$\lambda(t) \to \lambda$。

5) 二项分布

当一种试验只有两种可能的结果,且这种结果不受时间限制时,这种试验就称为成败型试验。如发射一枚导弹只可能有成功和失败两种结果。虽然导弹本身有其系统可靠性的计算方法,其成功概率与贮存期有关系,但它随贮存时间变化是较慢的,而且在发射导弹时,其有效与否往往用成败型模型来评价。这样就要用到二项分布。

如果把两种可能出现的事件分别表示为 A 和 A',且它们发生的概率分别假设为

$$P(A) = p(0 \leqslant p \leqslant 1) \tag{2-78}$$

$$P(A') = 1 - p = q \tag{2-79}$$

现独立地进行 n 次试验,则事件 A 发生的次数 x 是一个随机变量,它服从二项分布:

$$P\{x = k\} = \mathrm{C}_n^k p^k q^{n-k} (k = 0, 1, 2, \cdots, n) \tag{2-80}$$

A 发生次数 x 的期望值为

$$E(X) = \sum_{k=0}^n kP\{x = k\} = \sum_{k=0}^n k\mathrm{C}_n^k p^k q^{n-k} = np \tag{2-81}$$

在系统可靠性工程中,二项分布不仅用于计算成败型系统的成功概率,也适用于计算相同单元并行工作冗余(热贮备)系统的成功概率。

在实际工程中,还有许多别的分布类型,在此不一一叙述。

表 2-3 是几种在可靠性工程中常用的分布及其特征参数,读者在应用时可方便地查找各种分布的特征参数。

表 2-3　各种分布形式及其特征参数

特征参数 ＼ 分布形式	指数分布	正态分布	威布尔分布	伽马分布
密度函数 $f(t)$	$\lambda e^{-\lambda t}$	$\dfrac{1}{\sqrt{2\pi}\sigma}e^{\frac{(t-\mu)^2}{2\sigma^2}}$	$\dfrac{m}{\eta}\left(\dfrac{t-r_0}{\eta}\right)^{m-1}e^{-\left(\frac{t-r_0}{\eta}\right)^m}$	$\dfrac{\lambda^\alpha}{\Gamma(\alpha)}t^{\alpha-1}e^{-\lambda t}$
可靠度函数 $R(t)$	$e^{-\lambda t}$	$1-\dfrac{1}{\sqrt{2\pi}\sigma}\displaystyle\int_0^t e^{-\frac{(t-\mu)^2}{2\sigma^2}}\mathrm{d}t$	$e^{-\left(\frac{t-r_0}{\eta}\right)^m}$	$\dfrac{\lambda^\alpha}{\Gamma(\alpha)}\displaystyle\int_t^\infty x^{\alpha-1}e^{-\lambda x}\mathrm{d}x$
失效率 $\lambda(t)$	λ	$\dfrac{\dfrac{1}{\sqrt{2\pi}}e^{\frac{(t-\mu)^2}{2\sigma^2}}}{1-\left[\varphi\left(\dfrac{t-\mu}{\sigma}\right)-\varphi\left(\dfrac{\mu}{\sigma}\right)\right]}$	$\dfrac{m}{\eta}\left(\dfrac{t-r_0}{\eta}\right)^{m-1}$	$\dfrac{t^{\alpha-1}e^{-\lambda t}}{\displaystyle\int_t^\infty x^{\alpha-1}e^{-\lambda x}\mathrm{d}x}$
平均寿命 m	$\dfrac{1}{\lambda}$	μ	$r_0+\eta\Gamma\left(\dfrac{1}{m}+1\right)$	$\dfrac{\alpha}{\lambda}$
中位寿命 $T_{0.5}$	$\dfrac{1}{\lambda}\ln 2$	$\mu+\sigma\varphi^{-1}\left[0.5+\varphi\left(-\dfrac{\mu}{\sigma}\right)\right]$	$r_0+\eta(\ln 2)^{\frac{1}{m}}$	
可靠寿命 T_r	$\dfrac{1}{\lambda}\ln\left(\dfrac{1}{\lambda}\right)$	$\mu+\sigma\varphi^{-1}\left[1-r+\varphi\left(-\dfrac{\mu}{\sigma}\right)\right]$	$r_0+\eta\left(\dfrac{\lambda\eta}{m}\right)^{\frac{1}{m-1}}$	

3

典型系统可靠性分析方法

系统是指为了完成某一特定功能,由若干个彼此有联系的而且又能相互协调工作的单元组成的综合体。系统的故障不可能凭空而生,而是由单元的故障造成的。为了分析系统的可靠性,就必须分析系统与单元之间、单元与单元之间的逻辑关系。为便于研究,我们把系统划分为典型系统和一般系统。所谓典型系统,是指能用简单逻辑(如串联、并联)表达其逻辑关系的系统。通常情况下,在可靠性工程中所说的典型系统,主要是串联系统、并联系统、n 中取 r 系统、旁联系统等。

3.1 可靠性框图法

描述系统结构关系和完成功能情况的图称为功能框图。在不同的情况下,系统功能框图表现为原理图、结构图等。如某高压空气压缩机由电机、冷却和潮气分享装置、压缩机等组成,表 3-1 为高压空气压缩机的组成及功能,图 3-1 是高压空气压缩机的功能框图。

表 3-1 高压空气压缩机的组成及功能

序号	名称	功能	输入	输出
1	电机	产生力矩	电源(三相)	输出力矩
2	仪表和监测器	控制温度和压力及显示	压力	温度和压力读数;温度和压力传感器输入
3	冷却和潮气分离装置	提供干冷却气	淡水、动力	向压缩机提供干冷空气;向润滑装置提供冷却水
4	润滑装置	提供润滑剂、淡水	动力、冷却水	向压缩机提供润滑油
5	压缩机	提供高压空气	干冷空气、动力、润滑油	高压空气

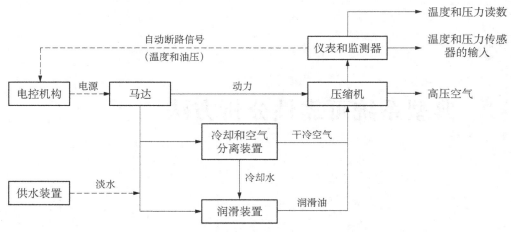

图 3-1　高压空气压缩机的功能框图

　　可靠性框图是一种逻辑图,是对于导致系统成功或失效的逻辑事件的一种图形的比拟。与功能框图不同,可靠性框图是从可靠性的角度出发来研究系统和单元之间的逻辑关系的一种工具。图 3-2 为高压空气压缩机的任务可靠性框图。

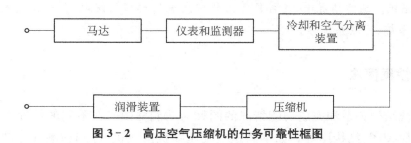

图 3-2　高压空气压缩机的任务可靠性框图

3.2　串联系统的可靠性

　　在一个系统中,如果一个单元故障即导致整个系统的故障,或者说只有当全部单元都正常时系统才正常,这种系统称为串联系统,其可靠性框图如图 3-3 所示。

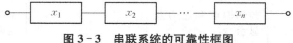

图 3-3　串联系统的可靠性框图

　　在可靠性工程中,串联系统是最常见的和最简单的系统。许多实际工程系统是可靠性串联或以串联系统为基础的。图 3-4 为运载火箭可靠性框图。

图 3-4　运载火箭可靠性框图

在运载火箭的例子中,可靠性系统是由发动机、控制系统、辅助动力装置和地面设备四部分组成的。由于运载火箭系统的正常工作需要这四部分都正常工作,因此表示为四个部分的串联。这里的串联用来表示系统与构成系统的单元之间工作逻辑关系,这种逻辑关系与串联电路中整个电路通路/断路和电阻正常工作/故障的关系十分类似。

在串联系统中,任一单元的失效均导致系统失效,所以串联系统的可靠性与单元可靠性之间存在如下关系:

$$R_s \leqslant R_i \tag{3-1}$$

式中,R_i 为第 i 单元可靠性。

在各单元失效独立的条件下,串联系统的可靠性可表示为

$$R_s = \prod_{i=1}^{n} R_i \tag{3-2}$$

式中,n 为串联单元个数。在单元可靠性是 t 的函数时,上式可写为

$$R_s(t) = \prod_{i=1}^{n} R_i(t) \tag{3-3}$$

若所有单元都服从指数分布,则系统可靠性的计算公式为

$$R_s(t) = \prod_{i=1}^{n} \lambda e^{-\lambda t} = e^{-\sum_{i=1}^{n} \lambda_i t} = e^{-\lambda_s t} \tag{3-4}$$

式中:

$$\lambda_s = \sum_{i=1}^{n} \lambda_i \tag{3-5}$$

这说明指数分布的单元组成的串联系统仍然服从指数分布,且系统失效率等于各单元失效率之和。在各单元失效率相同的条件下,有

$$R_s(t) = e^{-n\lambda_s t} \tag{3-6}$$

由此可见,在设计层面上考虑为了提高串联系统可靠性,应当从三个方面着手:

(1) 提高单元可靠性,即减小 λ_i。

(2) 尽可能减小串联单元数目。

(3) 或等效地缩短任务时间 t。

在串联系统可靠性模型中,如果单元不是服从指数分布(λ_i 不是常数),则有

$$
\begin{aligned}
R_s(t) &= \prod_{i=1}^{n} \exp\left[-\int_0^t \lambda_i(x)\,\mathrm{d}x\right] \\
&= \exp\left\{-\int_0^t \left[\sum_{i=1}^{n} \lambda_i(x)\right]\mathrm{d}x\right\} \\
&= \exp\left\{-\int_0^t \lambda_s(x)\,\mathrm{d}x\right\}
\end{aligned}
\tag{3-7}
$$

即系统失效率 λ_s 仍然等于各单元失效率 λ_i 之和。

例 3.1 有一电源装置由 4 个大功率晶体管、12 个二极管、24 个电阻和 10 个电容器串联组成。各元件的可靠度服从指数分布,且 $MTBF$ 分别为

大功率晶体管 10^5 h;

二极管 5×10^5 h;

电阻 10^4 h;

电容器 5×10^4 h。

设电源的工作时间为 9 h,求电源的可靠度。

解: 由式(3-5)可知:

$$\lambda_s = 4 \times \frac{1}{10^5} + 12 \times \frac{1}{5 \times 10^5} + 24 \times \frac{1}{10^4} + 10 \times \frac{1}{5 \times 10^4}$$
$$= 4 \times 10^{-5} + 2.4 \times 10^{-5} + 24 \times 10^{-4} + 2 \times 10^{-4}$$
$$= 26.64 \times 10^{-4}$$

由式(3-4)有

$$R_s(t) = e^{-\lambda_s t} = e^{-26.64 \times 10^{-4} \times 9} = 0.997\ 4$$

3.3 并联系统的可靠性

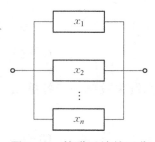

图 3-5 并联系统的可靠性框图

在有 n 个单元构成的系统中,若至少有一个单元是正常的,则系统可视为正常;若 n 个单元都失效,则系统视为失效,这样的系统就称为 n 单元并联系统。并联系统是一种常见的冗余系统,其可靠性如框图 3-5 所示。

假设每个单元的可靠度函数为 $R_i(t)$,$i = 1, 2, \cdots, n$,且各单元相互独立,则系统的不可靠度函数为

$$F_s(t) = \prod_{i=1}^{n} (1 - R_i(t)) \tag{3-8}$$

系统的可靠度函数为

$$R_s(t) = 1 - \prod_{i=1}^{n} (1 - R_i(t)) \tag{3-9}$$

式(3-9)简化后得

$$1 - R_s(t) = \prod_{i=1}^{n} (1 - R_i(t))$$

由于 $0 \leqslant R_i(t) \leqslant 1$,则

$$1 - R_s(t) \leqslant 1 - R_i(t)$$

$$R_s(t) \geqslant R_i(t) \tag{3-10}$$

即并联系统可靠性大于或至少等于各并联单元可靠性的最大值。

设单元寿命服从指数分布,则

$$R_s = 1 - \prod_{i=1}^{n}(1 - e^{-\lambda_i t}) \tag{3-11}$$

对于常用的两单元并联系统,可靠性可表示为

$$R_s(t) = e^{-\lambda_1 t} + e^{-\lambda_2 t} - e^{-(\lambda_1 + \lambda_2)t} = e^{-\int_0^t \lambda_s(n)\mathrm{d}n} \tag{3-12}$$

式中:

$$\lambda_s(t) = -\frac{1}{R_s(t)} \cdot \frac{\mathrm{d}R_s(t)}{\mathrm{d}t} = (\lambda_1 + \lambda_2) - \frac{\lambda_1 e^{-\lambda_2 t} + \lambda_2 e^{-\lambda_1 t}}{e^{-\lambda_1 t} + e^{-\lambda_2 t} - e^{-(\lambda_1 + \lambda_2)t}} \tag{3-13}$$

尽管 λ_1, λ_2 都是常数,但并联系统失效率 $\lambda_s(t)$ 不再是常数,说明服从指数分布的二单元并联之后所组成系统的可靠性不再服从指数分布。

$\lambda_s(t)$ 虽然不是常数,但并联系统平均寿命 M_s 则仍然保持常数(在 λ_1, λ_2 为常数的条件下):

$$M_s = \int_0^{\infty} R_s(t)\mathrm{d}t = \frac{1}{\lambda_1} + \frac{1}{\lambda_2} - \frac{1}{\lambda_1 + \lambda_2} \tag{3-14}$$

对于 n 个指数分布单元组成的并联系统,其平均寿命为

$$M_s = \sum_{i=1}^{n} \frac{1}{\lambda_i} - \sum_{1 \leqslant i < j \leqslant n} \frac{1}{\lambda_i + \lambda_j} + \cdots + (-1)^n \frac{1}{\lambda_i + \cdots + \lambda_n} \tag{3-15}$$

若每个单元的失效率相等,即 $\lambda_1 = \lambda_2 = \cdots = \lambda_0$,则

$$M_s = \frac{1}{\lambda_0} + \frac{1}{2\lambda_0} + \frac{1}{3\lambda_0} + \cdots + \frac{1}{n\lambda_0} \tag{3-16}$$

$$= m_0 + \frac{1}{2}m_0 + \frac{1}{3}m_0 + \cdots + \frac{1}{n}m_0$$

并联系统是最简单的冗余系统。从完成系统功能来说,仅有一个单元也能完成,所以采用多单元并联是为了提高系统可靠性,采取耗用资源代价来换取系统可靠性一定程度的提高。对于并联单元产生的效果,由式(3-16)可以看出,两个单元并联时,平均寿命提高了 50%;三个单元关联时,第三个单元对系统平均寿命的贡献只有 33.3%;四个单元并联时,第四个单元对系统平均寿命的贡献只有 25%。因而,在实际系统设计时,一般只采用二个或三个单元并联。并联太多则效果不够显著,不合算。

例3.2 试比较由相同的 $2n$ 单元组成的系统冗余系统和设备冗余系统的可靠性。图 3-6 是系统冗余可靠性框图;图 3-7 是设备冗余可靠性框图。

解:设每一个设备的可靠度为 R_1, R_2, $\cdots$, R_{2n},不可靠度为 Q_1, Q_2, $\cdots$, Q_{2n},则

(1) 系统冗余情况时,其可靠度为

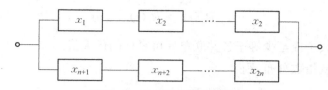

图 3-6   系统冗余可靠性框图

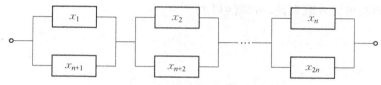

图 3-7   设备冗余可靠性框图

$$R_{SR} = 1 - \left[1 - \prod_{i=1}^{n} R_i\right]^2 = 2\prod_{i=1}^{n} R_i - \left[\prod_{i=1}^{n} R_i\right]^2 = \left[\prod_{i=1}^{n} R_i\right]\left[2 - \prod_{i=1}^{n} R_i\right]$$

$$= \left[\prod_{i=1}^{n}(1 - Q_i)\right]\left[2 - \prod_{i=1}^{n}(1 - Q_i)\right]$$

（2）设备冗余情况时，其可靠度为

$$R_{CR} = \prod_{i=1}^{n}(1 - Q_i^2) = \prod_{i=1}^{n}(1 - Q_i)(1 + Q_i)$$

$$= \left[\prod_{i=1}^{n}(1 - Q_i)\right]\left[\prod_{i=1}^{n}(1 + Q_i)\right]$$

$$R_{CR} - R_{SR} = \left[\prod_{i=1}^{n}(1 - Q_i)\right]\left[\prod_{i=1}^{n}(1 + Q_i) - 2 + \prod_{i=1}^{n}(1 - Q_i)\right]$$

因为

$$\prod_{i=1}^{n}(1 + Q_i) = 1 + \sum_{i=1}^{n} Q_i + \sum_{1 \leqslant i < j \leqslant n} Q_i Q_j + \cdots + \prod_{i=1}^{n} Q_i$$

$$\prod_{i=1}^{n}(1 - Q_i) = 1 - \sum_{i=1}^{n} Q_i + \sum_{1 \leqslant i < j \leqslant n} Q_i Q_j + \cdots + (-1)^n \prod_{i=1}^{n} Q_i$$

则

$$\prod_{i=1}^{n}(1 + Q_i) + \prod_{i=1}^{n}(1 - Q_i) = 2 + 2\sum_{1 \leqslant i < j \leqslant n} Q_i Q_j + \cdots + \prod_{i=1}^{n} Q_i + (-1)^n \prod_{i=1}^{n} Q_i > 2$$

故

$$R_{CR} - R_{SR} > 0$$

此例表明，在任何情况下，设备冗余的可靠度总大于系统冗余的可靠度。

3.4 n 中取 r 系统的可靠性

在由 n 个单元组成的系统中，如果其中 r 个或 r 个以上单元正常系统即正常。在 $r > n/2$

时,称表决系统,又称 n 中取 r 系统。图 3-8 是 n 中取 r 系统可靠性框图的一种画法。

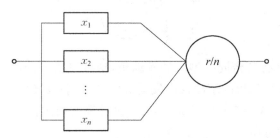

图 3-8 n 中取 r 系统的可靠性框图

n 中取 r 系统也是一种冗余方式。在工程实践中得到了广泛的应用。如装有三台发动机的喷气式飞机,只要有两台发动机正常即可保证安全飞行和降落。在电子数字线路和计算机线路中,表决线路用得更多,这是因为数字线路中比较容易实现表决逻辑的缘故。

一般来说,n 中取 r 系统的可靠性关系比较复杂,很难用一种通俗的数学算式来表达。但当 n 个单元都相同时,情况就大大地简化了。本节仅介绍 n 个单元都相同的 n 中取 r 系统。

设每个单元的可靠度为 R_0,不可靠度为 Q_0,借助于二项式定理可以很容易地找到系统可靠度的表达式为

$$(R_0 + Q_0) = 1 \tag{3-17}$$

则

$$(R_0 + Q_0)^n = C_n^0 Q_0^n + C_n^1 R_0 Q_0^{n-1} + \cdots + C_n^{r-1} R_0^{r-1} Q_0^{n-r+1} + $$
$$C_n^r R_0^r Q_0^{n-r} + \cdots + C_n^n Q_0^n = 1 \tag{3-18}$$

在式(3-18)中,R_0 的 r 次及 r 以上次项表示有 r 以上个单元是正常的情况,即系统正常的情况。因而,r 次及 r 以上次项的和为系统的可靠度 R_s,其余各项之和为系统的不可靠度 Q_s,故 n 中取 r 系统的可靠度 R_s 为

$$R_s = \sum_{k=r}^{n} C_n^k R_0^k Q_0^{n-k} = 1 - \sum_{k=0}^{r-1} C_n^k R_0^k Q_0^{n-k} \tag{3-19}$$

如果各单元的可靠性服从指数分布,失效率为 λ_0,则上述系统的平均寿命为

$$m_s = \int_0^\infty R_s(t)\,\mathrm{d}t$$
$$= \int_0^\infty \sum_{k=r}^{n} C_n^k R^k(t)[1-R(t)]^{n-1}\,\mathrm{d}t$$
$$= \int_0^\infty \left[\mathrm{e}^{-n\lambda_0 t} + n\mathrm{e}^{-(n-1)\lambda_0 t}(1-\mathrm{e}^{-n\lambda_0 t}) + \cdots + \right.$$
$$\left. \frac{n!}{r!(n-1)!}\mathrm{e}^{-\lambda_0 n}(1-\mathrm{e}^{-\lambda_0 t})^{n-r} \right]\mathrm{d}t$$

$$= \frac{1}{n\lambda_0} + \frac{1}{(n-1)\lambda_0} + \cdots + \frac{1}{r\lambda_0}$$

$$= \sum_{k=r}^{n} \frac{1}{k\lambda_0} = \sum_{k=r}^{n} \frac{m_0}{k} \tag{3-20}$$

例3.3 某飞机具有三台同一型号的发动机,这种飞机至少需要两台发动机正常工作才能安全飞行。假定这种飞机的事故仅由发动机引起,并假设飞机起飞、降落和飞行期间的失效率均为同一常数,即 $\lambda_0 = 5 \times 10^{-4}$ 次/小时。试计算飞机工作 10 h、100 h 和 2 000 h 时的可靠度及飞机的平均寿命。

解:

$$R_0 = e^{-\lambda t} = e^{-5 \times 10^{-4} t}$$

$$R_s = \sum_{k=2}^{3} C_3^k R_0^k (1-R_0)^{3-k} = 3R_0^2 - 2R_0^3$$

（1）工作 10 h 时,

$$R_0 = e^{-5 \times 10^{-3}} = 0.995$$

$$R_s = 3 \times 0.995^2 - 2 \times 0.995^3 = 0.999\ 925$$

（2）工作 100 h 时,

$$R_0 = e^{-5 \times 10^{-2}} = 0.95$$

$$R_s = 3 \times 0.95^2 - 2 \times 0.95^3 = 0.992\ 8$$

（3）工作 2 000 h 时,

$$R_0 = e^{-1} = 0.367\ 9$$

$$R_s = 3 \times 0.367\ 9^2 - 2 \times 0.367\ 9^3 = 0.306\ 4$$

（4）飞机的平均寿命

$$m_s = \sum_{k=2}^{3} \frac{1}{k\lambda_0} = \frac{1}{2 \times 5 \times 10^{-4}} + \frac{1}{3 \times 5 \times 10^{-4}} = 1\ 666.7$$

由第 4 项计算结果可以看出,3 中取 2 系统的平均寿命比一个单元的平均寿命短(一个单元的平均寿命是 2 000 小时),但是为什么还要用 3 中取 2 系统呢?从 1、2、3 项计算结果中可以看出,系统在刚投入工作的一段时间内,系统的可靠度明显高于单元可靠度,只是在工作时间接近平均寿命时,系统的可靠度才略低于单元可靠度。因而,n 中取 r 系统一般用于使用时间短而且要求可靠度高的场合。

一个系统将 3 个以上的奇数个并联单元的输出进行比较,把多数单元出现相同的输出作为系统的输出,这一系统称为多数表决系统,其可靠性如框图 3-9 所示。

当各单元相同时,其数学模型为

$$R_s = \left\{ \sum_{i=r}^{2n+1} C_{2n+1}^i R^i(t) [1-R(t)]^{2n+1-i} \right\} R_m(t) \tag{3-21}$$

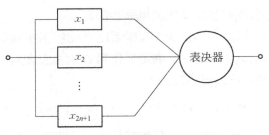

图 3 - 9　表决系统的可靠性框图

式中：$2n+1$ 为系统的单元数；r 为使系统正常工作必须的最少单元数，$r \geqslant n+1$；$R_m(t)$ 为表决器的可靠度。

　　多数表决系统可以显示有缺陷的单元，以便修理，同时在单元的 $MTBF$ 之前，使系统可靠度有显著提高。用于"要执行则执行，要停止则停止"的功能，系统更具有显著优点。例如，在核动力装置中，为保证核反应堆的安全运行，装有安全抑制装置，其作用是在检测中子增殖率提高时，迅速插入中子吸收棒，以防止反应堆发生恶性事故。要求这一系统应有很高的可靠度，若采用并联系统可以提高其可靠性，但另一方面，如果不应抑制时，迅速插入了中子吸收棒，会使反应堆紧急停堆，动力装置失去能量不能运行，对于舰用动力装置而言也是一严重故障，直接影响它的战斗性能。而采用以上的并联系统时，对于"不应抑制时不抑制"这一功能来说，是一个全串联系统，会使它的可靠度大为降低，也就是提高了"安全"的可靠度，却降低了执行任务功能的可靠度，同样是不能接受的。而采用多数表决系统就可以使这两种功能的可靠度都得到提高。

　　多数表决系统要求表决器的可靠度大大高于单元的可靠度。可采用并联的方法提高表决器的可靠度，如上面提到的"安全抑制装置"就采用两表决器并联。

3.5　旁联系统的可靠性

　　组成系统的 n 个单元只有一个单元工作，当工作单元失效时通过失效监测及切换装置接到另一个单元进行工作，这样的系统称为旁联系统(冷贮备系统)，其可靠性如框图 3 - 10 所示。

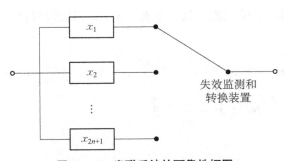

图 3 - 10　旁联系统的可靠性框图

这里以两个单元为例,说明旁联系统的可靠性问题。

如果切换装置不发生故障(可靠度为 1),则系统要能够工作到规定时间 t 有两种情况:一是 A_1 单元单独工作到时间 t;二是 A_1 单元工作到 t_1 时发生故障,切换装置使 A_2 单元接着运行到规定的时间 t,则系统的可靠度为

$$R_S = P\{(t_1 > t) \bigcup [(t_1 \leqslant t) \bigcap (t_2 > t - t_1)]\}$$

式中,$t_1 > t$ 与 $(t_1 \leqslant t) \bigcap (t_2 > t - t_1)$ 是相互独立,不相容事件,则

$$R_S(t) = P(t_1 > t) + P[(t_1 \leqslant t) \bigcap (t_2 > t - t_1)]$$

式中,$P(t_1 > t) = R_1(t)$,由概率论可知第二项为

$$P[(t_1 \leqslant t) \bigcap (t_2 > t - t_1)] = \int_0^t f_1(t_1) f_2(t - t_1) \mathrm{d}t_1$$

$$R_S(t) = P(t_1 > t) + \int_0^t f_1(t_1) f_2(t - t_1) \mathrm{d}t_1 \qquad (3-22)$$

当单元的故障时间为指数分布时,有

$$R_S(t) = \mathrm{e}^{-\lambda t}(1 + \lambda t)$$

对于由 n 个单元构成的旁联系统,切换装置可靠度 $R_m = 1$ 时,其数学模型为

$$R_S(t) = \mathrm{e}^{-\lambda t} \sum_{i=1}^{n-1} \frac{1}{i!}(\lambda t)^i$$

而 $MTTF$(或 $MTBF$)为

$$MTTF = \left[\int_0^\infty \mathrm{e}^{-\lambda t} \sum_{i=1}^{n-1} \frac{1}{i!}(\lambda t)^i\right] \mathrm{d}t = \frac{n}{\lambda}$$

若 $R_m \neq 1$ 时,有

$$R_S(t) = \mathrm{e}^{-\lambda t} \sum_{i=1}^{n-1} \frac{1}{i!}(\lambda R_m t)^i$$

$$MTTF = \left[\int_0^\infty \mathrm{e}^{-\lambda t} \sum_{i=1}^{n-1} \frac{1}{i!}(\lambda R_m t)^i\right] \mathrm{d}t = \frac{1}{\lambda(1 - R_m)}(1 - R_m^n)$$

若组成旁联系统的两个单元的失效率分别为 λ_1,λ_2,且服从指数分布时,由式(3-22)积分可求其可靠度为

$$R_S(t) = R_1 + \int_0^t \lambda_1 \mathrm{e}^{-\lambda_1 t_1} \mathrm{e}^{-\lambda_2(t - t_1)} \mathrm{d}t_1 = \mathrm{e}^{-\lambda_1 t} + \frac{\lambda_1}{\lambda_1 - \lambda_2}(\mathrm{e}^{-\lambda_2 t} - \mathrm{e}^{-\lambda_1 t})$$

$$MTBF = \int_0^\infty R_S(t) \mathrm{d}t = \frac{1}{\lambda_1} + \frac{1}{\lambda_2}$$

4

一般系统的可靠性分析方法

典型系统的结构相对较为简单,能够用简单的串联、并联、n 中取 r 等来描述系统与单元之间的逻辑关系。然而,在日常生活中有一类系统,具有任意结构的系统,通过串联、并联、n 中取 r 或其组合方式来进行可靠性分析存在一定的难度,而要借助于一些特殊的方法来求解,如状态枚举法、全概率公式分解法、网络法等。

4.1 基本概念

4.1.1 结构函数定义

如果把系统的可靠性框图视为描述系统可靠性逻辑关系的数学工具的话,读者会发现这种工具虽然直观,但不精炼,而且不便于编制统一的计算程序。结构函数则不一样,它是精炼、准确地描述系统可靠性逻辑关系的一种有效的数学工具。

由 n 个不同单元组成的系统又可称为 n 阶系统,如果系统和单元具有如下性质:

(1)部件和单元都只有正常和失效两种状态。

(2)系统的状态完全由系统的结构和单元的状态决定。

则可用一个二值变量 x_i 来描述单元的状态:

$$x(t) = \begin{cases} 1, & \text{该单元正常时} \\ 0, & \text{该单元失效时} \end{cases} \quad i = 1, 2, \cdots, n \quad (4-1)$$

同样,系统状态可用二元函数 $\Phi(\boldsymbol{X})$ 表示:

$$\Phi(\boldsymbol{X}) = \Phi(x_1, x_2, \cdots, x_n) = \begin{cases} 1, & \text{系统正常时} \\ 0, & \text{系统失效时} \end{cases} \quad (4-2)$$

式中 $\boldsymbol{X}$ 是 n 维向量 $\boldsymbol{X} = (x_1, x_2, \cdots, x_n)$。人们就把这种 n 维二值函数定义为系统的结构函数。

由于结构函数只能取 0 或 1,其数学期望为

$$E[\Phi(\boldsymbol{X})] = P\{\Phi(\boldsymbol{X}) = 1\} \times 1 + P\{\Phi(\boldsymbol{X}) = 0\} \times 0$$
$$= P\{\Phi(\boldsymbol{X}) = 1\} \tag{4-3}$$
$$= R_{\mathrm{s}}$$

因而,系统的可靠度等于其结构函数的数学期望。

1) 串联系统的结构函数

在串联系统中,每个单元都正常工作,系统才正常工作,其结构函数为

$$\Phi(\boldsymbol{X}) = x_1 \cdot x_2 \cdot \cdots \cdot x_n = \prod_{i=1}^{n} x_i \tag{4-4}$$

2) 关联系统的结构函数

在串联系统中,至少有一个单元正常工作,系统就能正常工作,其结构函数为

$$\Phi(\boldsymbol{X}) = 1 - (1 - x_1) \cdot (1 - x_2) \cdot \cdots \cdot (1 - x_n) = 1 - \prod_{i=1}^{n} (1 - x_i) \tag{4-5}$$

式(4-5)也可以记作 $\bigcup_{i=1}^{n} x_i$。

因此,由两个单元组成的关联系统,其结构函数为

$$\Phi(\boldsymbol{X}) = 1 - (1 - x_1) \cdot (1 - x_2) = \bigcup_{i=1}^{2} x_i \tag{4-6}$$

上式等号右边也可以写成 $x_1 \bigcup x_2$。可以得到

$$\Phi(x_1, x_2) = x_1 + x_2 - x_1 x_2$$

由于 x_1, x_2 都是二元变量,则 $x_1 \bigcup x_2$ 等于 x_1, x_2 中的最大者。

同理,

$$\bigcup_{i=1}^{n} x_i = \max x_i (i = 1, 2, \cdots, n) \tag{4-7}$$

3) n 中取 r 系统的结构函数

在 n 中取 r 系统中,且至少 k 个单元正常工作,系统才能正常工作,其结构函数表达为

$$\Phi(\boldsymbol{X}) = \begin{cases} 1, & \sum_{i=1}^{n} x_i \geqslant k \\ 0, & \sum_{i=1}^{n} x_i < k \end{cases} \tag{4-8}$$

显然,串联系统是 n 中取 n 系统,并联系统是 n 中取 1 系统。

4.1.2 路集与割集

何谓"路"? 何谓"割"?

"路"和"割"是两个相当形象的概念。使系统正常发挥其功能,可以称其为具有通往成功之"路"。如果系统失效了,可以理解为其通往成功之路被"割"断了。因而,把那些同时正

常,系统就正常的单元的集合称为系统的路集,而把那些同时失效系统就失效的单元的集合称为系统的割集。图 4-1 是系统 S 的可靠性框图。

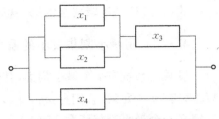

图 4-1 系统 S 的可靠性框图

由图 4-1 不难看出,单元 1、3,或 2、3,或 4,或 1、3、4,或 1、2、3、4 同时正常时,系统即正常。这一些单元的集合就是系统的路集。

同样,由图 4-1 也不难看出,单元 1、2、4,或 3、4,或 2、3、4 同时失效时,系统即失效。这样一些部件的集合就是系统的割集。

为了识别方便,可以把每一个路集或割集加上一对"{ , }"号以示区别,如{1, 3, 4}、{1, 3}、{4}。

4.1.3 最小路集与最小割集

显然,在上面所述的每个路集或每个割集中的情况并不完全相同。如在路集{1, 3, 4}中去掉 1、3,仅保留 4 仍然还是一个路集,而在路集{1, 3}中去掉任何一个都不再构成路集;在割集{2, 3, 4}中去掉 2 保留 3、4 还是一个割集,而在割集{1, 2, 4}中去掉任何一个部件都不再是割集。

由此引出了最小路集和最小割集的概念。

如果在某一路集中去掉任何一个部件就不再是路集,则这种路集称为最小路集,记作 $D(\boldsymbol{X})$;如果在某一割集中去掉任何一个部件就不再是割集,则这种割集称为最小割集,记作 $M(\boldsymbol{X})$。

显然,系统的最小路集和最小割集可以根据系统的路集或割集用布尔代数的一些法则求得。

4.1.4 用最小路集表示的系统结构函数

设某一系统有 k 个最小路集,其中第 i 个最小路集记作 $D_i(\boldsymbol{X})$。假设第 i 个最小路集 $D_i(\boldsymbol{X})$ 有 m 个元素,它们是 x_{i1}, x_{i2}, $\cdots$, x_{im},记为 $x_{i\xi}(\xi = 1, 2, \cdots, m)$。为了叙述方便,可以定义一个最小路集函数 $D_i(\boldsymbol{X})$:

$$D_i(\boldsymbol{X}) = \begin{cases} 1, & \text{当路集中所有元素正常} \\ 0, & \text{其他} \end{cases} \quad i = 1, 2, \cdots, k \quad (4-9)$$

按照最小路集的定义,当最小路集中所有元素都正常时系统即正常。于是有

$$D_i(\boldsymbol{X}) = x_{i1} \cdot x_{i2} \cdot \cdots \cdot x_{im} = \bigcap_{\xi=1}^{m} x_{i\xi} \quad i = 1, 2, \cdots, k \quad (4-10)$$

按照路集的物理意义,当任何一个路集都取 1 时,系统即正常,则系统的结构函数可以表示为

$$\Phi(\boldsymbol{X}) = \bigcup_{i=1}^{k} D_i(\boldsymbol{X}) = \bigcup_{i=1}^{k} \bigcap_{\xi=1}^{m} x_{i\xi} \quad (4-11)$$

式(4-11)是逻辑代数的第一标准形。

4.1.5 用最小割集表示的系统结构函数

设某一系统有 l 个最小割集,其中第 j 个最小割集记作 $M_j(\mathbf{X})$。假设第 j 个最小割集 $M_j(\mathbf{X})$ 有 n 个元素,它们是 x_{j1},x_{j2},$\cdots$,x_{jn},记为 $x_{j\zeta}(\zeta=1, 2, \cdots, n)$。为了叙述方便,可以定义一个最小割集函数 $M_j(\mathbf{X})$:

$$M_j(\mathbf{X}) = \begin{cases} 0, & \text{当割集中所有元素失效时} \\ 1, & \text{其他} \end{cases} \quad j=1, 2, \cdots, l \quad (4-12)$$

按照最小割集的定义,当最小割集中所有元素都正常时系统即失效。于是有

$$M_j(\mathbf{X}) = \bigcup_{\zeta=1}^{n} x_{j\zeta} = 1 - \bigcap_{\zeta=1}^{n}(1 - x_{j\zeta}), \quad j=1, 2, \cdots, l \quad (4-13)$$

按照割集的物理意义,当任何一个割集都取 0 时,系统即失效,则系统的结构函数可以表示为:

$$\Phi(\mathbf{X}) = \bigcap_{j=1}^{l} \bigcup_{\zeta=1}^{n} x_{j\zeta} \quad (4-14)$$

式(4-14)是逻辑代数的第二标准形。第一标准形又称积之和形或析取式,第二标准形又称和之积形或合取式。有了这两种标准形,今后只要能找到系统的所有最小割集或最小路集,就能写出系统结构函数的表达式。

4.2 状态枚举法

如果每一个部件有两种状态,那么 n 个部件就构成系统的 2^n 种状态,而系统的这 2^n 种状态又可以归结成为系统失效或系统正常这两种状态。为了区别起见,把系统失效或正常这两种状态称为系统的宏观状态,而将组成系统的 n 个部件的 2^n 个组合称为系统的微观状态。将这 2^n 个系统微观状态一一列举出来,并考察其各自相对应的系统宏观状态。由于这 2^n 个微观状态是互斥的,将对应于系统宏观状态为"正常"的全部系统微观状态概率加起来,即可得到系统的可靠度。

1) 真值表

为了能毫无遗漏地列举出所有的系统微观状态,这项工作可以借助于一张真值表来进行。在真值表中填入部件或系统的状态,部件或系统正常时填入 1,部件或系统失效时填 0。这样,将对应于系统状态取值为 1 的所有系统微观状态概率求和,即是系统的可靠度。下面通过例子来对该法加以说明。

例 4.1 列出如图 4-2 所示系统的真值表,并在 $R_1 = R_3 = 0.3$,$R_2 = 0.9$,$R_4 = R_5 = 0.6$ 时,求系统的可靠度。

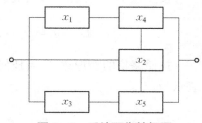

图 4-2 系统可靠性框图

解： 由图 4-2 得相应的真值表（见表 4-1）。

表 4-1 图 4-2 的真值表

系统状态序号	部件状态取值					系统状态取值	系统状态概率
	1	2	3	4	5		
1	0	0	0	0	0	0	
2	1	0	0	0	0	0	
3	0	1	0	0	0	0	
4	0	0	1	0	0	0	
5	0	0	0	1	0	0	
6	0	0	0	0	1	0	
7	1	1	0	0	0	0	
8	1	0	1	0	1	0	
9	1	0	0	1	0	1	0.005 04
10	1	0	0	0	1	0	
11	0	1	1	0	0	0	
12	0	1	0	1	0	1	0.105 84
13	0	1	0	0	1	1	0.105 84
14	0	0	1	1	0	0	
15	0	0	1	0	1	1	0.005 04
16	0	0	0	1	1	0	
17	1	1	1	0	0	0	
18	1	1	0	1	0	1	0.045 36
19	1	1	0	0	1	1	0.045 36
20	1	0	1	1	0	1	0.002 16
21	1	0	1	0	1	1	0.002 16
22	1	0	0	1	1	1	0.007 56
23	0	1	1	1	0	1	0.045 36
24	0	1	1	0	1	1	0.045 36
25	0	1	0	1	1	1	0.158 76
26	0	0	1	1	1	1	0.007 56
27	1	1	1	1	0	1	0.019 44
28	1	1	1	0	1	1	0.019 44
29	1	1	0	1	1	1	0.068 04

（续表）

系统状态序号	部件状态取值					系统状态取值	系统状态概率
	1	2	3	4	5		
30	1	0	1	1	1	1	0.003 24
31	0	1	1	1	1	1	0.068 04
32	1	1	1	1	1	1	0.029 16

从表 4-1 中可以看出,系统宏观状态取值为 1 的微观状态编号为 9、12、13、15、18~32。在第 9 号微观状态中,部件 1、4 处于正常状态,而 2、3、5 处于失效状态。此时系统宏观状态为正常,则系统处于该微观状态下的概率为

$$P_9 = R_1 \times R_4 \times (1-R_2) \times (1-R_3) \times (1-R_5)$$
$$= 0.3 \times 0.6 \times (1-0.9) \times (1-0.3) \times (1-0.6)$$
$$= 0.005\ 04$$

其他系统状态取值为 1 的状态概率也可以用这种方法算得。将这些系统状态概率填入表 4-1 的相应位置,并把它们累加起来,即可得到系统可靠度为

$$R_s = \sum_{i=1}^{19} P_i = 0.788\ 76$$

如此算法实在太繁,上例要算 19 次,而且每次都是五项的连乘积,稍有不慎即可能出错。因而,本法需要进一步化简。化简的方法是合并,合并的规则是在相同位数上只有一个数码不同的二进制数可以合并。

考察 000111 和 00111 两个二进制数,它们分别代表 $A'B'C'DE$ 和 $A'B'CDE$ 两种系统微观状态,而系统取这两种状态的概率值分别为 $(1-R_A)(1-R_B)(1-R_C)R_DR_E$ 和 $(1-R_A)(1-R_B)R_CR_DR_E$。两个状态概率之和为

$$(1-R_A)(1-R_B)(1-R_C)R_DR_E + (1-R_A)(1-R_B)R_CR_DR_E$$
$$= (1-R_A)(1-R_B)R_DR_E[(1-R_C)+R_C]$$
$$= (1-R_A)(1-R_B)R_DR_E$$

所代表的状态是 $A'B'DE$,用二进制数可以表为 00*11。这说明 00011 和 00111 两个只有一个位置上数码不一样的二进制数可以合并为 0011,只需将那个数码不同的位置上的数码用 * 代替即可。被合并过的二进制数后面可加一个"√"号加以区别,以避免重复合并。

将上例中 1 个系统状态取值为 1 的微观状态排列出来,( )中数字表示真值表中序号:

(9) 1 0 0 1 0 √
(12) 0 1 0 1 0 √
(13) 0 1 0 0 1 √
(15) 0 0 1 0 1 √

$$(18)\ 1\ \ 1\ \ 0\ \ 1\ \ 0\ \ \checkmark$$
$$(19)\ 1\ \ 1\ \ 0\ \ 0\ \ 1\ \ \checkmark$$
$$(20)\ 1\ \ 0\ \ 1\ \ 1\ \ 0\ \ \checkmark$$
$$(21)\ 1\ \ 0\ \ 1\ \ 0\ \ 1\ \ \checkmark$$
$$(22)\ 1\ \ 0\ \ 0\ \ 1\ \ 1\ \ \checkmark$$
$$(23)\ 0\ \ 1\ \ 1\ \ 1\ \ 0\ \ \checkmark$$
$$(24)\ 0\ \ 1\ \ 1\ \ 0\ \ 1\ \ \checkmark$$
$$(25)\ 0\ \ 1\ \ 0\ \ 1\ \ 1\ \ \checkmark$$
$$(26)\ 0\ \ 0\ \ 1\ \ 1\ \ 1\ \ \checkmark$$
$$(27)\ 1\ \ 1\ \ 1\ \ 1\ \ 0\ \ \checkmark$$
$$(28)\ 1\ \ 1\ \ 1\ \ 0\ \ 1\ \ \checkmark$$
$$(29)\ 1\ \ 1\ \ 0\ \ 1\ \ 1\ \ \checkmark$$
$$(30)\ 1\ \ 0\ \ 1\ \ 1\ \ 1\ \ \checkmark$$
$$(31)\ 0\ \ 1\ \ 1\ \ 1\ \ 1\ \ \checkmark$$
$$(32)\ 1\ \ 1\ \ 1\ \ 1\ \ 1\ \ \checkmark$$

排列出来后即可进行合并工作：

$$(9)+(18)\quad 1\ \ *\ \ 0\ \ 1\ \ 0\ \ \checkmark$$
$$(12)+(13)\quad 0\ \ 1\ \ *\ \ 1\ \ 0$$
$$(13)+(19)\quad *\ \ 1\ \ 0\ \ 0\ \ 1\ \ \checkmark$$
$$(15)+(21)\quad *\ \ 0\ \ 1\ \ 0\ \ 1$$
$$(20)+(27)\quad 1\ \ *\ \ 1\ \ 1\ \ 0\ \ \checkmark$$
$$(22)+(29)\quad 1\ \ *\ \ 0\ \ 1\ \ 1$$
$$(24)+(28)\quad *\ \ 1\ \ 1\ \ 0\ \ 1\ \ \checkmark$$
$$(26)+(31)\quad 0\ \ *\ \ 1\ \ 1\ \ 1\ \ \checkmark$$
$$(30)+(32)\quad 1\ \ *\ \ 1\ \ 1\ \ 1\ \ \checkmark$$

按照原法则可进行再一轮合并化简：

$$(9)+(18)+(20)+(27)\quad 1\ \ *\ \ *\ \ 1\ \ 0$$
$$(12)+(13)+(24)+(28)\quad *\ \ 1\ \ *\ \ 1\ \ 0$$
$$(26)+(31)+(30)+(32)\quad *\ \ *\ \ 1\ \ 1\ \ 1$$

至此无法进一步合并了，可将未加"$\checkmark$"所对应状态之概率求出并求和，即是系统的可靠度：

$$R_S = (1-R_1)R_2(1-R_3)R_4R_5 + (1-R_1)R_2R_4(1-R_5) +$$
$$(1-R_1)R_3(1-R_4)R_5 + R_1(1-R_3)R_4R_5 +$$
$$R_1R_4(1-R_5) + R_2(1-R_4)R_5 + R_3R_4R_5$$
$$= 0.788\,76$$

从上面合并的实例中可以看出,合并总是依照这样一个规律进行的,即具有 m 个 1 的二进制数只能和具有 $m\pm1$ 个 1 的二进制数合并,否则不能保证只有一个位置上的数码不一样。但不管怎样,要靠人眼来寻找只有一个位置上数码不一样的二进制数似乎还是太累了一点,因而,具体的合并工作可以用卡诺图这么一个有力的辅助工具来完成。

2) 卡诺图

卡诺图又称真值图,在逻辑代数中,若多项式表达式中每一项均出现 A_i 或 $A_i'(i=1,2,\cdots,n)$,这时的每一项就叫最小项。由这个最小项的定义可以得知,系统的每一个微观状态都可以表现为一个最小项。

由于由两个部件组成的系统一共有 4 个微观状态,两个逻辑变量的最小项也有 4 个。如果把一个矩形分成四个小方格,每一个小方格表示一个最小项,就可以得到两个逻辑变量的卡诺图(见图 4-3)。每一个小方格中可以填入一个相应的最小项,也可以填入一个表示相应最小项的二进制数码。方格如果不填入最小项或二进制数码,此时的卡诺图叫卡诺框。

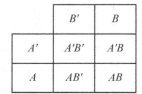 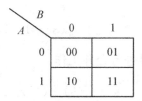

图 4-3　两个逻辑变量的卡诺图

n 个部件的系统具有 2^n 个微观状态,因而 n 个逻辑变量的最小项有 2^n 一个。一般来说,编制 n 个逻辑变量的卡诺图时,首先要画一个矩形,并把它分成 2^n 个小方格。如果 n 为偶数($n=2m$),则将矩形的底边和高各置 2^m 个小方格。如果 n 为奇数($n=2m+1$),则将矩形的底边置 2^{m+1} 个小方格而将矩形的高置 2^m 个小方格。然后,将全部 n 个逻辑变量相应地分为两组,一组 $m+1$ 个或 m 个置于底边处,另一组 m 个置于高处,并使得每一个变量都在每一个小方格中有所反映,并且每一个小方格对应于一个不同的最小项,这样便得到了一张 n 个逻辑变量的卡诺图。

为了保证 2^n 个小方格和 2^n 个最小项一一对应,作卡诺图时可运用下列诀窍:将矩形按照上述法则分成 2^n 个小方格后,底或高的小方格数都是可被 m 个 2 来除的。以在高处为例,首先将高处小方格一分为二,选择某一逻辑变量,将高的上半部分放这个变量的真值,下半部分放这个变量的非值。然后再考虑安排第二个逻辑变量。安排第二个变量时,首先取该边长度的 1/4,然后再把这个长度扩大一倍,把整个高分成三格,并按第一个变量的真、非次序相间地填入第二个变量的真与非。在安排第 m 个变量时,首先取该边长度的 $1/2^m$ 作一格,然后取 $2/2^m$ 作长度一格一格连续画下去,最后得到长度为 $1/2^m$ 的一格。这样即将该边分成了一系列小格,按照第一个变量的真、非次序依次相间地填入第 m 个变量的真与非。这样就可以保证卡诺图中每一个小方格对应于一个不同的最小项。

卡诺图具有这么一个重要性质,即相邻两个小方格所代表的最小项仅有一个逻辑变量的取值是不同的,其余均相同。这样,相邻两个小方格所代表的系统微观状态就具备了合并的条件。在实际合并过程中,如果由若干个小方格组成的小矩形中所对应的所有变量都只出现真或非或是真、非数量相等,则该小矩形可以当成一个小方格来处理。在状态概率计算时,真、非数量相等的变量取值以"*"代替,不参加计算。取真的变量取值为"1",取非的变量取值为"0"。这样,卡诺图把烦琐的合并工作变成了简单的数格子工作。

在实际应用卡诺图进行合并时,每一个小方格中既不是填入相应的最小项,也不是填入二进制数码,而是填入当系统处于小方格所代表的系统微观状态时系统的宏观状态取值。为了使卡诺图更简单明了地反映问题,通常系统状态取值为 0 时不填入图中,而只填使系统状态取值为 1 的那些小方格。

例 4.2 用卡诺图法化简例 4.1,并求系统可靠度。

解: 图 4-3 系统的卡诺框图如图 4-4 所示。

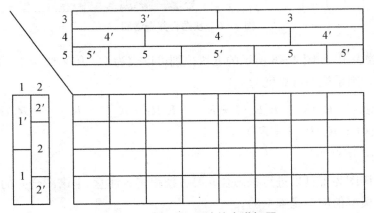

图 4-4 图 4-3 系统的卡诺框图

由例 4.1 可知,使系统宏观状态取值为 1 的系统微观状态一共有 19 个。在图 4-4 的卡诺框中找出相对应的小方格,并在这些小方格中填上 1,即可得到如图 4-5 所示的卡诺图。

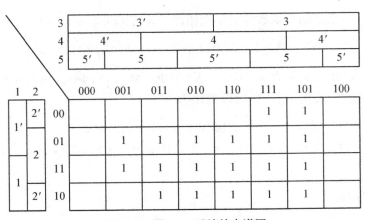

图 4-5 图 4-3 系统的卡诺图

得到了卡诺图,即可对系统状态进行合并,19 个状态可以合并成如图 4-6 所示的五块。

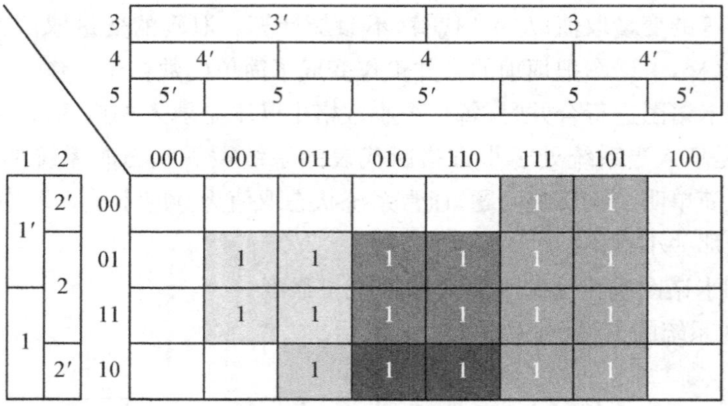

图 4-6　状态合并卡诺图

用二进制数表示,如图 4-6 所示的五块分别可以表为:$*10*1$、$*1*10$、$**1*1$、10011、$10*10$。则系统的可靠度为

$$R_S = R_2(1-R_3)R_5 + R_2R_4(1-R_5) + R_3R_5 + R_1(1-R_2)(1-R_3)R_4R_5 +$$
$$R_1(1-R_2)R_4(1-R_5)$$
$$= 0.788\,76$$

看来,以卡诺图为工具来进行状态合并要方便得多。注意,卡诺图合并的结果不是唯一的,但计算出的概率值应该是唯一的。

4.3　全概率公式分解法

系统结构函数的分解定理为

$$\Phi(X) = \Phi(1_i, X)x_i + \Phi(0_i, X)(1-x_i) \tag{4-15}$$

前面已经证明,系统结构函数的数学期望即是系统的可靠度,因而,

$$R_s = E[\Phi(X)] = E[\Phi(1_i, X)x_i + \Phi(0_i, X)(1-x_i)] \tag{4-16}$$

由于 $\Phi(1_i, X)$ 中已经不含 x_i,$\Phi(0_i, X)$ 中也不含 x_i,则 $\Phi(1_i, X)$ 和 x_i 以及 $\Phi(0_i, X)$ 和 $(1-x_i)$ 相互独立。故式(4-16)可以演化为

$$R_s = P\{\Phi(1_i, X)x_i = 1\} + P\{\Phi(0_i, X)(1-x_i) = 1\}$$
$$= P\{\Phi(1_i, X) = 1\} \cdot P\{x_i = 1\} + P\{\Phi(0_i, X) = 1\} \cdot P\{1-x_i = 1\} \tag{4-17}$$

在式(4-17)中,

$$P\{\Phi(1_i, X) = 1\} = R_s \quad (x_i = 1) \tag{4-18}$$

$$P\{\Phi(0_i,\ X) = 1\} = R_s \quad (x_i = 0) \tag{4-19}$$

$$P\{x_i = 1\} = R_i$$

则式(4-17)可变为

$$R_s = R_s(x_i = 1\ \text{时}) \cdot R_i + R_s(x_i = 0\ \text{时}) \cdot (1 - R_i) \tag{4-20}$$

式(4-20)即是概率论中的全概率公式。利用这个公式,可以把带有桥的复杂系统化成典型的串并联系统。这种转化方法就称全概率公式分解法。

在式(4-20)中,x_i 为分解单元,在实际系统中通常是那些一旦其状态固定即可望将原系统化成典型系统的组合的单元。选择分解单元可依据以下原则进行:

(1)任一无向单元均可作为分解单元。

(2)任一有向单元,若其两端点中有一个端点只有流出(或流入),则该单元可作为分解单元。

(3)分解过程中所有无用单元都可去掉。

选择好关键的分解单元能节省分解步骤,即使没有选准关键单元也可以按照上述法则分解,但步骤可能要多一点。

用全概率公式法计算如图4-2所示系统的可靠度时,应选择部件2进行分解。图4-7是图4-2的分解图,图中,(a)x_2 正常,(b)x_2 失效。

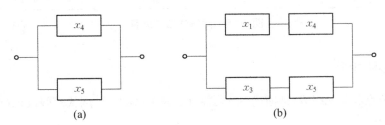

图 4-7 图 4-2 的分解图

按照该分解图,系统可靠度为

$$R_s = R_{s(x_2\text{正常时})} \cdot R_i + R_{s(x_2\text{失效时})} \cdot (1 - R_2) \tag{4-21}$$

式中:

$$R_{s(x_2\text{正常时})} = R_4 + R_5 - R_4 R_5 = 0.84$$

$$R_{s(x_2\text{失效时})} = R_1 R_4 + R_2 R_3 - R_1 R_3 R_4 R_5 = 0.327\ 6$$

将上述值及 R_2 代入式(4-21),有

$$R_s = 0.84 \times 0.9 + 0.327\ 6 \times 0.1 = 0.788\ 76$$

计算结果和用状态枚举法的计算结果完全一致。当系统过于复杂时,也可以多次使用全概率公式进行分解,直到分解出来的全是典型系统为止。

4.4 网络法

4.4.1 概述

由式(4-11)可知,一旦有了系统的全部最小路集,就可以直接写出系统的结构函数,进而可以通过式(4-3)求得系统的可靠度。

当系统比较简单时,可以用直观的方法或状态枚举法较快地找到系统的全部最小路集。但当系统比较复杂时,用直观方法就很难保证能获得所有的最小路集。若用状态枚举法,当系统的部件数 n 增加时,系统的微观状态数也随之以 2^n 形式增长。因而,枚举的工作量急剧上升,从而使得这种方法变得不那么现实。1912 年,金(Y. H. Kim)等人提出了利用图论中的邻阶矩阵来求系统最小路集的方法,从而开辟了一个新领域。该法成了现在网络分析的主要方法。

网络法在系统可靠性定量分析方面的主要贡献是提供了两套寻找最小路集的方法,它利用图论中的邻阶矩阵原理求出系统的全部最小路集,进而用容斥定理或不交最小路算法计算出系统可靠度。网络法的工作流程如图 4-8 所示。

图 4-8　网络法工作流程

4.4.2 邻阶矩阵

网络图由节点和单元组成,是描述系统可靠性逻辑关系的一种网状模型,如图 4-9 所示。

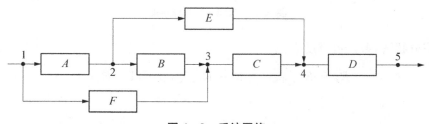

图 4-9　系统网络

图 4-9 中,1、2、3、4 和 5 是五个节点,A、B、C、D、E 和 F 是六个单元。根据下列法则,可构成网络的邻阶矩阵。

定义:有矩阵 $\boldsymbol{C} = (C_{ij})_{n \times n}$,其中:

$$C_{ij} = \begin{cases} 0 & i, j \text{ 两点之间有别的节点} \\ A & i, j \text{ 两点之间只有一个部件 } A \\ C + D & i, j \text{ 两点之间有 } C \text{、} D \text{ 两个部件并联} \end{cases}$$

则称矩阵 C 为邻阶矩阵。

根据上述原则,图 4-9 所对应的邻阶矩阵为

$$C = \begin{bmatrix} 0 & A & F & 0 & 0 \\ 0 & 0 & B & E & 0 \\ 0 & 0 & 0 & C & 0 \\ 0 & 0 & 0 & 0 & D \\ 0 & 0 & 0 & 0 & 0 \end{bmatrix} \qquad (4-22)$$

仔细观察邻阶矩阵,可以发现它反映的是 i,j 两节点间有无一个部件相联的情形,即 $i,$ j 两节点之间有无路长为 1 的情形。

对于邻阶矩阵,定义乘法运算 $C^{(2)} = (C_{ij}^{(2)})_{n \times n}$
其中:

$$C_{ij}^{(2)} = \bigcup_{k=1}^{n} C_{ik} \cdot C_{kj}, \; i = 1, 2, \cdots, n; \; j = 1, 2, \cdots n; \; i \neq j \qquad (4-23)$$

这里,$\cup$ 表示集合的加法,$\cdot$ 表示集合的乘法。$C_{ij}^{(2)}$ 表示 i,j 两节点之间路长为 2 的最小路的全体。例如,在式(4-22)的邻阶矩阵中,有

$$\begin{aligned} C_{13}^{(2)} &= \bigcup_{k=1}^{5} C_{1k} \cdot C_{k3} \\ &= C_{11}C_{13} + C_{12}C_{23} + C_{13}C_{33} + C_{14}C_{43} + C_{15}C_{53} \\ &= 0 + AB + 0 + 0 + 0 \\ &= AB \end{aligned}$$

这表明在图 4-9 中,从节点 1 到节点 3 有一条长度为 2 的路,即 AB。

相似地可以推出:

$$C^r = C \cdot C^{r-1} = (C_{ij}^{(r)})_{n \times n}, \; r = 1, 2, \cdots \qquad (4-24)$$

式中 $C_{ij}^{(r)}$ 表示节点 i,j 之间长度为 r 的路的全体。

在一个有 n 个节点的网络中,任意两节点之间的最小路的长度均应小于 $n-1$。用邻阶矩阵来表示即 $C^n = 0$。因而,只需求出 C、C^2、C^3、$\cdots$、C^{n-1} 便可得到任意两节点 i,j 之间的全体最小路集。

我们最关心的是求输入节点与输出节点之间的最小路的全体,即只需要求出 C、C^2、C^3、$\cdots$、C^{n-1} 中的某一列元素。不失一般性,假设节点 1,5 分别为输入、输出节点,则只要求出 C、C^2、C^3、$\cdots$、C^{n-1} 中的第 5 列元素即可。

注意,在 $C_{ij}^{(r)}$ 中,$i \neq j$,在从 i 到 j 长度为 r 的路中,若有重复单元或重复地通过同一节点的,则这条路不是最小路,应该去掉。

例 4.3 用邻阶矩阵法求图 4-9 中节点 1、5 之间的全部最小路集。

解:图中只有 5 个节点,最小路长度最多为 4。因而,只需求出 C、C^2、C^3 和 C^4 中的有关元素即可

$$
\boldsymbol{C} =
\begin{bmatrix}
0 & A & F & 0 & 0 \\
0 & 0 & B & E & 0 \\
0 & 0 & 0 & C & 0 \\
0 & 0 & 0 & 0 & D \\
0 & 0 & 0 & 0 & 0
\end{bmatrix}
$$

根据式(4-17),有

$$
\boldsymbol{C}_{15}^{(2)} = \boldsymbol{C}_{15} \cdot \boldsymbol{C}_{15}^{2-1} =
\begin{bmatrix}
0 & A & F & 0 & 0 \\
0 & 0 & B & E & 0 \\
0 & 0 & 0 & C & 0 \\
0 & 0 & 0 & 0 & D \\
0 & 0 & 0 & 0 & 0
\end{bmatrix}
\times
\begin{bmatrix}
0 & A & F & 0 & 0 \\
0 & 0 & B & E & 0 \\
0 & 0 & 0 & C & 0 \\
0 & 0 & 0 & 0 & D \\
0 & 0 & 0 & 0 & 0
\end{bmatrix}
$$

事实上,我们只关心节点 1 跟节点 5 之间的最小路,因此则只要求出 $\boldsymbol{C}$、$\boldsymbol{C}^2$、$\boldsymbol{C}^3$、$\cdots$、$\boldsymbol{C}^{n-1}$ 中的第 5 列元素即可,所以有

$$
\boldsymbol{C}_{15}^{(2)} =
\begin{bmatrix}
0 & A & F & 0 & 0 \\
0 & 0 & B & E & 0 \\
0 & 0 & 0 & C & 0 \\
0 & 0 & 0 & 0 & D \\
0 & 0 & 0 & 0 & 0
\end{bmatrix}
\times
\begin{bmatrix}
0 \\
0 \\
0 \\
D \\
0
\end{bmatrix}
=
\begin{bmatrix}
0 \\
ED \\
CD \\
0 \\
0
\end{bmatrix}
$$

$$
\boldsymbol{C}_{15}^{(3)} =
\begin{bmatrix}
0 & A & F & 0 & 0 \\
0 & 0 & B & E & 0 \\
0 & 0 & 0 & C & 0 \\
0 & 0 & 0 & 0 & D \\
0 & 0 & 0 & 0 & 0
\end{bmatrix}
\times
\begin{bmatrix}
0 \\
ED \\
CD \\
0 \\
0
\end{bmatrix}
=
\begin{bmatrix}
AED + FCD \\
BCD \\
0 \\
0 \\
0
\end{bmatrix}
$$

$$
\boldsymbol{C}_{15}^{(4)} =
\begin{bmatrix}
0 & A & F & 0 & 0 \\
0 & 0 & B & E & 0 \\
0 & 0 & 0 & C & 0 \\
0 & 0 & 0 & 0 & D \\
0 & 0 & 0 & 0 & 0
\end{bmatrix}
\times
\begin{bmatrix}
AED + FCD \\
BCD \\
0 \\
0 \\
0
\end{bmatrix}
=
\begin{bmatrix}
ABCD \\
0 \\
0 \\
0 \\
0
\end{bmatrix}
$$

将所有的 $\boldsymbol{C}_{15}^{(k)}$ $(k=1, 2, 3, 4)$ 归集起来,并经过吸收处理,即可得到所有最小路集。本例中最小路集有三个: AED、FCD 和 $ABCD$。

邻阶矩阵法既可以用于手算,又可以编制成程序在计算机上运算。

获得了所有的最小路集后,系统的结构函数可以用逻辑代数的第一标准形来表示,进而可以用容斥定理或不交最小路算法求出系统的可靠度。

4.4.3 容斥定理

所谓的容斥定理,指的是对任意一组事件 $E_i (i = 1, 2, \cdots, n)$,有

$$P\left\{\bigcup_{j=1}^{n} E_j\right\} = \sum_{j=1}^{n} (-1)^{j-1} \sum_{1 \leqslant i_1 < \cdots < i_j \leqslant n} P\left\{\prod_{i=1}^{j} E_{i_l}\right\} \qquad (4-25)$$

例 4.4 求如图 4-9 所示系统的可靠度。

解：由例 4.5 可知，图 4-9 系统仅有三个最小路集：AED、AED 和 $ABCD$，则系统的结构函数可以表示为：

$$\Phi = AED \bigcup FCD \bigcup ABCD$$

则系统的可靠度可表示为

$$R_s = E(\Phi) = P\{\Phi = 1\} = P\{AED \bigcup FCD \bigcup ABCD\}$$

根据容斥定理，上式可展开为

$$\begin{aligned}
R_S = &\ P\{AED\} + P\{FCD\} + P\{ABCD\} - P\{ACDEF\} - \\
&\ P\{ABCDE\} - P\{ABCDF\} + P\{ABCDEF\} \\
= &\ R_A R_E R_D + R_F R_C R_D + R_A R_B R_C R_D - R_C R_C R_D R_E R_F - \\
&\ R_A R_B R_C R_D R_E - R_A R_B R_C R_D R_F + R_A R_B R_C R_D R_E R_F
\end{aligned}$$

虽然容斥定理可以用于求解系统可靠度，但其和的项数为 $2^n - 1$，即当系统的最小路集数为 n 时，容斥定理是 $2^n - 1$ 项之和。在一个比较复杂的系统中，40 个最小路集是不鲜见的，而此时的容斥定理公式中的项数却高达 10^{12} 之多，每一项又是许多单元的连乘积。这样，即使在高速计算机上也要花费大量的计算时间。因而，对于一般复杂系统，容斥定理是不适用的。目前通常采用的是不交最小路算法。

4.4.4　不交最小路算法

假设已经计算出了系统的所有最小路集 D_1, D_2, $\cdots$, D_m，则系统的结构函数为

$$\Phi = \bigcup_{i=1}^{m} D_i \qquad (4-26)$$

系统的可靠度为

$$R_S = E(\Phi) = E\left(\bigcup_{i=1}^{m} D_i\right) \qquad (4-27)$$

若各最小路集之间相互独立，则式（4-27）可以直接展开为

$$R_S = \sum_{i=1}^{m} E(D_i) \qquad (4-28)$$

虽然各单元之间是相互独立的，但两个最小路集可能包含一些共同单元，这将导致最小路集之间相互不独立，因而，一般情况下不能用式（4-28）直接计算。但可用不交型布尔代数方法对式（4-26）进行处理后，再用式（4-27）进行计算。式（4-26）的不交型布尔代数表示式为

$$\Phi = D_1 + D_1'D_2 + D_1'D_2'D_3 + \cdots + (\bigcap_{j=1}^{m-1} D_j')D_m \qquad (4-29)$$

一板一眼地用式(4-29)进行计算依然是一件十分烦琐的事情,因而,可以用不交型积之和定理来简化此式。所谓不交型积之和定理由以下四个命题组成:

(1) 若 D_i,D_j 不包含共同单元,则 $D_i'D_j$ 可以用不交型规则直接展开。

例如,$D_i = (x_1 x_2 x_3)$,$D_j = (x_4 x_5 x_6 x_7)$,则

$$D_i'D_j = (x_1 x_2 x_3)' x_4 x_5 x_6 x_7 = (x_1' + x_1 x_2' + x_1 x_2 x_3') x_4 x_5 x_6 x_7$$
$$= x_1' x_4 x_5 x_6 x_7 + x_1 x_2' x_4 x_5 x_6 x_7 + x_1 x_2 x_3' x_4 x_5 x_6 x_7$$

(2) 若 D_i,D_j 包含一引起共同单元,则

$$D_i'D_j = D_{i \leftarrow j}'D_j \qquad (4-30)$$

式中 $D_{i \leftarrow j}$ 表示 D_i 中具有而 D_j 中不具有的单元的子集。

(3) 若 D_i,D_k 包含一引起共同单元,D_j,D_k 中也包含一引起共同单元,则

$$D_i'D_j'D_k = D_{i \leftarrow k}'D_{j \leftarrow k}'D_k \qquad (4-31)$$

(4) 若 D_i,D_k 包含一引起共同单元,D_j,D_k 中也包含一引起共同单元,且 $D_{i \leftarrow k} \subset D_{j \leftarrow k}$ 则

$$D_i'D_j'D_k = D_{j \leftarrow k}'D_k \qquad (4-32)$$

显然,式(4-30)~式(4-32)可以推广应用于所有 $(\bigcap_{j=1}^{m-1} D_j')D_m$,$(j = 1, 2, \cdots, m-1)$ 的情形,从而大大简化式(4-29)。

在以上所讨论的基础上可以归结出一种适合用计算机计算大型网络可靠度的方法。这一方法分以下五个步骤:

(1) 求最小路集。式(4-23)和式(4-24)即是用邻阶矩阵法求最小路集的基本算式。用一般矩阵的表示方式不难编成计算程序。

(2) 比较。对比 D_i 和 D_j 中的单元,求出所有的 $D_{i \leftarrow j}$;$i = 1, 2, \cdots, j-1$;$j = 2, 3, \cdots, m$;m 为最小路集的总数。

(3) 化简。对同一 j 值比较 $D_{i \leftarrow j}$ 和 $D_{k \leftarrow j}$,$i = 1, 2, \cdots, j-1$;$k = i+1, i+2, \cdots, j-1$;$j = 2, 3, \cdots, m$,若 $D_{i \leftarrow j} \supset D_{k \leftarrow j}$,则取消 $D_{k \leftarrow j}$;若 $D_{i \leftarrow j} \subset D_{k \leftarrow j}$,则取消 $D_{i \leftarrow j}$,否则两者都保留。

(4) 展开。用上一步保留下的各 $D_{i \leftarrow j}$ 和(或)$D_{k \leftarrow j}$ 项构成 $\bigcap_{1 \leqslant i \leqslant j-1} D_{i \leftarrow j}'$,再按不交型德摩根定理和代数分配律展开,并进行吸收和归并运算。

(5) 计算及输出结果。最终的结构函数的表达式为

$$\Phi = D_1 + \sum_{j=2}^{m} (\prod_{1 \leqslant i \leqslant j-1} D_{i \leftarrow j}')D_j \qquad (4-33)$$

在以上各步计算的基础上直接往该式中代入各单元的状态概率即可得到系统的可靠度。

5

故障模式及影响分析法

通常，人们总希望把导致严重后果的失效模式消灭在设计阶段。在失效模式、影响及危害性分析法(FMECA)产生以前，人们总是依靠自己的经验和知识来判断部件失效对整机或系统所产生的影响。这种判断过分地依赖人的文化程度和工作经验，很容易产生差错。因而，往往只有等到产品大量投入使用并得到故障的反馈信息后才能进行改善设计。这样做反馈周期很长，不仅在经济上将造成过大的损失，而且还有可能造成十分严重的人身伤亡。因而，人们力求在设计阶段就进行可能的失效模式及影响分析，摆脱这种对人为因素过分的依赖，用一种系统的、全面的、标准的分析方法来做出正确的判断。一旦发现某种设计方案有可能造成不能允许的后果便立即进行研究，做出相应的设计上的更改。FMECA 技术就是在这种背景下逐渐形成的。

失效模式、影响及危害性分析可以分成两个部分，即失效模式及影响分析(FMEA)和危害性分析(CA)。

5.1 失效模式及影响分析法

失效模式及影响分析法(FMEA)是一种以定性分析为主的分析方法，其主要目的是通过系统地分析设备、零部件、元器件等所有可能的故障模式、故障原因及后果，发现系统设计中潜在的薄弱环节，以便采取有效措施，保证系统(装备)的可靠性。FMEA 这一系统化的可靠性分析方法，是非常有效的可靠性保证技术，对于大系统的研制更具有特殊意义。

由于 FMEA 主要是一种定性分析方法，不需要什么高深的数学理论，因而不为可靠性数学家所重视。也正是因为它不需要什么高深的数学理论，易于掌握和推广而倍受工程界的重视。从某种意义上说，它比别的依赖于基础数据的定量分析方法更接近现实发展情况。它不需要为了数学处理的方便而将实际问题过分简化，同时还可以考虑诸如人为失误、相依失效、多态失效和软件可靠性等问题。因而，它的应用十分广泛。目前在美国，FMEA 在许多重要领域被当局明确规定为设计人员必须掌握的技术，FMEA 资料被视为不可缺少的设计资料。鉴于 FMEA 是一种重要的可靠性保证措施，我国有关部门也制订了有关的国家标准，要求将 FMEA 列为必不可少的设计文件。

5.1.1　FMEA 分类

FMEA 可以分为两大类型,即设计 FMEA 和过程 FMEA 两类。设计 FMEA 又包含功能 FMEA、硬件 FMEA、嵌入式软件 FMEA 和损坏模式及影响分析(DMEA)四种类型。

1) 硬件 FMEA

硬件 FMEA 是根据系统的功能框图和可靠性框图,对组成系统的各个单元可能发生的所有故障模式及其对系统功能的影响进行分析,并列出表格。它适合于从零件级分析开始,自下而上地进行分析,但也可以由任一级开始自下而上或自上而下进行分析。硬件 FMEA 是一种较为严格和周密的分析方法。

2) 功能 FMEA

复杂系统中的每一个分系统或单元都有一定的设计功能,每一种功能就是一项输出。逐一列出这些输出,分析它们的故障模式及对系统功能的影响,即称为功能 FMEA。对大系统,一般要分级自上而下地采用功能方法进行分析。但也可以从任一级结构开始自上而下或自下而上地进行分析。功能分析法比硬件法要简单些,但它可能会遗漏或忽略某些故障模式。

3) 软件 FMEA

软件 FMEA 主要是在软件开发阶段的早期,通过识别软件故障模式,研究分析各种故障模式产生的原因及其造成的后果,寻找消除和减少其有害后果的方法,以尽早发现潜在的问题,并采取相应的措施,从而提高软件的可靠性和安全性。

4) 损坏模式及影响分析(DMEA)

损坏模式及影响分析(DMEA)也属 FMEA 中的一种分析方法,其目的是为武器装备的生存力和易损性的评估提供依据。DMEA 是确定战斗损伤所造成的损坏程度,以提供因威胁机理所引起的损坏模式对武器装备执行任务功能的影响,进而有针对性地提出设计、维修、操作等方面的改进措施。

5) 过程 FMEA

过程 FMEA 可应用于装备生产过程、使用操作过程、维修过程、管理过程等。目前应用较多和比较成熟的是装备加工过程的工艺 FMEA。工艺 FMEA 的目的是在假定装备设计满足要求的前提下,针对装备在生产过程中每个工艺步骤可能发生的故障模式、原因及其对装备造成的所有影响,按故障模式的风险优先数(RPN)值的大小,对工艺薄弱环节制定改进措施,并预测或跟踪采取改进措施后减少 RPN 值的有效性,使 RPN 达到可接受的水平,进而提高装备的质量和可靠性。

FMEA 是装备可靠性分析的一个重要的工作项目,也是开展维修性分析、安全性分析、测试性分析和保障性分析的基础。在装备寿命周期各阶段,采用 FMEA 的方法及目的略有不同(见表 5-1)。虽然各个阶段 FMEA 的形式不同,但根本目的均是从不同角度发现装备的各种缺陷与薄弱环节,并采取有效的改进和补偿措施以提高其可靠性水平。

表 5 - 1　**在装备寿命周期各阶段的 FMEA 方法**

阶　段	方　法	目　的
论证、方案阶段	功能 FMEA	分析研究装备功能设计的缺陷与薄弱环节，为装备功能设计的改进和方案的权衡提供依据
工程研制与定型阶段	功能 FMEA 硬件 FMEA 软件 FMEA 损坏模式及影响分析(DMEA) 过程 FMEA	分析研究装备硬件、软件、生产工艺和生存性与易损性设计的缺陷与薄弱环节，为装备的硬件、软件、生产工艺和生存性与易损性设计的改进提供依据
生产阶段	过程 FMEA	分析研究装备的生产工艺的缺陷和薄弱环节，为装备生产工艺的改进提供依据
使用阶段	硬件 FMEA 软件 FMEA 损坏模式及影响分析(DMEA) 过程 FMEA	分析研究装备使用过程中可能或实际发生的故障、原因及其影响，为提高装备使用可靠性，进行装备的改进、改型或新装备的研制以及使用维修决策等提供依据

　　装备的设计 FMEA 工作应与装备的设计同步进行。装备在论证与方案阶段、工程研制阶段的早期主要考虑装备的功能组成，对其进行功能 FMEA；当装备在工程研制阶段、定型阶段，主要是采用硬件(含 DMEA)、软件的 FMEA。随着装备设计状态的变化，应不断更新 FMEA，以及时发现设计中的薄弱环节并加以改进。

　　过程 FMEA 是装备生产工艺中运用 FMEA 方法的分析工作，它应与工艺设计同步进行，以及时发现工艺实施过程中可能存在的薄弱环节并加以改进。

　　在装备使用阶段，利用使用中的故障信息进行 FMEA，以及时发现使用中的薄弱环节并加以纠正。

5.1.2　FMEA 法的程序

　　根据装备寿命周期不同阶段的需求，以及对被分析对象的技术状态、信息量等情况，选取一种或多种 FMEA 方法进行分析。本章重点介绍硬件 FMEA 方法的程序，其他 FMEA 法的程序可查阅 GJB/Z391—2006。

　　1) 系统定义和绘出功能框图、可靠性框图

　　以设计文件为依据，从功能、环境条件、工作时间、故障定义等各方面全面确定系统的定义，并确定每一部件与接口应有的工作参数或功能，列出系统任务剖面内的每一种工作模式。

　　确定 FMEA 的最低级别的单元(如零部件、组件、设备等)、列出它们的基本组成单元的每一种故障模式。针对每一种工作模式分别绘出系统的功能框图和可靠性框图。功能框图

和可靠性框图的单元为 FMEA 所确定的最低级别的单元。

2）故障模式分析

故障模式分析的目的是找出装备所有可能出现的故障模式。当选用功能 FMEA 时，根据系统定义中的功能描述、故障判据的要求，确定其所有可能的功能故障模式，进而对每个功能故障模式进行分析；当选用硬件 FMEA 时，根据被分析装备的硬件特征，确定其所有可能的硬件故障模式（如电阻器的开路、短路和参数漂移等），进而对每个硬件故障模式进行分析。

在进行 FMEA 时，一般可以通过统计、试验、分析、预测等方法获取装备的故障模式。对采用现有的装备，可从该装备在过去的使用中所发生的故障模式为基础，再根据该装备使用环境条件的异同进行分析修正，进而得到该装备的故障模式；对采用新的装备，可根据该装备的功能原理和结构特点进行分析、预测，进而得到该装备的故障模式，或以与该装备具有相似功能和相似结构的装备所发生的故障模式作为基础，分析判断该装备的故障模式；对引进国外装备，应向外商索取其故障模式，或从相似功能和相似结构装备中发生的故障模式作基础，分析判断其故障模式。对常用的元器件、零组件可从国内外某些标准、手册中确定其故障模式。

表 5 - 2、表 5 - 3 所列为分析装备可能的故障模式提供了依据。表 5 - 2 内容较粗，适合于装备设计初期的故障模式分析；表 5 - 3 内容较详细，适用于装备详细设计的故障模式分析。

表 5 - 2 典型的故障模式（简略的）

序号	故 障 模 式	序号	故 障 模 式
1	提前工作	4	间歇工作或工作不稳定
2	在规定的工作时间内不工作	5	工作中输出消失或故障（如性能下降等）
3	在规定的非工作时间内工作		

表 5 - 3 典型的故障模式（较详细的）

序号	故障模式	序号	故障模式	序号	故障模式	序号	故障模式
1	结构故障（破损）	8	误关	15	漂移性工作	22	提前运行
2	捆结或卡死	9	内部漏泄	16	错误指示	23	滞后运行
3	共振	10	外部漏泄	17	流动不畅	24	输入过大
4	不能保持正常位置	11	超出允差（上限）	18	错误动作	25	输入过小
5	打不开	12	超出允差（下限）	19	不能关机	26	输出过大
6	关不上	13	意外运行	20	不能开机	27	输出过小
7	误开	14	间歇性工作	21	不能切换	28	无输入

（续表）

序号	故障模式	序号	故障模式	序号	故障模式	序号	故障模式
29	无输出	33	裂纹	37	不匹配	41	弯曲变形
30	（电的）短路	34	折断	38	晃动	42	扭转变形
31	（电的）开路	35	动作不到位	39	松动	43	拉伸变形
32	（电的）参数漂移	36	动作过位	40	脱落	44	压缩变形

需要说明的是，硬件法分析时，如全面分析系统中每一零部件、元器件的一切可能的故障模式及其原因，可以获得全面完整的信息，但需要大量的时间和人力。对于大系统不易做到。这时，我们可依据功能框图和可靠性框图，首先确定哪些部件发生故障可能造成灾难性或严重性后果的系统故障。分析部件的输入与输出参数，确定系统故障模式是由哪些"参数故障模式"造成的，然后分析每种参数故障模式是由哪些元器件故障模式造成的。

故障模式分析时要注意以下事项：

（1）应区分功能故障和潜在故障。功能故障是指装备或装备的一部分不能完成预定功能的事件或状态；潜在故障是指装备或装备的一部分将不能完成预定功能的事件或状态，它是指示功能故障将要发生的一种可鉴别（人工观察或仪器检测）的状态。如轮胎磨损到一定程度（可鉴别的状态，属潜在故障）将发生爆胎故障（属功能故障）。

（2）装备具有多种功能时，应找出该装备每个功能的全部可能的故障模式。

（3）复杂装备一般具有多种任务功能，则应找出该装备在每一个任务剖面下每一个任务阶段可能的故障模式。

3）故障原因分析

故障原因分析的目的是找出每个故障模式产生的原因，进而采取针对性的有效改进措施，防止或减少故障模式发生的可能性。

故障原因分析的方法：一是从导致装备发生功能故障模式或潜在故障模式的那些物理、化学或生物变化过程等方面找故障模式发生的直接原因；二是从外部因素（如其他装备的故障、使用、环境和人为因素等）方面找装备发生故障模式的间接原因。

故障原因分析时要注意以下几个方面：

（1）正确区分故障模式与故障原因。故障模式一般是可观察到的故障表现形式，而故障模式直接原因或间接原因是设计缺陷、制造缺陷或外部因素所致。

（2）应考虑装备相邻约定层次的关系。因为下一约定层次的故障模式往往是上一约定层次的故障原因。

（3）当某个故障模式存在两个以上故障原因时，在FMEA表"故障原因"栏中均应逐一注明。

4）故障影响及严酷度类别（或等级）分析

故障影响分析的目的是找出装备的每个可能的故障模式所产生的影响，并对其严重程度进行分析。一般情况下，故障模式的影响分为三级：局部影响、高一层次影响和最终影响,其定义如表 5-4 所示。

表 5-4　故障影响分级表

名　称	定　义
局部影响	某装备的故障模式对该装备自身及所在约定层次装备的使用、功能或状态的影响
高一层次影响	某装备的故障模式对该装备所在约定层次的紧邻上一层次装备的使用、功能或状态的影响
最终影响	某装备的故障模式对初始约定层次装备的使用、功能或状态的影响

故障影响的严酷度类别应按每个故障模式的最终影响的严重程度进行确定。故障模式的严酷度类别(或等级)是根据故障模式最终可能出现的人员伤亡、任务失败、装备损坏(或经济损失)和环境损害等方面的影响程度进行确定的。常用的严酷度类别的定义如表 5-5 所示。

表 5-5　装备常用的严酷度类别及定义

严酷度类别	严重程度定义
Ⅰ类(灾难的)	引起人员死亡或装备(如飞机、坦克、导弹及船舶等)毁坏、重大环境损害
Ⅱ类(致命的)	引起人员的严重伤害或重大经济损失或导致任务失败、装备严重损坏及严重环境损害
Ⅲ类(中等的)	引起人员的中等程度伤害或中等程度的经济损失或导致任务延误或降级、装备中等程度的损坏及中等程度环境损害
Ⅳ类(轻度的)	不足以导致人员伤害或轻度的经济损失或装备轻度的损坏及环境损害,但它会导致非计划性维护或修理

5) 确定故障模式的检测方法与设计改进措施

故障检测方法分析的目的是为装备的维修性与测试性设计以及维修工作分析等提供依据。故障检测方法的主要内容一般包括:目视检查、原位检测、离位检测等,其手段如机内测试(BIT)、自动传感装置、传感仪器、音响报警装置、显示报警装置和遥测等。故障检测一般分为事前检测与事后检测两类,对于潜在故障模式,应尽可能在设计中采用事前检测方法。

设计改进与使用补偿措施分析目的是针对每个故障模式的影响在设计与使用方面采取了哪些措施,以消除或减轻故障影响,进而提高装备的可靠性。设计改进与使用补偿措施的主要内容:

(1) 设计改进措施。当装备发生故障时,应考虑是否具备能够继续工作的冗余设备;安全或保险装置(例如监控及报警装置);替换的工作方式(例如备用或辅助设备);可以消除或减轻故障影响的设计改进(例如优选元器件、热设计、降额设计等)。

(2) 使用补偿措施。为了尽量避免或预防故障的发生,在使用和维护规程中规定的使用维护措施。一旦出现某故障后,操作人员应采取的最恰当的补救措施等。

6)填写 FMEA 表格,写出分析报告

分析报告要总结设计上无法改正的问题,并说明预防故障或控制故障危险性的必要措施。表 5 - 6 是比较典型的 FMEA 表格。具体实施单位和部门可以根据自己的实际需要和条件来提出自己的 FMEA 表格,但对一个系统来说必须有统一的表格。

表 5 - 6 功能及硬件故障模式及影响分析(FMEA)表

初始约定层次　　　　　　　任务　　　　　　审核　　　　　第 页·共 页

约定层次　　　　　　　分析人员　　　　　批准　　　　　填表日期

代码	装备或功能标志	功能	故障模式	故障原因	任务阶段与工作方式	故障影响			严酷度类别	故障检测方法	设计改进措施	使用补偿措施	备注
						局部影响	高一层次影响	最终影响					
对每个装备采用一种编码体系进行标识	记录被分析装备或功能的名称与标志	简要描述装备所具有的主要功能	根据故障模式分析的结果,依次填写每个装备的所有故障模式	根据故障原因分析结果,依次填写每个故障模式的所有故障原因	根据任务剖面依次填写发生故障时的任务阶段与该阶段内装备的工作方式	根据故障影响分析的结果,依次填写每一个故障模式的局部、高一层次和最终影响并分别填入对应栏			根据最终影响分析的结果,按每个故障模式确定其严酷度类别	根据装备故障模式原因、影响等分析结果,依次填写故障检测方法	根据故障影响、故障检测等分析结果依次填写设计改进与使用补偿措施		简要记录对其他栏的注释和补充说明

5.2 危害性分析

在 FMEA 的基础上,再加上故障危害性分析即为故障模式、影响及危害性分析(FMECA)。危害性分析(CA)的目的是对装备每一个故障模式的严重程度及其发生的概率所产生的综合影响进行分类,以全面评价装备中所有可能出现的故障模式的影响。

5.2.1 风险优先数(RPN)分析

风险优先数方法是对装备每个故障模式的 RPN 值进行优先排序,并采取相应的措施,使 RPN 值达到可接受的最低水平。

装备某个故障模式的 RPN 等于该故障模式的严酷度等级(ESR)和故障模式的发生概率等级(OPR)的乘积,即

$$RPN = ESR \times OPR \tag{5-1}$$

式中:RPN 数越高,则其危害性越大,其中 ESR 和 OPR 的评分准则如下:

1)故障模式影响的严酷度等级(ESR)评分准则

ESR 是评定某个故障模式的最终影响的程度。表 5-7 给出了 ESR 的评分准则。在分析中,该评分准则应综合所分析装备的实际情况尽可能的详细规定。

表 5-7 影响的严酷度等级(ESR)的评分准则

ESR 评分等级	严酷度等级	故障影响的严重程度
1,2,3	轻度的	不足以导致人员伤害、装备轻度的损坏、轻度的财产损失及轻度环境损坏,但它会导致非计划性维护或修理
4,5,6	中等的	导致人员中等程度伤害、装备中等程度损坏、任务延误或降级、中等程度财产损坏及中等程度环境损害
7,8	致命的	导致人员严重伤害、装备严重损坏、任务失败、严重财产损坏及严重环境损害
9,10	灾难的	导致人员死亡、装备(如飞机、坦克、导弹及船舶等)毁坏,重大财产损失和重大环境损害

2) 故障模式发生概率等级(OPR)评分准则

OPR 是评定某个故障模式实际发生的可能性。表 5-8 给出了 OPR 的评分准则,表中"故障模式发生概率 P_m 参考范围"是对应各评分等级给出的预计该故障模式在装备的寿命周期内发生的概率,该值在具体应用中可以视情定义。

表 5-8 故障模式发生概率等级(OPR)评分准则

OPR 评分等级	故障模式发生的可能性	故障模式发生概率 P_m 参考范围
1	极低	$P_m \leqslant 10^{-6}$
2、3	较低	$1 \times 10^{-6} < P_m \leqslant 1 \times 10^{-4}$
4、5、6	中等	$1 \times 10^{-4} < P_m \leqslant 1 \times 10^{-2}$
7、8	高	$1 \times 10^{-2} < P_m \leqslant 1 \times 10^{-1}$
9、10	非常高	$P_m > 10^{-1}$

5.2.2 危害性矩阵分析

危害性矩阵分析可以分为定性的危害性矩阵分析方法、定量的危害性矩阵分析方法。当不能获得装备故障数据时,应选择定性的危害性矩阵分析方法;当可以获得较为准确的装备故障数据时,则选择定量的危害性矩阵分析方法。

1) 定性危害性矩阵分析

定性危害性矩阵分析方法是将每个故障模式发生的可能性分成离散的级别,按所定义的等级对每个故障模式进行评定。根据每个故障模式出现概率大小分为 A、B、C、D、E 五个不同的等级,其定义如表 5-9 所示,结合工程实际,其等级及概率可以进行修正。故障模式概率等级的评定之后,应用危害性矩阵图对每个故障模式进行危害性分析。

表 5-9　故障模式发生概率的等级划分

等级	定义	故障模式发生概率的特征	故障模式发生概率(在装备使用时间内)
A	经常发生	高概率	某个故障模式发生概率大于装备总故障概率的 20%
B	有时发生	中等概率	某个故障模式发生概率大于装备总故障概率的 10%,小于 20%
C	偶然发生	不常发生	某个故障模式发生概率大于装备总故障概率的 1%,小于 10%
D	很少发生	不大可能发生	某个故障模式发生概率大于装备总故障概率的 0.1%,小于 1%
E	极少发生	近乎为零	某个故障模式发生概率小于装备总故障概率的 0.1%

2) 定量危害性矩阵分析

定量危害性矩阵分析主要通过计算每个故障模式危害度 C_{mj} 和装备危害度 C_r,并对求得的不同的 C_{mj} 和 C_r 值分别进行排序,或应用危害性矩阵图对每个故障模式的 C_{mj}、装备的 C_r 进行危害性分析。

(1) 故障模式的危害度 C_{mj}。

C_{mj} 是装备危害度的一部分。装备在工作时间 t 内,以第 j 个故障模式发生的某严酷度等级下的危害度 C_{mj},即

$$C_{mj} = \alpha_j \cdot \beta_j \cdot \lambda_p \cdot t \quad j = 1, 2, \cdots, N \tag{5-2}$$

式中:N 为装备的故障模式总数;α_j 为故障模式频数比,即装备第 j 种故障模式发生次数与装备所有可能的故障模式数的比率,α_j 一般可通过统计、试验、预测等方法获得,当装备的故障模式数为 N,则 $\alpha_j (j = 1, 2, \cdots, N)$ 之和为 1;β_j 为故障模式影响概率,即装备在第 j 种故障模式发生的条件下,其最终影响导致"初始约定层次"出现某严酷度等级的条件概率,β 值的确定是代表分析人员对装备故障模式、原因和影响等掌握的程度,通常 β 值的确定是按经验进行定量估计。表 5-10 所列的三种 β 值可供选择;λ_p 为被分析装备在其任务阶段内的故障率,单位为 1/小时(1/h);t 为装备任务阶段的工作时间,单位为小时(h)。

表 5-10　故障影响概率 β 的推荐值

序号	1		2		3	
方法来源	推荐采用		国内某歼击飞机设计采用		GB7826	
β 规定值	实际丧失	1	一定丧失	1	肯定损伤	1
	很可能丧失	0.1~1	很可能丧失	0.5~0.99	可能损伤	0.5

（续表）

序号	1		2		3	
	有可能丧失	0～0.1	可能丧失	0.1～0.49	很少可能	0.1
	无影响	0	可忽略	0.01～0.09	无影响	0
			无影响	0		

（2）装备危害度 C_r

装备的危害度 C_r 是该装备在给定的严酷度类别和任务阶段下的各种故障模式危害度 C_{mj} 之和，即

$$C_r = \sum_{j=1}^{N} C_{mj} = \sum_{j=1}^{N} \alpha_j \cdot \beta_j \cdot \lambda_p \cdot t \quad j = 1, 2, \cdots, N \tag{5-3}$$

式中 N 为装备的故障模式总数。

3）绘制危害性矩阵图及应用

绘制危害性矩阵图的目的是比较每个故障模式影响的危害程度，为确定改进措施的先后顺序提供依据。危害性矩阵是在某个特定严酷度级别下，对每个故障模式危害程度或装备危害度的结果进行比较。危害性矩阵与风险优先数（RPN）一样具有风险优先顺序的作用。

绘制危害性矩阵图时，横坐标一般按等距离表示严酷度等级；纵坐标为装备危害度 C_r 或故障模式危害度 C_{mj} 或故障模式发生概率等级（见图 5-1）。其做法是：首先按 C_r 或 C_{mj} 的值或故障模式发生概率等级在纵坐标上查到对应的点，再在横坐标上选取代表其严酷度类别的直线，并在直线上标注装备或故障模式的位置（利用装备或故障模式代码标注），从而构成装备或故障模式的危害性矩阵图，即在图 5-1 上得到各装备或故障模式危害性的分布情况。

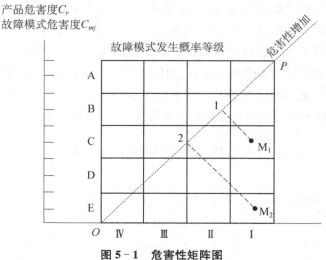

图 5-1　危害性矩阵图

从图 5-1 中所标记的故障模式分布点向对角线(图中虚线 OP)作垂线,以该垂线与对角线的交点到原点的距离作为度量故障模式(或装备)危害性的依据,距离越长,其危害性越大,越应尽快采取改进措施。在图 5-1 中,因 01 距离比 02 距离长,则故障模式 M_1 比故障模式 M_2 的危害性大。

6

故障树法

故障树分析(Fault Tree Analysis)是以故障树作为模型对系统进行可靠性分析的一种方法,是系统安全分析方法中应用最广泛的一种自上而下逐层展开的图形演绎的分析方法。在系统设计过程中通过对可能造成系统失效的各种因素(包括硬件、软件、环境、人为因素)进行分析,画出逻辑框图(故障树),从而确定系统失效原因的各种可能组合方式或其发生概率,以计算的系统失效概率,采取相应的纠正措施,以提高系统可靠性的一种设计分析方法。

故障树分析方法在系统可靠性分析、安全性分析和风险评价中具有重要作用和地位,是系统可靠性研究中常用的一种重要方法。近年来,随着计算机辅助故障树分析的出现,故障树分析法在航天、核能、电力、电子、化工等领域得到了广泛的应用。

6.1 故障树基本概念

那么什么是故障树呢? 所谓故障树是一种将单元的故障和特定的系统故障联系起来的一种树状事件逻辑图,表示所定义的系统故障和单元故障之间的关系。

故障树的一些基本概念如下。

(1) 故障树:故障树是一种特殊的树状逻辑因果关系图,它用规定的事件、逻辑门和其他符号来描述系统中各种事件之间的因果关系。

- 逻辑门的输入事件是输出事件的"因";
- 反之,逻辑门的输出事件是输入事件的"果"。

(2) 底事件:底事件是位于故障树底部的事件。它只能是所讨论的故障树中某个逻辑门的输入事件而不可能是某个逻辑门的输出事件。底事件也可进一步区分为"基本事件"和"非基本事件"。

事件名	基本事件	非基本事件
符号	○	◇

● 基本事件。已经探明但必须进一步探明其发生原因的底事件。基本元器件故障或人为失误、环境因素等均可作为基本事件。

● 非基本事件。无须进一步探明的底事件。一般其影响可以忽略的次要事件属于非基本事件。

（3）结果事件：结果事件是有其他事件或事件组合导致的事件，它总是某个逻辑门的输出事件。结果事件又可进一步区分为"中间事件"和"顶事件"。

● 顶事件。处于故障树顶端的事件称为顶事件，因而，它只可能是某逻辑门的输出而不可能是某逻辑门的输入事件。顶事件通常是所分析系统的最不希望发生的事件。

● 中间事件。除顶事件外，其他结果事件均属中间事件，它位于顶事件和底事件之间，既是某一个逻辑门的输入事件，又是另一个逻辑门的输出事件。

● 准底事件。准底事件仅在对大型故障树进行模块化时使用，它在总故障树中起底事件的作用，而在模块中起顶事件的作用。

（4）逻辑门：

● 与门。是代表逻辑"与"运算的一种逻辑门，表示仅当所有输入事件都发生时，门的输出事件才发生。

● 或门。是代表逻辑"或"运算的一种逻辑门，表示至少有一个输入事件发生时，门的输出事件就发生。

● 非门。是代表逻辑"非"运算的一种逻辑门，表示门的输出事件是输入事件的对立事件。

● 组合与门。是代表逻辑组合运算的一种逻辑门，表示在 n 个输入事件中至少有 r 个发生时门的输出事件才发生。特别当 $r > n/2$ 时，组合与门又常称为表决门。因为此时表示当多数输入事件发生时，输出事件才发生。

● 异或门。表示仅当单个输入事件发生时输出事件才发生的一种逻辑门。异或门又常称作"互斥或门"。

● 禁门。是表示当所需条件具备时，输入事件的发生方导致输出事件的发生是一种逻辑门。

6.2 故障树逻辑符号

在构成一个具体的故障树时，上面所介绍的各种门和事件应用一些大家能辨认的符号来表示。这些符号一共有三类：逻辑门符号、事件符号和转移符号。

1）逻辑门符号和事件符号

表 6-1 列举了各种常用逻辑门的表示符号；表 6-2 列举了各种常用事件符号。

表 6-1 常用逻辑门符号

门名	与门	或门	禁门	异或门	r/n 组合与门	非门
符号				不同时发生	r/n	

表 6－2　常用事件符号

事件名	基本事件	非基本事件	结果事件	条件事件	准底事件
符号	○	◇	▭	⬭	▭

2）转移符号

故障树的某个分支称为故障树的子树，子树可以用"转向"符号代替，这支子树将在同标记的"转此"符号下展开。这些"转向"和"转此"符号就是转移符号。使用转移符号可以避免重复画图和解决一张纸画不下一棵复杂故障树的问题。转移符号的定义如下。

转向符号：指出故障树在转向符号处有一支子树，这支子树将在有相同字母数字标记的转此符号下展开。

转此符号：指出这是一支子树，应接在总树中有相同字母数字的转向符号处。

表 6－3 列举了这两种转移符号的表达方式。

表 6－3　转移符号

转　向　符　号	转　此　符　号
A △	A — △

注：图中字母 A 为识别标记，以便转向和转此正确配对。

虽然在建树时有很多符号可以选用，这样建起树来很方便，但在故障树的定性分析和定量分析时，往往只能依据"与"门和"或"门，"基本事件"和"结果事件"来进行。因而，要将别的形式的门和事件转化成这四种基本形式。只含这四种基本元素的故障树称为基本故障树。而在将一般故障树转换成基本故障树的过程中，最根本的还是门的转换。最常见的需要转换的门有禁门、异或门、非门和组合与门。

禁门是一种特殊的与门，仅仅输入事件发生还不能导致输出事件发生，必须在输入事件发生的同时还满足禁门打开条件，输出事件才会发生。图 6－1 说明了禁门的使用情况。图 6－1(a)表明在许多化学反应中，催化剂的存在是反应得以进行下去的条件，虽然它不参加化学反应，但缺了它化学反应就无法进行。图 6－1(b)表明当水管处于低温的环境下时，只要管中的水还未低于零度，水管就不会冻结。

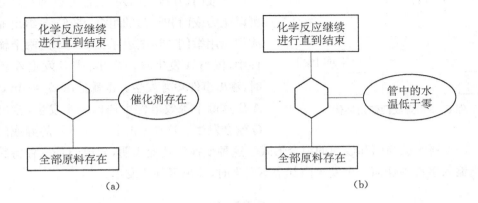

图 6-1　禁门使用举例

图 6-2 是禁门的另一种表现形式。禁门右边的条件事件椭圆框中注明禁门打开条件的发生概率,这种形式又称禁门的概率因子表现形式。

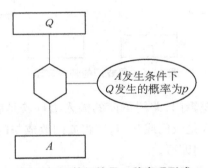

图 6-2　禁门的另一种表现形式

无论采用禁门的那一种表现形式,所谓禁门的打开的条件都可以理解为是一种事件,满足这个条件即可认为是该事件发生。这样,在增加一个事件的前提下,可以将一个禁门化成一个等效与门。图 6-3 是图 6-1(a)的等效与门表示形式,图 6-4 是图 6-2 的等效与门表示形式。

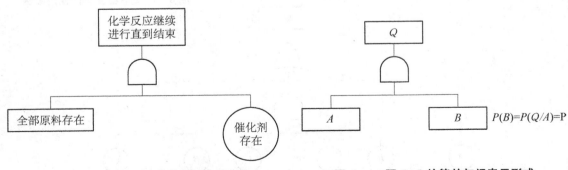

图 6-3　图 6-1(a)的等效与门表示形式　　　　图 6-4　图 6-2 的等效与门表示形式

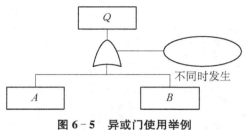

图 6-5 异或门使用举例

异或门(互斥或门)在定性分析和定量分析中可以化为或门和与门的组合,图 6-5 给出的是异或门应用举例。该图表示在 A, B 这两个输入事件中,仅当 A 发生 B 不发生,或 B 发生 A 不发生时,输出事件 Q 才发生。也就是在 $E_1 = AB$, $E_2 = A'B$ 这两个等效事件中任何一个发生,输出事件 Q 就会发生。这样,如图 6-5 所示的异或门将变成如图 6-6 所示的与门和或门的组合形式。这种变换清楚地表明,异或门是一种特殊的或门,仅当输入事件中任何一个发生而其余不发生时,输出事件才发生。

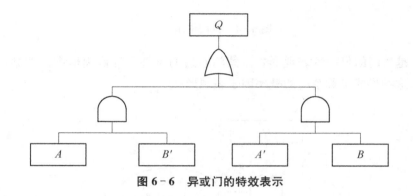

图 6-6 异或门的特效表示

非门是一个比较特殊的逻辑门、非门下面的输入事件若是底事件,则将底事件取反,取消非门即可。若非门下的输入是或门或与门,则将或门改成与门或将与门改成或门,并将门下输入事件取反,同时取消非门即可。

组合与门可以转化为与门和或门组合。图 6-7 是 2/3 组合与门的使用举例,它表明在 2/3 组合与门的三个输入事件 A、B、C 中,若有两个发生,输出事件就发生。

这样的事件逻辑如图 6-8 所示,是由与门和或门组成的图形来表示。注意,当把一个 n 中取 r 系统画成故障树时,相应的故障树上的组合与门是 $(n-r+1)/n$。如一

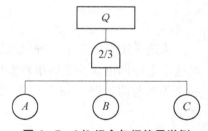

图 6-7 2/3 组合与门使用举例

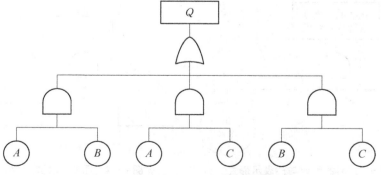

图 6-8 2/3 组合与门的等效表示形式

个系统从可靠性方面看是 3/4 系统,但从故障角度看是 2/4 系统,所选择的组合与门应是 4 中取 2 组合与门。

根据以上法则,可以把任何一棵故障树等效地变为基本故障树。

6.3　故障树的建立方法及步骤

在故障树分析法中,建树工作是最重要的环节。建树的完善与否直接影响到故障树的定性分析和定量分析的准确性。故障树应该是实际系统故障组合和传递的逻辑关系的正确抽象。因而,建树工作要求建树者对系统及其各个组成部分有透彻的了解,最好由系统设计、运行和可靠性等方面的专家密切合作来进行。建树过程往往又是一个多次反复、逐步深入、逐步完善的过程。在这个过程中发现系统的薄弱环节还可以边建边改,以提高系统的可靠性。这比简单地计算出一个系统可靠度数值显得更为意义重大。

1) 故障树顶事件的选择

建树工作是由全面熟悉对象、选择顶事件开始的。必须从任务及功能的联系入手,了解系统和设备的运行功能、成功准则、环境应力条件以及在此环境应力条件下的各种故障模式及危害程度,选择一个最不希望发生的事件作为顶事件。在很多情况下,所选择的顶事件就是故障模式及影响分析所识别出来的高危害度事件。这些事件通常具有如下特征:

(1) 妨碍任务的完成,如系统停止工作或丧失大部分功能。

(2) 对安全构成威胁,如造成人身伤亡或导致财产的重大损失。

(3) 严重影响经济效益,如船舶的航速降低或油耗上升等。

因为一棵故障树只能有一个顶事件,所以,一棵故障树只能反映系统一个方面的情况。这样,对于某些多输出状态的复杂系统,往往需要用多个故障树从各个不同的方面对其进行分析。

2) 功能逻辑图绘制

绘制系统的功能逻辑图以及进行详细的故障模式及影响分析(FMEA 或 FMECA)是建立完善的故障树的必不可少的条件。绘制功能框图它不同于产品的原理图、结构图、信号流图,而是表示产品各组成部分所承担的任务或功能间的相互关系,以及产品每个约定层次间的功能逻辑顺序、数据(信息)流、接口的一种功能模型。

3) 故障树建立的法则

选定顶事件后,所要做的事情是要研究产生这种顶事件的直接原因事件,并通过一个逻辑门将这些原因事件和顶事件连接起来。然后再寻找这些原因事件的直接原因事件。如此一步一步下去,直到所有的原因都是可分析的,不需要再进一步分解或无法再进一步分解为止。这些最后的原因事件就是底事件。这样就可以得到一棵故障树。

为了得到一棵完整的故障树,建树时还必须遵循以下法则:

(1) 故障事件应明确定义。为了正确确定故障事件的全部必要而又充分的直接原因,各级故障事件都必须严格定义,指明故障是什么,在什么条件下产生。遵循这条法则,有时甚至要求进行过于冗长的叙述,但这种"冗长"的叙述是必要的。绝不能因为原来画的框太小而随意删减,从而使得叙述不清,妨碍故障树的正确建造。

(2)问题的边界条件应定义清楚,否则一个大型复杂传统的故障树将不知建到何时为止。为清楚地限定故障树的范围,除对所讨论的系统和其他系统的界面应作明确划分外,还应做出一些必要的假设。这些界面和假设就是限定故障树范围的边界条件。例如,假设船体不会损坏、不考虑人为失误等都是建树时的一些边界条件。

(3)建树应逐级进行。建树的思维方式是从个别到一般的逻辑演绎方式。因而,建树时应有全局观念。首先将本级逻辑门的全部输入事件都确定清楚后,才能去发展这些输入事件。绝不允许跳跃,否则将有可能造成遗漏。

(4)建树时不允许门和门直接相连。门的输出必须用一个结果事件清楚地加以定义,不允许门的输出不经过任何结果事件符号便直接和另一个门连接。否则容易造成逻辑跳跃及输出事件定义不清,导致故障树所反映的逻辑与系统应有的逻辑不一致。

要建立一棵完整的故障树,除了必须遵循以上规则外,以下几条指南也能提供一个良好的帮助。

(1)用等价的比较具体或比较直接的事件取代比较抽象或比较间接的事件。同一个事件在作为输入事件和输出事件时,由于其所处的地位不同,其描述的方法也不一样。在作为输入事件时,它是作为上一级的原因事件来解释的。在作为输出事件时,为了更好地进行分解,有时需要对这一事件进行重新叙述、解释。排在下面的等价事件可以说是排在上面的事件的解释,或是唯一原因。

(2)将故障事件所包括的各种更基本的事件作为故障事件下逻辑或门的输入事件。

(3)存在保护装置时,应将初因事件(起触发作用的事件)和保护失效事件作为故障事件下逻辑与门的输入事件。

(4)若存在相互起促进作用的原因事件,则应将这些原因事件作为故障事件下逻辑与门的输入事件。

(5)凡系单元性故障,均应按典型格式经逻辑或门列出三个原因事件:"一次失效"、"二次失效"和"指令失效"。所谓"一次失效"指的是单元处于设计额定应力条件下所发生的失效,其主要原因是单元自身的磨损和自然老化。"二次失效"指的是单元处于超设计额定应力条件下发生的失效,其主要原因来自外部。如环境条件太差,相邻单元失效导致本单元所承受的应力增大等。"指令失效"指的是单元因收到错误指令而引起的失效。

4)故障树建立示例

下面以水下运载器动力系统水面航行工况的故障树的建立为例,具体说明故障树建立的一般过程。

水下运载器的动力系统由柴油机、主电机、经济航行电机、配电网络、蓄电池和主轴等系统组成,主要功能是为水下运载器提供动力并推动水下运载器前进,系统的工作原理如图6-9所示;功能逻辑如图6-10所示。

在水下运载器水面航行状态时,最不希望动力系统出现的情况是不能推进水下运载器航行。因而,可以选择"不能推进水下运载器进行水面航行"作为故障树的顶事件。水下运载器动力系统及设备的各种可能的故障模式及影响如表6-4所示。

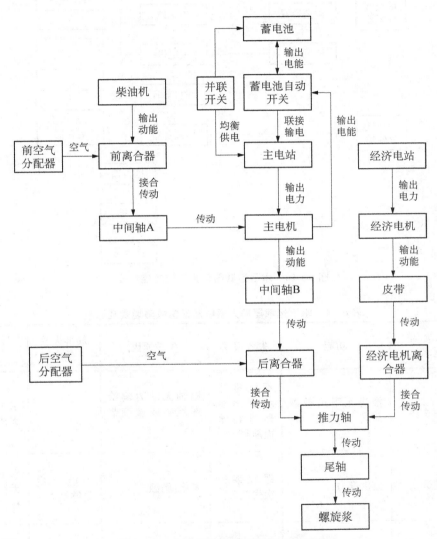

图6-9 水下运载器动力系统工作原理

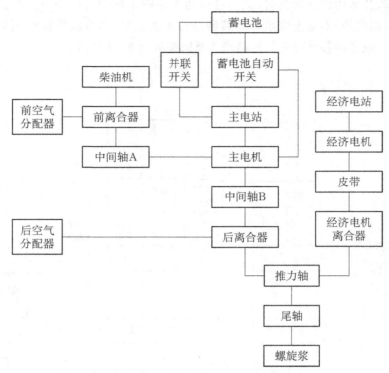

图 6 - 10　水下运载器动力系统功能逻辑

表 6 - 4　水下运载器动力系统及设备故障模式及影响

序号	系统/单元名称	功能	失效模式	失效原因	局部失效效应	最终失效效应
1	动力系统	推进水下运载器前进	不能推进水下运载器进行水面航行	尾轴无动力输给螺旋桨或螺旋桨失效		水下运载器无法航行
2	螺旋桨	提供推力	螺旋桨一次失效	老化,剥蚀	不能产生足够推力	水下运载器无法正常航行
3	螺旋桨	提供推力	螺旋桨二次失效	碰撞	不能产生足够推力	水下运载器无法正常航行
4	尾轴	带动螺旋桨旋转	无动能输出	尾轴一次断裂;尾轴二次断裂;尾轴前、中、后三轴承失效;尾轴无动力输入	不能带动螺旋桨转动	水下运载器无法航行

（续表）

序号	系统/单元名称	功能	失效模式	失效原因	局部失效效应	最终失效效应
5	推力轴	传送动力给尾轴	无动能输出	推力轴一次断裂；推力轴二次断裂；推力轴无动力输入	不能传送动能给尾轴	水下运载器无法航行
6	推力轴承	传送动力给推力轴	无动能输出	推力轴承一次失效；推力轴承二次失效；推力轴承无动力输入	不能传送动能给推力轴	水下运载器无法航行
7	经济电机离合器	将经济电机动能传给推力轴承，并在主电机或柴油机航行时隔离经济电机和离合器	经济电机离合器没有合上	误操作；压带轮一次破裂；压带轮二次破裂；压带机构失效；皮带一次断裂；皮带二次断裂	无法将经济电机的动能传给推力轴承	水下运载器不能进行经济航行
8	经济电机离合器	同上	经济电机离合器没有脱开	压带机构卡死；误操作	主电机航行或柴油机航行时负载过大	无法进行正常主电机航行或柴油机航行
9	经济电机	提供经济航行动能	经济电机无动能输出	经济电机失效；经济电机无电能输入；控制板失效	无经济航行动能输出	水下运载器不能进行经济航行
10	经济电机控制板	控制经济电机运行及向经济电机供电	不能控制经济电机运行	经济电机控制板失效；无电能输入	无法控制经济电机工作	水下运载器不能进行经济航行
11	后离合器	将主电机和柴油机的动能传送给推力轴承，并在经济航行时隔离推力轴承和主电机及柴油机	后离合器没有合上	误操作；轮胎破损；无气源提供（空气分配器失效）	无法将主电机或柴油机动能输给推力轴承	水下运载器不能进行主电机航行或柴油机航行
12	后离合器	同上	后离合器没有脱开	误操作；空气分配器失效；轮胎粘连	经济航行时负载过大	水下运载器无法进行正常经济航行

（续表）

序号	系统/单元名称	功能	失效模式	失效原因	局部失效效应	最终失效效应
13	中间轴	将主电机或柴油机动能传给后离合器	中间轴失效	中间轴一次失效；中间轴二次失效	主电机和柴油机动能传不到后离合器	水下运载器不能进行主电机或柴油机航行
14	主电机	变电能为动能；发电	不能输出动能	主电机一次失效；主电机二次失效；主电机无电能输入；主电机控制板失效	无动能输出	水下运载器不能进行主电机航行
15	主电机	同上	不能输出动能	主电机一次失效；主电机二次失效；无动能输入	不能输出电能	不能给蓄电池充电
16	主电机	变电能为动能；发电	主电机二次失效	误操作；主电机冷却系统失效	主电机不能正常工作	不能进行主电机航行或充电
17	主电机控制板	控制主电机运行	主电机控制板失效	元器件失效	主电机不能正常工作	不能进行主电机航行或充电
18	蓄电池自动开关	蓄电池充、放电状态控制	蓄电池自动开关失效	元器件失效	不能正常控制蓄电池充放电状态	不能正常充电放电
19	蓄电池	储存、输出电能	蓄电池一次失效	老化	不能进行充放电	不能进行充放电
20	蓄电池	同上	蓄电池二次失效	充放电方式不当	同上	同上
21	中间轴 A	将柴油机动力传给主电机和轴系	中间轴 A 一次失效	老化	柴油机动力不能传到主电机或轴系	不能进行充电或柴油机航行
22	中间轴 A	同上	中间轴 A 二次失效	主电机或轴系卡死	同上	同上

（续表）

序号	系统/单元名称	功能	失效模式	失效原因	局部失效效应	最终失效效应
23	前离合器	将柴油机动能传给中间轴 A,并在主电机航行时隔离柴油机和主电机	前离合器没脱开	误操作;空气分配器失效;轮胎粘连	主电机航行时负载过大	不能进行正常主电机航行
24	前离合器	同上	前离合器没合上	误操作;轮胎破损;无气源提供(空气分配器失效)	无法将柴油机动能送给主电机或轴系	无法充电或进行柴油机航行
25	前空气分配器	给前离合器充、放气	前空气分配器失效	老化	无法控制前离合器离合	无法充电和进行柴油机航行或无法进行主电机航行
26	后空气分配器	给后离合器充、放气	后空气分配器失效	老化	无法控制后离合器离合	无法进行柴油机和主电机航行或无法进行经济航行
27	柴油机	提供原始功能	柴油机一次失效	零单元失效	无法提供原始动能	无法进行柴油机航行或充电
28	柴油机	同上	柴油机二次失效	误操作	同上	同上

由于表 6-4 主要是为故障树的建立服务的,因而略去了原 FMECA 中与建树无关的若干因素,仅保留了一些和建树有关的信息。由表 6-4 可以看出,水下运载器不能进行水面航行的直接原因有两个:一是螺旋桨失效;二是尾轴没有动力输出给螺旋桨。因而,顶事件"不能推进水下运载器进行水面航行"的原因事件有两点:"螺旋桨失效"和"尾轴无动力输给螺旋桨"。只要这两个原因事件中任何一个发生都将导致结果事件"不能推进水下运载器进行水面航行",因而可以用一个"或"门将它们和"不能推进水下运载器进行水面航行"连接在一起(见图 6-11)。

图 6-11 中,"螺旋桨失效"和"尾轴无动力输给螺旋桨"都可以进一步分析下去,因而可以取作中间事件。

"螺旋桨失效"有两种基本模式:一是"螺旋桨一次失效";二是"螺旋桨二次失效"。因而可以用一个"或"门将"螺旋桨失效"和"螺旋桨一次失效"及"螺旋桨二次失效"连接起来

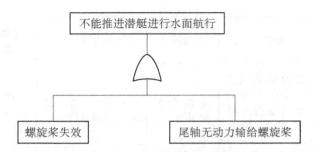

图 6 - 11　"不能推进水下运载器进行水面航行"准故障树

（见图 6-12）。图中"螺旋桨一次失效"是可以单独分析的，因而可取作基本事件。"螺旋桨二次失效"只有一个等效事件："螺旋桨被撞坏"。而螺旋桨被撞坏的概率无法统计，只能将"螺旋桨被撞坏"取为非基本事件。

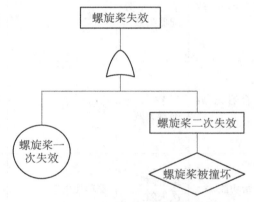

图 6 - 12　"螺旋桨失效"准故障树

"尾轴无动力输给螺旋桨"可能由于两个原因造成：一是尾轴系失效；二是位于其前的推力轴承根本无动力输出。因而，可以在"尾轴无动力输给螺旋桨"下面通过一个"或"门连接"尾轴系失效"和"推力轴无动力输出"这两个中间事件（见图 6-13）。

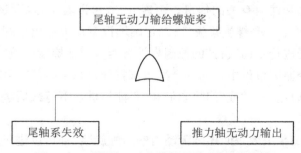

图 6 - 13　"尾轴无动力输给螺旋桨"准故障树

尾轴系包括尾轴、刹车装置、尾轴填料箱、前轴承、中轴承和后轴承。只要这六个设备中任何一个出了故障，轴系即不能正常工作。这样，可以通过一个"或"门将它们的失效事件和

"尾轴系失效"连接起来(见图 6 - 14)。前轴承、中轴承和后轴承的二次失效事件后都可以接一个等效的基本事件——"前(后、中)轴承无润滑"。而"刹车装置没放开"可以归结为"操作失误"或"刹车装置卡死"。"尾轴失效"为一中间事件。

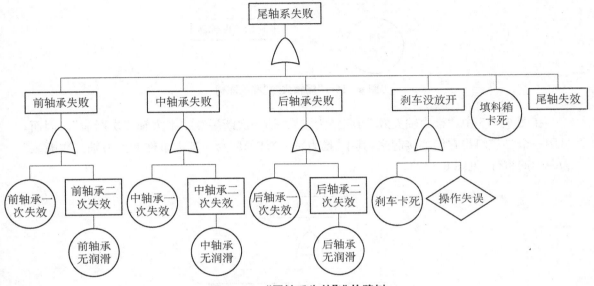

图 6 - 14　"尾轴系失效"准故障树

有两个原因可能导致"推力轴无动力输出":一是"推力轴失效";二是"推力轴无动力输入",因而,可以用一个"或"门将它们连接起来。其中"推力轴无动力输入"下紧跟一个等效事件"推力轴承无动力输出",两个原因事件均为中间事件(见图 6 - 15)。

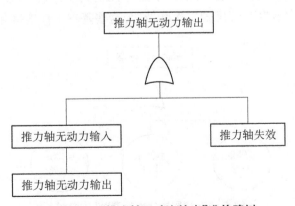

图 6 - 15　"推力轴无动力输出"准故障树

在图 6 - 13 中,"尾轴失效"可归结为"尾轴一次断裂"或"尾轴二次断裂"。因而,可以用一个"或"门将它们连接起来。其中"尾轴一次失效"为一基本事件,"尾轴二次断裂"为一中间事件(见图 6 - 16)。

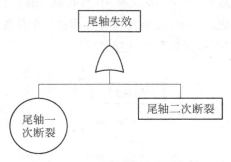

图 6-16 "尾轴失效"准故障树

在图 6-15 中,"推力轴失效"可归结为"推力轴一次断裂"或"推力轴二次断裂"。因而,可用一个"或"门将它们连接起来,其中"推力轴一次断裂"为一基本事件,"推力轴二次断裂"为一中间事件(见图 6-17)。

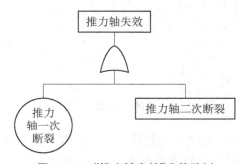

图 6-17 "推力轴失效"准故障树

在图 6-16 中,"尾轴二次断裂"可以归结为"前轴承卡死""中间轴承卡死"和"后轴承卡死",因而,可以用一个"或"门将"尾轴二次断裂"与这些基本事件连接起来(见图 6-18)。

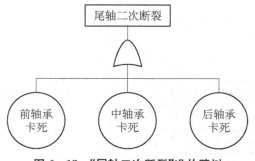

图 6-18 "尾轴二次断裂"准故障树

在图 6-17 中,"推力轴二次断裂"可归结为"前轴承卡死""中轴承卡死""后轴承卡死""填料箱卡死"或"刹车装置没有放开"。因而,可以用一个"或"门将"推力轴二次断裂"与这些事件连接起来(见图 6-19)。

"推力轴承无动力输出"有两个可能原因:一是推力轴承失效;二是推力轴承根本就无

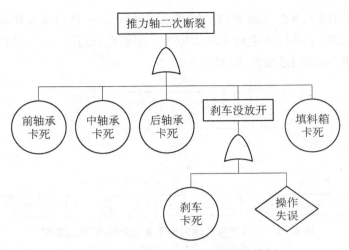

图 6-19　"推力轴二次断裂"准故障树

动力输入。因而,可以用一个"或"门将"推力轴承无动力输出"和"推力轴承失效"以及"推力轴承无动力输入"这两个事件连接起来。其中"推力轴承失效"可取作基本事件,"推力轴承无动力输入"可取作中间事件(见图 6-20)。

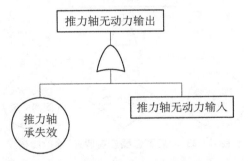

图 6-20　"推力轴承无动力输出"准故障树

在正常情况下,有三种动力可以输给推力轴承,它们分别是柴油机动力、经济电机动力和主电机动力。只有当这三种动力都无法输给推力轴承时,才会导致"推力轴承无动力输入"。因而,在"推力轴承无动力输入"下可通过一个"与"门连接"柴油机动力输不进推力轴承""主电机动力输不进推力轴承"和"经济电机动力输不进推力轴承"这三个中间事件(见图 6-21)。

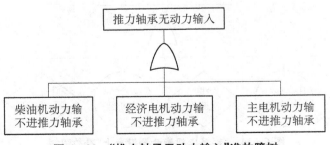

图 6-21　"推力轴承无动力输入"准故障树

"经济电机动力输不进推力轴承"有三个独立的原因：一是经济电机离合器未合上；二是后离合器没有脱开；三是经济电机无动力输出。因而,可以用一个"或"门将"经济电机动力输不进推力轴承"与它们连接起来(见图6-22)。

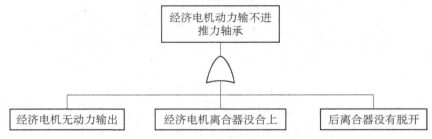

图6-22 "经济电机动力输不进推力轴承"准故障树

"后离合器没有脱开"有三种可能原因：一是操作失误；二是后空气分配器失效；三是后离合器轮胎粘连。因而,可以用一个"或"门将"后离合器没有脱开"与这三个基本事件连接起来(见图6-23)。

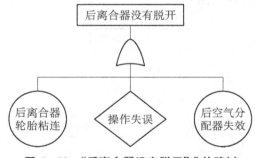

图6-23 "后离合器没有脱开"准故障树

"经济电机离合器没合上"的原因很多,主要有："误操作""压带轮一次破裂""压带轮二次破裂""压带机构失效""皮带一次断裂""皮带二次断裂"等。而"压带轮二次破裂"和"皮带二次断裂"以及"误操作"均属极小概率事件,可以取作非基本事件。其他事件则可取作基本事件(见图6-24)。

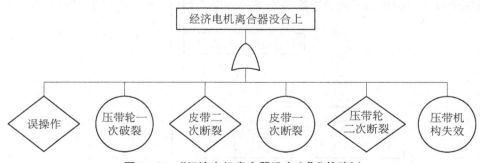

图6-24 "经济电机离合器没合上"准故障树

"经济电机无动力输出"有三个可能的原因：一是经济电机失效；二是经济电机无电能输入；三是经济电机控制板失效。因而，可用一个"或"门将"经济电机无动力输出"和这三个事件连接起来。其中"经济电机失效"和"经济电机控制板失效"为基本事件，"经济电机无电能输入"为一中间事件（见图6-25）。

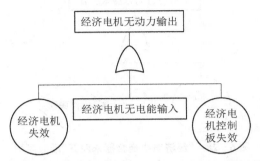

图6-25 "经济电机无动力输出"准故障树

"经济电机无电能输入"可能由下列两种原因之一导致："蓄电池组失效"和"蓄电池自动开关失效"。因而，可用一个"或"门将"将经济电机无电能输入"和这二个基本事件连接起来（见图6-26）。

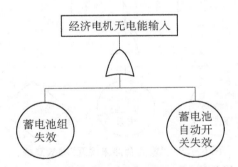

图6-26 "经济电机无电能输入"准故障树

"主电机动力输不进推力轴承"可能有四个原因：一是经济电机离合器未脱开；二是后离合器未合上；三是前离合器未脱开；四是主电机没有动力输出。这四个原因中任何一个发生都有可能导致"主电机动力传输不到推力轴承"。因而，可以通过一个"或"门将"主电机动力传输不到推力轴承"与这四个原因事件连接起来。这四个原因事件均为中间事件（见图6-27）。

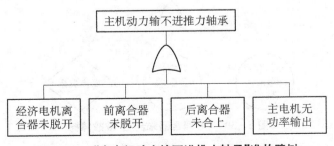

图6-27 "主电机动力输不进推力轴承"准故障树

"经济电机离合器未脱开"有两个可能原因：一是压带机构卡死；二是操作失误。因而，可以通过一个"或"门将"经济电机离合器未脱开"和"操作失误"及"压带机构卡死"连接起来（见图 6-28）。

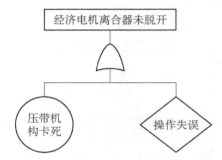

图 6-28　"经济电机离合器未脱开"准故障树

导致"前离合器未脱开"的可能原因有三个：一是操作失误；二是前离合器轮胎粘连；三是前空气分配器失效。因而，可用一个"或"门将"前离合器未脱开"与这三个基本事件连接起来（见图 6-29）。

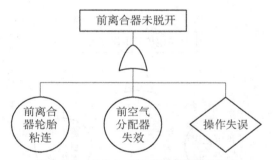

图 6-29　"前离合器未脱开"准故障树

"后离合器未合上"有三个可能原因："操作失误""后离合器轮胎破损"和"后空气分配器失效"。因而，可以通过一个"或"门将"后离合器未合上"与这三个基本事件连接起来（见图 6-30）。

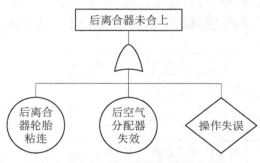

图 6-30　"后离合器未合上"准故障树

"主电机没有动力输出"可能由三个原因导致:"主电机一次失效""主电机二次失效"和"主电机无电能输入"。因而,可用一个"或"门将"主电机没有动力输出"与这三个基本事件连接起来。其中"主电机一次失效"为基本事件,"主电机二次失效"和"主电机无电能输入"均为中间事件(见图 6 - 31)。

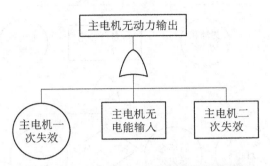

图 6 - 31　"主电机没有动力输出"准故障树

"主电机无电能输入"可以归结为"蓄电池组失效""蓄电池自动开关失效"和"主电机控制板失效"。因而,可以用一个"或"门将"主电机无电能输入"与这三个基本事件连接起来(见图 6 - 32)。

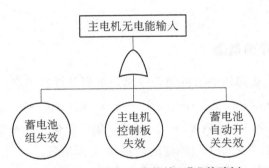

图 6 - 32　"主电机无电能输入"准故障树

"主电机二次失效"则可归结为"操作失误"和"主电机冷却系统失效"。因而,可以用一个"或"门将"主电机二次失效"和这二个基本事件连接起来(见图 6 - 33)。用上述办法可以将"柴油机动力不能输到推力轴承"的分支故障树表示为如图 6 - 34 所示的形式。

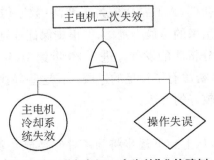

图 6 - 33　"主电机二次失效"准故障树

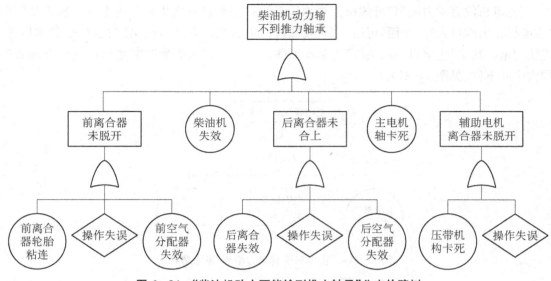

图 6-34 "柴油机动力不能输到推力轴承"分支故障树

6.4 故障树定性分析

6.4.1 故障树割集的概念

故障树割集,指的是故障树底事件集合中满足下列条件的子集:

设该子集为 $\{x_{i1}, x_{i2}, \cdots, x_{il} \mid i = 1, 2, \cdots k\}$;$\{x_{i1}, x_{i2}, \cdots, x_{il}\} \subseteq \{x_1, x_2, \cdots, x_r\}$。当 $x_{i1} = x_{i2} = \cdots = x_{il} = 1$ 时,$\Psi(\boldsymbol{X}) = 1$,即该子集中所包含的全部底事件都发生时,顶事件 T 必然发生,则这样的子集即为故障树的割集,k 为割集数。

故障树最小割集,指的是满足下述条件的割集:

若将此割集中所包含的底事件去掉任何一个,都将使原割集不再成为割集,则这样的割集即是最小割集,记作 $M_k(\boldsymbol{X})$。

6.4.2 最小割集寻找方法

在故障树分析法出现的初期,人们常用蒙特卡罗法(数字仿真法)来寻找故障树的最小割集。这种方法只能保证找出来的是最小割集,但很难保证找到所有最小割集。因而,该法在一定程度上阻碍了故障树分析法的发展。进入 20 世纪 70 年代后,寻找最小割集的方法不断涌现,从而使得故障树分析法有了长足的进展。在这些寻找故障树最小割集的方法中,下行法和上行法是公认的比较好的方法。

1) 下行法

下行法是从顶事件开始,从上到下逐步将顶事件转换成底事件的集合形式。这些集合就是故障树的割集。为了说明下行法的基本原理,我们可以先来观察如图 6-35 所示的逻辑门所反映的情况。

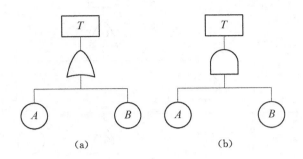

图 6-35 逻辑门

图 6-35(a)是一个逻辑"或"门,所代表的逻辑表达式为

$$T = A \bigcup B \quad 或 \quad T = A + B \tag{6-1}$$

即输入事件 A、B 中任何一个发生,输出事件 T 就发生。很显然,此时故障树的割集有两个: $\{A\}$ 和 $\{B\}$。

图 6-35(b)是一个逻辑"与"门,所代表的逻辑表达式为

$$T = A \bigcap B \quad 或 \quad T = A \cdot B \quad 或 \quad T = AB \tag{6-2}$$

即输入事件 A、B 同时发生时,输出事件 T 才发生。很显然,此时故障树的割集只有一个: $\{A, B\}$。

如果把输入事件再加多,将会发现:"或"门只增加割集的个数。"或"门下有多少个输入事件,该门就变成多少个割集。"与"门只增加割集的大小。"与"门下有多少个输入事件,则此割集中就增加多少个事件。

这样,可以归纳出下行法的具体法则:

从顶事件开始,一个门就代表一个结果事件。顺次将门用其输入事件置换。若是"或"门,则增加割集的个数,输入事件纵向列出,若"或"门下有 n 个输入事件,则含有这个"或"门的割集都将变成 n 个割集。这 n 个割集分别由这 n 个输入事件置换原割集中的相应"或"门而得到。如果遇到"与"门,则增加割集的大小,则输入事件横向列出。如果这个"与"门下有 m 个输入事件,则用这所有的 m 个输入事件去置换割集中的相应的"与"门。如此不断地置换下去,直到所有的门都被底事件所代换为止。此时得到的割集是包括全部最小割集在内的割集,称为布尔视在割集(BICS)。

利用布尔代数中的吸收律和等幂律式(6-3)和式(6-4)对全部的布尔视在割集进行吸收和去复处理,即可得到全部的最小割集:

$$xy \bigcap y = xy \tag{6-3}$$

$$xy \bigcup y = y \tag{6-4}$$

例6.1 利用下行法寻找如图 6-36 所示故障树的全部最小割集。

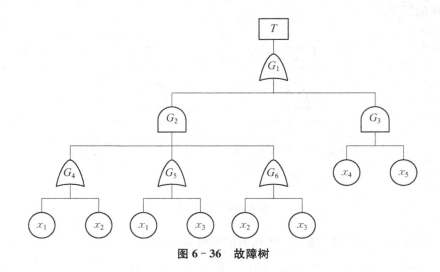

图 6 - 36 故障树

解： 图 6 - 37 给出了用下行法找出图 6 - 36 所示故障树的全部最小割集的过程。

$$T(G_1) \rightarrow \begin{matrix} G_2 \\ G_3 \end{matrix} \rightarrow \begin{matrix} G_2 \\ x_4 x_5 \end{matrix} \rightarrow \begin{matrix} G_4 G_5 G_6 \\ x_4 x_5 \end{matrix} \rightarrow \begin{matrix} x_1 G_5 G_6 \\ x_2 G_5 G_6 \\ x_4 x_5 \end{matrix} \rightarrow \begin{matrix} x_1 x_1 G_6 \\ x_1 x_3 G_6 \\ x_2 x_1 G_6 \\ x_2 x_3 G_6 \\ x_4 x_5 \end{matrix} \rightarrow \begin{matrix} x_1 x_1 x_2 \\ x_1 x_1 x_3 \\ x_1 x_3 x_2 \\ x_1 x_3 x_3 \\ x_2 x_1 x_1 \\ x_2 x_1 x_3 \\ x_2 x_3 x_2 \\ x_2 x_3 x_3 \\ x_4 x_5 \end{matrix} \rightarrow \begin{matrix} x_1 x_2 \\ x_1 x_3 \\ x_1 x_2 x_3 \\ x_1 x_3 \\ x_1 x_2 \\ x_1 x_2 x_3 \\ x_2 x_3 \\ x_2 x_3 \\ x_4 x_5 \end{matrix} \rightarrow \begin{matrix} x_1 x_2 \\ x_1 x_3 \\ x_2 x_3 \\ x_4 x_5 \end{matrix}$$

图 6 - 37 下行法寻找最小割集

图 6 - 37 最后一列有四行元素，表示本故障树有四个最小割集：

$$\{x_1, x_2\}, \{x_1, x_3\}, \{x_2, x_3\}, \{x_4, x_5\}$$

2）上行法

上行法是以对最低一排逻辑门的置换工作开始的。将最低一排逻辑门用其输入事件的逻辑函数来置换[见式(6-3)和式(6-4)]。再将其上面一级的逻辑门用其输入事件的逻辑函数表示。如此不断地进行下去，直到将顶事件表示为底事件的积之和式为止。这些积式就是最小割集中所有元素之积，而积式的个数就是最小割集的个数。上行法的具体做法可由下例说明。

例 6.2 用上行法寻找上例中故障树的全部最小割集。

解： 从图 6 - 2 的最下一排逻辑门开始置换：

$$G_4 = x_1 \bigcup x_2$$
$$G_5 = x_1 \bigcup x_3$$
$$G_6 = x_2 \bigcup x_3$$
$$G_3 = x_4 \bigcup x_5$$

然后置换上一门逻辑门,并化成积之和形式:

$$G_2 = G_4 \bigcap G_5 \bigcap G_6 = (x_1 \bigcup x_2) \bigcap (x_1 \bigcup x_3) \bigcap (x_2 \bigcup x_3)$$
$$= (x_1 \bigcup x_1 \bigcap x_2 \bigcup x_1 \bigcap x_3 \bigcup x_2 \bigcap x_3) \bigcap (x_2 \bigcup x_3)$$
$$= x_1 \bigcap x_2 \bigcup x_1 \bigcap x_2 \bigcap x_3 \bigcup x_2 \bigcap x_3 \bigcup x_1 \bigcap x_3$$

最后置换顶事件:

$$T = G_2 \bigcup G_3$$
$$= x_1 \bigcap x_2 \bigcup x_1 \bigcap x_2 \bigcap x_3 \bigcup x_2 \bigcap x_3 \bigcup x_1 \bigcap x_3 \bigcup x_4 \bigcap x_5$$
$$= (x_1 \bigcap x_2) \bigcup (x_2 \bigcap x_3) \bigcup (\bigcup x_1 \bigcap x_3) \bigcup (\bigcup x_4 \bigcap x_5)$$

运算中用了等幂律和吸收律,得出故障树有四个最小割集:$\{x_1, x_2\}$,$\{x_1, x_3\}$,$\{x_2, x_3\}$,$\{x_4, x_5\}$。所得的结果和下行法所得的结果是完全一样的。

故障树的定性评估是建立在最小割集基础上的。最小割集描述的是系统故障的组合规律,即哪些单元的故障组合将导致系统故障。显然,最小割集的关键是与底事件的阶数是相关的。通常,一阶最小割集比二阶或更高阶的最小割集重要。对于一阶最小割集,当底事件发生时,顶事件立即发生。而对于二阶最小割集,只有当两个底事件都同时发生时,顶事件才生。因此,如果最小割集只含有单个底事件,那么这个单元就可认为是系统薄弱环节。

6.5 故障树的结构函数

6.5.1 故障树的结构函数的定义

考察一个由 n 个单元组成的系统 S 的故障树。通常,人们取系统故障为故障树的顶事件,记作 T。取各单元的故障为底事件,记作 $x_i(i = 1, 2, \cdots, n)$。若故障树具有如下性质:

(1) 顶事件和底事件都只有发生和不发生两种状态。

(2) 顶事件发生与否完全由底事件的状态及故障树的结构所决定。

则可用一个二值变量 $x_i(t)$ 来描述该故障树底事件状态:

$$x_i(t) = \begin{cases} 1, \text{在 } t \text{ 时刻若底事件 } i \text{ 发生} \\ 0, \text{在 } t \text{ 时刻若底事件 } i \text{ 不发生} \end{cases} \quad i = 1, 2, \cdots, n \quad (6-5)$$

顶事件的状态可以用下述函数来描述:

$$\psi[\boldsymbol{X}(t)] = \psi[x_1(t), x_2(t), \cdots, x_n(t)] \quad (6-6)$$

式中:$\boldsymbol{X}$ 是 n 维向量,$\boldsymbol{X} = (x_1, x_2, \cdots, x_n)$,$\psi(\boldsymbol{X})$ 是 n 维向量 $\boldsymbol{X}$ 的二值函数,且

$$\psi[\boldsymbol{X}(t)] = \begin{cases} 1, \text{在 } t \text{ 时刻若 } T \text{ 发生时} \\ 0 \text{ 在 } t \text{ 时刻若 } T \text{ 不发生时} \end{cases} \quad (6-7)$$

$\psi[\boldsymbol{X}(t)]$ 就是故障树的结构函数。

6.5.2 故障树的割集与最小割集

故障树割集,指的是故障树底事件集合中满足下列条件的子集:

设该子集为 $\{x_{i1}, x_{i2}, \cdots, x_{il} \mid i = 1, 2, \cdots k\}$;$\{x_{i1}, x_{i2}, \cdots, x_{il}\} \subseteq \{x_1, x_2, \cdots, x_r\}$。当 $x_{i1} = x_{i2} = \cdots = x_{il} = 1$ 时,$\psi(\boldsymbol{X}) = 1$,即该子集中所包含的全部底事件都发生时,顶事件 T 必然发生,则这样的子集即为故障树的割集,k 为割集数。

故障树最小割集,指的是满足下述条件的割集:

若将此割集中所包含的底事件去掉任何一个,都将使原割集不再成为割集,则这样的割集即是最小割集,记作 $M_k(\boldsymbol{X})$。

6.5.3 最小割集与故障树结构函数的关系

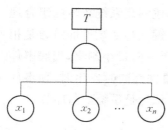

图 6-38 与门组成的故障树

在讨论故障结构函数与最小割集的关系时,首先讨论单独由与门组成的故障树和单独由或门组成的故障树。

1) 由与门组成的故障树的结构函数

考虑如图 6-38 所示的故障树,其顶事件发生的条件是,仅当所有底事件 $x_i(t)(i = 1, 2, \cdots, n)$ 同时发生。

则该故障树的结构函数为

$$
\begin{aligned}
\psi[\boldsymbol{X}(t)] &= \psi[x_1(t), x_2(t), \cdots, x_n(t)] \\
&= x_1(t) \cdot x_2(t) \cdots x_n(t) \\
&= \bigcap_{i=1}^{n} x_i(t)
\end{aligned}
\tag{6-8}
$$

假设所有底事件相互独立,令 $Q_s(t)$ 为顶事件在 t 时刻发生的概率,则有

$$
\begin{aligned}
Q_s(t) &= E\{\psi[\boldsymbol{X}(t)]\} \\
&= E[x_1(t), x_2(t), \cdots, x_n(t)] \\
&= E[x_1(t)] \cdot E[x_2(t)] \cdots E[x_n(t)] \\
&= q_1(t) \cdot q_2(t) \cdots q_n(t) \\
&= \bigcap_{i=1}^{n} q_i(t)
\end{aligned}
\tag{6-9}
$$

2) 由或门组成的故障树的结构函数

考虑如图 6-39 所示的故障树,其顶事件发生的条件是,仅当所有底事件 $x_i(t)(i = 1, 2, \cdots, n)$ 至少有一个发生。

则该故障树的结构函数为:

$$
\begin{aligned}
\psi[\boldsymbol{X}(t)] &= x_1(t) \bigcup x_2(t) \bigcup \cdots \bigcup x_n(t) \\
&= 1 - \bigcap_{i=1}^{n} [1 - x_i(t)] \\
&= \bigcup_{i=1}^{n} x_i(t)
\end{aligned}
\tag{6-10}
$$

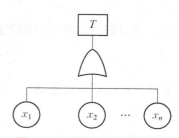

图 6-39 或门组成的故障树

假设所有底事件相互独立,令 $Q_s(t)$ 为顶事件在 t 时刻发生的概率,则有:

$$
\begin{aligned}
Q_s(t) &= E\{\psi[\boldsymbol{X}(t)]\} \\
&= E[x_1(t), x_2(t), \cdots, x_n(t)] \\
&= 1 - \bigcap_{i=1}^{n} E[1 - x_i(t)] \\
&= 1 - \bigcap_{i=1}^{n} [1 - Ex_i(t)] \\
&= 1 - \bigcap_{i=1}^{n} [1 - q_i(t)]
\end{aligned}
\tag{6-11}
$$

6.5.4　相当故障树

对于一般的故障树模型,经过一定的逻辑转换,可以转化为由最小割集组成的两级故障树模型,把这种故障树定义为相当故障树,如图 6-40 所示。

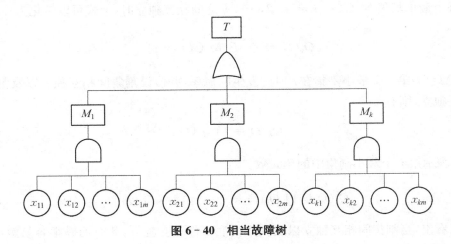

图 6-40　相当故障树

考虑一个具有 K 个最小割集($M_1(X)$,$M_2(X)\cdots M_k(X)$)的故障树。从最小割集的物理意义来看,至少有一个最小割集发生,则顶事件就发生;一个最小割集发生的原因是因为该割集内部所有事件都发生,即每个单元都同时失效。

因此,用最小割集表示的故障树(即相当故障树)的结构函数为:

$$
\psi[X(t)] = \bigcup_{j=1}^{k} M_j(X), \quad j = 1, 2, \cdots, k
\tag{6-12}
$$

6.6　故障树定量分析

故障树定量分析的基本内容是计算顶事件的发生概率。这个顶事件的发生概率可以通过故障树的结构函数来取得。

故障树结构函数只能取 0、1 二值,故其数学期望为:

$$E[\psi(X)] = P\{\psi(X) = 1\} \times 1 + P\{\psi(X) = 0\} \times 0 \qquad (6-13)$$
$$= P\{\psi(X) = 1\}$$

由式(6-13)可知,故障树结构函数的数学期望即是故障树顶事件的发生概率,也可以称为系统不可靠度。

6.6.1 顶事件发生概率计算的容斥定理法

当故障树的所有最小割集为已知时,故障树的结构函数为

$$\psi[\boldsymbol{X}(t)] = \bigcup_{j=1}^{k} M_j(X)$$

令 $Q_s(t)$ 为顶事件在 t 时刻发生的概率,则有

$$Q_s(t) = P\{\boldsymbol{\psi}[X(t)] = 1\} = P\{\bigcup_{j=1}^{k} M_j(X) = 1\} \qquad (6-14)$$

当每个最小割集 $M_j(X)$, $j = 1, 2, \cdots, k$ 之间相互独立时,上式可以转化为

$$Q_s(t) = \sum_{j=1}^{k} P\{M_j(\boldsymbol{X}) = 1\}$$

令 $Q_j(t)$ 为第 j 个最小割集在 t 时刻发生的概率,并假设割集间相互独立以及割集内底事件相互独立,则有

$$Q_j(t) = \bigcap_{i \in m_j} q_i(t) \qquad (6-15)$$

式中,m_j 表示第 j 个最小割集中的单元数。

$$Q_s(t) = \bigcup_{j=1}^{k} Q_j(t) = 1 - \bigcap_{j=1}^{k} [1 - Q_j(t)] \qquad (6-16)$$

可以看出,当割集间相互独立以及割集内底事件相互独立,此时问题很容易解决,但在大多数情况下,由于在多个最小集内可能会发生同样的底事件,则故障树的最小割集之间并不是相互独立的,因此有

$$Q_s(t) \leqslant 1 - \bigcap_{j=1}^{k} [1 - Q_j(t)] \qquad (6-17)$$

当所有的 $q_i(t)$ 都非小时,则有

$$Q_s(t) \approx 1 - \bigcap_{j=1}^{k} [1 - Q_j(t)] \qquad (6-18)$$

当最小割集结构之间不相互独立时,解决这类问题的一个简单办法就是运用容斥定理。容斥定理在式(4-18)中进行了叙述,这里不再重复。下面用一个例子来说明容斥定理的使用方法。

例 6.3 一个不可修复系统的故障树如图 6-36 所示,各底事件相对应的各部件的不可靠度分别为: $Q_1 = Q_2 = Q_3 = Q_4 = Q_5 = 0.1$。求系统的不可靠度。

解:由例 6.2 可知,该系统有四个最小割集:

$$\{x_1, x_2\}, \{x_1, x_3\}, \{x_2, x_3\}, \{x_4, x_5\}$$

由式(6-14)知，系统的不可靠度可以表示为

$$Q_s = P\{\bigcup_{j=1}^{k} M_j(X) = 1\}$$

根据容斥定理，有

$$Q_S = \sum_{j=1}^{k} (-1)^{j-1} \sum_{1 \leqslant i_1 < i_2 < \cdots < i_l < \cdots \leqslant k} P\{\bigcap_{l=1}^{m_j} M_{il=1}\}$$

则：

$$
\begin{aligned}
Q_S &= Q_1Q_2 + Q_1Q_3 + Q_2Q_3 + Q_4Q_5 - Q_1Q_2Q_3 - Q_1Q_2Q_3 - Q_1Q_2Q_4Q_5 - \\
&\quad Q_1Q_2Q_3 - Q_1Q_3Q_4Q_5 - Q_2Q_3Q_4Q_5 + Q_1Q_2Q_3 + Q_1Q_2Q_3Q_4Q_5 + \\
&\quad Q_1Q_2Q_3Q_4Q_5 + Q_1Q_2Q_3Q_4Q_5 - Q_1Q_2Q_3Q_4Q_5 \\
&= Q_1Q_2 + Q_1Q_3 + Q_2Q_3 + Q_4Q_5 - 2Q_1Q_2Q_3 - Q_1Q_3Q_4Q_5 - Q_2Q_3Q_4Q_5 - \\
&\quad Q_1Q_2Q_4Q_5 + 2Q_1Q_2Q_3Q_4Q_5 \\
&= 4 \times 0.1^2 - 2 \times 0.1^3 - 3 \times 0.1^4 + 2 \times 0.1^5 \\
&= 0.037\,72
\end{aligned}
$$

由上例可见，若用容斥定理进行计算，仅四个最小割集就带来了 15 项积之和。当最小割集数目增加时，所计算的和的个数还将增大。

若一棵故障树有 n 个最小割集，当使用容斥定理时将出现 $2^n - 1$ 项。如果 $n = 10$，则总项数将达到 $2^{10} - 1 = 1\,023$ 项；若 $n = 40$，则总项数为 $2^{40} - 1 > 1 \times 10^{12}$。这样计算项数随最小割集数而急剧增加，而且每一项都是连乘积，即使用超高速计算机也难以求解，这种现象称"组合爆炸"现象。而在实际工程中，最小割集在 20 以上并不少见，若依旧使用容斥定理进行计算，其计算量之大往往令人难以忍受，必须寻求一种新的解决方法。

6.6.2 不交最小割集算法

在求系统可靠度时，若最小路集太多，可以用不交最小路集算法。在求系统不可靠度时，若最小割集太多，可以用不交最小割集算法。

若故障树有 k 个最小割集：$M_1(X), M_2(X), \cdots, M_k(X)$，则其结构函数的不交最小割集表达式为

$$\psi(X) = M_1 + M_1'M_2 + \cdots (\bigcap_{i=1}^{k-1} M_i')M_K \tag{6-19}$$

若觉得上式太繁，还可用第 4 章中介绍的不交型积之和定理加以化简。将展开式中的每个元素用其所代表的单元的不可靠度代入，每个反元素用其所代表的单元的可靠度代入，即可得到顶事件的发生概率，也就是系统的不可靠度。

例6.4　用不交最小割集算法计算上例。

解： 先将故障树结构函数化为不交最小割集表达式：

$$\psi(X) = x_1x_2 \bigcup x_1x_3 \bigcup x_2x_3 \bigcup x_4x_5$$
$$= x_1x_2 + (x_1x_2)'x_1x_3 + (x_1x_2)'(x_1x_3)'x_2x_3 + (x_1x_2)'(x_1x_3)'(x_2x_3)'x_4x_5$$
$$= x_1x_2 + (x_1' + x_1x_2')x_1x_3 + (x_1' + x_1x_2')(x_1' + x_1x_3')x_2x_3 +$$
$$(x_1' + x_1x_2')(x_1' + x_1x_3')(x_2' + x_2x_3')x_4x_5$$
$$= x_1x_2 + x_1x_2'x_3 + x_1'x_2x_3 + x_1'x_2'x_4x_5 + x_1x_2'x_3'x_4x_5 + x_1'x_2x_3'x_4x_5$$

再将各元素用其所代表的单元的不可靠度代替，各反元素用其所代表的单元的可靠度代替，得到系统不可靠度为

$$Q_S = Q_1Q_2 + Q_1(1-Q_2)Q_3 + (1-Q_1)Q_2Q_3 + (1-Q_1)(1-Q_2)(1-Q_3)Q_4Q_5 +$$
$$Q_1(1-Q_2)(1-Q_3)Q_4Q_5 + (1-Q_1)Q_2(1-Q_3)Q_4Q_5$$
$$= 0.1^2 + 2 \times 0.1^2 \times 0.9 + 0.1^2 \times 0.9^2 + 2 \times 0.1^3 \times 0.9^3$$
$$= 0.037\,72$$

6.6.3　顶事件发生概率的近似算法

不管用容斥定理算法还是用不交最小割集算法，都是要以一定计算量以及一定计算时间为基础的。但在实际工程中，有时并不需要十分精确的计算结果，而需要在短时间内对所设计产品的可靠度有个大略的估算。需要有一些近似的计算方法。有时由于条件所限，如计算机太少或时间有限，不能进行大规模的计算，此时也可以用一些近似计算方法，用很少的计算量得到符合精度要求的结果。

1) 容斥定理部分项作近似

选用容斥定理的前几项来作为容斥定理的近似解时，取的项数越多，结果越精确，当然计算量也就越大。下面通过例 6.5 来说明容斥定理部分项的近似方法。

例 6.5　用容斥定理的首项和前两项分别对例 6.3 作近似计算，并与精确结果进行比较。

解：

(1) 用首项近似：

$$Q_S \approx S_1 = \sum_{i=1}^{4} Q(M_i)$$
$$= Q(M_1) + Q(M_2) + Q(M_3) + Q(M_4)$$
$$= Q(x_1x_2) + Q(x_1x_3) + Q(x_2x_3) + Q(x_4x_5)$$
$$= Q_1Q_2 + Q_1Q_3 + Q_2Q_3 + Q_4Q_5$$
$$= 4 \times 0.1^2$$
$$= 0.04$$

例 6.3 的精确解为 0.037 72，则用首项近似的误差为

$$\varepsilon_1 = \left| \frac{0.04 - 0.037\,72}{0.037\,72} \right| = 6\%$$

（2）用前两项近似：

$S_1 = 0.04$

$S_2 = Q(M_1M_2) + Q(M_1M_3) + Q(M_1M_4) + Q(M_2M_3) + Q(M_2M_4) + Q(M_3M_4)$

$\quad = Q(x_1x_2x_1x_3) + Q(x_1x_2x_2x_3) + Q(x_1x_2x_4x_5) + Q(x_1x_3x_2x_3) + Q(x_1x_3x_4x_5) +$

$\quad\quad Q(x_2x_3x_4x_5)$

$\quad = Q(x_1x_2x_3) + Q(x_1x_2x_3) + Q(x_1x_2x_4x_5) + Q(x_1x_2x_3) + Q(x_1x_3x_4x_5) + Q(x_2x_3x_4x_5)$

$\quad = 3 \times Q_1Q_2Q_3 + Q_1Q_2Q_4Q_5 + Q_1Q_3Q_4Q_5 + Q_2Q_3Q_4Q_5$

$\quad = 3 \times 0.1^3 + 3 \times 0.1^4$

$\quad = 0.003\ 3$

$$Q_S \approx S_1 - S_2$$
$$= 0.04 - 0.003\ 3$$
$$= 0.036\ 7$$

例 6.3 的精确解为 $0.037\ 72$，则用前两项近似的误差为

$$\varepsilon_2 = \left| \frac{0.036\ 7 - 0.037\ 72}{0.037\ 72} \right| = 2.7\%$$

显然，用前两项近似的结果比用首项近似的结果精确。

2）独立近似

当每个割集的发生概率都很小（如小于 0.1）时，可以假设每个割集的发生与否是相互独立的事件。设备割集不发生的概率为 $1 - Q(M_i)(i = 1, 2, \cdots, k)$，则所有割集都不发生的概率，即系统的可靠度为

$$R_s \approx \prod_{i=1}^{k} (1 - Q(M_i)) \tag{6-20}$$

系统的不可靠度为

$$Q_s \approx 1 - \prod_{i=1}^{k} (1 - Q(M_i)) \tag{6-21}$$

例 6.6　用独立近似法计算例 6.3，并与精确结果相比较。

解：根据式（6-21），有

$$Q_S \approx 1 - \prod_{i=1}^{k} (1 - Q(M_i))$$
$$= 1 - (1 - Q(M_1))(1 - Q(M_2))(1 - Q(M_3))(1 - Q(M_4))$$
$$= 1 - (1 - Q_1Q_2)(1 - Q_1Q_3)(1 - Q_2Q_3)(1 - Q_4Q_5)$$
$$= 1 - (1 - 0.1^2)^4$$
$$= 0.039\ 4$$

例 6.3 的精确解为 $0.037\ 72$，则用独立近似法的误差为

$$\varepsilon_2 = \left| \frac{0.039\,4 - 0.037\,72}{0.037\,72} \right| = 4.5\%$$

6.7 故障树分析的特点及困难

6.7.1 故障树分析的特点

故障树分析法具有直观性强、灵活性大、通用性好等特点。

1) 直观性强

由于故障树分析法是一种图形演绎法,是故障事件在一定条件下的逻辑推理方法。因此能把系统的故障与导致该故障的诸因素(直接的、间接的、硬件的、环境的和人为的)形象地表现为故障树。从上往下看,可以看出:系统故障与哪些单元有关系,有怎样的关系,有多大关系;从下往上看,可以看出:单元故障对系统故障的影响,有什么影响,影响的途径是怎样的,影响程度有多大。故障树分析法清晰地用图说明系统是怎样失效的,它也是系统某一个特定故障状态的快速照相。

2) 灵活性大

故障树分析法不仅可以反映系统内的故障关系,而且能反映出系统外部的因素(环境因素和人为决策错误)对系统故障的影响。

3) 通用性好

由于上述优点,因此,在设计阶段,可以使设计者弄清系统的故障模式、成功模式,发现单元故障的危害性、重要度,及时发现系统的薄弱环节,因此能及时修改设计,避免严重的返工,避免研制阶段的不安全,争取首次设计成功。从而缩短了研制周期和节省资源。对军工产品和复杂系统来说缩短研制周期尤其重要。因此对设计者来说,故障树分析法是一个好方法。对贮存和使用者来说,即使是未参加设计和建树过程,故障树可以当作形象管理树,是一种直观的教学和维修指南,从而可缩短培训周期。

故障树分析法还适用于分析国民经济大系统的运行,对社会问题、军事行动决策等方面也很有帮助。

但是故障树分析法也有一些缺点,主要是建树烦琐,工作量大,因此易导致错漏。现在虽然有了一些计算机程序,但尚无通用程序;大型复杂系统的故障树占用计算机内存单元和机时很多,需进一步研究简化的问题。

6.7.2 故障树分析的 NP 困难

简单系统的故障树分析可以由人工来完成。当遇到比较复杂的系统时,人工计算不仅费时而且很难保证其准确性,必须依靠计算机来计算。

用计算机解数学问题时,首先必须把初始数据和必要的说明用二进制数表示并输入计算机。这样输入到计算机所需的内存单元的数目就称问题的规模,常用 L 表示。而解题所要进行的加、减、乘、除和比例等基本操作的总数就称计算量,常用 $T(L)$ 来表示。当计算量

随计算规模以幂函数形式增长,即

$$T(L) = 0(L^k) \quad (k \text{ 为正整数})$$

时,称为多项式算法,是一种比较"好"的或是比较"快"的算法。在计算复杂性理论中,人们把在确定性计算机(现实计算机)上时法具有多项式算法的问题称作 P 问题(polyno-mial problem)。解决这类问题用现实计算机是可以应付的。当计算量随计算规模以指数函数形式增长,即

$$T(L) = 0(2^{kt}) \quad (k \text{ 为正整数})$$

时,计算量随计算规模增长的速度远大于 P 问题的增长速度。这对现实计算机的容量和运算速度都是一个挑战。在研究这一类问题时,人们提出了一种假想的具有推测和判断能力的计算机——非确定性计算机,如果某问题在非确定性计算机上具有多项式算法,则称这些问题为 NP 问题(nondeterministic polynomial problem)。

为了形象地说明 NP 问题,可以观察如图 6-41 所示的探索树。

在如图 6-41 所示的各条路中,$D_0 \rightarrow D_2 \rightarrow D_5$ 为成功的路径。对于假想计算机来说它能猜到这条路,因而只要计算 D_0、D_2 和 D_5 即可。但对现实计算机来说,似乎只有通过探索所有可能的路径才能保证成功。因此,计算量呈指数增长,这就是 NP 问题的特征。NP 问题究竟在现实计算机上是否存在多项式算法,理论上既未证明,又未否定。但大量直觉使得许多科学家做出这种猜测:NP 问题在现实计算机上不存在多项式算法。因而,在现实中,这一类问题就形成了一种特殊的计算困难——NP 困难。

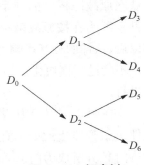

图 6-41 探索树

6.7.3 NP 困难的缓解方法

1) 模块分解法

在故障树分析中,如果用故障树的基本事件和逻辑门的数目来表示故障树的规模,则故障树分析的计算量随故障树规模的加大而呈指数增长。这就是故障树分析的 NP 困难。NP 困难带来的直接困难是对于较复杂的故障树来说,借助于一般计算机无法对其进行分析。在现有的技术水平下,严格地说没有什么方法能解决 NP 困难,但有很多方法能缓解 NP 困难。模块分解法就是在一定范围内缓解 NP 困难的一种有效方法。

故障树的模块是至少有两个基本事件的集合。这些事件向上可到达同一个逻辑门,并且必须通过此门才能到达顶事件。这一必须通过的逻辑门称模块的输出或顶点。此外,模块中应没有与故障树的其他部分相重复的事件。否则在进行逻辑处理时不易考虑其相关特征。

故障树的模块可以从整个故障树中分割出来,像一棵小故障树一样单独地枚举最小割集,单独地计算顶点的发生概率。而在原故障树中,可以用一个"准底事件"来代替这个分解出来的模块,"准底事件"的发生概率即是这个模块顶点的发生概率。

这样,经过模块分解后,故障树的有效规模等于剩余基本事件的个数和"准底事件"个数之和。它显然小于原故障树的规模,因此,计算量也将按指数函数形式下降,至于那些分解出来的模块,由于规模小,计算量不大,必要时这些模块还可以进一步分解以简化计算。

经过这样的模块化分解后,总的计算量是不是比原来小呢?

设某故障树具有 $m+n$ 个基本事件,其计算量为 2^{m+n}。现分解出一个含有 n 个基本事件的模块,则总的计算量变为 $2^{m+1}+2^n$。求比例 k:

$$k = \frac{2^{m+n}}{2^{m+1}+2^n} = \frac{1}{2^{1-n}+2^{-m}} = \frac{1}{\frac{2}{2^n}+\frac{1}{2^m}}$$

当 $n \geqslant 2$, $m \geqslant 4$ 时,$k \geqslant 16/9$。且随着 n 和 m 增大,比值 k 还将增大。当 $n \geqslant 11$, $m \geqslant 10$ 时,$k = 2^9$。这说明进行模块化分解后,总的计算量比分解前的总的计算量要小得多。

像一棵故障树中允许有相同的底事件一样,一棵故障树中也允许有相同的模块。反映在原故障树中的则是相同的准底事件。但一个模块中不允许有和原故障树中相同的事件。因为在按原故障树进行计算时,相同的底事件的影响有可能相互抵消。而化为模块以后,这样的相互影响就显示不出来了。因而,在有和别的地方相同的底事件的地方,原则上不能进行模块化。如果把此处的故障树改造一下,使之不含重复事件,则模块化照样可以进行。

在图6-42(a)中,若选择门 V 作为模块的顶点,则在模块中含有和原故障树中相同的事件 x_3。原则上此处不宜进行模块化。但如果按照图6-42(b)的方式将原故障树改造一下,将门 V 分解成为门 V' 和门 V'',V'' 下不含和原故障树中相同的事件,因而可以在 V'' 以下进行模块化。这种改造方法称为割顶点法。

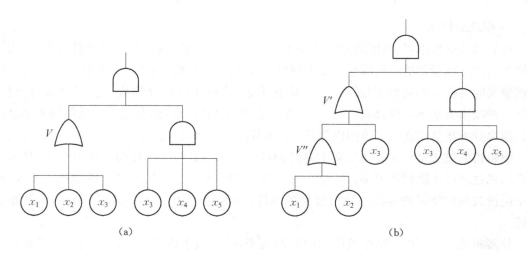

（a）　　　　　　　　　　　（b）

图6-42　割顶点法

若仅仅遇到一二处重复事件,则对故障树实施"割顶点"法还是比较方便的。但当故障树有多处重复事件时，一个一个地去割顶点未免还是太繁。1982 年，廖炯生发明了故障树分析的新途径——早期不交化方法。该方法能够在重复事件较多时较为有效地缓解故障树分析时的 NP 困难。

2) 早期不交化方法

早期不交化的基本思路在于早去复枝。为了达到这个目的，廖炯生建立了各种逻辑门的不交布尔代数运算规则，从而提出了故障树分析的新途径。早期不交化的依据是下述的引理和定理。

引理 没有重复事件的故障树用下行法或上行法求得的全部布尔视在割集即是系统的全部最小割集。

证：设所求得的布尔视在割集中有一个不是最小割集。为不失一般性，可将该割集记作 $M_A = \{x_i, x_j, x_k\}$。则根据最小割集的定义可以断言，在所求得的全部布尔视在割集中一定有另一个最小割集存在，其中元素必是 x_i、x_j 和 x_j 中的某一个或两个，如 $M_B = \{x_i\}$。则根据上行法和下行法的法则可知，这个 x_i 显然是重复出现在不同的逻辑输入端的。这样，与题设的"没有重复输入事件"的前提相矛盾。因而，没有重复事件的故障树的布尔视在割集就是最小割集。另一方面，布尔视在割集是用上行法或下行法处理故障树的全部逻辑门和全部基本事件的结果。所以，不存在布尔视在割集之外的最小割集。因而，引理成立。

定理 1 没有重复事件的故障树经过不交型规则处理后所求得的全部布尔视在割集即是全部不交型最小割集。其逻辑和即是不交型故障树的结构函数。

证：根据引理，没有重复事件的故障树的全部布尔视在割集即是全部最小割集。考虑到已经不交化，这些最小割集都是互不相交的，用这些不交型最小割集表示的结构函数应是不交型故障树的结构函数。而系统全部最小割集的逻辑和即是故障树的结构函数，因而，不相交的全部最小割集的逻辑和即是不交型故障树的结构函数。定理 1 成立。

定理 2 有重复事件的故障树，运用不交型运算法则求得的全部布尔视在割集经过等幂（$xx = x$）和相补（$xx' = 0$）运算后，即得到全部最小割集的不交形式，其逻辑和即为不交型故障树的结构函数。

有兴趣的读者可自己证明。

根据引理、定理 1 和定理 2，我们可以知道，若有了不交型故障树就可以按照一般故障树的处理方法求得全部不交型最小割集以及不交型故障树结构函数，进而方便地求出系统的不可靠度和可靠度。这样，问题的焦点就转移到如何构造不交型故障树上面来了。

故障树是通过一个个逻辑门来表示各事件之间的逻辑关系的。因而，不交型故障树的构造是通过对原故障树的逻辑门及输入事件的改造来实现的。当遇到原故障树中的逻辑"与"门时，其代表的运算是逻辑"积"运算［见图 6－43(a)］，不属于不交化的范围，此逻辑门及其输入输出均不变。当遇到原故障树中的逻辑"或"门时，其代表的运算是逻辑"和"运算［见图 6－43(b)］，属于不交化范围，其不交化算式为

$$x_1 \bigcup x_2 = x_1 + x_1' x_2$$

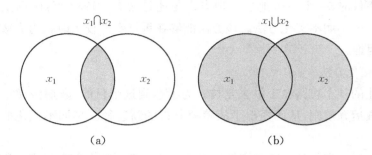

图 6-43　逻辑"积"与逻辑"和"运算

设这个"或"门为 G_i , G_i 之下有 n 个输入,其中 k 个底事件, $n-k$ 个为逻辑门,对 G_i 进行不交化后,其输入仍为 n 个,但除第一个输入 x_{i1} 保持不变外,其余 $n-1$ 个输入均变为了新增加的"与"门。这些"与"门的输入为

$$(x'_{i1} , x_{i2})$$
$$(x'_{i1} , x'_{i2} , x_{i3})$$
$$\cdots\cdots$$
$$(x'_{i1} , \cdots , x'_{ik-1} , x'_{ik} , G_{i1} , \cdots , G'_{in-k-1} , G'_{in-k})$$

这样,逻辑门 G_i 的数学表达式可写成

$$G_i = x_{i1} \bigcup x'_{i1}x_{i2} \bigcup \cdots \bigcup x'_{i1}x'_{i2}\cdots x'_{ik}G'_{i1}\cdots G_{in-k}$$

这就是逻辑门 G_i 的不变型数学表达式,这表明用上述法则对故障树进行不交化改造和对原故障树求出的结构函数再进行不交化是等价的。这样的处理方法就是早期不交化方法。

是不是早期不交化算法对所有故障树的计算都能起到节省时间以缓解 NP 困难的效果呢?做出肯定回答可能为时尚早。大量计算表明,在重复事件较多且"或"门较多时,可以收到比较好的效果。反之则效果不佳。有时甚至比普通计算用时还多。因为在"或"门较少时,普通方法求出的最小割集基本上就是不交化最小割集,进行不交化的工作量并不大,若用早期不交化方法来计算,计算机要一个一个门去查,这样反而会用掉更多的时间。因此,虽然有早期不交化法,但不可到处滥用,否则可能是自找麻烦。

7

可维修系统和可靠性数字仿真

　　实际生活中的系统,大多数属于可维修系统,舰船及其系统更是如此。在可靠性工程中,由于考虑了系统的维修过程,显然,可维修系统比不可维修系统的情况要复杂得多。对于一般可维修系统,人们往往希望了解系统在指定时刻的可用度和不可用度、系统平稳状态下的可用度和不可用度、系统平均故障间隔时间($MTBF$)和平均故障修复时间($MTTR$)等。对于某些特殊的系统及特殊的任务形式则要求规定出任务阶段的可靠度,如潜艇航渡阶段的任务可靠度等。显然,这些问题用不可维修系统的可靠性计算方法是解决不了的。如果用马尔柯夫过程来解决,则要求所有系统或部件的可靠度和维修度都服从指数分布。显然,这种条件过于苛刻。同时,在系统可靠性方面,马尔柯夫方法只能解决一些特殊问题,如相同部件并联或串联等。对非相同部件的组合则由于拉氏反变换找不到而无法解决。这样就大大限制了马尔柯夫方法的使用范围。因而,现在对于较为复杂的可维修系则只能求助于可靠性数字仿真方法。

7.1 概述

　　系统仿真有三种主要形式:一是物理仿真,它是以几何相似和物理相似为基础而进行的仿真,如船模试验等;二是数字仿真,它是以数学模式相似为基础的仿真。即用数学模型代替实际系统进行试验,模仿系统实际情况的变化,用数字定量化的方式分析系统变化的全过程;三是数学——物理仿真,它是把数学模型和物理模型联合在一起的一种仿真方法。可靠性数字仿真属于其中第二种。

　　数字仿真方法又称蒙特卡罗法,也称随机抽样技巧、概率模拟方法和统计试验方法。它是以概率论和数理统计理论为基础发展起来的一门学科,其特征是从大量看似随机的数据中找到系统变化发展的规律。著名的蒲丰问题的计算机算法就是一个典型的事例。

　　如图 7 - 1 所示,在平面上有一组距离相等的平行

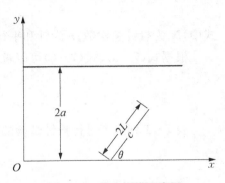

图 7 - 1　蒲丰问题示意图

线,平行线之间的距离为 $2a$。取一根长度为 $2L(L<a)$ 的针随意地投在平面上,则针的位置可以用针中心 c 的坐标 (x,y) 以及针与平行线的夹角 θ 来确定。由于这根针是随意投在平面上的。因而,这根针有可能与平行线相交,也有可能不和平行线相交。显然,针在 x 方向的位置是不影响相交的性质的,影响相交性质的仅有针中心的纵坐标 y 以及和平行线的夹角 θ。在 y 方向上,如果 $y>2a$,则相交性质和将横轴上移一个平行线距是等价的,若 $a<y<2a$,其相交性质又和将横轴上移一个平行线线距且 y 轴指向朝下时的性质是一样的。因而,蒲丰问题的投针原理和将 y 取值限定在 $[0,a]$,θ 取值限制在 $[0,\pi]$ 的随机试验性质是一样的。在这种情况下,针与平行线相交的数学条件为:

$$y \leqslant L\sin\theta \tag{7-1}$$

y 在 $[0,a]$ 上任意取值,意味着 y 在 $[0,a]$ 上任意取值的概率是一样的。

这也就是说 y 和 θ 均服从均匀分布,其分布密度函数分别为

$$f_1(y) = \begin{cases} 1/a, & 0 \leqslant y \leqslant a \\ 0, & 其他 \end{cases} \tag{7-2}$$

$$f_2(\theta) = \begin{cases} 1/\pi, & 0 \leqslant \theta \leqslant \pi \\ 0, & 其他 \end{cases} \tag{7-3}$$

这样,在 $0 \leqslant y \leqslant a$,$0 \leqslant \theta \leqslant \pi$ 时,y,θ 的联合分布密度函数为

$$f(y,\theta) = \frac{1}{a\pi} \tag{7-4}$$

则所投之针和平行线(x 轴)相交的概率为

$$P = \int_0^\pi \frac{1}{\pi} \int_0^{L\sin\theta} \frac{1}{a} \mathrm{d}y\mathrm{d}\theta = \frac{2L}{\pi a} \tag{7-5}$$

式(7-5)建立了投针与平行线相交的概率和平行线间距、针长 L 以及圆周率 π 的关系。19世纪后期以来,许多人希望用投针实验的方法来寻找圆周率。他们进行了大量的投针试验,当投针次数足够大时,可以用投针和平行线相交的频率来代替概率,即

$$P \approx P_N \tag{7-6}$$

$$P_N = n/N \tag{7-7}$$

式中,N 为投针总次数;n 为针和平行线相交的次数。

根据式(7-5)、式(7-6)可以求得圆周率:

$$\pi \approx \frac{2L}{a}\left(\frac{N}{n}\right) \tag{7-8}$$

表7-1列出了进行投针试验的结果。

表7-1 圆周率 π 的实验值

实验者	年份	投针次数	π 实验值
沃尔费	1850	5 000	3.159 6
史密斯	1855	3 204	3.155 3
福克斯	1894	1 120	3.141 9
拉查里尼	1901	3 408	3.141 592 6

投针的确是一种寻求圆周率 π 的一种方法。但人们来投针毕竟要耗费巨大的精力和时间。于是,人们开始考虑用计算机来代替人做实验,用数学方法来解决蒲丰问题。

根据数理统计理论,可以从总体 Y 中获得 N 个简单样本 $\boldsymbol{Y}_f$:

$$\boldsymbol{Y}_f = (y_1, y_2, \cdots, y_N) \tag{7-9}$$

同样,也可以从总体 Θ 中获得 N 个简单样本 Θ_f:

$$\Theta_f = (\theta_1, \theta_2, \cdots, \theta_N) \tag{7-10}$$

分别从这两个总体中任取一个样本,则标志着投针的一种随机结果。针和平行线是否相交可由下式决定:

$$y_i \leqslant L\sin\theta \tag{7-11}$$

当式(7-11)满足时,表明针与平行线相交,当式(7-11)不满足时,表明针与平行线不相交。这了便于统计,还可以定义一个相交函数 $S(y_i, \theta_i)$:

$$S(y_i, \theta_i) = \begin{cases} 1, & y_i \leqslant L\sin\theta_i \\ 0, & \text{其他} \end{cases} \tag{7-12}$$

如果投针次数为 N,相当于从总体 Y 和总体 Θ 中分别抽取 N 个样本。当已知总体 Y 和总体 Θ 的分布时,抽样工作可以用计算机来完成。每一次抽样都可以看成是一次假想的投针试验,或统计试验。在这 N 次统计试验中,针和平行线相交的次数为

$$n = \sum_{i=1}^{N} S(y_i, \theta_i) \tag{7-13}$$

则相交的概率的估计值为

$$P_N = \frac{1}{N} \cdot \sum_{i=1}^{N} S(y_i, \theta_i) = n/N \tag{7-14}$$

这样,可以进一步根据式(7-8)计算出圆周率 π 的试验值。

通过以上事例可以看出,当所求的问题是某个事件出现的概率时,可以通过抽样试验的方法得到这种事件出现的频率,并把它作为问题的解。当所求的问题是某个随机变量的数学期望时,可以通过抽样试验方法求出这个随机变量的平均值,并把它作为问题的解。这就是数学仿真方法的基本思想。

这样用频率代替概率、用平均值代替数学期望来作为问题的解会不会出现什么大的谬误呢？回答是否定的。伯努利定理和大数定理可以帮助人们打消这方面疑虑。

伯努利定理指出,设随机事件 A 出现的概率为 $P(A)$,在 N 次独立的试验中,事件 A 发生的次数为 n,频率为 $W(A) = n/N$,则对于任意 $\varepsilon > 0$ 有

$$\lim_{N \to \infty} P\left\{ \left| \frac{n}{N} - P(A) \right| < \varepsilon \right\} = 1 \tag{7-15}$$

即当试验次数足够大时,事件 A 出现的频率无限地趋近于事件 A 出现的概率。

大数定律表明,若 x_1,x_2,$\cdots$,x_N 是 N 个独立随机变量,它们有相同的分布,且具有相同的有限数学期望 $E(x_i)$ 和方差 $D(x_i)$,则对任意 $\varepsilon > 0$ 有

$$\lim_{N \to \infty} P\left\{ \left| \frac{\sum_{i=1}^{N} x_i}{N} - E(x_i) \right| \geqslant \varepsilon \right\} = 0 \tag{7-16}$$

即当样本足够大时,样本的平均值无限地趋近于总体的数学期望。

由于数字仿真方法的理论基础是概率论中的基本定律和定理,因而,该法的应用范围从原则上说几乎没有什么限制,可以用来解决某些经典方法难以解决的可靠性问题。

7.2 随机抽样序列和随机数

从上节的叙述中可以看到,如何从已知的总体中抽取简单样本是数字仿真法的基本问题。通常把由已知分布的总体中产生的简单样本称为已知分布的随机抽样,简称为随机抽样。

若随机变量 ξ 具有已知分布 $F(x)$,由总体 ξ 产生的容量为 N 的简单样本是 x_1,x_2,$\cdots$,x_N。根据简单样本的定义,随机变量 x_1,x_2,$\cdots$,x_N 相互独立,且具有相同的分布 $F(x)$。

不管抽取由什么样分布形式的总体所产生的样本,产生随机数序列都是最基本的工作。所谓随机数序列就是由在[0,1]上服从均匀分布的总体所产生的样本,而其中每一个"个体"均称为随机数[①]。

随机数序列的重要意义在于,它不仅是 [0,1] 上均匀的随机抽样的结果,而且更重要的是其他各种分布的随机抽样的基础。因而,我们首先要研究的是随机抽样序列和随机数。为了叙述方便,可以用专门的符号 η_1,η_2,$\cdots$,η_N 来表示随机数序列,用 $\eta_i (i = 1, 2, \cdots, N)$ 来表示随机数。当使用多个随机数序列时,也可以定义任意符号来表示随机数。

产生随机数的方法有很多,最原始的方法是随机数表法。最简单的随机数取法是从 0,1,$\cdots$,9 等十个数字中,以等概率相互独立地从中抽取一个。如果将一系统随机数整理成表就叫随机数表。若要得到 n 位有效数字的随机数,只需将表中的 n 个相邻数字合并在一起,并用 $10n$ 来除,就可以得到相互独立的以等概率($1/10n$)出现的随机数序列。

---

① 在以后谈到随机数时,若不特别指明,均指[0,1]上服从均匀分布的随机数。

现代数字仿真都是在计算机上进行的,此时随机数表就不太适宜。因为此时或是将随机数表装入内存而占去大量的内存单元,或是一次一次从外存中读取而耗费太多的机时。因而,这种方法已逐渐被淘汰。然而,在一般数字仿真中往往要进行人工试算和估算,此时从随机数表中取得随机数是比较方便的。

产生随机数的另一种方法是物理方法。它是在计算机上装一台物理随机数发生器,把具有随机性质的物理特征直接在机器上变成随机数字。常用的物理随机数发生器有以放射性物质作为随机源放射型随机数发生器和以电子管或晶体管的固有噪声作为随机源的噪声型随机数发生器。这样做可以在计算机上得到真正的随机数,但它带来了新的问题。由于这种随机过程一去不复返,不可能重复出现,因而无法再用原来的随机数进行试算或检查,并且对于设备的要求较高。这样就大大降低了这类方法的使用价值。

目前使用较广、发展较快的取得随机数的方法是数学方法。它是利用数学递推公式来实现的。因而,常把用这样的方法得到的随机数称作伪随机数。由于这种方法属于半经验性质,因而只能近似地具备随机性质。但是只要发生伪随机数的递推公式选择得比较好,由此产生的伪随机数的相互独立性是可以近似地得到满足,而且可以保证所得到的随机数的循环周期足够长。对伪随机数的最大容量(对应于循环周期)、独立性及均匀性的理论定量分析表明,递推公式及其有关系数的选择是否适当是极为重要的。

乘同余方法和乘加同余方法是目前广泛使用的伪随机数产生方法。

1)乘同余方法[①]

乘同余方法的一般形式为,对于任一初始值 y_1,伪随机数序列由下面递推公式确定:

$$\begin{cases} c_i = ay_i \\ y_{i+1} = c_i \pmod{M} \\ \eta_{i+1} = y_{i+1}/M \end{cases} \tag{7-17}$$

式中:a 称为乘因子;x_0 称为初始值或种子,M 称为模,均为非负整数。

当给定一个初值 y_0 后,就可以用式(7-17)递推出一系列随机数 η_i($i=0, 1, 2, \cdots,$ N),具体做法是,由 a 乘 y_0 得到 c_0,c_0 被 M 除后所得余数即为 y_1,再将 y_1 用 M 除后即可得到随机数 η_1。如此重复下去即可得到随机序列(η_1, η_2, $\cdots$, η_N)。

一般来说,M 要充分大,所得到的伪随机数的周期才有可能足够长。经验表明,a、M、y_0 取下列组合时可以得到较为满意的结果:

$$y_0 = 1, a = 5^{15}, M = 2^{56}$$
$$y_0 = 4m+1, a = 5^{15}, M = 2^{54}(m \text{ 为正整数})$$
$$y_0 = 773\ 311, a = 655\ 393, M = 33\ 554\ 432$$
$$y_0 = 8\ 388\ 605, a = 2\ 045, M = 8\ 388\ 606$$

2)乘加同余方法

[①] 所谓 x 和 y 两个数"同余"指的是:若取 $\bmod M$,则 x 为 y 被 M 除后的余数部分,记为:$x = y \pmod{M}$。该式被称为以 M 为模数的同余式。例如取 $M = 3$,则有:$2 = 5 \pmod{3}$。

乘加同余方法的一般形式为,对于任一初始值 x_1,伪随机数序列由下面递推公式确定:

$$\begin{cases} x_{i+1} = a \cdot x_i + c (\mathrm{mod}\, M) \\ \eta_{i+1} = \dfrac{x_{i+1}}{M},\ i = 1,\ 2,\ \cdots \end{cases} \tag{7-18}$$

式中:a 称为乘因子;c 为常数;x_0 称为初始值或种子;M 称为模,均为非负整数。

抽样时参数选择不同,所抽取的随机数的质量也不一样[①]。因而,不管用哪一种方法来产生伪随机数序列都必须进行统计检验,以确信它们具有良好的统计特性。常用的检验方法有参数检验和均匀性检验。

1) 参数检验

所谓参数检验,指的是随机数分布参数的平均值和理论平均值的显著性差异检验。

设 η_1,η_2,$\cdots$,η_N 是需要进行统计检验的一组随机数,是在[0,1]上服从均匀分布的总体 ξ 的 N 个独立的观察值。由此可以得到 ξ 的一阶原点矩阵、二阶原点方差的估计值分别为

$$\overline{\eta} = \frac{1}{N} \sum_{i=1}^{N} \eta_i \tag{7-19}$$

$$\overline{\eta^2} = \frac{1}{N} \sum_{i=1}^{N} \eta_i^2 \tag{7-20}$$

$$s^2 = \frac{1}{N} \sum_{i=1}^{N} \left(\eta_i - \frac{1}{2} \right)^2 = \overline{\eta^2} - \overline{\eta} + \frac{1}{4} \tag{7-21}$$

它们的数学期望和方差分别为

$$E[\overline{\eta^2}] = \frac{1}{2} \tag{7-22}$$

$$D[\overline{\eta}] = \frac{1}{N^2} N D(\xi) = \frac{1}{12N} \tag{7-23}$$

$$E[\overline{y^2}] = \frac{1}{3} \tag{7-24}$$

$$D[\overline{\eta^2}] = \frac{1}{N^2} N D(\xi^2) = \frac{4}{45N} \tag{7-25}$$

$$E[s^2] = \frac{1}{12} \tag{7-26}$$

$$D[s^2] = \frac{1}{180N} \tag{7-27}$$

由中心极限定理可知,当 N 充分大时,统计量

---

① 所谓随机数的质量,指的是随机数的统计性质。

$$u_1 = \frac{\overline{\eta} - E[\overline{\eta}]}{\sqrt{D[\overline{\eta}]}} = \sqrt{12N}\left(\overline{\eta} - \frac{1}{2}\right) \tag{7-28}$$

$$u_2 = \frac{\overline{\eta^2} - E[\overline{\eta^2}]}{\sqrt{D[\overline{\eta^2}]}} = \frac{1}{2}\sqrt{45N}\left(\overline{\eta^2} - \frac{1}{3}\right) \tag{7-29}$$

$$u_3 = \frac{s^2 - E[s^2]}{\sqrt{D[s^2]}} = \sqrt{180N}\left(s^2 - \frac{1}{12}\right) \tag{7-30}$$

近似地服从 $N(0,1)$ 分布。

当给定显著性水平 a 后,即可根据正态分布表确定临界值 μ_a,并据此判断各抽样值和理论值之间的差异是否显著,确定能否把 η_1,η_2,$\cdots$,η_N 视为 $[0,1]$ 上均匀分布的随机变量 ξ 的 N 个独立抽样值。通常取显著性水平 $\alpha = 0.05$,在这样的显著性水平下,当满足 $-1.96 \leqslant \mu_i \leqslant 1.96 (i = 1, 2, 3)$ 时称差异不显著,可以接受这一批抽样值。否则称差异显著,不能接受这一批抽样值。

2) 均匀性检验

所谓均匀性检验,是用来检验抽样值的经验频率和理论频率是否有显著性差异,其具体做法如下。

首先,对随机数抽样值进行分组。把 $[0,1]$ 区间分为 k 个等分,以 $\left(\frac{j-1}{k}, \frac{j}{k}\right)$ 表示第 j 个小区间,再按随机数 $\eta_i (i = 0, 1, 2, \cdots, N)$ 的取值大小分为 k 组。即当

$$\frac{j-1}{k} < \eta_i \leqslant \frac{j}{k} \tag{7-31}$$

时,η_i 分在第 j 组。

然后,计算各组中理论频数 m_i 和实际频数 n_i。根据均匀性假设,$\eta_i (i = 0, 1, 2, \cdots, N)$ 落在每个小区间里的概率应等于这个小区间的长度,即

$$p_i = 1/k \tag{7-32}$$

则 N 个 η_i 落在任一个小区间的频数为

$$m_j = Np_i = N/k \tag{7-33}$$

根据 χ^2 检验公式计算统计量 χ^2,并进行统计假设检验统计量

$$\chi^2 = \sum_{j=1}^{k} \frac{(n_j - m_j)^2}{m_j} = \frac{k}{N}\sum_{j=1}^{k}\left(n_j - \frac{N}{k}\right)^2 \tag{7-34}$$

根据数理统计理论,统计量 χ^2 近似地服从 $\chi^2(k-1)$ 分布,当给定显著性水平 α 时,可以从已制成的表中查到 χ^2 的下限值 $\chi_\alpha^2(k-1)$。当

$$\chi^2 < \chi_\alpha^2(k-1) \tag{7-35}$$

时,说明随机抽样值和理论值无显著性差异,这一组随机数可以接受。

例7.1 已有[0,1]区间中 1 000 个随机数抽样值。将其分到 10 个等距离的区间中（即 $k=10$），每组中的实际频数和理论频数如表 7-2 所示。若给定显著性水平 $\alpha=0.05$，试问这组随机数能否被接收。

表 7-2 实际频数和理论频数

组号	1	2	3	4	5	6	7	8	9	10
频数	0.0~0.1	0.1~0.2	0.2~0.3	0.3~0.4	0.4~0.5	0.5~0.6	0.6~0.7	0.7~0.8	0.8~0.9	0.9~1.0
n_j	102	104	95	100	91	101	98	116	94	90
m_j	100	100	100	100	100	100	100	100	100	100

解： 根据式(7-34)，有

$$\chi^2 = \sum_{j=1}^{10} \frac{(n_j - m_j)^2}{m_j} = 6.22$$

若选择显著性水平 $\alpha=0.05$，本例自由度为 9，查 χ^2 分布表得知：

$$\chi^2_{0.05} = 16.919$$

显然，$6.22 < 16.919$，即 $\chi^2 < \chi^2_\alpha(k-1)$，说明这批抽样数据是可以接受的。

在实际使用中，显著性水平常取 $\alpha=0.05$，而此时最小区间分组个数 n 与随机数抽样个数 k 之间的关系如表 7-3 所示。一般来说，分组数越多，检验的结果就越可信，但带来的问题是计算量大。

表 7-3 分组数推荐表

n	200	400	600	800	1 000	1 500	2 000	5 000	10 000	50 000
k	16	20	24	27	30	35	39	56	74	142

对于随机抽样结果，除了进行参数检验和分布均匀性检验外，还有独立性检验。它主要是检验随机数抽样值 η_1，η_2，…，η_N 中前后各数的统计相关性是否显著。此外还有组合规律性检验等。在此不一一叙述，感兴趣的读者可以从有关数理统计的书籍中找到这些方法。

应该指出的是，在诸多的检验方法中。各种方法都有一定的局限性。因而，最好是多用几种方法来检验同一组随机抽样值。如果用某一种检验方法不能通过，则拒绝采纳该组随机抽样值。在一般情况下，采用式(7-18)及后面推荐的系数而产生的随机数是可以满足要求的。

7.3 离散型随机变量的抽样方法

若某变量 ξ 以概率 $p(x_1)$，$p(x_2)$，…，$p(x_n)$ 取值 x_1，x_2，…，x_n，则称该变量为离散型随机变量。离散型随机变量的随机抽样就是要依其固有的概率来抽取该随机变量的各个值。

离散型随机变量通常满足概率分布：

$$P\{\xi = x_i\} = p(x_i) \quad i = 1, 2, \cdots, n \tag{7-36}$$

这里，n 为有限或可列的整数值，且有

$$0 \leqslant p(x_i) \leqslant 1$$

其分布函数为

$$F(x) = P\{\xi \leqslant x\} = \sum_{x_i \leqslant x} p(x_i) \tag{7-37}$$

根据概率分布函数的性质，有

$$F(\infty) = P\{\xi < \infty\} = \sum_{i=1}^{n} p(x_i) = 1$$

图 7-2 是离散型随机变量的概率分布函数图。

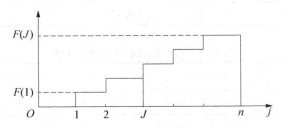

图 7-2　离散型随机变量概率分布函数图

从图 7-2 中可以看出，横轴上分布的是 $x_1, x_2, \cdots, x_n$ 这 n 个随机变量的取值。纵轴上分布的则是 $F(x) = \sum_{x_i \leqslant x} p(x_i)$，且 $F(x)$ 是在 $[0, 1]$ 上分布的。若 x_i 对应的一般在纵轴上产生的增量越大，则说明变量 ξ 取 x_i 值的概率越大。因而，可以通过抽取在纵轴上满足 $[0, 1]$ 上均匀分布的 $F(x_i)$ 的方法来反推 x_i。具体步骤如下：

（1）按照上一节所述的方法抽取随机数 η。

（2）确定满足不等式

$$\sum_{i=1}^{j-1} p(x_i) \leqslant \eta < \sum_{i=1}^{j} p(x_i) \quad (i = 1, 2, \cdots, n) \tag{7-38}$$

的 j 值，且约定 $\sum_{i=1}^{0} p(x_i) = 0$。为了书写方便，记 $F(J) = \sum_{i=1}^{j} p(x_i)$，显然，$F(0) = 0$，这样式 (7-38) 可以变为

$$F(J-1) \leqslant \eta < F(J) \tag{7-39}$$

此时，所抽取的随机抽样在纵轴上的映射应为 $F(j)$。

（3）在横轴上查取与 $F(J)$ 相对应的小区间的右端点 x_j，即为所要求的随机抽样值：

$$X_{F(J)} = x_j \qquad\qquad (7-40)$$

例如,某舰用计算机处理目标信息的时间为一随机变量,其概率分布如表 7-4 所示。根据式(7-39),抽到各种随机数所对应的 J 值可列入表 7-5。假设第一步抽到一个随机数为 0.73,查表 7-5 可知对应的 J 为 4,而 J 值为 4 对应的信息处理时间为 20 min。同样,如果第一步抽到的随机数为 0.34,查表 7-5 可知 J 应为 2,而处理时间应为 15 min。如此不断地抽下去,只要 η 是均匀分布的,则所抽得的信息处理时间一定服从如表 7-4 所示的分布。

表 7-4 信息处理时间随机分布表

i	处理时间/min	$p(x_i)$	$F(x)$
1	13	0.10	0.10
2	15	0.40	0.50
3	17	0.20	0.70
4	20	0.20	0.90
5	21	0.10	1.00

表 7-5 各种随机数所对应的 J 值

η	0.00~0.09	0.10~0.49	0.50~0.69	0.70~0.89	0.90~1.00
J	1	2	3	4	5

7.4 连续型随机变量的抽样方法

连续型随机变量的随机抽样有两种情况:一是当随机变量的概率分布函数的反函数可以用显式表示时,可以采用直接抽样方法;二是当随机变量的概率分布函数的反函数不能用显式表达时,可以用舍取抽样方法。

7.4.1 直接抽样方法

所谓直接抽样方法是建立在下述定理基础上的。

定理:设随机变量 ξ 具有单调递增连续分布函数 $F(x)$,则 $z=F(\xi)$ 是[0, 1]上均匀分布的随机变量。

证:因 $F(x)$ 是概率分布函数,则 $F(x)$ 在[0, 1]上取值。又 $F(x)$ 是单调递增连续函数,所以,当 ξ 在[$-\infty$, x]内取值时,随机变量 Z 则在[0, $F(x)$]上取得值。因而,当 Z 在[0, 1]上取得一个值 z 时,至少有一个 x 满足

$$z = F(x) = p\{\xi \leqslant x\} \qquad\qquad (7-41)$$

由上式取反函数得

$$x = F^{-1}(z) \tag{7-42}$$

用 $F_1(z)$ 表示随机变量 Z 的分布函数,根据定义有

$$F_1(z) = P\{Z \leqslant z\} \tag{7-43}$$

则

$$F_1(z) = P\{F(\xi) \leqslant z\} = P\{\xi \leqslant F^{-1}(z)\} \tag{7-44}$$

将式(7-42)代入上式,有

$$F_1(z) = P\{\xi \leqslant x\} \tag{7-45}$$

又 Z 在 $[0, 1]$ 上取值,则

$$F_1(z) = \begin{cases} 0, & z \leqslant 0 \\ P\{\xi \leqslant x\} = x, & 0 < z \leqslant 1 \\ 1, & z > 1 \end{cases} \tag{7-46}$$

上式即是在 $[0, 1]$ 上服从均匀分布的随机变量的分布函数。定理由此得证。

由上述定理得知,若 z 为 $[0, 1]$ 上均匀分布的随机变量,$F(x)$ 为某一随机变量 ξ 的分布函数,且单调递增连续,则

$$\xi = F_1(z) \tag{7-47}$$

是以 $F(x)$ 为分布函数的随机变量。这样,就可以用均匀分布随机抽样产生 ξ 的抽样。

例 7.2 产生 $[a, b]$ 上均匀分布的随机变量 ξ 的随机抽样值。

解: ξ 的分布函数 $F(x)$ 为

$$F(x) = \begin{cases} 0, & x < a \\ \dfrac{x-a}{b-a}, & a \leqslant x \leqslant b \\ 1, & x > b \end{cases}$$

则有

$$z = F(\xi) = \frac{\xi - a}{b - a}$$

解得

$$\xi = F^{-1}(z) = (b-a)z + a$$

将 z 的随机抽样值 η 代入上式,即可求出分布函数为 $F(x)$ 的随机变量 ξ 的随机抽样值 $X_{F(\xi)}$:

$$X_{F(\xi)} = F^{-1}(\eta) = (b-a)\eta + a$$

7.4.2 舍取抽样法

当有的分布函数的反函数不存在显式或是不容易求出时,可以采用舍取法进行抽样。这种方法的实质是从许多随机数序列中选取一部分,使之成为具有给定分布的随机抽样值。那么,哪一些可舍,哪一些该取呢?

设随机变量在有限区间$[a, b]$上取值,其分布密度函数在$[a, b]$上有限,即

$$f(x) \leqslant f_0 \tag{7-48}$$

又$f(x)$定义于$[a, b]$区间,故有

$$F(x) = \int_a^b f(x) \mathrm{d}x = 1$$

这种情况如图7-3所示,在$[a, b]$范围内,曲线$f(x)$以下的面积R为1。显然,要抽取的随机变量可以理解为是分布在横轴上的,问题也可以直观地理解为横轴上哪一点的函数值越大,哪一点被抽到的概率也就越大。这就意味着在如图7-3所示的面积R中(阴影中)进行均匀随机投点,就可以获得ξ的随机抽样值。在投点过程中,落入R中的则取,落到R外的则舍,这是唯一的原则。

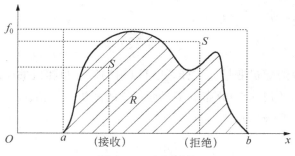

图7-3 舍取抽样

设投点值用$S(x', f')$表示,为了进行随机均匀投点,可取两随机数列:$\{\eta_1\}$,$\{\eta_2\}$。则

$$x' = (b-a)\eta_1 + a \tag{7-49}$$

$$f' = f_0 \eta_2 \tag{7-50}$$

若

$$f' < f(x') \tag{7-51}$$

或

$$f_0 \eta_2 < f[(b-a)\eta_1 + a] \tag{7-52}$$

成立,则说明点$S(x', f')$是落在R中的,x'即为所求的ξ的随机抽样值$X_{F(\xi)}$:

$$X_{F(\xi)} = x' = (b-a)\eta_1 + a \tag{7-53}$$

否则说明点 $S(x', f')$ 在面积 R 之外,应予以舍去。另取一组 η_1、η_2,并看其是否满足式(7-51)或式(7-52),继续作假设试验。由此可以得到服从分布密度函数为 $f(x)$ 的随机变量 ξ 的随机抽样序列。表 7-6 是常见分布随机变量的抽样公式。

表 7-6　常见随机变量的抽样公式

分布名称	密度函数 $f(x)$ 或 $f(t)$	$X_{F(\xi)}$（或 $t_{F(\xi)}$）
均匀分布	$1/(b-a)$	$(b-a)\eta+a$
指数分布	$\lambda e^{-\lambda t}$	$-\dfrac{1}{\lambda}\ln(1-\eta)$ 或 $-\dfrac{1}{\lambda}\ln\eta$
标准正态分布	$\dfrac{1}{\sqrt{2\pi}}e^{-\frac{t^2}{2}}$	$\sqrt{-2\ln\eta_1}\cos 2\pi\eta_2$ 或 $\sqrt{-2\ln\eta_1}\sin 2\pi\eta_2$
正态分布	$\dfrac{1}{\sqrt{2\pi}\sigma}e^{-\frac{(t-\mu)^2}{2\sigma^2}}$	$t_{N01}\cdot\sigma+\mu$（t_{N01} 为标准正态分布抽样）
对数正态分布	$\dfrac{1}{\sqrt{2\pi}\sigma(t-a)}e^{-\frac{[\ln(t-a)-\mu]^2}{2\sigma^2}}$ $(t\geqslant a)$	$a+e^{(t_{N01}\cdot\sigma+\mu)}$
威布尔分布	$\dfrac{a}{b}\left(\dfrac{t-a}{b}\right)^{c-1}e^{-\left(\frac{t-a}{b}\right)^c}$	$b(-\ln y)^{\frac{1}{a}}+a$
β 分布	$\dfrac{n!}{(k-1)!(n-k)!}t^{k-1}(1-t)^{n-k}$	$R_k(\eta_1,\eta_2,\cdots,\eta_n)$ R_k 为按大小次序排列的第 k 个
0,1 分布	$P\{\xi=1\}=p$ $P\{\xi=0\}=1-p$	若 $\eta<p$,则 $X_{F(\xi)}=1$ 否则,$X_{F(\xi)}=0$

以上是在假定 ξ 是在有限区间 $[a,b]$ 内取值的情况下进行的。如果 ξ 不是在有限区间内取值,那么,总可以选择某一个有限区间 $[a_1,b_1]$,且

$$\int_{a_1}^{b_1} f(x)\mathrm{d}x = 1-\varepsilon$$

式中 ε 是任意小的正数。

然后,再利用上述方法在 $[a_1,b_1]$ 内进行抽样,即可得到所需的随机抽样序列。

由上述方法可以看到,在舍取抽样的诸多投点中,有许多投点是舍去的。因而,在舍取抽样中存在着一个效率问题。对舍取抽样的效率 B 可以用下式来加以定义:

$$B = n/N \tag{7-54}$$

式中:N 为进行随机投点的总次数;n 为 S 点落入 R 之中的次数。

由于随机投点是在以 $b-a$ 为长,f_0 为高的矩形(见图 7-3)中均匀进行的,因而,当 N 足够大时,有

$$B = \frac{n}{N} = \frac{\text{面积} R}{\text{矩形面积} A} = \frac{\int_a^b f(x)\mathrm{d}x}{(b-a)f_0} = \frac{1}{(b-a)f_0} \tag{7-55}$$

显然，B 也表示每一次随机投点落入面积 R 之中的概率。不同的随机变量具有不同的密度分布函数 $f(x)$，a、b 和 f_0 也可能取不同的值。用舍取法进行随机抽样时可以用 B 值来衡量其各自的抽样效率。

例 7.3 设随机变量 ξ 具有分布密度函数：

$$f(x) = \begin{cases} \dfrac{12}{(3+2\sqrt{3})\pi}\left(\dfrac{\pi}{4} + \dfrac{2\sqrt{3}}{3} \cdot \sqrt{(1-x^2)}\right), & 0 \leqslant x \leqslant 1 \\ 0, & \text{其他} \end{cases}$$

求其舍取抽样 B。

解：

$$f_0 = f_{\max} = \frac{12}{(3+2\sqrt{3})\pi}\left(\frac{\pi}{4} + \frac{2\sqrt{3}}{3}\right)$$

$$a = 0$$

$$b = 1$$

由式 (7-55) 有

$$B = \frac{1}{(b-a) \cdot f_0} = \frac{(3+2\sqrt{3})\pi}{12\left(\dfrac{\pi}{4} + \dfrac{2}{3}\sqrt{3}\right)} = 0.872$$

7.5 随机向量的一般抽样方法

随机向量通常可表示为

$$\boldsymbol{\xi} = (\xi_1, \xi_2, \cdots, \xi_n) \tag{7-56}$$

随机向量的抽样方法很多。若式 (7-56) 所示的随机向量有联合分布函数，且 ξ 的各个分量 ξ_1，ξ_2，$\cdots$，ξ_n 相互独立，则前面所叙述的各种单一变量的抽样方法均可应用，即对各个分量分别独立地进行抽样，汇集起来构成随机向量 ξ 的一个抽样值：

$$X_{F(\xi)} = (x_1, x_2, \cdots, x_n) \tag{7-57}$$

如果 ξ 的各个分量是相关的，抽样方法就比较复杂了。最常用的方法是"条件分布密度抽样方法"。

设某一个三维随机变量 $\boldsymbol{\xi} = (\xi_1, \xi_2, \xi_3)$ 具有联合分布密度函数 $f(x_1, x_2, x_3)$，则根据概率论理论，有

$$f(x_1, x_2, x_3) = f_1(x_1) \cdot f_2(x_2 \mid x_1) \cdot f_3(x_3 \mid x_1, x_2) \tag{7-58}$$

式中 $f_1(x_1)$ 为 ξ_1 的边缘分布密度函数 $f_{\xi_1}(x)$，且有

$$f_1(x) = \int_{-\infty}^{+\infty}\int_{-\infty}^{+\infty} f(x_1, x_2, x_3)\mathrm{d}x_2\mathrm{d}x_3 \tag{7-59}$$

$f_2(x_2 \mid x_1)$ 及 $f_3(x_3 \mid x_1, x_2)$ 为 ξ_2 和 ξ_3 的条件分布密度函数，且有

$$f_2(x_2 \mid x_1) = \int_{-\infty}^{+\infty} \frac{f(x_1, x_2, x_3)}{f_1(x_1)}\mathrm{d}x_3 \tag{7-60}$$

$$f_3(x_3 \mid x_1, x_2) = \frac{f(x_1, x_2, x_3)}{f_1(x_1) \cdot f_2(x_2 \mid x_1)} \tag{7-61}$$

具体抽样时，由边缘分布密度函数 $f_1(x_1)$ 产生随机变量 ξ_1 的抽样值 x_1；然后以 x_1 为参量，由条件分布密度函数 $f_2(x_2|x_1)$ 产生随机变量 ξ_2 的抽样值 x_2；最后以 x_1、x_2 为参量，由条件分布密度函数 $f_3(x_3|x_1, x_2)$ 产生随机变量 ξ_3 的抽样值 x_3。则式(7-58)表示的随机变量的抽样值为

$$X_{F(\xi)} = (x_1, x_2, x_3) \tag{7-62}$$

如果随机向量的维数不止三维，则依此方法推算下去即可。

7.6　以最小割集为基础的可靠性数值仿真

在第 2 章介绍可靠性的统计意义时，曾举了一个假设试验的例子。在该假设试验中，取 N_0 个具有相同性质的产品，分别让它们连续地工作到失效为止，测出它们各自的工作时间，并依据这些工作时间(失效时刻)统计出其可靠性特征量。

可靠性数字仿真就是要用数学模型以及数字计算的方法来模拟假设试验中所假设的那些试验。这样，问题就成了如何抽取系统故障前工作时间。而从第 5 章中最小割集的定义中可以看到，当最小割集中所有单元都失效时，系统即失效。也就是说某一个割集发生时系统即失效。因而可以得出这样的结论：在所有的最小割集发生时间中，最短的一个即系统失效前工作时间。

设某个最小割集有 k 个单元，根据式(7-47)，任意第 i 个单元失效时间的抽样值为

$$t_i = F_i^{-1}(\eta) \tag{7-63}$$

假设共进行 N 次抽样，其中第 i 个单元失效时间的第 j 次抽样值为

$$t_{ij} = F_i^{-1}(\eta_j) \tag{7-64}$$

这样，最小割集中 k 个单元失效时间的第 j 次抽样值分别为

$$t_{1j}, t_{2j}, \cdots, t_{kj}$$

当 k 个单元统统失效时，该最小割集就发生了。因而，该最小割集的发生时间为

$$T_i = \max[t_{1j}, t_{2j}, \cdots, t_{kj}] \tag{7-65}$$

式中 i 为割集标号。

若系统一共有 m 个最小割集，按式(7-65)计算出的这 m 个最小割集的发生时间分别为

$$T_1, T_2, \cdots, T_m$$

任何一个割集发生即为系统失效。因而，系统失效时间 T_s 为

$$T_s = \min[T_1, T_2, \cdots, T_m] \tag{7-66}$$

当某一系统是可修复时，对有可修复单元的最小割集的发生时间不能简单地取最长的单元工作时间，而应取其所有单元同时失效前的工作时间。对于这一类问题通常可以作以下两种假设，并在这两种假设下进行相应的处理。

1) 割集中所有单元同时开始工作

当某一单元失效时马上对其进行修复，该单元修复后，或是按修旧如新，或是按修旧如好，立即重新投入工作。以三个单元的割集为例，图7-4为三个单元同时工作时割集发生逻辑图。

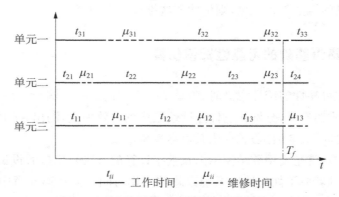

图7-4 三单元同时工作割集发生逻辑图

在这种情况下，可以构造一个时间序列：t_{11}，$(t_{11}+\mu_{11})$，$(t_{11}+\mu_{11}+t_{12})$，$(t_{11}+\mu_{11}+t_{12}+\mu_{12})$，$\cdots$；$t_{21}$，$(t_{21}+\mu_{21})$，$\cdots$；$t_{31}$，$(t_{31}+\mu_{31})$，$(t_{31}+\mu_{31}+t_{32})$，$(t_{31}+\mu_{31}+t_{32}+\mu_{32})$，$\cdots$。将这些时间数的累加值进行排列，得出一个从小到大的时间序列。

将单元的工作状态取"1"，而将单元的维修状态取"0"。同时，将时间序列中的每一项都看作一个区间。可以发现在奇数区间里单元的工作状态均为"1"，而在偶数区间里，单元的状态均均为"0"。但在区间的端点上还应进一步区分一下。当由奇数区间变为偶数区间时，临界点处单元状态取"1"，而由偶数区间变为奇数区间时，临界点处单元的状态应取"0"。这样，当某一时刻起割集中所有单元都处于"0"状态时，这个时刻就是割集发生的时刻。而在某一时刻有一个单元状态变为"1"，则从此时起即是该割集不发生时间。

2) 割集中单元不同时开机工作

可以将割集中的单元分成第一时刻开机单元，第二时刻开机单元，甚至第三时刻开机单元，并可将在同一时刻开机的单元视为一个新单元，用前面所叙述的方法求出其失效时刻及

修复时间。当第一时刻开机单元工作时,其他单元处于备用状态,俗称冷储备。当第一时刻开机单元都失效时,第二时刻开机单元开始工作。此时第一时刻开机单元处于维修状态。维修好后排在最后备用。图7-5是三单元分时工作割集发生逻辑图。

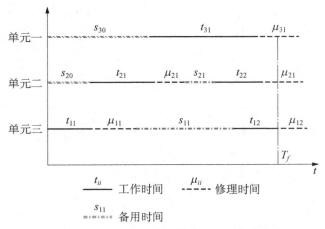

图 7-5　三单元分时工作割集发生逻辑图

在如图7-5所示情况下,割集的发生时刻可以表示为

$$T = t_{11} + t_{21} + t_{31} + t_{12} + t_{22}$$

(7-67)

用计算机来实现这一割集发生时间是一件十分方便的事,在此不做叙述。

以最小割集为基础的系统可靠性数字仿真使得系统可靠性数字仿真程序向通用化方向迈进了一大步。应当注意的是,数字仿真方法的应用面虽然很广,但也是以一定条件为基础的。除了应清楚地了解系统的结构以外,还必须知道单元的失效分布函数。否则无法进行单元失效时间的抽样。此外,要取得一定的仿真精度,必须以一定的仿真运行次数为代价。通常,仿真运行次数要在数万次。这样,必然要花费大量的计算时间。这是要提醒读者特别注意的。

工程方法及应用篇

8

泛可靠性工程方法

　　装备的可靠性是设计、生产和管理出来的。泛可靠性工程是为了达到系统可靠性要求而进行的有关设计、管理、试验和生产一系列工作的总和，它与系统整个寿命周期内的全部可靠性活动有关。系统可靠性不能仅依靠对系统的检验和试验来获得，还必须从设计、制造和管理等方面加以保证。首先，设计是决定系统固有可靠性的重要环节，生产部门力求使系统达到固有的可靠性，而管理则是保证系统的规划、设计、试验、制造、使用等阶段都按科学的程序和规律进行，即对整个系统研制实行严格的可靠性控制。因此，建立泛可靠性工程体系，明确可靠性工程基本要求和工作内容，系统地开展和实施可靠性工程，是产品获得高可靠性的必要条件。

8.1　装备可靠性影响因素

　　装备的可靠性是设计出来的、生产出来的和管理出来的。影响装备可靠性的因素包括论证、设计、建造、使用等。

　　从可靠性的定义中可以看出，装备的可靠性是装备的一种内在属性。它像舰船的快速性等性能一样，是在装备设计、生产和使用过程中通过一系列保障措施得来的。

　　装备的可靠性反映的是装备在其工作过程中体现出来的装备性能的稳定性，那么，它必然受到装备的质量和装备的使用这两个方面的影响。受前者影响的常称作固有可靠性（inherent reliability），记作 R_i。受后者影响的常被称作使用可靠性（use reliability），记作 R_u。R_i 是在产品的设计生产过程中由产品的设计水平、制造工艺水平、原材料及零部件的选择等因素决定的。R_u 主要是在产品生产出来后由包装、运输和管理水平以及使用过程中的环境、操作水平、维修技术及方式等因素决定的。这两部分中各因素所占的大致比例列在表 8-1 中。

表 8-1　可靠性各影响因素所占比例

可靠性	R_i	零、部件，材料	30%
		设计技术	40%
		制造技术	10%
	R_u	运输、环境、安装、维修	20%

从表 8-1 中可以看出,设计技术对产品可靠性的影响最大,约 40%。其次是零、部件及原材料的选择,约占 30%。使用约占 20%,制造技术约占 10%。可靠性工程的目的就是要在产品的设计、生产和使用的各个环节中有效地控制各种影响因素,从而使产品达到可靠性水平。

8.2 泛可靠性工程基本要求

为了有效地提高装备可靠性,必须把可靠性工作的主要项目适时地安排在整个装备寿命周期内,尤其在装备研制阶段。利用泛可靠性工程技术,对其进行严密的监控,才能达到预期的目的。

通常情况下,装备研制、生产与使用划分为论证阶段、方案阶段、工程研制阶段、设计定型阶段、生产定型阶段及使用阶段。各阶段主要可靠性工作基本要求如下。

1) 论证阶段

在组织装备技术论证时,应提出泛可靠性定量定性要求,并纳入《装备战术技术指标》。

提出和确定可靠性定量定性要求是获得可靠装备的第一步,只有提出和确定了可靠性要求才有可能获得可靠的装备,才有可能实现将可靠性与作战性能、费用同等对待。因此,订购方经协调确定的可靠性要求必须纳入新研或改型装备的研制总要求,在研制合同中必须有明确的可靠性定量定性要求。

装备技术指标论证报告应当包括:泛可靠性指标依据及科学性、可靠性分析;国内外同类装备泛可靠性水平分析;装备寿命剖面、任务剖面及其他约束条件;泛可靠性指标考核方案设想;泛可靠性经费需求分析等。在组织装备战术技术指标评审时,应当包括对泛可靠性指标的评审。

2) 方案阶段

在方案阶段,应当确定装备泛可靠性工程方案和相应的保证措施。研制部门会同使用部门及有关单位组织装备研制方案论证时,必须包括泛可靠性方案的论证,论证结果应当纳入《研制任务书》。

装备研制方案论证报告应当包括:达到泛可靠性指标及相关要求必须采取的技术方案分析;与技术方案相适应的泛可靠性工作项目;泛可靠性经费预算的依据。

装备《研制任务书》应当包括:经完善、确定的可靠性与可维修性定量、定性要求;可靠性与可维修性重要保障措施;可靠性与可维修性指标考核验证方法及相应条件安排;可靠性与可维修性经费预算。

使用部门为工程研制招标和签订合同需要而编制的《工作说明》中,应当提出明确的泛可靠性大纲要求。研制单位根据投标、签订合同需求,拟制泛可靠性大纲,并逐步完善。

在方案阶段的评审中,需将装备泛可靠性方案作为重点内容之一进行评审。

3) 工程研制阶段

在工程研制阶段,应当按可靠性大纲要求,制订具体的可靠性工作计划,以指导泛可靠性设计、分析和试验工作的开展落实。

装备可靠的有效办法就是将装备设计完善,所以装备的可靠性首先是设计出来的。可靠性设计是由一系列可靠性设计与分析工作项目来支持的,可靠性设计与分析的目的是将成熟的可靠性设计与分析技术应用到产品装备的研制过程,选择一组对装备设计有效的可靠性工作项目,通过设计满足订购方对装备提出的可靠性要求,以提高装备的可靠性并通过分析尽早发现产品的薄弱环节或设计缺陷,采取有效的设计措施加以改进,以提高装备的可靠性。

早期的设计决策对装备的寿命周期费用产生重要影响,为此,应强调提前进行有效的可靠性设计与分析,尽可能早地在装备研制中开展可靠性设计与分析工作,有效地影响装备的设计,以满足和提高装备的可靠性水平。

可靠性研制试验的最终目的是使装备尽快达到规定的可靠性要求,但直接的目的在研制阶段的前后有所不同,研制阶段的前期,试验的目的侧重于充分地暴露缺陷,通过采取纠正措施,以提高可靠性。因此,大多采用加速的环境应力,以激发故障。但施加的加速应力不能引出实际使用中不会发生的故障,因此,需要了解装备整个寿命剖面中所能遇到的应力与其失效机理的关系。而研制的后期,试验的目的侧重于了解装备可靠性。

因此,工程技术人员在进行装备性能设计的同时,必须按照泛可靠性大纲和工作计划以及有关标准、规范等,开展各项泛可靠性设计、分析和试验活动,保证把可靠性设计到装备中去。研制单位在完成装备试制任务后,应当按照《研制任务书》和合同规定的方法,对其进行可靠性验证。研制单位按照规定程序和计划组织阶段评审时,应当包括对装备达到的泛可靠性以及实施泛可靠性大纲情况进行评审。

4) 设计定型阶段

在设计定型阶段,应当制订定型试验大纲,通过定型试验等手段考核装备的泛可靠性,以确认其达到《研制任务书》和合同的要求。

装备定型试验大纲应包括泛可靠性鉴定试验、验收试验和可靠性增长试验。进行可靠性鉴定、验收试验和可靠性增长试验时,首先要考虑试验的真实性,准确模拟装备的实际使用环境,使它们经受在使用中将要经历的确切的应力类型、水平和持续时间。选用的应力既能充分暴露实际使用中出现的故障,又不会诱发出实际使用中不会出现的故障,从而使试验估计的结果真实,避免造成时间和资源的浪费。

在根据需要组织定型评审时,应当对装备泛可靠性是否满足《研制任务书》和合同要求进行评审。设计定型报告中应当包括泛可靠性鉴定试验和评估结果分析以及泛可靠性大纲实施情况等内容。

5) 生产定型阶段

在组织生产定型时,生产单位必须全面实施产品质量保证大纲,使其质量保证体系有效地保证装备的泛可靠性。

应当采用波动小的工艺技术,并重点跟踪和控制装备的可靠性关键件、重要件和关键工序。

在生产定型阶段,应当对装备试生产及交付使用发生的故障、缺陷进行分析,采取有效的纠正措施,并对装备的泛可靠性进行评价。

6）使用阶段

在使用阶段，应当保持和发挥装备的固有可靠性水平。

使用部门应当完整准确地收集装备现场使用和贮存期间的泛可靠性信息，及时向承制单位反馈，并提出改进装备的意见或建议。

承制单位应当按合同要求做好有关技术资料、备件供应、人员培训等技术培训工作应该引起特别注意的是，装备在整个研制阶段可靠性是一个增长过程，必须对其采取全过程监控，如果有一个环节失控，可靠性就要跌落。为此，必须加强可靠性增长管理。

8.3 泛可靠性工程工作内容

泛可靠性工程的基本目的就是要根据装备的实际情况，有组织地开展一系列的活动，以确保装备的可靠性得到实现。它贯穿于装备的规划、设计、制造和维修的全过程。一般包括以下几个方面的内容。

（1）系统论证过程中，要根据装备的特点提出恰当的可靠性参数，同时根据工程需要及实际工业水平确定装备的可靠性指标，作为装备的可靠性目标。

（2）在提出装备可靠性目标的同时，制定装备的可靠性保证大纲，对装备的可靠性工程提出要求。

（3）在设计过程中进行装备的可靠性设计、分配；根据装备的可靠性设计结果和实际工业水平，利用系统可靠性分析手段提出装备可靠性预报；根据装备的可靠性预测结果提出可靠性改进措施；设计结束后开展科学的可靠性评估。

（4）在生产过程中根据装备的可靠性保证大纲的要求严格进行质量管理和控制。并在研制结束后按科学的方法验收。

（5）在装备使用过程中，应有严格的岗位培训制度和严格的使用维修制度。

（6）建立尽可能完善和严密的故障记录制度和数据收集及质量反馈网。

通过以上几个环节的严格控制，就可以得到较为满意的产品可靠性。

9

泛可靠性参数选择与指标确定

对任何一项装备的评价,都应有其相应的参数或参数体系,它们是用最简明的信息对该项装备的各个侧面进行的最精辟的描述。其主要作用是为装备的定量化评价提供一个模式,以便在装备的设计、制造、验收和使用中对装备的该项特征性能进行控制,对同类装备的该项性能进行比较,明确装备的发展方向。

泛可靠性工程的研究要解决哪些问题呢?归根到底,泛可靠性工程就是要解决装备在寿命期间内的任务可靠性、可维修性和保障性问题。要分析、评价装备的泛可靠性,就必须首先明确装备的泛可靠性参数体系,以及泛可靠性参数的量化——即指标问题。

9.1 泛可靠性工程常用概念

9.1.1 故障及其分类

1) 故障定义

产品不能执行规定功能的状态,通常指功能故障。因预防性维修或其他计划性活动或缺乏外部资源造成不能执行规定功能的情况除外,故障也可以简单地说成产品丧失了规定的功能。

故障的表现形式,称为故障模式。引起故障物理的、化学的、生物的或其他的过程,称为故障机理。

2) 故障分类

故障一般可按下述原则进行分类:

(1) 按故障性质分类,可分为关联故障和非关联故障、责任故障和非责任故障。

非关联故障是指已经证实是未按规定的条件使用而引起的故障;或已证实仅属某项将不采用的设计所引起的故障。否则为关联故障。

非责任故障是指非关联故障或事先已规定不属某个特定组织提供的产品的关联故障。否则为责任故障。

(2) 按故障后果严重程度分类,可分为:

灾难故障——导致人员伤亡、系统毁坏、重大经济损失及重大环境污染的故障。

严重故障——导致人员的严重伤害、较大经济损失、任务失败及严重环境污染的故障。

一般故障——导致人员轻度伤害、一定的经济损失、任务延误及中等程度的环境污染的故障。

轻度故障——不足以导致人员伤害、一定的经济损失、任务延误,但会导致非计划性维护和修理的故障。

（3）按故障特点分类,可分为：

渐变故障,即产品性能随时间的推移逐渐变化而产生的故障。这种故障一般可通过检测或监控来预测,有时可通过预防性维修加以避免。

潜在故障,即产品或其组成部分即将不能完成规定功能的可鉴别的状态。

间歇故障,产品发生故障后,不经修理而在有限时间内或适当条件下自行恢复功能的故障。

共因故障,即不同产品由共同的原因引起的故障。

隐蔽功能故障,即正常使用装备的人员不能发现的功能故障。其功能的中断不易被正常使用装备的人员发现,或一般情况下不工作的产品在需要使用时是否良好,不易被正常使用装备的人员发现。

从属故障,即由另一产品故障引起的故障,也称诱发故障。

独立故障,即不是由另一产品故障引起的故障。也称原发故障。

（4）按故障规律分类,可分为：

早期故障,即产品在其寿命的早期,因设计、制造、装配的缺陷等原因引起的故障,其故障率随着寿命单位数的增加而降低。

偶然故障,即产品在寿命周期中由偶然因素引起的故障,其故障率不随寿命单位数的增加而变化。

耗损故障,即产品在其寿命周期中因疲劳、磨损、松动、腐蚀、老化等原因引起的故障,其故障率随寿命单位数的增加而增加。

9.1.2 寿命剖面与任务剖面

1）寿命剖面

寿命剖面的定义为,产品从交付使用到寿命终结或退出使用这段时间内所经历的全部事件和环境的时序描述。它包含一个或多个任务剖面。寿命剖面说明了产品在整个寿命期经历的事件(如装卸、运输、储存、检测、维修、部署、执行任务等)以及每个事件的顺序、持续时间、环境和工作方式。图 9-1 为某登陆艇寿命剖面。

寿命剖面对建立产品可靠性要求是必不可少的。一般装备大部分时间处于非任务状态(见表 9-1),在非任务期间由于装卸、运输、储存、检测所产生的长时间应力也会严重影响产品的可靠性。因此,必须把寿命剖面中非任务期间的特殊状况转化为设计要求。

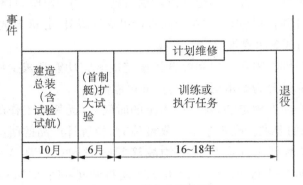

图 9 - 1　某艇寿命剖面

表 9 - 1　任务时间与非任务时间比较

产品	寿命/y	工作时间/h	非任务时间/%
某鱼雷电子设备	12	30	99.9
某舰船电子设备	10	5 000	94.3
某飞机电子设备	15	4 000	96.9

2) 任务剖面

任务剖面的定义为,产品在完成规定任务这段时间内所经历的事件和环境的时序描述(见图 9 - 2)。它包括任务成功或严重故障的判断规则。对于完成一种或多种任务的产品都应制定一种或多种任务剖面。任务剖面一般应包括:

(1) 产品的工作状态划。

(2) 任务期间可修产品的维修方案。

(3) 产品工作的时间。

(4) 产品所处环境(外加的与诱发的)的时间与顺序。

(5) 任务成功或严重故障的定义。

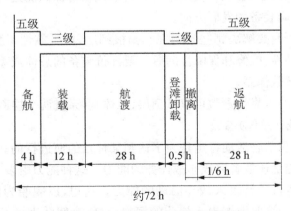

图 9 - 2　某登陆艇典型任务剖面

寿命剖面、任务剖面一般在产品论证阶段由订购方提出,并作为招标、选择承制方及签订合同的技术依据。同时也是承制方对产品进行可靠性设计、分析与试验的依据。

3)基本可靠性与任务可靠性

在进行可靠性设计时,需要考虑和综合权衡完成规定功能和减少用户费用两个方面的需求,依此可以把可靠性分为基本可靠性与任务可靠性。

基本可靠性,即产品在规定的条件下,限定的时间内,无故障工作的能力。基本可靠性反映产品对维修资源的要求。确定基本可靠性值时,应统计产品的所有寿命单位和所有的关联故障。常见的基本可靠性参数有平均故障间隔时间($MTBF$)、平均维修间隔时间($MTBM$)、平均故障间隔飞行小时($MFHBF$)、平均拆卸间隔时间($MTBR$)等。

任务可靠性,是产品在规定的任务剖面内完成规定功能的能力。确定任务可靠性指标时仅考虑在任务期间那些影响任务完成的故障(即严重故障)。常见的任务可靠性参数有任务可靠度、平均严重故障间隔时间($MTBCF$)等。

4)固有可靠性与使用可靠性

固有可靠性是设计和制造赋予产品的,并在理想的使用和保障条件下所具有的可靠性。它是从承制方的角度来评价产品的可靠性水平,如 $MTBF$、$MTBCF$ 等。

使用可靠性是产品在实际的环境中使用时所呈现的可靠性,它反映产品设计、制造、使用、维修、环境等因素的综合影响。它是从最终用户的角度来评价产品的可靠性水平,如 $MFHBF$、$MTBM$ 等。

9.2 泛可靠性参数体系

9.2.1 可靠性参数体系问题

对任何一项装备的评价,都应有其相应的参数或参数体系,它们是用最简明的信息对该项装备的各个侧面进行的最精辟的描述。其主要作用是为装备的定量化评价提供一个模式,以便在装备的设计、制造、验收和使用中对装备的该项特征性能进行控制,对同类装备的该项性能进行比较,明确装备的发展方向。

泛可靠性工程的研究要解决哪些问题呢?归根到底,泛可靠性工程就是要解决装备在寿命期间内的任务可靠性、维修和保障性问题。要评价装备的总体或系统可靠性,就必须首先明确装备的可靠性参数体系。

通常情况下,装备的可靠性参数可以从顶层(总体)和系统两个层面来描述。

1)装备可靠性顶层(总体)参数

装备的研制、生产和部署活动肯定是为了达到某种目的而进行的。对于一个作战装备,人们所关心的根本问题是该装备完成作战任务的能力。这种能力由多方面构成:

首先是当需要时装备能够投入战斗活动的能力。这里,以舰船为例子说明:对单艘舰船来说,这种能力表现为该船能够投入战斗的概率;对整个舰队来说,通过各艘舰船的投入概率可以算出舰队可投入的实际兵力。设某舰队有同型快艇 m 艘,每艘快艇的投入概率为

A_0，则该舰队在需要时投入的实际艇数为

$$N = mA_0$$

这一类问题称为可用性问题。

其次是装备能够完成战斗任务的能力，也就是从战斗出动开始，到完成作战任务并安全返回的能力。可靠性工程要解决的问题之一就是采用系统可靠性的方法，确定装备的这种完成战斗任务的能力。这一类问题，称为任务可靠性问题。

上述两类问题中，与可用性问题对应的参数是可用性参数，即 A；与任务可靠性问题对应的参数是任务可靠度，即 R_m。这两个参数构成了装备的泛可靠性顶层（总体）参数。其他系统、设备以及单元层次的可靠性参数皆由这两个参数分解而来；可维修性、测试性和保障性参数均由这两个参数派生而来。

2）可靠性顶层参数的拓展与派生

装备在寿命周期内，不可避免地会出现故障、老化等问题。装备在储存过程中，要进行维护保养；在使用过程中出了故障，就要进行维修，使其恢复战斗力。这一类问题，称为可维修性问题。反映到泛可靠性参数体系上，就是可维修性参数。

为了缩短维修时间，首先得快速找到故障部位，即进行故障定位与隔离。这一类问题，称为测试性问题。反映到泛可靠性参数体系上，就是测试性参数。严格地说，测试性问题属于可维修性问题的分支。

随着系统工程学方法的不断发展和渗透，人们越来越喜欢用费效比等综合性指标来评价装备的优劣，以期用最小的代价换取最大的收益。装备在其寿命期的巨大开支必然成为人们关注的焦点，而装备全寿命期费用又与装备的可靠性密切相关。因此，泛可靠性工程另一个要回答的问题是怎样用最小的代价，通过必要的维修和后勤保障手段，使舰船的可靠性保持在满意的水平上，从而使费效比达到最大。这一类问题，称为与维修人力及后勤保障有关的问题，简称保障性问题。反映到泛可靠性参数体系上，就是保障性参数。

9.2.2 泛可靠性基本参数

9.2.2.1 （狭义）可靠性参数

可靠性参数通常从四个方面来描述，即战备完好性、基本可靠性、任务可靠性和耐久性。

（1）战备完好性。描述装备在使用环境条件下处于能执行任务的完好状态的程度或能力，主要参数有固有可用度 A_i、使用可用度 A_0、战备完好率等。

（2）基本可靠性。描述的是装备在规定的条件下，规定的时间内，无故障工作的能力，主要参数有平均无故障间隔时间（$MTBF$）、平均无故障里程（$MMBF$）等。

（3）任务可靠性。描述的装备在规定的任务剖面内完成规定功能的能力，主要参数有任务可靠度、严重故障平均间隔时间（$MTBCF$）等。

（4）耐久性。描述装备在规定的使用、储存与维修条件下，达到极限状态之前，完成规定功能的能力。极限状态是指由于耗损（如疲劳、磨损、腐蚀、变质等）使装备从技术上或从经济上考虑，都不宜再继续使用而必须大修或报废的状态。一般用寿命来度量耐久性，主要

参数有首次大修期限（$TTFO$）、总寿命、储存寿命等。

表 9-2 列出了舰船、战术导弹、战略导弹、军用飞机和装甲车辆等典型装备的可靠性参数及顶层综合类参数（如战备完好性、任务可靠性参数）。

表 9-2 典型装备可靠性参数一览表

	战备完好性	基本可靠性	任务可靠性	耐久性
舰船	使用可用度（A_o） 用有可用度（A_i）	平均故障间隔时间 （$MTBF$）	任务可靠度	使用寿命 储存寿命 计划维修间隔时间
战术导弹	使用可用度（Ao） 导弹检测合格率	平均故障间隔时间 （$MTBF$） 平均故障间隔挂飞时间	战斗工作可靠度 致使性故障间隔任务时间（$MTBCF$） 发射可靠度 飞行可靠度	储存可靠度 首次大修期限（$TTFO$） 储存寿命 使用寿命
战略导弹	技术准备完好率 待机准备完好率	平均故障间隔时间 （$MTBF$） 平均无故障里程 （$MMBF$）	任务成功率（$MCSP$） 发射可靠度 飞行可靠度 引爆可靠度	储存期
军用飞机	使用可用度（A_o） 出动架次率（SGR） 再次出动准备时间（TAT）	平均故障间隔时间 （$MTBF$） 平均故障间隔飞行小时（$MFHBF$） 平均失效前时间（$MTTF$） 无维修待命时间 提前换发率	任务可靠度； 致使性故障间隔任务时间（$MTBCF$） 空中停车率	首次大修期限（$TTFO$） 总寿命 储存寿命
装甲车辆	使用可用度（A_o） 用有可用度（A_i） 可达可用度（A_a）	平均无故障里程 （$MMBF$）	任务成功度 $MMBCF$	使用寿命 首次大修期限（$TTFO$）

9.2.2.2 可维修性参数

可维修性描述的是装备在规定的条件下和规定的时间内，按规定和程序和方法进行维修时，保持或恢复到规定状态的能力。按维修的目的和时机来看，维修大致可以分为四种类型，即预防性维修、修复性维修、应急性维修和改进性维修。

针对不同的装备类型、维修目的和时间，描述可维修性参数也不尽相同。表 9-3 列出了一些常用的参数。

表 9-3 常用可维修性参数

名称	描 述
维修度(maintainability)	可维修性的概率度量
修复率(repair rate)	装备可维修性的一种基本参数。其度量方法为：在规定的条件下和规定的期间内，装备在规定的维修级别上被修复的故障总数与在该级别上修复性维修总时间之比
平均修复时间($MTTR$ 或 M_{ct})	装备可维修性的一种基本参数，它是一种设计参数，指排除一次故障所需修复时间的平均值。其度量方法为：在规定的条件下和规定的期间内，装备在规定的维修级别上，修复性维修总时间与该级别上被修复装备的故障总数之比
系统平均恢复时间($MTTRS$)	与战备完好性有关的一种维修性参数，它是一种使用参数。其度量方法为：在规定的条件下和规定的期间内，由不能工作事件引起的系统修复性维修总时间(不包括离开系统的维修时间和卸下部件的修理时间)与不能工作事件总数之比
平均预防性维修时间($MTPM$)	对装备进行预防性维修所用时间的平均值。其度量方法为：在规定的条件下和规定的期间内，装备在规定的维修级别上，预防性维修总时间与预防性维修总次数之比
恢复功能用的任务时间($MTTRF$)	与任务成功有关的一种可维修性参数。其度量方法为：在规定的任务剖面和规定的维修条件下，装备严重故障的总修复性维修时间与严重故障总数之比
最大修复时间	产品达到规定维修度所需的修复时间
维修工时率(MR)	与维修人力有关的一种维修性参数。其度量方法为：在规定的条件下和规定的期间内，产品直接维修工时总数与该产品寿命单位总数之比
检修周期	在规定的储存条件下，为保证装备具有规定的可靠度值所进行的相邻两次检修的时间间隔

9.2.2.3 测试性参数

测试性参数主要有：故障检测率、故障隔离率、故障检测时间、故障隔离时间和虚警率等。

1) 故障检测率 R_{FD}

故障检测率是指产品在规定的期间内，用规定的方法正确检测到的故障数 N_D 与故障总数 N_T 之比，用百分数表示。

$$R_{FD} = \frac{N_D}{N_T} \times 100\% \tag{9-1}$$

这里的"产品"是指即被检测的项目，它可以是系统、设备或更低层次的产品。"规定的期间"

是指统计故障的时间,应足够长。"规定的条件"是指进行检测的维修级别、人员等条件及时机。"规定的方法"指测试的方法、手段等。

2)故障隔离率 R_{FI}

故障隔离率是指产品在规定的期间内,用规定的方法将检测到的故障,正确隔离到不大于规定模糊度的故障数 N_L 与检测到的故障数 N_T 之比,用百分数表示。

$$R_{FI} = \frac{N_L}{N_T} \times 100\% \tag{9-2}$$

式中,N_L 是隔离到少于或等于 L 个可更换单元的故障数。当 $L=1$ 时,即隔离到单个可更换单元,是确定性隔离;$L>1$ 时,为不确定(模糊)性隔离。

3)虚警率 R_{FA}

虚警是指测试装置或设备显示被测项目有故障,而该项目实际无故障。在规定的时间内,测试装置、设备发生的虚警数 N_{FA} 和同一时间内的故障指示总数之比,即为虚警率。

$$R_{FA} = \frac{N_{FA}}{N_{FA} + N_F} \times 100\% \tag{9-3}$$

式中,N_F 是真实故障显示数。

4)故障检测时间 T_{FD}

从开始故障检测到给出故障指示所经历的时间。

5)故障隔离时间 T_{FI}

从检测出故障到完成故障隔离所经历的时间。

测试性参数可以分为两个部分:一是与测试能力(如 R_{FD}、R_{FI}、R_{FA});二是测试效率(如 T_{FD}、T_{FI})。测试能力描述的是,只要能测试出来即可,不管多长时间,当然时间不能太长。测试效率则要考虑时间成本,因为测试时间直接关系到维修时间,进而影响系统的可用度,最终影响装备的效能。反映测试性效率方面的参数,就与可维修性参数联系起来了。

9.2.2.4　保障性参数

保障性是指装备的设计特性和计划的保障资源满足平时战备完好性和战时利用率要求的能力。

1)针对装备设计特性的保障性参数

针对装备的保障性设计特性要求,为便于指导设计,一般用单一的性能参数描述,如与"保障"有关的可靠性、可维修性、测试性、运输性等特性参数描述。这类参数有使用参数,如平均维修间隔时间;也有合同参数,如平均故障间隔时间。有时保障性设计特性也可用综合参数描述,如固有可用度,反映了可靠性和可维修性的综合因素。常用的针对装备设计特性的保障性参数如下:

(1)综合参数。

主要有固有可用度(A_i)、可达可用度(A_a)。如果有足够的统计数据,保障资源满足使用要求的程度较高,在一定的管理水平下,A_a 和 A_o 之间可以建立某种相关的关系,在确定 A_o 之后可以为确定 A_a 提供依据,反之亦然。

(2) 可靠性和可维修性测试参数。

可靠性参数方面,主要有基本可靠性参数,如平均故障间隔时间(T_{BF})、平均维修间隔时间(T_{BM})、故障前平均时间(T_{TF})等;耐久性参数,如 γ 百分比使用寿命(T_γ)、首次大修寿命(T_{FO})、中修间隔期、小修间隔期等;储存可靠性参数,如储存寿命(L_S)、贮存可靠度(R_S)等。

可维修性参数方面,主要有修复性维修时间参数,如平均修复时间($\overline{M_{CT}}$),或各维修级别的平均修复时间(M_{ETI})、主要零部件平均拆卸时间(M_{PR})等;预防性维修时间参数,如平均预防性维修时间(T_{PM})、平均中修时间(T_{CD})、平均小修时间(T_{CL})等;各级各类维修工时(M_R)。

测试性参数方面,主要有故障检测率(R_{FD})、故障隔离率(R_{FL})、虚警率(R_{FA})等。

(3) 使用保障参数。

主要有单装备战斗准备时间、再次出动准备时间、受油速度等。

2) 针对保障系统(资源)的保障性参数

保障资源是指为使装备满足战备完好性与持续作战能力要求所需的全部物资与人员。它包括使用保障资源和维修保障资源。保障系统是指在系统的寿命期内,为保障达到使用可用性要求而用于使用与维修该系统所需要的所有保障资源及其管理的有机组合。

针对保障系统的参数主要有平均保障延误时间($MLDT$)、平均管理延误时间等;针对保障资源的参数有备件利用率、备件满足率、保障设备利用率、保障设备满足率等。

9.2.3　可靠性参数选取原则

装备可靠性参数选取原则应遵循以下原则。

1) 完备性原则

(1) 覆盖整个装备,如主装备、功能系统、设备、保障资源等。

(2) 覆盖装备类型和使用特点,如一次性使用或重复使用、可修复和不修复、战时和平时等。

(3) 覆盖寿命剖面和任务剖面各阶段,如储存、停放、准备、待命、执行任务、机动、战斗、维修、保养等阶段。

(4) 覆盖论证工作各节点的需求,如立项综合论证、研制总要求等。

(5) 覆盖四大目标的需求,即提高战备完好性和任务成功性,减少维修人力和保障费用。

(6) 覆盖 RMS 的综合性与相关性特点,应考虑基本可靠性与任务可靠性要求。

2) 针对性原则

在满足完备性要求的基础上,剔除冗余和具有相关性的参数,尽量选择已有装备常用的可靠性参数,便于比较。

(1) 相关性。是指在论证工作同一阶段中选用的参数不应存在相互关联,或互相可转换。如使用可用度 A_o、与平均故障间隔时间 $MTBF$、平均修复时间 $MTTR$、平均预防维修时间、平均延误时间之间可转换,在确定参数指标时应防止出现矛盾。

(2) 包容性。是指在论证工作各阶段的不同阶段选用的参数,后一阶段的参数应包容前一个阶段参数所描述的特征,后一阶段的相关参数可由前一阶段参数导出或相同。

(3)应符合工程习惯,选择使用频率高的参数。

3)可计量性原则

所选用的使用参数应具有可计量性,可转化为合同参数,用于承制方进行可靠性设计和过程控制。

9.2.4 几种典型系统的可靠性参数体系

9.2.4.1 民用飞机可靠性参数体系

民用飞机常选择下列五类参数来描述其可靠性。

1)描述机队及飞机成功地离站和(或)完成规定营运任务能力的参数

这一类参数有:航班可靠度、出勤可靠度、航行可靠度和飞行可靠度。

(1)航班可靠度(schedule reliability)。

航班可靠度通常定义为:民用飞机开始并完成一次定期营运飞行而不发生由于飞机系统或部件故障而造成航班中断的概率,可用下式表示:

$$R_{SC} = 1 - \frac{航班中断次数}{营运总离站次数} \tag{9-4}$$
$$= 1 - Q_{SC}$$

式中 Q_{SC} 为航班中断率。

美国波音公司把航班可靠度作为民用飞机设计及外场统计的主要可靠性参数。

(2)出勤可靠度(dispatch reliability)。

出勤可靠度定义为:没有延误(技术性)或取消航班(技术原因)而离站的飞行次数所占的百分数,是用来描述飞机准时离站记录的术语,可表示为飞机准时离站的概率,其表达式为

$$R_d = 1 - \frac{延误和取消航班次数}{营运总离站次数} \tag{9-5}$$

出勤可靠度是目前世界民航界广泛采用的可靠性参数。美国麦道飞机公司、洛克希德飞机公司及西欧的空中客车飞机公司等都以出勤可靠度作为民用飞机的主要可靠性参数。

(3)航行可靠度(enroute reliability)。

航行可靠度定义为:没有发生导致偏离飞行计划的故障而成功地完成飞行计划的概率。航行可靠度可由下式表示:

$$R_e = 1 - \frac{地面返航、空中返航和换场着陆次数}{营运总离站次数} \tag{9-6}$$

(4)飞行可靠度(inflight reliability)。

飞行可靠度与航行可靠度相似,但不包括地面返航。飞行可靠度可用下式表示:

$$R_e = 1 - \frac{空中返航和换场着陆次数}{营运总离站次数} \tag{9-7}$$

此外,有的飞机制造公司也采用工作可靠度(operational reliability)来表示航行可靠度。例如,L-1011 飞机可靠性设计指标规定"成熟的 L-1011 飞机的工作可靠度指标为飞机离站后,不因产品(机械的)故障造成晚点到达或中途返航而完成计划飞行的概率不小于 99.9%。

2) 描述飞机各系统、分系统、设备(或部件)可靠性的参数

这类参数有:平均故障间隔时间和平均非计划拆卸间隔时间。

(1) 平均故障间隔时间(MTBF)。

平均故障间隔时间定义为:在某一期间内总的"设备工作小时"除以同一期间内该设备发生的故障数所得到的数值。它是描述系统、分系统、设备(或部件)可靠性的一种最常用的参数,称为基本可靠性参数。有时也用其倒数——故障率 λ 来表示。$\lambda = 1/MTBF$。特别是高可靠性的元器件常用 λ 作为其可靠性参数。

(2) 平均非计划拆卸间隔时间(MTBUR)。

平均非计划拆卸间隔时间定义为:在某一期间内累计的"总设备工作小时"除以在同一期间内该设备的非计划拆卸次数所得的数值。有时,非计划拆卸间隔时间也用其倒数值——非计划拆卸率(URR)表示。如 1 000 飞行小时(或 1 000 设备小时数,或 1 000 次离站)的非计划拆卸次数。民用飞机的 MTBUR 有时也用"设备飞行小时"进行计算。

MTBUR 通常由下式进行计算:

$$MTBUR = \frac{\text{总工作小时} \times \text{每架飞机的设备数}}{\text{总非计划拆卸次数}} \qquad (9-8)$$

在实际使用中,被拆卸的设备或部件数并非都是有故障的,这主要是因为系统中各部件间的接线故障、机内自测设备的虚警、空勤及地勤人员未能准确找到有故障的设备以及维修过程中的失误等造成的不必要的拆卸。因此,MTBUR 通常小于 MTBF。MTBF 与 MTBUR、MFHBF 及 MCBF 之间的关系可分别由下述各式表示:

$$MTBF = K \cdot MTBUR$$
$$MTBF = Z \cdot MFHBF$$
$$MCBF = C \cdot MFHBF$$

式中:$K = \dfrac{\text{总非计划拆卸次数}}{\text{总的实际故障数}}$;

$Z = \dfrac{\text{设备工作小时}}{\text{设备飞行小时}}$;

$C = \dfrac{\text{设备工循环次数}}{\text{设备飞行小时}}$。

3) 描述航空发动机可靠性的参数

这类参数有:空中停车率和送修率等。

(1) 空中停车率(inflight shutdown rate)。

空中停车率定义为:在规定期间内,发动机在空中任何时刻发生的停车总次数除以发

动机飞行小时数,通常用每 1 000 发动机飞行小时发生的空中停车事件数表示。

（2）送修率(shop visit rate)。

送修率定义为：在规定期间内发动机送修的总次数除以发动机飞行小时数,通常表示为每 1 000 发动机飞行小时的送修事件数。

4）描述飞机结构、起落架和某些部件耐久性的参数

这类参数有：使用寿命和翻修间隔时间。

（1）使用寿命(service life)。

使用寿命定义为,产品使用到对其进行修理或翻修达到可接受的标准,但无论从其本身状态或从经济上考虑都不再可行时的使用期限。使用寿命也称使用期限或设计寿命,主要用来描述飞机结构、起落架等机械部件的耐久性。

（2）翻修间隔时间(TBO)。

翻修间隔时间定义为,产品在两次翻修之间允许使用的最长时间。TBO 主要用于控制某些耗损型产品的翻修。

5）综合性参数

飞机利用率(aircraft utilization)定义为：给定机队中一架使用的飞机平均每日飞行小时数。飞机利用率的计算是在报告期间内该机队累计的飞行小时数除以同一期间内可用飞机的架次数。飞机利用率不仅与飞机的可靠性及可维修性有关,而且与地面维修及保障设备、航材保障、人员素质及管理水平有关,是一个综合性参数。飞机利用率也可以用每年的飞行小时数来表示。

综合上述 5 类参数,可以大致地归纳出以下几个可靠性参数体系的基本特征：

（1）系数体系应具备完备性。体系中的参数应包括研究对象的所有重要方面。如在民用飞机的可靠性参数上,应以以上 5 个方面来概括问题的全貌。5 个方面缺少任何一个,都会使人感到有所缺陷。对于相互依赖、相互制约的参数,选择时更应一个不漏。

（2）所选择的参数应具有针对性。如民用班机可选择航班可靠度,这主要是针对民用定期航班的工作方式来选择的。军用飞机一般不是定期飞行,对军用飞机来说,选择航班可靠度来评价其可靠性就毫无意义了。

（3）选择可靠性参数时应注意相关性,以免造成参数之间的不协调,从而给指标确定带来麻烦。

（4）参数应具有可计算性。参数不仅是代表一个概念,也是为产品性能的定量评价服务的。如果所选择的参数无法定量计算,就达不到定量化评价的目的。可靠性参数的可计算性包括定量计算和解析定量计算。

此外,对某一具体装备选择可靠性参数时,应由订购方和承制方协商决定。订购方从使用需要提出需求,承制方则根据自己所具有的技术水平看看能否满足订购方的要求,由此来确定究竟选择哪些参数。

9.2.4.2　民用船舶可靠性参数体系

对于运输船舶,从营运效果看,人们总不希望定期班轮误点或停航,也不希望船舶在航行中因故障而停航。因而,总想知道该船按时刻表正点航行的可能性、出故障的概率有多大

以及出了故障之后修理是否方便、维修的时间和费用要多少等问题。

运输船舶的构成通常比较简单。影响运输活动的主要是它的动力系统。船上的通信、导航等其他系统的故障对船舶完成其运输任务的影响相对较小。因而，对这类船舶可靠性工作的重点往往集中在其动力系统上。它的可靠性参数体系一般也就不分什么总体参数和系统参数，而是将这些参数统统归入 4 类，即可靠性综合性能参数、描述船舶及其主要系统的无故障工作特性的参数、耐用性参数和可维修性参数。

1) 可靠性综合性能参数

可靠性综合性能参数，主要是一些和船舶营运特性及经济效益密切相关的参数。这些参数包括：准备系数、营运系数、修理系数、技术维修劳动总量和技术维修单位年度平均劳动量。

(1) 准备系数。

准备系数指的是，船舶除在计划时期内未按用途使用外的任意时刻都具有工作能力的概率，记作 k_R，并用下式计算：

$$k_R = \frac{T_{tc}}{T_m} \tag{9-9}$$

式中，T_{tc} 为在所研究的时间间隔内船舶具有工作能力的总时间；T_m 为在所研究的时间间隔内船舶为消除故障而被迫（非计划）进行修理，从而使船舶处于无工作能力状态的总持续时间，包括码头修理时间和海上停泊修理时间。

(2) 营运系数。

营运系数指的是，在所研究的时间间隔内，船舶参加营运工作的时间与船舶列入海运部门计划表的日历时间之比，记作 k_t，并用下式表示：

$$k_t = \frac{\sum T_{ti}}{T_d} \tag{9-10}$$

式中，T_{ti} 为所研究的时间区间内船舶第 i 次营运活动持续时间；T_d 为船舶被列入海运部门计划表的日历时间。日历时间的内涵如图 9-3 所示。

$$日历时间 \begin{cases} 可营运时间 \begin{cases} 营运时间 \\ 等待时间 \end{cases} \\ 维修时间 \begin{cases} 计划维修时间 \\ 非计划维修时间 \end{cases} \end{cases}$$

图 9-3　时间关系

由此可知，准备系数考虑的是可营运时间，而营运系数考虑的仅是实际营运时间，其间存在着一个等待时间的差别；在所计算的总时间中，准备系数考虑的是可营运时间加非计划维修时间，营运系数考虑的则是日历时间，其间又有一个计划维修时间的差别。显然，营运系数比准备系数更接近实际营运效果。因而人们比较喜欢用营运系数。

(3) 修理系数。

修理系数指的是，在所研究的时间间隔内，船舶修理时间（包括计划和非计划维修时间）

与船舶列入海运部门计划表的日历时间之比,记作 k_m,并可用下式表示:

$$k_m = \frac{T_m}{T_d} \qquad (9-11)$$

修理系数反映了修理造成的停航时间占日历时间的比例。

应该指出的是:k_R、k_t 和 k_m 之值除了与可靠性因素有关外,还与许多其他因素有关,如所采用的技术维修体制、船员人数和技术水平等。此外,这些系数仅考虑船舶停航时所完成的那一部分维修工作的相应时间消耗。然而,保持和恢复船舶工作能力所需的约 70% 的工作量是在船舶的营运过程中完成的。这些工作同样也要花费大量的人力和物力。因而,仅用这些系数不足以客观地评价船舶的可靠性,可以用一个可靠性基本综合参数——技术维修总劳动量来消除这些不足之处。

(4)技术维修总劳动量。

技术维修总劳动量 H 可以用下式来定义:

$$H = H_t + H_m \qquad (9-12)$$

式中 H_t 为技术维护总劳动量,可以表示为

$$H_t = \sum_{j=1}^{N} \sum_{i=1}^{n} H_{tij} \qquad (9-13)$$

式中:N 为在一定时间内应进行技术维护的船舶各组成部分的数量;n 为进行技术维护的形式的数目;H_{tij} 则为在一定时间内第 j 组成部分的第 i 种维护形式的劳动量,通常用人-时来度量。

H_m 为进行修理的总劳动量,可以表示为

$$H_m = \sum_{j=1}^{N} \sum_{k=1}^{p} H_{mkj} \qquad (9-14)$$

式中:N 的意义同上;p 为进行修理的形式的数目;H_{mkj} 为第 j 组成部分的第 i 种修理方式所需的劳动量,通常用人-时来计量。

工厂修理的劳动量一般用预算小时数或定额小时数来表示。为了对船舶技术维护劳动量和修理劳动量进行比较,应将预算小时和定额小时换算为人-时。

一定营运期内技术维修总劳动量,考虑了无故障性、耐用度和可维修性的共同影响,可以最全面地反映船舶及其组成部分的可靠度。这项指标表示技术维修的开支大小和损失的营运时间,对于解决船舶技术管理的许多实际问题,特别是对于确定企业和船队技术维修站的生产能力、修理人员数和船员数,具有头等重要的意义。

(5)技术维修单位年度平均劳动量。

船舶排水量有大有小,若统统以一艘船为单位来研究其维修工作特征,则无法进行相对比较。为解决此问题,可用技术维修单位年度平均劳动量作为评价参数。

技术维修单位年度平均劳动量是船舶(或船舶主要组成部分)技术维护和修理年度平均总劳动量与一个有决定性意义的参数之比。在分析整个船舶的可靠性时,可取船舶满载排

水量、总载重量、净载重量等作为这个参数。

船舶技术维护和修理年度平均劳动量与空载排水量和动力装置有相当密切的联系。因此,在许多研究中常取技术维修设施(船舶)复杂性指数作为决定性参数。船舶复杂性指数为空载排水量与主机和辅机(故障的除外)功率之和的乘积。因而,技术维修单位年度平均劳动量 h 可表示为

$$h = \frac{\overline{H}}{W} \tag{9-15}$$

式中:$\overline{H}$ 为技术维修年度平均劳动总量;W 为某决定性参数的值。

2) 描述船舶及其主要系统的无故障工作特性的参数

常用的这类参数有:工作可靠度、工作不可靠度、失效率、平均故障间隔时间和故障系数。

(1) 工作可靠度。

工作可靠度指的是,在规定条件下、规定时间间隔内(或在给定的工作时间范围内),船舶(或其主要设备)未发生故障的概率,记作 $R_0(t)$:

$$R_0(t) = P\{T > t\} \tag{9-16}$$

式中:T 为故障前工作时间;t 为给定的工作时间。

像任何概率一样,$R_0(t)$ 的取值范围在 0 和 1 之间。

如果同型设备的数量相当大,则工作可靠度也可以根据统计数据来确定:

$$R_0(t) \approx \frac{N_0 - n(t)}{N_0} \tag{9-17}$$

式中:N_0 表示所观测的同型设备的总数;$n(t)$ 为在 t 时刻之前已发生故障的设备数。

(2) 工作不可靠度。

工作不可靠度指的是,在规定条件下、规定时间间隔内(或在给定的工作时间范围内),船舶(或其主要设备)发生故障的概率,记作 $F_0(t)$:

$$F_0(t) = P\{T < t\} \tag{9-18}$$

从定义中可以看出,工作可靠度和工作不可靠度是一对矛盾事件的发生概率,故有

$$R_0(t) + F_0(t) = 1$$

(3) 失效率。

失效率指的是,在单位时间内船舶(设备)的平均失效次数,记作 $\lambda(t)$:

$$\lambda(t) = \frac{n(t + \Delta t) - n(t)}{N_0 \Delta t} \tag{9-19}$$

式中:Δt 为单位时间;其余意义同前。

(4) 平均故障间隔时间。

平均故障间隔时间指的是,可修复设备在两次故障之间的平均工作时间,记作 T_0:

$$T_0 = \frac{\sum t_i}{n} \tag{9-20}$$

式中：t_i 为第 $i-1$ 次和第 i 次故障之间的正常工作时间；n 为在规定时间内设备的故障次数。当 n 无限增大时，T_0 的意义就和 $MTBF$ 一致了。

（5）故障系数。

系统各组成部分的故障系数 k_0，是可靠性的相对指标，可用于分析船体某些结构和船舶技术设备的可靠性，以及确定系统中最不可靠的组成部分。系统各组成部分的故障系数为

$$k_0 = \frac{n_i(t)}{\sum n(t)} \gamma \tag{9-21}$$

式中：$n_i(t)$ 为该船（批量生产的船舶）在规定的日历时间（工作时间）内 i 型组成部分发生故障的个数；$\sum n(t)$ 为在相同的日历时间（工作时间）内所研究的设施（整个船舶、船体、主机和电气设备等）发生故障的总数。

利用故障系数可以确定船体结构和船舶设备的哪些部件必须提高其可靠性，以提高整个船舶的可靠性。

3）耐用性参数

耐用性参数可评价船舶及其组成部分在整个营运期内未到达极限状态之前的工作能力的损失情况。

船舶到达极限状态的原因有可能是实际磨损和精神磨损。实际磨损导致为保证所需的可靠性而支出的费用增加。精神磨损则由于出现效率和经济性更高的船舶而使原船舶的使用价值降低。严格地说，精神磨损不属于可靠性工程研究的范围，但它们常常可作为制订实际磨损指标的依据。

耐用性参数通常包括：使用期限、技术寿命、γ 百分率寿命和规定寿命。

（1）使用期限。

使用期限指的是，设备（船舶组成部分）由开始使用或大修后修复使用到极限状态之前的持续使用时间，常用天数来计量。由于整个船舶的使用期限通常是从经济观点出发规定的，所以船体的使用期限应和船舶的使用期限相一致，而主机等一些大型设备的使用期限，或和船舶使用期限相一致，或和大修期相一致。

（2）技术寿命。

技术寿命指的是，设备由开始使用或大修后恢复使用到达极限状态的工作时间。与使用期限不同的是，技术寿命没有强调持续使用时间，因而特别适用于某些间隙使用的船舶设备。

（3）γ 百分率寿命。

γ 百分率寿命指的是，设备尚未达到给定 γ 百分率概率的极限状态的工作时间。γ 百分率寿命可以根据下列方程求出：

$$1 - F_e(t) = \gamma/100 \tag{9-22}$$

式中：$F_e(t)$ 为寿命分布函数。

（4）中位寿命。

当 $\gamma = 50$ 时，γ 百分率寿命即是中位寿命。

（5）规定寿命。

规定寿命指的是设备的总工作时间。当设备的累计工作时间达到规定寿命时，不论设备状态如何都应停止工作。

船舶具体技术设备的耐用度指标，应根据管理资料并考虑其工况、重要程度和检查的可能性来选定。例如，对于主机、辅机、蒸汽锅炉、主机附属机械以及其他长期连续运转的装置，可利用大修和更换前的寿命；起重绞车、起重机、起锚机、空压机和其他短期工作的装置，最好是根据大修前的或更换前的使用期限来评定；对于发生故障可导致船舶损坏的最重要设备，则利用规定寿命。

4）可维修性参数

船舶及其组成部分的可维修性，是其适应于进行技术维修的属性，包括以下 3 个方面的参数：一是船舶及其设备在技术维护方面的工艺性；二是船舶及其设备的修理工艺性；三是船舶各组成部分的可修复性。

上列各组参数可反映船舶及其组成部分分别适应于计划维护和计划修理以及被迫进行技术维修的程度。表 9-4 列举了从数量上评价可维修性以及可维修性应用范围的推荐参数。

表 9-4　船舶及其设备的维修性参数

序号	组类	参 数 名 称	应用	
			船舶	设备
1	技术维护的工艺性参数	该种形式一次技术维护的平均劳动量	√	√
		该种形式一次技术维护的平均持续时间	√	√
		可接近度系数		√
		易拆卸度系数		√
		可控度系数		√
2	修理工艺性参数	该种形式一次修理的平均劳动量	√	√
		该种形式一次修理的平均待续时间	√	√
		可接近度系数		√
		易拆卸度系数		√
		可控度系数		√
3	修复性参数	修复的平均时间		√
		修复的平均劳动量		√
		规定时间的修复概率		√

第一组参数的指标可应用下列公式算出：

（1）j 组设备 i 种形式一次技术维修的平均劳动量（人-时）：

$$\overline{H_{tij}} = \frac{1}{N} \cdot \sum_{k=1}^{N} H_{tijk} \qquad (9-23)$$

式中：N 为同型设备的数量。

（2）j 组设备 i 种形式一次技术维修的平均持续时间：

$$\overline{T} = \frac{1}{N} \cdot \sum_{k=1}^{N} H_{ijk} \qquad (9-24)$$

（3）可接近系数

$$K_{nij} = \frac{H_{bij}}{H_{bij} + H_{aij}} \qquad (9-25)$$

式中：H_a 为第 i 种形式技术维修的基本工作的平均劳动量；H_b 为第 i 种形式技术维修的辅助工作的平均劳动量。可接近系数向人们展示进行某种形式维修的方便程度。

（4）易拆卸系数：

$$K_{mij} = \frac{H_{bij}}{H_{bij} + H_{mij}} \qquad (9-26)$$

式中：H_m 表示 i 形式技术维修与位移（拆下、组装和运输）有关的劳动量（人-时）。

（5）可控度系数：

$$K_{cj} = \frac{T_{bj}}{T_{bj} + T_{aj}} \qquad (9-27)$$

式中：T_{bj} 和 T_{aj} 分别为检查第 j 组设备的状态时基本工作和辅助工作的平均持续时间（h）。

第二组参数指标的计算与第一组的相同，因而我们在叙述第一组参数指标计算公式时使用的都是维修而不是维护。

第三组参数是可修复性参数，它们表示发现和排除船舶各组成部分故障的适应性。

（1）修复的平均时间：

$$T_m = \frac{1}{n} \cdot \sum_{i=1}^{N} t_i \qquad (9-28)$$

式中：n 为该组设备的故障种类；T_i 表示第 i 种故障修复的持续时间。

（2）修复所需的平均劳动量：

$$H_m = \frac{1}{n} \cdot \sum_{i=1}^{N} H_i \qquad (9-29)$$

式中：H_i 为第 i 种故障修复的劳动量。

（3）规定时间内的修复概率：

规定时间内的修复概率指的是，船舶组成部分恢复工作能力的时间不超过规定时间 t_B

的概率：

$$M(t_B) = P\{T < t_B\} \tag{9-30}$$

由上面 3 类参数可以看出，运输船舶的基本作用是营运航行，要讲究一定的经济效益。因此，运输船舶的可靠性参数是围绕着影响船舶经济效益的诸因素进行选择的。在 3 类参数中，第一类的综合性最强，和经济效益的联系最近，是级别最高的一类参数。后几类参数在很大程度上是为第一类参数指标的获得服务的，它们与第一类参数比较起来显得更为具体。

9.2.4.3　军用舰船的可靠性参数体系

与民用运输船舶相比，军用舰船无论是在构造上还是在使用方式上都要复杂得多。在构造上，军用舰船不再是简单的船体和动力系统的组合。由于武器系统性能的不断提高，集情报、通信、指挥和控制功能为一体的舰载武器系统已逐步成为舰上第一大系统，并与船体及动力系统一起融合成整个舰船。同时，舰船动力系统的功率越来越大，自动化程度也越来越高。所有这一切使舰船的构造越来越复杂，也使得人们对舰船可靠性的要求比民用船舶要高得多。反映在参数体系方面，则是可靠性参数的进一步细化及完善。在使用方面，舰船的任务形式也是多种多样的。这就要求舰船的可靠性必须从多个方面进行评价。

面对舰船这样一个复杂的大系统，美国国防部在 1980 年 6 月 8 日发布的 5000·40 指令中建议选用四类可靠性参数对舰船可靠性进行评价。这四类参数分别是：使用准备类、任务成功类、维修人力费用类和后勤保障费用类。我国相关军用标准根据舰船可靠性工程要解决的实际问题，将可靠性参数划分为以下四大类，供工业部门及军方在开展舰船可靠性工作时选用。

1) 与战备完好性有关的可靠性参数

战备完好性也称备用性问题或可用性问题，它研究的是舰船战备值班可靠性问题。所谓战备值班工况指的是，舰船备足油水和其他补给品在基地等候出击命令的工况。此时，舰上所有人员均不得离舰，舰船也不执行诸如训练之类的任务，但要按规定转动机械，以检查舰上设备是否工作正常。若发现工作不正常，则马上进行处理。一旦舰船接到战斗任务，则要求在一定时间内出航。因而，当舰船处于战备值班工况时，我们总希望它在被要求的时候能够投入的概率较大。战备值班可靠性受到危险性故障发生率和维修保养等因素的影响。所以，可以用以下几个参数来评价舰船的战备完好性。

(1) 固有可用度（inherent availability）。

固有可用度是仅与工作时间和修复性维修时间有关的一种可用性参数。它的一种度量方法为：产品的平均故障间隔时间与平均故障间隔时间加平均修复时间之比。

固有可用度既可用于舰船总体，也可用于舰船主要系统和设备。它主要描述产品内在的可靠性特征，与产品的使用特征联系并不紧密。固有可用度高，战备完好性自然就好。

(2) 使用可用度（operational availability）。

使用可用度是与能工作时间和不能工作时间有关的一种可用性参数。它的一种度量方法为：产品能工作时间与能工作时间加不能工作时间之比。

　　该参数一般用于舰船系统,用于描述舰船系统或设备能够投入使用的能力。对于舰船总体方面性能的描述,则有一个更加准确的参数,那就是战备完好率,有时也称出航率。

　　(3)战备完好率(operational readiness)。

　　战备完好率是舰船在接到出航命令后不发生由于舰船系统或设备故障而造成的延误出航(延误时间超过规定值)或不能出航的概率。

　　舰船在接到任务时,即在基地备航。备航过程中若发现故障,则看看这些故障是否影响战斗航行?若不影响,则舰船仍可以开始战斗航行;若故障有可能影响航行,则应在基地进行修理。若修理时间超过规定时间,则舰船不能进行战斗航行;若在规定时间内修好了,则舰船照样可以开始航行。能否进入航行的判断逻辑图如图9-4所示。

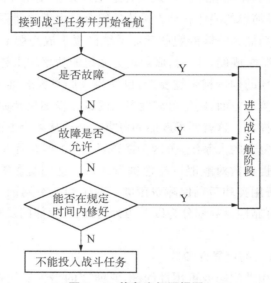

图9-4　战备完好逻辑图

　　战备完好率可以帮助人们了解舰船从战备值班状态转入战斗航行状态的能力。

　　对某些特殊装置如鱼雷、导弹、深水炸弹等,由于它们是长时间装在舰上的,一旦需要时就要求它们能立即发射(使用),因而对这些装备可以选择一种带其特色的参数——装载可靠度。

　　(4)装载可靠度(load reliability)。

　　装载可靠度指的是,产品在规定的装载条件下和规定时间内能保持规定功能的概率。

　　2)与任务成功性有关的可靠性参数

　　任务成功性也就是舰船的使用性,其参数体系具体用于评价舰船执行战斗任务阶段的可靠性。舰船在开始执行战斗任务时,全舰没有危险性故障。在战备值班阶段考核的是在战备值班时间内的任一点上开始执行战斗任务的可能性。因而,可以用下列指标来考核舰船的任务可靠性。

　　(1)任务可靠度 $R_m(t)$。

　　任务可靠度是舰船在规定条件下和规定时间内完成武器(导弹或鱼雷)攻击任务的概

率。这个任务可靠度和通常意义上所讲的系统可靠度不完全一样,通常意义下的系统可靠度是不允许进行系统维修的,而任务可靠度的计算中允许有不导致任务失败的维修过程,是以任务的成败为准绳的。如果变化规定的任务时间 t,则可以得到一条任务可靠度曲线。从该曲线上可以查到舰船在执行各种长度的任务时的任务可靠度。任务可靠度虽然在含义上和系统可靠度有所不同,但两者的基本特性是一样的。系统可靠度给出的是在规定条件下和规定时间内系统无故障性的量度;任务可靠度给出的则是在规定条件下系统完成一定任务长度的任务之能力的量度。

(2) 危险性故障间隔任务时间(time of mission period between dangerous fault, TMPBOF)。

危险性故障指的是那些将导致舰船任务中断或暂时中断的故障。这类故障将迫使舰船中断其正在执行的任务以排除这些故障。一旦这类故障排除,舰船将有可能继续执行任务,也可能不能完成任务。带排除故障的任务逻辑图如图 9-5 所示。

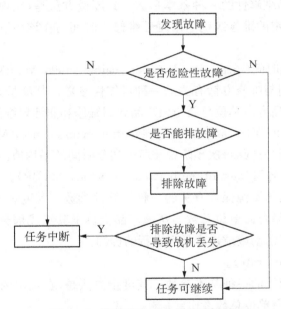

图 9-5　带排除故障的任务逻辑图

(3) 平均危险性故障舰上修复时间(mean time till the repair of dangerous fault on board)。

在执行战斗任务时进行故障修复只能依靠舰上的人力及物力。因而,这个修复时间与战备值班时的危险故障修复时间不一样,后者可以利用基地的力量进行修复。可以看到,舰上故障修复时间的长短直接影响任务的完成。若该修复时间可以有效地缩短,则危险性故障对任务完成的影响也将随之有效地缩小。

(4) 任务成功率(mission completion success probability, MCSP)。

任务成功率指的是,产品能够执行规定任务的产品完成该项任务的概率。

鱼雷、导弹、深水炸弹、水声对抗器材等常用此参数来描述其任务的成功问题。

（5）发射可靠度（launch reliability，LR）。

发射可靠度指的是，处于发射准备状态的产品在规定条件下完成发射任务的概率。导弹、鱼雷和深水炸弹等的发射常用此参数来描述其可靠度。

（6）故障上浮率（buoying up rate due to failure）。

故障上浮率指的是，潜艇因故障原因不得不上浮水面的次数与故障总数之比。

3）与维修人力和后勤保障有关的参数

这一类参数可以帮助人们了解维修工作的难易程度以及维修工作的频度，从而为经济性分析提供可靠的依据。这些参数如下。

（1）平均故障间隔时间（mean time between failure，MTBF）。

平均故障间隔时间是可修复产品可靠性的一种基本参数。其量度方法是，在规定的条件下和规定的时间内，产品的寿命单位总数与故障总次数之比。

（2）平均修复时间（mean time to repair，MTTR）。

平均修复时间产品维修性的一种基本参数。其度量方法是，在规定的条件下和规定的时间内，产品在任一规定的维修级别上修复性维修总时间与在该级别上修复产品的故障总数之比。

（3）平均维修间隔时间（mean time between maintenance，MTBM）。

平均维修间隔时间与维修方针有关的一种可靠性参数。其度量方法是，在规定的条件下和规定的时间内，产品寿命单位总数与该产品计划维修和非计划维修事件总数之比。

（4）平均预防维修时间（mean time of preventive maintenance，MTPM）。

平均预防维修时间是产品每次预防维修所需实际时间的平均值。

（5）平均拆卸间隔时间（mean time between removal，MTBR）。

平均拆卸间隔时间与资源保障有关的一种可靠性参数。其度量方法是，在规定的条件下和规定的时间内，产品寿命单位总数与从该产品上拆下其组成部分的总次数之比。其中不包括为便于其他维修活动或改进产品而进行的拆卸。

（6）故障率 λ（failure rate）。

故障率是产品可靠性的一种基本参数。其度量方法是，在规定的条件下和规定的时间内，产品故障总数与寿命单位总数之比。

（7）检修周期（check out period）。

在规定的贮存条件下，为保证产品具有规定的可靠度值所进行的相邻两次检修的时间间隔。

（8）维修工时率（maintenance ratio）。

维修工时率是与维修人力有关的一种维修性参数。其度量方法是，在规定的条件下和规定的时间内，产品直接维修工时总数与该产品寿命单位总数之比。

4）与舰船及其所属系统和设备的寿命问题有关的耐久性参数

舰船由各种各样的系统组成，有电子系统、机电系统、管路系统等。由于工作特征不同，其各系统的寿命也不一样。其中发热电子系统的寿命最短，不动的设备寿命相对较长，但都有一定期限。若系统工作时间超过了这个期限，则应考虑更换，否则将因老化或腐蚀磨损等原因而使失效率上升。如果不更换,最短的一个系统的寿命期限就是舰船的寿命期限。更换以后,舰船的寿命期限可以延长。因而,寿命类指标体系将揭示这种更换周期的内在联系。下列几种参数可以用于这种目的。

(1) 平均舰体寿命。

舰体是舰船的基础,更换舰体即是重新建造一艘舰船。因而可以说,舰体寿命是舰船的寿命极限。排除撞击和遭受外部打击等偶然因素,舰体寿命主要受腐蚀和疲劳老化的影响。因而舰体寿命可以定义为:舰体在正常使用条件下可以承担其职能的最大时间限度。

(2) 平均中修间隔时间。

中修通常在舰船的服役期中只进行一次。它是一次全舰性的修理。中修间隔时间通常决定于除船体和一些不动件之外寿命最长的系统。通常这个系统是动力系统。中修间隔时间越长,舰船的可能寿命时间也就越长。

(3) 平均小修间隔时间。

小修指的是舰船需要进厂进行的局部的修理、更换。通常受到寿命最短的且不能在码头进行更换的系统的影响。小修频率太高,则舰船的可用时间就少了。

(4) 平均坞(排)修间隔时间。

坞(排)通常可在基地进行。主要项目是外板除锈补漆,更换防腐锌板,原位检修水下装置及附件,测量轴系间隙,研磨海底门等。

(5) 使用寿命(useful life)。

使用寿命指的是,产品从制造完成到出现不可修复的故障或无论从其本身状态或从经济上考虑都不能接受的故障率时的寿命单位数。

(6) 储存寿命(storage life)。

储存寿命指的是,产品在规定的条件下储存时,仍能满足规定质量要求的时间长度。

(7) 储存报废期(storage worthless time)。

储存报废期指的是,在规定的储存条件下,产品从开始储存至报废的时间长度。

9.3　装备可靠性指标确定

9.3.1　装备可靠性指标确定原则

装备可靠性指标确定应遵循以下原则。

1) 先进性原则

应立足于未来作战需求,着眼于发展,充分利用成熟技术并采用相应的先进技术成果,使新研或改型装备的可靠性水平尽量接近国外同类装备的先进水平,并经过一定的努力能够达到。

2) 可行性原则

可靠性参数与指标的确定,应充分考虑我国国防科技水平、工业基础、预研基础及其可用性、研制能力和研制周期要求,使其建立在切实可行的基础上。

3）经济性原则

从未来作战任务需求出发提出的可靠性指标，应进行经济性论证，考虑经济可承受能力，力求获得良好的效费比。

4）对比优先原则

应进行多种可靠性方案对比优化论证，从效能、费用等方面进行分析和比较，排出优先顺序，供决策部门选择。

9.3.2 可靠性指标确定步骤及方法

这里主要介绍确定战备完好性与任务成功性参数指标的步骤和方法。

1）确定战备完好性与任务成功性参数指标的步骤

（1）根据装备研制的任务需求（包括作战对象和参考装备），开展调研工作，了解国内外同类型装备情况，经分析后选择一个或多个已有的相似装备作为参考。

（2）确定装备的作战使用方案和具体作战要求，在此基础上详细拟定装备的寿命剖面。以地空导弹武器系统为例，其使用寿命剖面所经历的过程主要是运输、储存、战勤值班、装备维修、装备训练、战勤开机、导弹发射飞行等具体过程。

（3）制订装备的详细典型任务剖面。制订任务剖面时应选择最具代表性的几项任务进行描述，这几项任务应尽可能覆盖装备的各种功能。在描述典型任务剖面时应将完成任务整个过程中的各种事件的时序、整个过程环境变化等描述清楚。以登陆艇为例，其任务剖面的主要内容包括：登陆艇主要任务、任务过程中各事件的次序、使用环境等。

（4）明确定义装备所有典型任务剖面下的任务成功的具体含义，明确定义相关的任务成功与故障判定准则，并进行装备的任务分析，划分任务阶段，给出任务周期中的各时间因素的定量数值。

（5）根据已经明确定义的装备战备完好和任务成功准则以及典型任务剖面中各时间因素，参考已有相似装备可靠性指标的情况，计算给出装备战备完好性和任务成功性的定量要求，如使用可用度、任务成功概率等，这些要求是综合性参数，且应是使用参数。

2）确定战备完好性与任务成功性参数指标的方法

在确定了装备寿命剖面和典型任务剖面后，根据已定义的装备战备完好和任务成功准则，需要分析确定装备战备完好性参数和任务成功性参数初始值，以便于作为确定可靠性要求的起始点。可以采用以下几种方法来确定装备战备完好性和任务成功性参数的初始值。

（1）相似产品对比法和因素分析法结合的方法。

该方法具体步骤如下：

第一步：调研国内外同类型装备，选择一个或多个已有的相似装备作为参考。

第二步：分析并确定影响装备战备完好性或任务成功性指标的主要影响因素。主要影响因素包括：

① 新装备作战使用要求（适用范围、使用强度）；

② 新装备执行作战任务的时间；

③ 新装备的复杂程度；

④ 新装备可靠性和维修性的改进程度；

⑤ 新装备的保障能力。

第三步：建立评分矩阵，对比新装备与相似装备间的差异。利用专家评分法对以上各个影响因素的评分矩阵如图 9-6 所示。

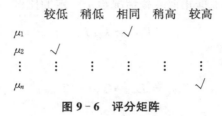

图 9-6　评分矩阵

其中：μ 为影响因素，共 n 个，评价等级可分为数等。以五等为例，分别对应（δ_1，δ_2，δ_3，δ_4，δ_5），分数 δ_i 的量值由人工确定，但必须满足（$\delta_1 > \delta_2 > \delta_3 > \delta_4 > \delta_5$），得到综合评分：

$$C = \sum_{i=1}^{n} \delta_i \quad \delta_i = [\delta_1, \delta_2, \delta_3, \delta_4, \delta_5] \tag{9-31}$$

第四步：得到装备战备完好性或任务成功性参数的初始值，即

$$Q_i = \frac{Q_0 C}{n \delta_3} \tag{9-32}$$

式中：C 是参数的综合评分；δ_3 是该参数评分矩阵中对应"相同"栏的分数值；Q_0 是相似装备对应参数的数值；n 是影响因素的总数。

（2）统计推断法。

根据已经制订的装备的典型任务剖面和所有任务要求，参考国内外同类型装备的已有数据，或根据由论证人员假设的装备他用想定，进行详细任务分析，划分任务的各个阶段，给出任务各阶段时间的定量数值，按照战备完好性参数或任务成功性参数的定义，通过计算和分析得到它们的初始值。

下面以舰船使用可用度的论证为例进行简要说明。

《海军舰船技术状态管理条例》对舰船技术状态分为在航、停航和修理三种状态，在航状态包括各种类别的在航；停航状态包括检修停航、故障停航、长期停航等；修理状态，为舰船进工厂、修理所进行计划修理状态，包括坞修、小修、中修等。该条例并且对各种状态的标准做出明确规定。

（1）规划寿命剖面，确定舰船使用寿命 L_{se}，确定寿命期坞修次数 N_1，及时间 T_{WX}、小修次数 N_2 及时间 T_{XX}、中修次数 N_3 及时间 T_{ZX}，计算计划维修时间 T_{JHWX}。

比较舰船寿命剖面的时间划分，可以得出舰船使用寿命：

$$L_{se} = T_{RWBS} + T_{JHWX} \tag{9-33}$$

式中：T_{RWBS} 为总的任务部署时间；T_{JHWX} 为计划维修时间。

设舰船在整个寿命期分 N_{RW} 段任务部署，每段时间为 T_{RW}，则总的任务部署时间为

$$T_{\text{RWBS}} = N_{\text{RW}} T_{\text{RW}} \tag{9-34}$$

总的计划维修时间为

$$T_{\text{JHWX}} = N_1 T_{\text{WX}} + N_2 T_{\text{XX}} + N_3 T_{\text{ZX}} \tag{9-35}$$

（2）舰船停航时间：可根据相似装备情况给予一定的比例 k_{TH}，即舰船停航时间为

$$T_{\text{TH}} = k_{\text{TH}} L_{\text{se}} \tag{9-36}$$

（3）舰船可出航时间为

$$T_{\text{CH}} = L_{\text{se}} - T_{\text{TH}} - T_{\text{JHWX}} \tag{9-37}$$

（4）舰船使用可用度 $A_。$ 为

$$A_。 = T_{\text{CH}} / (T_{\text{CH}} + T_{\text{TH}}) \tag{9-38}$$

9.3.3　可靠性指标的可行性分析

装备可靠性指标的可行性分析分析包括技术可行性分析和经济可行性分析。

1）技术可行性分析

进行装备靠性指标技术可行性分析时，不同的可靠性参数采用的方法也不同。可靠性指标的技术可行性分析过程主要是对指标的预计过程，相关的一些分析和预计方法主要有性能参数法、相似产品法、元件计数法、故障率法、应力分析法、蒙特卡罗法等。方法的具体内容将在可靠性预计章节进行介绍，在此不做叙述。

进行可靠性指标技术可行性分析时应考虑以下各方面：

（1）在立项论证报告中所提的指标是比较综合与宏观的，在这个阶段信息的详细程度只限于系统的总体情况、功能要求和结构设想。一般采用相似产品法，以工程经验来分析指标的技术可行性。

（2）研制总要求中的指标比立项论证报告中的指标更为详细，此时系统的组成已经确定，可采用自下而上综合的方法，根据所掌握的下层次产品的信息以及建立的模型，估算出可靠性指标，分析其技术可行性。

（3）可靠性指标的确定是一个反复迭代的过程，需通过每一阶段的技术可行性分析工作及不断的协调改进，最终确定可行的可靠性指标。

2）经济可行性分析

装备可靠性指标经济可行性分析是在分析装备寿命周期费用结构及影响因素，并建立寿命周期费用估算模型的基础上，根据模型分析可靠性指标对寿命周期费用的影响，以确定所提出的可靠性指标是否在经济上可以承受的过程。

装备寿命周期费用是指某一特定武器装备在研制、生产、采购、使用维修、退役处理过程中所需的费用总和。包括：研制费、生产费、采购费、在规定年限内的使用维修费、退役处理费等。可靠性对装备寿命周期费用有很大影响，提高装备可靠性要付出一定的代价，要增加产品的研制和生产的成本。但是从使用的角度看，由于产品可靠性提高了，就减少了使用维

修保障费,因此最优的寿命周期费用点是在这两项费用叠加后的最低点上。

一般来说,对可靠性指标经济可行性做出评价时,应考虑以下几个问题:

(1) 要认识装备可靠性相关费用所包括的内容,如组织管理、设计分析费用;教育、培训费用;对承制方可靠性活动的监督费用;设计评审费用;采用高可靠元器件、原材料费用;考虑降额而采用大容量元件费用;采用冗余费用;耐环境设计的附加费用;元器件的筛选、认证及试验费用;设备的筛选与可靠性试验费用等。

(2) 不能盲目追求武器系统的高可靠性,可靠性高,产品故障少能减少维修费用,所需的保障资源也相应减少了,这些都给用户带来了好处。但是可靠性要求越高,所需要的管理费用和研制、生产费用也就越高,从而增加武器系统的成本费用。

(3) 改善装备可靠性的利益体现在将来。可靠性改善收效的长期性,其大部分经济效益要在一个长时期后才能体现,而这些可靠性改善带来的效益在研制和生产过程中是不能立即看得到的。可靠性项目需要经费,可是它的巨额回报却要在若干年后通过减少使用维修保障费用才能体现出来。所以评价可靠性指标的经济性应该将眼前利益和长远利益结合起来,从整个寿命周期内的费用考虑。

9.4　装备研制过程中的可靠性指标控制

9.4.1　使用参数与合同参数

装备的泛可靠性参数分为使用参数和合同参数。

使用参数是直接反映对装备的使用需求的可靠性参数,合同参数是在合同和研制任务书中表述订购方对装备可靠性要求的参数,并且是承制方在研制与生产过程中能够控制的参数。这两类参数的定义、关系和区别如表 9-5 所示。

表 9-5　泛可靠性使用参数和合同参数

泛可靠性使用参数	泛可靠性合同参数
(1) 直接反映对装备的使用需求的可靠性参数 (2) 描述产品在计划环境中使用时的可靠性水平 (3) 由使用需求导出 (4) 包括产品设计、制造、安装、质量、环境、使用、维修等的综合影响 (5) 典型参数: 基本可靠性参数,如 $MTBM$ 任务可靠性参数,如 $MCSP$	(1) 在合同和研制任务书中表述订购方对装备可靠性要求的,并且是承制方在研制与生产过程中能够控制的参数 (2) 用于度量和评价承制方的可靠性工作水平根据使用可靠性参数转换 (3) 只考虑产品设计与制造的影响 (4) 典型参数 基本可靠性参数,如 $MTBF$ 任务可靠性参数,如 $MTBCF$

9.4.2　泛可靠性使用指标与合同指标

泛可靠性参数的量值称为泛可靠性指标,分为使用指标与合同指标。

可靠性使用指标是订购方对装备可靠性指标的期望值,通常用目标值和门限值来衡量。合同指标是合同和研制任务书中规定的装备必须达到的指标,合同指标规定的值称为规定值。

可靠性目标值,是订购方期望装备研制完成并达到成熟期后所能达到的可靠性水平。在装备的研制过程中,由于装备尚未成熟期,其目标值是不考核的,直到装备到成熟期后,才进行统计,评估装备可靠性指标是否达到目标值。

可靠性门限值,是订购方期望装备研制完成(定型)时所能达到的可靠性水平。门限值是装备满足使用需求的基本门槛。在研制过程中,门限值要转化为合同值,作为使用方验收考核的依据,所以门限值确定得合理与否,对使用方来说至关重要,它直接影响装备研制结束时的可靠性水平。

合同指标,是承制方进行可靠性设计的依据,也是进行实验室鉴定试验和现场验证的依据。

通常情况下,装备的研制都要经历论证、预先研究、演示验证、型号研究、定型生产阶段。每个阶段的使用指标和合同指标如表 9-6 所示。

表 9-6 装备的研制阶段可靠性指标类型

阶段	使用指标				合同指标	
	指标类型	是否考核	指标类型	是否考核	指标类型	是否考核
方案论证	目标值	×	门限值	×		
预先研究	目标值	×	门限值	×	最低可接受值	√
演示验证阶段	目标值	×	门限值	×	最低可接受值	√
型号科研	目标值	×	门限值	×	最低可接受值	√
定型生产	目标值	×	门限值	√	最低可接受值	√
使用阶段	目标值	√				

注:"×"表示该指标在该研究阶段不考核;"√"表示该指标在该研究阶段考核。

在装备论证阶段,通过对新研装备进行作战使命和任务需求分析,对国内外相似现役装备的可靠性水平进行分析,论证确定装备的寿命剖面、任务剖面及初始保障方案,并明确装备定型生产并达到成熟期后期望达到的可靠性指标(即目标值)和装备研制结束时所能达到的可靠性指标(门限值)。

装备可靠性使用指标,即目标值和门限值,贯穿装备的整个研制过程,作为各研究阶段合同指标确定的依据。但是,可靠性使用指标的考核并不贯穿全过程。使用指标目标值仅在装备达到成熟期后才考核,门限值在装备定型生产阶段考核。

合同指标作为各研制阶段设计和验收的依据,因此在每个阶段(预先研究、演示验证、型号科研和定型生产阶段)都要考核。

9.4.3 可靠性目标值、门限值与合同值的确定

1) 可靠性目标值的确定

装备可靠性参数目标值确定的过程,就是装备可靠性综合顶层参数指标分解的过程,即由论证人员,结合装备具体要求,将战备完好性参数/任务成功性参数指标进行分解,建立同该参数相对应的、能够反映装备可靠性、维修性、保障性参数指标要求的数学模型的过程。

(1) 可靠性参数目标值确定过程中需要注意的原则。

① 数学模型的建立过程,是一个反复迭代、不断深化的过程,随着对装备使用要求分析的不断深入,该数学模型也会不断地细化。

② 对于作战飞机、导弹或装甲车辆等装备,可直接按照该装备的使用状况,确定其使用可用度的数学模型,并进行指标的分解。对于舰船则需要将装备的总体战备完好性参数(使用可用度 $A_{\circ}$)指标,向下分配到各个系统,并进一步分配到各系统中的主要设备。

③ 对于已经获得使用可用度 $A_{\circ}$ 要求的系统或设备,按照该系统或设备的使用状况,确定其使用可用度模型,进行参数的分解,不同使用方式的系统的使用可用度模型是不同的。

④ 建立装备任务成功性模型过程中,应当按照装备具体作战任务要求,详细描述典型任务剖面中各任务事件的次序、确定不同任务条件下的任务成功判定准则。

⑤ 对作战飞机等任务阶段不可维修系统,可采用任务可靠度作为系统任务成功性的参数,对装甲车辆、舰船等任务阶段可维修系统,可采用任务成功概率(含维修)作为系统任务成功性的参数。

⑥ 参数分解时,可以根据装备设计要求或相似系统/设备的 RMS 参数值,从工程合理性的角度,确定战备完好性参数/任务成功性参数模型中相关参数(如 MTBF, MTTR, MLDT)的初始值。

⑦ 进行参数分解时,应当根据系统/设备的实际数据和设计要求,首先将易于确定的参数指标确定下来,然后再根据模型推算确定其他参数指标。如在某类舰船装备的可用度分解过程中,首先参考类似系统的维修性指标,确定系统 MTTR;然后根据该舰未来维修和保障体制,确定系统的 MLDT,数学模型,并根据系统拟定的备件配置方案确定其数值;最后将已经确定的 MTTR 和 MLDT 指标代入系统使用可用度模型,得到其 MTBF 指标。

⑧ 将初步确定的装备可靠性指标,作为今后进行可靠性指标权衡和验证计算的起始值。

(2) 参数目标值确定方法。

在参数目标值确定过程中,可以使用经验与相似装备对比法、统计推断法和公式分解法等。下面以军用飞机使用可用度 $A_{\circ}$ 的分解为例,对公式分解法进行说明。

军用飞机使用可用度 $A_{\circ}$ 模型按定义变换后为

$$A_{\circ} = \frac{总使用时间 - 不能工作时间}{总使用时间} = \frac{TT - TCM - TPM - ALDT}{TT} \quad (9-39)$$

式中:TT 为总使用时间(h);TCM 为修复性维修时间(h);TPM 为预防性维修时间(h);$ALDT$ 为管理和保障延误时间(h)。

设在统计期间的维修次数为 n_{f},则

$$n_{\mathrm{f}} = \frac{OT}{MTBM} \quad (9-40)$$

式中：OT 为工作时间(h)；$MTBM$ 为平均维修间隔时间(h)。

另外，考虑到修复性维修可能引起延误，则使用可用度可变换为

$$A_o = \frac{TT - MMT\dfrac{OT}{MTBM} - MLDT\dfrac{OT}{MTBM}k_d}{TT} \tag{9-41}$$

式中：MMT 为平均维修时间(h)；$MLDT$ 为平均保障延误时间(h)。

式(9-41)将影响飞机可用度的时间因素转化为常用的 RMS 参数，其中，$MTBM$ 属于可靠性参数，MMT 属于可维修性参数，而 $MLDT$ 则属于保障性参数。进一步可得到下式：

$$A_o = 1 - \frac{TT - MMT - MLDT \cdot k_d}{MTBM \cdot TT}OT \tag{9-42}$$

通过式(9-42)可将给定的 A_o 分解为 $MTBM$ 和 MMT 的组合。

2) 可靠性门限值的确定

从装备的战备完好性(如可用度)和任务成功性(如任务成功率)要求分解得到的可靠性要求是目标值。在装备不成熟期内，其目标值是不考核的，直到装备成熟期后，才进行统计，而门限值却要转化为合同值，作为使用方验收考核的依据，所以门限值确定得合理与否，对使用方来说至关重要，它直接影响装备研制结束时的可靠性水平。

从可靠性门限值到目标值，是一个可靠性增长的过程，是装备设计定型后经现场使用(含部分厂内试验)，发现设计和工艺缺陷，不断改进提高可靠性的过程。可靠性指标的目标值和门限值的关系如图 9-7 所示。

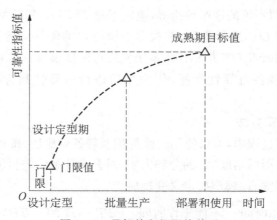

图 9-7　目标值和门限值关系

注：成熟期是指装备投入部署使用一定时间后，装置设计、工艺缺陷得以充分暴露与改进，装备质量已稳定，保障系统基本完善，装备计划的可靠性维修性水平已经达到。

由于从可靠性门限值到目标值是一个可靠性增长的过程，因此可应用杜安模型，由装备成熟期目标值来确定研制结束的门限值。基于杜安模型的可靠性门限值确定方法有以下几

个步骤：

第一步：确定新研装备成熟期。

GJB1909 将成熟期定义为，产品使用到其可靠性及维修性增长已基本结束且其保障资源业已齐备所经历的累积时间。装备从设计定型到成熟期有相当长的一段时间，这段时间因不同装备而长短不一。从武器装备寿命阶段来看，装备在设计定型后便开始小批量装备部队进行试用，针对部队使用的情况进行设计和工艺的改进，以提高装备的可靠性，然后就生产定型，新装备大批量的装备部队。因此装备成熟期指的是装备投入部署使用一定时间后，装备的设计、工艺缺陷得以充分暴露与改进，装备质量已经稳定，保障系统基本完善，装备计划的可靠性维修性水平已经达到。

第二步：给出影响装备可靠性增长的因素集合。

在研制结束到成熟期这段时期内影响可靠性增长的因素很多，且各类装备也不尽相同，主要有以下几点：

（1）装备的复杂程度：装备越复杂，研制结束能达到的可靠性水平就越低，可靠性增长率就越高。

（2）进度要求：研制周期越长，则研制中可靠性工作就越充分，可靠性增长率就越低。

（3）技术能力：研制水平越高，研制结束能达到的可靠性水平就越高，可靠性增长率就越低。

（4）技术成熟度：成熟度高则研制结束时所能达到的可靠性水平就越高，可靠性增长率就越低。

（5）研制经费投入：经费投入越大，研制结束能达到的可靠性水平就越高，可靠性增长率就越低。

（6）部署使用改进经费投入：经费投入越多对使用中所暴露问题越有可能改进，增长率就越高。

（7）部署期使用频度：部署期使用频度越高，装备的设计、工艺缺陷暴露得越充分，只要进行更改，则增长率就会提高，所以部署使用频度越高，可靠性增长率越高。

（8）研制阶段试验强度：试验强度越大，缺陷在设计阶段暴露得越充分，研制结束能达到的可靠性水平就越高，则研制结束后增长的潜力就越小，可靠性的增长率就越低。

（9）故障报告、分析与纠正措施系统（FRACAS）运行的有效性：运行越有效，暴露的缺陷就越能及时改进，可靠性增长率就高。

通过分析可将影响因素分为两类：一是影响装备固有可靠性增长潜力的因素，如装备的复杂程度、研制进度要求、技术能力、技术成熟度、研制经费投入；二是在具有增长潜力的前提下影响可靠性增长的保障因素，如部署使用频度、FRACAS 系统运行的有效性、部署使用改进经费投入等。根据装备自身特点综合考虑选取两类相关影响因素，并对其进行相应的分析。重点考虑对固有可靠性增长潜力的影响因素。

第三步：计算各因素对于可靠性增长的权重系数。

将影响可靠性增长率的因素进行两两比较，通过专家打分，确定各影响因素的权重。分值有 5 级，即：5，4，3，2，1，影响越大，分值越高。形成打分矩阵：

$$\boldsymbol{k} = \begin{bmatrix} k_{11} & k_{12} & k_{13} & \cdots & k_{1j} \\ k_{21} & k_{22} & k_{23} & \cdots & k_{2j} \\ \vdots & \vdots & \vdots & & \vdots \\ k_{i1} & k_{i2} & k_{i3} & \cdots & k_{ij} \end{bmatrix} \tag{9-43}$$

式中：i 为专家，$i = 1, 2, 3, \cdots, n$；j 为影响因素，$j = 1, 2, 3, \cdots, m$；$k_{ij} = [1, 2, 3, 4, 5]$，为分数。

计算影响因素权重为

$$a_j = \frac{\sum\limits_{i=1}^{n} k_{ij}}{\sum\limits_{i=1}^{n} \sum\limits_{j=1}^{m} k_{ij}} \tag{9-44}$$

权重集为

$$\omega = [a_1, a_2, \cdots, a_m] \tag{9-45}$$

第四步：影响因素的综合评判和增长率计算。

(1) 确定评语集。

令 $\boldsymbol{V} = [v_1, v_2, \cdots, v_n]$ 为可靠性增长率评语集，$n = 5$，为（很高，较高，一般，较低，极低）。

因为研制结束到成熟期有相当长的一段时间，增长率不能取得太高，否则研制结束将会导致装备的可靠性很低，而无法使用。当门限值取目标值 65% 时，对应的现场增长率为 0.098 3，如果门限值再低，将是无法接受的。在预计装备投入现场后可靠性不能增长的情况下，门限值等于目标值。

评语集对应的可靠性增长率为 {0.1, 0.075, 0.05, 0.025, 0}。

(2) 确定评判矩阵。

评判矩阵的确定基于单因素评价，即 $\boldsymbol{A}(u_i) = [r_{i1}, r_{i2}, r_{i3}, r_{i4}, r_{in}]$。对于复杂程度，请专家评判，认为由于复杂程度导致装备研制结束到成熟期可靠性增长率会很高的占 40%，较高的占 25%，一般的占 15%，较低的占 15%，极低的占 5%

复杂度评价结果为：$\boldsymbol{A}(u_1) = [0.4, 0.25, 0.15, 0.15, 0.05]$

类似地可以通过对其他因素的评价，得到其他因素的单因素评价结果，可以构成评判矩阵为

$$\boldsymbol{R} = \begin{bmatrix} r_{11} & r_{12} & \cdots & r_{1n} \\ r_{21} & r_{22} & \cdots & r_{2n} \\ \vdots & \vdots & & \vdots \\ r_{m1} & r_{m2} & \cdots & r_{mn} \end{bmatrix} \tag{9-46}$$

(3) 模糊综合评判得到增长率。

将各因素权重向量 ω 与评判矩阵 $\boldsymbol{R}$、评语集 V 相乘，得最终评分结果，即增长率 m 为

$$m = \boldsymbol{\omega R} V^{\mathrm{T}} \tag{9-47}$$

第五步：利用 Duane 模型式得到门限值。

$$M(t_0) = M(t) \left(\frac{t_0}{t} \right)^m \tag{9-48}$$

式中：$M(t_0)$ 为可靠性门限值；$M(t)$ 为可靠性目标值；t_0 为设计定型前进行的适应性试验的时间（h）；t 为设计定型结束到成熟期的累计工作时间（h）；m 为可靠性增长率。

3）可靠性合同指标的确定

装备在论证过程中根据使用需求确定的可靠性指标都是可靠性使用指标，为了给承制单位提供装备可靠性要求的设计目标和考核的依据，必须把这些可靠性使用指标转换为合同指标，并纳入《研制合同》中。

常用的可靠性使用指标转换为合同指标的方法有线性转换模型法和非线性转换模型法。

（1）线性转换模型。

$$y = a + bx$$

式中：y 为合同指标；x 为使用指标；a、b 为转换系数，与武器装备复杂程度，使用环境条件和维修方案等因素有关。取值通常根据相似武器装备的统计数据，用回归分析法确定。

（2）非线性转换模型。

$$y = kx^a$$

式中：y 为合同指标；x 为使用指标；k、a 为转换系数，与武器装备复杂程度，使用环境条件和维修方案等因素有关。取值通常根据相似武器装备的统计数据，用回归分析法确定。

当 $a = 1$ 时又称相关系数法，相关系数 k 主要凭经验确定，它是一个大于 1 的系数，通常可以取 $a = 1.0 \sim 1.8$。

10

复杂系统泛可靠性模型

模型通常分为物理模型和数学模型。物理模型是在物理领域中对事物的重要方面的抽象，体现重现事物的重要特征，是对事物的直观描述。数学模型则是用数学方法对物理模型进行的模拟，其表示形式往往是一个或几个数学式。由于一切事物之间都存在着某种程度的相互影响，只不过是各种影响的程度不同而已，要准确地处理这些影响是极其复杂的，也是绝对不可能的。因而数学模型是一种不完全的近似模型。从模型的作用看，物理模型是对原系统的较为直观的、浓缩的反映。人们可以通过物理模型对原系统的重要方面有个概要性的了解，并可以通过物理模型对原系统进行定性分析。然而对事物的分析仅仅停留在定性上是不够的，要对事物进行深入的了解就必须进行定量分析，而定量分析的基础就是合适的数学模型。

可靠性模型也有两类：物理模型和数学模型。建立可靠性物理模型通常是对系统进行使命分析，了解系统使命各个阶段的特征以及阶段与阶段之间的关系，从而画出使命逻辑框图。建立可靠性数学模型的方法有多种，最常用的有可靠性框图法、网络法和故障树法。不管选用什么方法，进行严密的细致的系统分析是建立数学模型必不可少的前提。

10.1 任务可靠性模型

10.1.1 任务可靠性模型的概念和构建程序

本章以舰船为例子，介绍任务可靠性模型的一些概念和构建程序。军用舰船的任务过程通常是比较复杂的，但是在某一段时间里，舰船及其各系统的工作方式有一个相对的稳定性。如果把这一段一段舰船运动相对稳定的区间标识出来，就会发现一个完整的任务过程是一个由许多这种小任务区间构成的序列。或者说，一个完整的任务过程由许多子任务过程构成。像战略核潜艇发射巡航导弹这个任务过程，通常可以分成三个阶段：①战备阶段；②发射阶段；③飞行阶段。

为什么要这样划分呢？战略导弹攻击的整个过程：战略核潜艇战备出航后、即处于战备状态，以一种固定的方式在指定海域游弋。在这一阶段，虽然日历在一张一张地翻动着，但潜艇今天的活动特征依旧与昨天一样：巡航游弋，并等待着攻击命令的下达。这一阶段称为战备阶段。当接到攻击命令后,潜艇即进入了发射阶段。这一阶段由测算目标距离、方位,给导弹输入制导参数,对发射系统进行发射前准备以及将导弹发射出去等工作组成。随后,弹艇分离,整个任务进入飞行阶段。此时就潜艇来说,对于任务是否成功已起不到控制作用,起作用的是导弹自身的系统是否可靠。

不同阶段往往用不同的可靠性参数来描述。第一阶段中,其成功准则是接到战斗任务时能迅速转到发射阶段。然而,什么时候上级会下达攻击命令事先是不知道的。但可以假设只要潜艇及各有关系统处于正常状态,在接到攻击命令时就能迅速转到发射阶段。这样,潜艇及其系统处于正常状态的时间与总时间之比就可作为这一阶段的可靠性参数。在这一阶段里,潜艇及其系统都允许进行维修。如果接到命令时潜艇正好在维修或是即将要维修,且维修时间超出了允许的界限,则第一阶段的任务将以失败而告终。反之,这一阶段的任务将是成功的。由此可知,可以选择可用度的参数来作为这一阶段的可靠性参数。在第二阶段,其成功准则是正常地将导弹发射出去。为此必须在短时间里完成对目标距离的估算、向导弹输入目标参数、发射系统的准备以及导弹从发射架上发射出去等工作。这一系列工作一环扣一环,不留任何大的时间间隙,不存在可维修的问题。此阶段的任务完成了就成功,不成功即失败。因此该阶段是用可靠度作为可靠性参数。第三阶段,其成功准则是导弹飞行正常并命中目标。通常用命中率作为该阶段的可靠性指标或参数。

对每一确定的阶段进行任务剖析时,通常要提出两类信息:一是对环境的剖析,它包括使用环境的应力水平和处于该环境应力下的时间;二是与硬件或软件有关的任务周期剖析,即指出硬、软件是在运行、非运行或周期性地工作。

为了准备对一个任务进行剖析,分析者需要列出该系统在每个任务阶段的运行模式,还要列出在每个阶段每种运行模式所要求的执行功能,以及实现这些功能所需的相应的硬件和软件。表10-1列出了为对任务进行剖析所需的信息。

表 10-1   对任务进行剖析所需的信息表

阶段持续时间:
使命阶段: 空间或距离:

系统模式	功能	有关的硬件和软件	功能和持续时间	成功标准	任务周期	环境和持续时间

在表10-1中,功能持续时间是随机变量,通常取其最大值作为一种保守的估计值。任务周期的剖析系确定系统中的每个单元在每一任务阶段中的状态,它至少应包括:

(1) 每个任务阶段的持续时间、距离、周期数等。

(2) 每个单元在此任务阶段中做什么及判断其成功或失败的标准。

(3) 每个任务阶段在每个状态(运行、非运行或周期性运行)中预期的总时间、总周期数等。运行或非运行状态的时间通常以分钟计算。周期性运行状态,则采用在任务阶段出现的周期总数。

环境剖析是任务剖析的一个重要组成部分,它列出了每一个硬件单元在每一使命阶段预期所处的那些环境应力(如温度、振动、冲击、加速度、辐射等)。环境剖析对于设计和安排试验工作很有价值。这些工作能保证设计出来的硬件可以经受住在各个任务阶段(包括运输、储存、装卸、装配、检验及使用)中碰到的所有环境的考验。环境剖析还保证在一个综合试验方案中,用试验或分析的方法使该硬件承受所有这些环境影响的能力受到检验。

在详细的任务分析的基础上即可进行系统分析及建模工作了。

10.1.2 民用船舶的任务可靠性模型

现代船舶是一个复杂系统。它是各种各样系统组成的技术综合体。特别是无人机舱船舶、超级自动化船舶以及各种大型油轮和化学品船舶的出现,使得这种复杂化更明显了。现代船舶不仅包括传统概念上的结构系统和动力机械系统,而且还包括电子系统、化工系统。军用舰船还有武器系统。要对船舶系统进行分析,首先就应对其组成的各种成分进行分类。

对船舶的各组成部分进行分类,各国有不同的习惯。这主要是由于各个国家的基础工业分类不完全一样导致了对船舶设计与建造这项工程的组织方式不一样之故。但是不管怎样分类,有两条基本的原则可以作为参考:一是按结构-功能分类,即按各系统的结构特征以及在船舶运行时各系统对船舶总体的作用不同而将它们各归其类;二是按重要程度分类,主要将船舶各系统分成影响船舶安全性及任务完成的和不影响船舶安全性及任务完成的两类。通常,两种分类混合使用:比较高级别的分类用第一种原则;比较低级别的分类用第二种原则。

不同种类的船舶,其组成分类也不一样。如运输船舶可以参照如图 10 - 1 所示的形式进行分类。

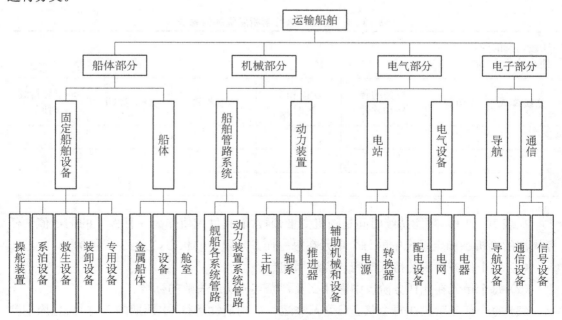

图 10 - 1 运输船舶系统分类

　　民用船舶的基本任务是进行客、货运输。简单的任务形式决定了民用船舶的构造一般都不太复杂。一般只包括船体、动力系统、舾装件、舵锚装置以及简单的通信导航系统。从完成任务的角度来说,通信系统和舾装件的故障与否和任务的完成与否关系不大。从寿命及故障频率看,船体的寿命远大于动力系统和导航系统的寿命,其故障率和这两系统的故障率相比是可以忽略的小量。而导航系统在它未问世以前,人们就凭着指南针及海图航行在世界各大洋上,这说明导航系统的故障固然与任务的完成与否有关,但关系也不是太大。剩下的唯一直接影响任务完成的就是动力系统。因此,民用船舶可靠性分析的重点就移到船舶动力装置的可靠性上来了。习惯上,人们在很多场合以船舶动力系统的可靠性来代替整个民用船舶的可靠性。故动力系统的可靠性模型就代表民用船舶的可靠性模型了。

　　图 10-2 是一个典型的船舶动力系统可靠性框图。从图中可以看出船舶动力系统的结构是比较简单的,都是一些部件的串、并联组合。对于这样一个简单系统,可以用可靠性框图法方便地写出该系统的数学模型。

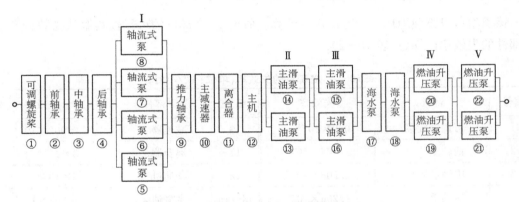

图 10-2　船舶动力系统可靠性框图

　　在如图 10-2 所示的可靠性框图中有五处是并联冗余的,为方便建立数学模型,将系统所有 22 个部件编上号(阿拉伯数字),并在冗余并联处用罗马数字编上号,则系统的可靠度可以表示为

$$R_S = \prod_{i=1}^{4} R_i \cdot \prod_{j=9}^{12} R_j \cdot \prod_{k=17}^{18} R_k \cdot \prod_{l=\mathrm{I}}^{\mathrm{V}} R_l \tag{10-1}$$

第 I 号冗余处是 5、6、7、8 四个部件并联,为

$$R_{\mathrm{I}} = 1 - (1-R_5)(1-R_6)(1-R_7)(1-R_8) \tag{10-2}$$

第 II 号冗余处是 13、14 二个部件并联,为

$$R_{\mathrm{II}} = 1 - (1-R_{13})(1-R_{14})$$
$$= R_{13} + R_{14} - R_{13}R_{14}$$

第 III 号冗余处是 15、16 二个部件并联,为

$$R_{\mathrm{III}} = 1 - (1-R_{15})(1-R_{16})$$
$$= R_{15} + R_{16} - R_{15}R_{16}$$

第Ⅳ号冗余处是 19、20 二个部件并联,为

$$R_{\text{IV}} = 1 - (1 - R_{19})(1 - R_{20})$$
$$= R_{19} + R_{20} - R_{19}R_{20}$$

第Ⅴ号冗余处是 21、22 二个部件并联,为

$$R_{\text{V}} = 1 - (1 - R_{21})(1 - R_{22})$$
$$= R_{21} + R_{22} - R_{21}R_{22}$$

(10 - 3)

将式(10 - 2)~式(10 - 3)代入式(10 - 1),即可得到一个完整的系统可靠性模型:

$$R_{\text{S}} = \prod_{i=1}^{4}R_i\prod_{j=9}^{12}R_j\prod_{k=17}^{18}R_k[1-(1-R_5)(1-R_6)(1-R_7)(1-R_7)]\cdot$$
$$(R_{13}+R_{14}-R_{13}\cdot R_{14})(R_{15}+R_{16}-R_{15}\cdot R_{16})\cdot$$
$$(R_{19}+R_{20}-R_{19}\cdot R_{20})R_{21}+R_{22}-R_{21}\cdot R_{22}$$

(10 - 4)

该模型可以方便地用数学方法进行计算。假设 22 个部件的可靠性均服从指数分布,且各部件的失效率已知(见表 10 - 2)。

表 10 - 2　各部件的失效率(单位: 次/小时)

编号	部件	失效率	编号	部件	失效率
1	可调螺旋桨	0.9×10^{-6}	10	减速器	0.902×10^{-6}
2	前轴承	1.206×10^{-6}	11	离合器	3×10^{-6}
3	中轴承	1.206×10^{-6}	12	柴油机	3×10^{-6}
4	后轴承	1.206×10^{-6}	13~16	主滑油泵	1.868×10^{-6}
5~8	轴流式泵	0.801×10^{-6}	17~18	海水泵	3.938×10^{-6}
9	推力轴承	1.206×10^{-6}	19~22	燃油升压泵	1.828×10^{-6}

那么,按照式(10 - 4)可计算出系统在各个时间的可靠度(见表 10 - 3)。从表中可以看出,民用船舶动力系统的可靠性是相当高的,但它随着时间的增长而呈下降趋势。

表 10 - 3　各部件的失效率(单位: 次/小时)

编号	可靠度	编号	可靠度
2	0.998 1	14	0.988 6
4	0.996 2	14	0.986 7
6	0.994 3	16	0.984 9
8	0.992 4	18	0.983 0
10	0.990 5		

这种方法虽然简单,但有缺陷。

缺陷之一是对"船舶失效指的是什么?"这个问题的回答不明确。如果船舶动力突然丧失,回答倒是显然的。但是对于部件失效和相应的推力下降,回答就困难了。一种简单的方法是认为任何引起主轴输出功率低于设计功率的反常现象统称为失效。不过,尽管有时功率下降,但还有可能使船舶完成其使命。

缺陷之二是很难说明其结果的实际含义。如某船的可靠度是 0.95,确实,它比可靠度是 0.90 要好,但是 0.05 的概率差别说明什么问题呢? 特别是对于营运管理人员来说,仅知道一个可靠度是没有什么大用处的。鉴于这种状况,人们开始把注意力直接放到执行指令任务的成败而不是单单着眼于船舶动力系统的可靠性,也就是要研究船舶的营运可靠性或任务可靠性。对于定期班轮来说,如果它在规定的时间内完成了其预期的航行(即到达了目的港),则认为其任务是成功的。

研究船舶营运可靠性通常包括下列 9 个步骤:

(1) 列出所有能够影响船舶航速或功率的事件。

(2) 对于每一事件的发生,列出其所产生的结果(用速度或功率的增减形式)。

(3) 将相互对立的事件构成组,这样每组内就是不相容的事件。

(4) 在各组内,列出每一事件发生的概率。

(5) 对于每一组选择一个随机数,并通过直接比较这一随机数来确定组内哪一事件将发生。

(6) 综合所有发生事件所产生的结果,从而确定最终结果。

(7) 计算航行所用的时间并作记录。

(8) 多次重复这一过程,并根据各次的记录做出一张航行时间分布统计表及统计图。

(9) 从统计表和统计图中查找特定航行时间内完成航行任务的概率。

10.1.3　舰船总体任务可靠性模型

10.1.3.1　舰船系统组成分析

民有船舶的分类法偏重于按结构分类的原则。由图 10 - 1 看到的船舶设备是孤立的、无联系的。随着现代系统工程学的不断发展并渗透到船舶工程之中,人们要求用整体的、联系的眼光看待船舶及其组成系统,尤其是对军用船舶。在这样的情况下,图 10 - 1 的分类方式就不适用了。取而代之的是根据船舶各系统的功能不同来进行分类。图 10 - 3 是某舰的系统分类情况。

图 10 - 3 显示的仅仅是分到子系统一级。还可以进一步分下去,一直分到设备一级。如推进子系统中还可以分出主机、轴系、推进器等。这种分类就能顺藤摸瓜地将某一设备的大致用途以及和船舶总体的关系了解清楚。类似地,还可以对潜艇进行系统分类(见图 10 - 4)。

如此分类,可使每一级的船舶可靠性有了特定的含义。如在航空母舰系统中,舰载机总系统包含的是各种舰载机及其配套系统,在平台总系统和支援总系统的支持下执行各种飞行任务。舰载机总系统可靠性研究的就是舰载机执行各种飞行任务的能力。又如潜艇的操控系统,是潜艇总系统中的一级分系统,其作用是控制潜艇完成各种运动。潜艇操控系统的

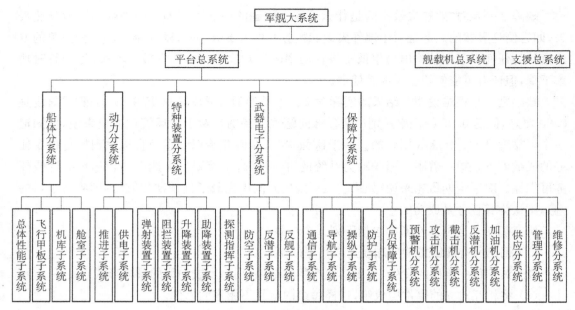

图 10-3 某舰的系统划分

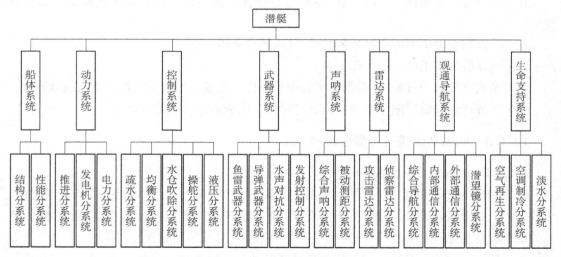

图 10-4 潜艇的系统划分

可靠性指的就是潜艇能按要求完成各种运动的能力。这种能力也影响潜艇完成总任务的能力。

在实际工作中还可以对舰船进行各种分类,但这些具体的分类方法必须能明确地体现系统的所属关系,并有利于系统可靠性工作的开展。

10.1.3.2 舰船任务可靠性模型构建

与一般民船相比,军用舰船要复杂得多。这种复杂不仅体现在舰船的系统构造上,而且体现在其任务形式的多样化上。

舰船的整个服役时间可分为投入时间和非投入时间如图 10-3 所示。

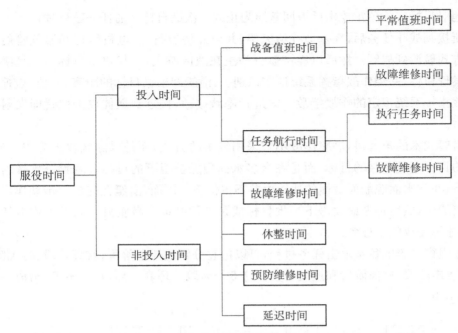

图 10 - 5 舰船服役时间分配

所谓投入时间指的是舰船被指定作为战斗值班舰船时间。此时舰上油水备足，人员齐备，在码头或基地进行战备值班。要求舰船一旦接到战斗任务能马上投入任务航行。在此期间，如果发生小故障，则进行故障维修，舰船并不撤出战备值班状态。若发生大故障，无法在码头上进行维修的，则舰船撤出战备值班状态，其余时间舰船作正常战备值班。在任务航行过程中若舰船发生小故障，舰船并不退出任务航行，而是在任务航行途中进行修理。若在任务航行过程中舰船发生大故障，则退出任务航行进行修理。其余时间内舰船处于执行任务状态。

所谓非投入时间指的是舰船不作为战备值班舰的时间。这一段时间包括行政及供应延迟时间、预防性维修时间、休整时间及故障维修时间。从整个服役期来看，人们自然希望舰船的投入时间长一点，非投入时间短一点。在非投入时间内，预防性维修时间和故障维修时间是船舶可靠性工程要研究的。在投入时间内，战备值班时间里舰船能投入到任务航行中的能力以及任务航行时间里舰船能克服故障完成任务的能力也是船舶可靠性工程需要研究的。这么多要研究的问题摆到一起，的确让人感到一时难以下手。

面对舰船这么一个复杂的大系统，要做到与民船一样用一个简单的模型来解决问题是不可能的。人们通常用来解决问题的办法是从舰船在整个寿命期内的活动中抽出若干个人们最关心的任务剖面进行分析，并由此来给舰船的总体可靠性画出一个立体的图像。而这每一个剖面都将用一个或几个小模块来描述。

常规潜艇鱼雷攻击任务可靠性模型可以充分地说明这种舰船总体可靠性模型的构造方法。

潜艇的任务剖面有许多种。鱼雷攻击任务指的是从潜艇接到战斗任务后离开基地开始到成功地对目标实施鱼雷攻击后返回基地为止的一次满自持力的任务航行过程。

潜艇接到战斗任务后,在基地补给完毕,并以经济航行、主电机航行和通气管航行的混合航渡方式航渡到战区。然后以经济航行为主在战区游弋,寻找攻击目标。一旦潜艇的探测系统发现目标,并经作战指挥系统证实识别一,潜艇即根据目标的距离、方位、航速和航向按照作战指挥系统拟定的作战接敌方案进行隐蔽接敌,接近到最佳攻击位置即发射并导引线导鱼雷。

从潜艇战术的角度讲,潜艇作战不宜采用硬拼的方式,而是以隐蔽攻击为主。通常,潜艇攻击的目标不是单独的目标,而是在众多水面舰船护卫下的目标。潜艇一旦暴露在护航舰船之下,在和水面舰船面对面的战斗中并不占优势。因而,潜艇在完成攻击动作后通常是迅速撤离战区,然后再考虑攻击下一批目标或是返回基地。潜艇只有完成了攻击任务并返回基地,才算完成整个任务。

仔细观察潜艇的鱼雷攻击任务过程,可以把它分解成 6 个阶段:航渡阶段、游弋阶段、接敌阶段、攻击阶段、撤离阶段和返航阶段。这 6 个阶段一环套一环,缺一不可,组成一个任务整体(见图 10 - 6)。

图 10 - 6　鱼雷攻击任务逻辑图

1) 航渡阶段

航渡阶段,指潜艇从基地正确地航行到战区这个阶段,是完成任务的第一步。潜艇到达了错误的地方或到达指定地点的时间晚了,都标志着本阶段的失败。整个航渡阶段以主电机航行和经济航行为主,中间有每天一次的充电。每天充电的时间是 5 小时。航行距离占整个续航力的 1/3,航渡时间占整个自持力时间的 1/3。由于常规潜艇的自持力多为 60 天。因而,航渡时间最长只能是 20 天。

2) 游弋阶段

游弋阶段,指潜艇到达战区后,在战区游弋搜索目标的阶段。潜艇有可能一次出航要进行多次鱼雷攻击。但大多数情况下,每执行一次鱼雷攻击都要暂时规避撤离一下。因而,多一次鱼雷攻击相当多一次从接敌到撤离的重复。为简化起见,我们在这里分析的任务过程仅包含一次鱼雷攻击。在这种情况下,从最差条件考虑,游弋时间取 19.5 天。在这一阶段中,潜艇以经济航行为主,其中包括每天一次的充电。每次充电的时间为 5 小时。本阶段的任务是发现并捕捉到目标。不能发现并捕到目标即是本阶段的失败。

3) 接敌阶段

接敌阶段,是总任务过程中从一发现并捕捉到目标,到到达最佳攻击位置这么一段过程。在这个阶段中,潜艇一方面以经济航行速度向计算的最佳位置接近,另一方面开动作战指挥系统不断地解算目标运动要素,跟踪、监视所有目标一,直到艇长下达攻击某个目标的命令为止。时间长达 10 小时左右。在这一阶段中,潜艇应采取必要的机动措施来避开敌水面舰船的水声防御体系。潜艇意外暴露或丢失要攻击的目标或到达不了最佳战位都会被认为是本阶段的失败。

4）攻击阶段

攻击阶段，指的是从艇长下达攻击某一个目标的命令开始，到潜艇结束对鱼雷的导引为止这么一段过程。在这一阶段中，潜艇要开动全部武器系统，拟定攻击方案和攻击后撤离方案，计算攻击参数，进行发射前准备、发射鱼雷以及导引鱼雷。在这一系列的工作的同时，艇体还要适当机动，以获得最佳水声数据。这一阶段耗时不长，通常仅为 30 分钟左右。但这一阶段特别紧张。在这 30 分钟时间里不允许出任何错误。为保证声呐有良好的工作环境，潜艇以中低速航行为佳。

5）撤离阶段

撤离阶段，指的是潜艇在结束对鱼雷的导引后，撤出战区或敌搜索区的阶段。这一阶段里，潜艇一方面施放声诱饵和声干扰器材对敌水声设备进行诱骗和干扰。最常用的器材有高频干扰器、低频干扰器、气幕弹、自航式声诱饵和悬浮式声诱饵。另一方面高速规避撤离作战现场。潜艇被敌水面舰船的声呐跟踪到以后，若不能摆脱，则生还的希望是极小的。

6）返航阶段

返航阶段，指的是潜艇在撤离战区后返回基地的这么一段过程，这个阶段的基本特征和航渡阶段完全一样，只不过是方向相反而已。

由以上分析可以看出，鱼雷攻击任务过程是一个复杂的任务过程。要运用一个简单的模型来精确地概括其各个方面的特点是不可能的。从另一方面看，潜艇的任务过程是动态的，而可靠性模型大多是静态的。要用静态的模型来描述动态的任务过程，合理的办法就是将任务分解成若干阶段。在此，把牵涉面相同且活动没有本质变化的一段过程归为一个阶段。若把整个任务过程视为一部机器，则这每一个阶段就相当于这部机器上的一个部件。而这每个部件的失效与否又分别受到潜艇各系统的影响。部件（所处的阶段）不同，所受的影响也不同。如武器系统在航渡过程中出故障并不会影响到航渡任务的完成。而同样是武器系统故障若发生在攻击阶段，则会影响攻击任务的完成。通过分析，已经把整个任务过程分解成了航渡、游弋、接敌、攻击、撤离和返航六个阶段。从而可以得到鱼雷攻击任务可靠性模型（见图 10-7）。

模型的横向是任务的 6 个阶段。纵向则是潜艇的 11 个大系统，其中船体包括疏水、均衡和生命支持等分系统。从图 10-7 中可以看出，潜艇的任务可靠性模型采用两种方法来构成。最后一列是每个系统完成整个任务的概率。这一列的乘积就是任务可靠度：

$$R_m = \prod_{i=1}^{11} p_i \qquad (10-5)$$

最下面一行是每一个阶段能完成的概率。它们取决于每个系统在这每个阶段中的状态。这一行的乘积，就是任务可靠性：

$$R_m = \prod_{i=1}^{6} p_{mi} \qquad (10-6)$$

航渡阶段的成功准则是，在规定的时间内到达规定地点。航渡阶段对阶段结束的时间

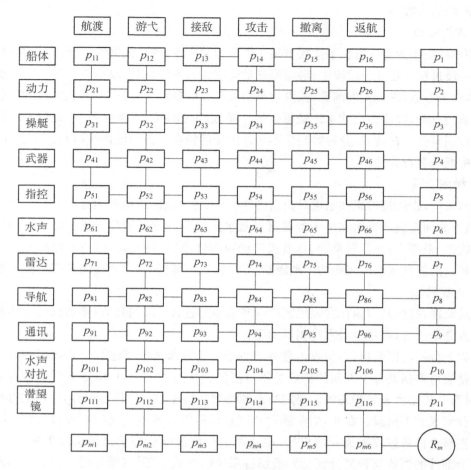

图 10-7　鱼雷攻击任务可靠性模型

及状态都有明确的规定,因而可以用可靠度来描述其成功概率:

$$p_{i1} = R_{i1} \tag{10-7}$$

$$p_{m1} = R_1 \tag{10-8}$$

在游弋阶段,游弋是行为,不是目的,目的是要捕捉到目标。在此,假定当所有系统工作正常时,捕捉到目标的概率是 100%(这项能力的分析应属于系统精度分析的工作)。这样,系统能够正常工作的概率即是游弋阶段成功的概率。目标出现的时间也是随机的。通常可以假定目标出现的概率在整个游弋阶段是均匀分布的,则系统正常工作时间占整个游弋阶段时间的比例即可作为系统能够正常工作的概率。因而,游弋阶段成功的概率可以用可用度来表示。而游弋阶段很长,可以用稳态可用度,即

$$p_{i2} = A_{i2} \tag{10-9}$$

$$p_{m2} = A_2 \tag{10-10}$$

接敌阶段是要在一定时间内占领一定位置。攻击阶段是要在一定时间内完成鱼雷的发

射和导引。撤离阶段是要在一定时间内撤到安全地区,因而都可以用可靠度来表示其成功概率:

$$p_{ij} = R_{ij}(j = 3, 4, 5, 6)$$

将式(10-5)和式(10-6)进行比较。可以发现若用式(10-5),由于 p_{i2} 均是可用度,在求 p_i 时必须也分六个模块进行计算。而若选用式(10-6),p_{mj} 是潜艇在第 j 阶段的成功概率,计算时可以将整个潜艇作为一个模块来计算。因而,选用式(10-6)作为潜艇任务可靠性的一级模型。而 p_{m1},p_{m2},p_{m3},p_{m4},p_{m5} 和 p_{m6} 则可以通过 6 个子模块用条件概率相乘的方式获得。

鉴于整个模型牵涉 6 个阶段模块及 11 个大系统,单靠少数人是不可能建立起一个完整的模型。同时,建模工作不能脱离实际工程,需要许多有经验的工程师共同来完成。因而,各个子模块将选用故障方法来建立。现有的故障树分析法只能计算不可维修系统的可用度及可维修系统的 $MTBF$。而在航渡和撤离阶段均允许进行维修。对这两个模块的计算将采用以最小割集为基础的多重数字仿真,使整个模型得以成立。

每个模块的故障树究竟建立到哪一级为止呢? 从定量分析的需要来看,只有建到设备级才有可能获得较为完整的统计数据,如可靠度函数等。但整个模型涉及众多系统,有机械系统、电子系统、结构系统,还有化工系统。这些系统所包含的知识也是多方面的。而系统可靠性分析依据不仅仅是可靠性知识,还要有较为丰富的各个系统的专业知识。因而,单靠一个人是很难建立起较为适用的可靠性模型的,必须通过多种工程技术人员通力合作,同时还要有科学的分工。

按照舰船设计的惯例,舰船设计师分总体设计师和系统设计师。可靠性分析师也可分为总体可靠性分析师和系统可靠性分析师。在建模过程中,总体可靠性分析师负责建立总体级模型,系统可靠性分析师负责建立系统级模型。

所谓总体级模型,反映的是潜艇在整个阶段的活动中全艇性活动失效的规律,如系统失效对阶段任务完成情况的影响等等。而系统级模型反映的是造成系统失效的原因。

从模型的构成来看,系统级模型可以说是总体模型的子模块。因而总体级模型是关键。从模型的通用性来看,总体级模型重点刻画任务与系统之间的关系。而潜艇发展到今天,所具有的系统个数及种类基本上没有变化。如今,无论是哪个国家的常规潜艇,其总体的基本系统组成几乎都是一样的,完成鱼雷攻击任务的形式也是一样的,因而,总体级模型具有较好的通用性。而系统级模型反映的则是设备与系统之间的关系。不同型号的潜艇所用的设备是不一样的。系统的构成也不一样。如动力系统中有直接传动系统和间接传动系统。武器系统和声呐系统的组成更是五花八门。要用一个统一的模型把这些系统全概括进去是不可能的。因而,系统级模型一般不具有通用性。

在计算时,由于系统级的可靠性数据要经过大量的计算才能得到,而设备级的可靠性数据可由设备生产厂家随设备一起和技术资料一并提供。所以,在整个模型的计算时,应将系统级模型套入总体级模型中,然后进行计算。之所以将模型分级是为了建模时的工作需要。

10.1.3.3 潜艇任务可靠性模型构建示例

本节所叙述的模块模型以总体级模型为主,在工作中所建立的系统级模型是以某潜艇的系统构造为基础的。由于保密原因,这一部分内容不能反映在本文中。这样做对阅读本文的读者了解潜艇鱼雷攻击任务可靠性模型及模型的构造方法丝毫没有影响,因为鱼雷攻击任务可靠性模型的全部精髓都在总体级模型之中。系统级模型的建造方法和普通系统的可靠性模型的建造方法完全一样,读者可以从有关文献中详细地了解到。本文叙述到系统为止,而将所有待分析的系统失效事件都作为准底事件放在总体级模型中,若要应用本模型,只需将这些准底事件按照具体系统展开到设备级的底事件即可。

1)航渡模块

航渡阶段的任务是要在规定的时间内到达战区。潜艇只要能以一定的平均航速航行一定时间,就能按时到达战区。从任务的角度讲,最不希望发生的事件是航渡中断。如果该事件发生,且在规定时间内不能恢复,航渡任务就将失败。反之,航渡任务就能成功。把"航渡中断"这么一个最不希望发生的事件作为故障树的顶事件。该顶事件发生和任务的失效并不完全等价。严格地讲,任务失败的直接原因是任务中断时间超过了一定的允许值。由于该模块拟用数字仿真方法进行计算,可以把任务中断时间放到仿真逻辑中去解决。模型中仅反映任务中断的原因,这样就可以按常规方法建立故障树。

确定了顶事件后,就可以把注意力集中在研究究竟是什么原因导致该顶事件的发生。可以看到若偏离了航向,设想中的航渡也要中断。如果艇上系统出了故障,非停下来进行维修不可,则航渡必然也中断。因此,在"航渡中断"下可通过一个"或"门连接三个中间事件:"偏离航向""遭遇非期望目标"和"有危险性故障"(见图10-8)。

图 10-8　"航渡中断"准故障树　　　　图 10-9　"有危险性故障"准故障树

危险性故障有很多种,有可能是船体故障,使得潜艇不能继续航行;也可能是艇内居住性恶化,使得潜艇不得不中断任务的执行。也有可能是动力系统故障从而发不出理想的推力。只要这三个事件中有一个发生,都可以称为有危险性故障。因此,在"有危险性故障"下可通过一个"或"门连接"艇体不能满足适航性要求""艇内居住性恶化"和"航行推进失效"这三个事件(见图10-9)。其中前两个已到了系统级,可分别由具体艇的船体系统和生命保障系统展开得到。因此,这里把它们取作准底事件。

常规潜艇的动力系统是一个极其复杂的动力系统。其复杂不仅在于其结构形式,而且还在于其使用方式。在整个航渡过程中,动力系统将按一定的组合形式完成潜艇的主电机航行,经济航行及通气管充电航行。各种方式按时刻表进行转换,其中应以一定航行状态航行的时刻不能用另一种航行方式代替。如通气管充电航行状态航行的时刻不能用另一种航行方式代替。如通气管充电航行只能在晚上进行。若在晚上进行经济航行或主电机航行,则这一天将不能充电。带来的后果是白天的航行电能将无法保证,从而使航渡出现阻碍。主电机航行的目的是为了提高平均航速,通常在白天进行,显然不能用通气管航行来代替。若用经济航行代替,则平均航速太低,在规定的时间内无法到达战区。若用主电机航行代替经济航行,则可能由于耗能太快,不到允许充电时即将电能用光,从而造成航渡阻碍。因而,上述三种航态中任一航态在需要时不能实现都是航行推进失效的表现。所以,在"航行推进失效"下应通过一个"或"门连接三个事件:"主电机航行失效""经济航行失效"和"通气管充电航行失效"(见图 10-10)。这三个事件的进一步分析都与具体系统有关,在此取作准底事件,不继续往下分解。

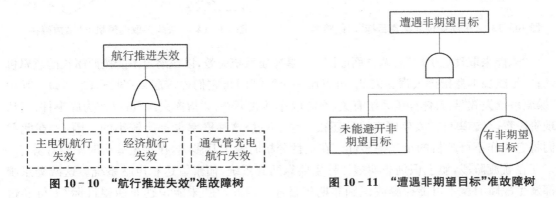

图 10-10 "航行推进失效"准故障树　　　　图 10-11 "遭遇非期望目标"准故障树

遭遇非期望目标必须两个条件同时满足:一是有非期望目标出现;二是未能避开。因此,"遭遇非期望目标"下可通过一个"与"门连接"有非期望目标"和"未能避开非期望目标"(见图 10-11)。其中"有非期望目标"是一个底事件,"未能避开非期望目标"是一个中间事件。

导致"未能避开非期望目标"的事件有两个:"未能识别非期望目标"和"未能躲过非期望目标"。因此,可以用一个"或"门将"未能避开非期望目标"和这两个原因连接起来(见图 10-12)。

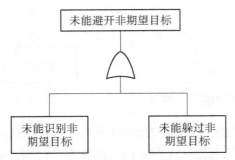

图 10-12 "未能避开非期望目标"准故障树

未能躲过非期望目标首先是本艇暴露在非期望目标之下，同时还不能采取有效措施机动规避。因此，可以用一个"与"门将"未能躲过非期望目标"和"未能采取理想机动"及"本艇意外声暴露"连接起来（见图10-11）。其中"本艇意外声暴露"为一底事件，而"未能采取理想机动"为一中间事件。

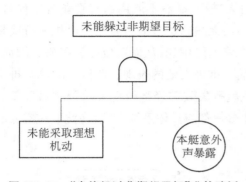

图10-13 "未能躲过非期望目标"准故障树

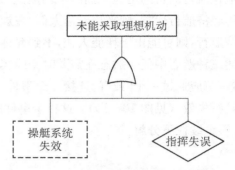

图10-14 "未能采取理想机动"准故障树

"未能采取理想机动"有两方面原因：一是操艇系统失效，以致潜艇不能按照艇长的意思机动；二是艇长本身指挥失误。因此，可以用一个"或"门将它们连接起来（见图10-14）。其中"操艇系统失效"与具体操艇系统有关，在此取作准底事件。"指挥失误"可以作为底事件，但从现阶段看，对该事件的发生概率统计还很不全，不过，这种概率也是比较小的。因而，在此我们将它取作不可分析的小概率事件。在定性分析时考虑其影响，在定量分析时不需计算。

在航渡阶段，艇上识别非期望目标主要靠两套系统，侦察雷达和声呐系统。这两套系统都发生故障时就不可能探测或识别非期望目标。因此，在"未能识别非期望目标"下可通过一个"与"门连接"侦察雷达失效"和"声呐系统失效"（见图10-15）。其中侦察雷达通常是单设备系统，其失效可以取作底事件。"声呐系统失效"的进一步分析和具体系统有关，在此取作准底事件。

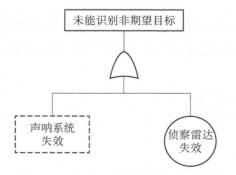

图10-15 "未能识别非期望目标"准故障树

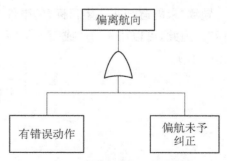

图10-16 "偏离航向"准故障树

偏离航向即不能按设想航行，由两方面原因引起：一是有错误动作；二是偏航未予纠正。因此，在"偏离航向"下可通过一个"与"门连接两个中间事件："有错误动作"和"偏航未予纠正"（见图10-16）。

有错误动作指潜艇操艇有误,致使潜艇偏离航向。导致错误动作的也有两方面的原因,即操艇系统失效和操艇指令错误。因此,在"有错误动作"下可通过一个"或"门连接两个事件:"操艇系统失效"和"操艇指令"(见图 10-17)。其中"操艇系统失效"是准底事件。"操艇指令错误"是中间事件。

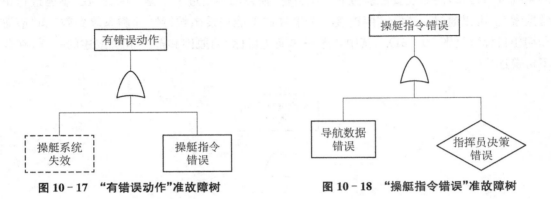

图 10-17 "有错误动作"准故障树　　　　图 10-18 "操艇指令错误"准故障树

导致操艇指令错误的有两个原因:一是导航数据错误;二是指挥员决策错误。因此,在"操艇指令错误"下通过一个"或"门连接"导航数据错误"和"指挥员决策错误"(见图 10-18)。其中"导航数据错误"是一个中间事件,"指挥员决策错误"是一个不可分析的小概率事件。

导航数据错误可能由两方面原因引起:一是导航系统失效,致使原始导航数据出现错误;二是通用接口机柜失效,导致导航数据在传输过程中出现错误。因此,在"导航数据错误"下可通过一个"或"门连接两个准底事件:"导航系统失效"和"通用接口机柜失效"(见图 10-19)。

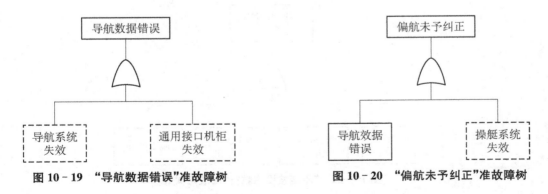

图 10-19 "导航数据错误"准故障树　　　　图 10-20 "偏航未予纠正"准故障树

偏航未予纠正的主要原因有两个:偏航没有发现或操艇系统失效。而偏航没有发现的直接原因是导航数据错误。因此,在"偏航未予纠正"下可通过一个"或"门连接"导航数据错误"和"操艇系统失效"(见图 10-20)。

图 10-20 中"导航数据错误"和如图 10-19 所示的逻辑关系是一致的,而"操艇系统失效"则是一个准底事件。至此,航渡模块的总体级模型全部建造完毕。

2) 游弋模块

游弋模块反映的是潜艇丧失游弋及寻找目标的能力的机理。因此,选择"不能进行正常搜索"作为该模块的顶事件。

潜艇在潜游弋阶段进行搜索航行时,一方面按照规定的方式进行航行,另一方面开动探测系统进行搜索,同时还要能躲过非期望目标,使自己不要过早暴露。因此,在"不能进行正常搜索"下可以通过一个"或"门连接三个事件:"不能按设想航行""探测系统失效"和"遭遇非期望目标"(见图 10 - 21)。其中,"遭遇非期望目标"的原因和前一节所叙述的一样,在此不再赘述。

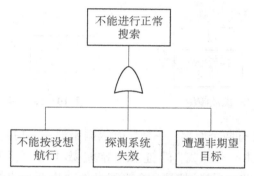

图 10 - 21 "不能进行正常搜索"准故障树

影响潜艇按设想航行的因素很多,其中最主要的有"艇体不能满足适航性要求""航行推进失效""艇内居住性恶化"和"偏离航向"。因此,可以用一个"或"门将这四个事件同"不能按设想航行"连接起来(见图 10 - 22)。其中"艇体不能满足适航性要求"和"艇内居住性恶化"为准底事件。"航行推进失效"和"偏离航向"为中间事件。

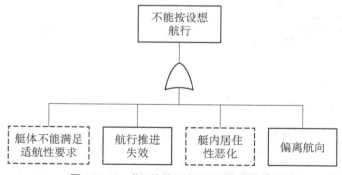

图 10 - 22 "不能按设想航行"准故障树

在游弋搜索阶段,为了节省能源,潜艇只作白天的经济航行和夜间的通气管充电航行。"航行推进失效"由两部分组成:一是不能进行经济航行;二是不能进行通气管充电航行。因此,在"航行推进失效"下可以通过一个"或"门连接两个准底事件:"水下经济航行失效"和"通气管充电航行失效"(见图 10 - 23)。而"偏离航向"的原因与上一节所叙述的一样。在此不再赘述。

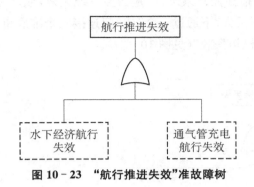

图 10 - 23 "航行推进失效"准故障树

图 10 - 24 "探测系统失效"准故障树

在游弋阶段,潜艇探测搜索目标依靠的是声呐系统。因而,"探测系统失效"可用一准底事件"声呐系统失效"作为等价事件(见图 10 - 24)。至此,游弋模块的总体级模型已全部建成。

3)接敌模块

在接敌阶段,潜艇必须隐蔽航行到预定攻击战位,以便在下一阶段能对目标实施有效攻击。因此,选择"隐蔽接敌失效"作为该模块的顶事件。同时,还可以看到要能顺利隐蔽接敌,首先必须要能按设想航行;其次本艇不能暴露给对手;最后是指挥系统能不间断地跟踪目标。可以在"隐蔽接敌失效"下面通过一个"或"门连接三个事件:"不能按设想航行""本艇意外暴露"和"跟踪目标丢失"(见图 10 - 25)。其中,"不能按设想航行"和"跟踪目标丢失"是中间事件,"本艇意外暴露"为底事件。

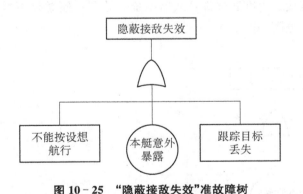

图 10 - 25 "隐蔽接敌失效"准故障树

图 10 - 26 "航行推进失效"准故障树

"不能按设想航行"的原因和上节叙述的一样,在些不再赘述。所不同是在游弋阶段航行过程是通气管充电航行和经济航行的组合。而在这一阶段,潜艇只能作经济航行。因此,这里的"航行推进失效"可用一准底事件"经济航行失效"作为等价事件(见图 10 - 26)。

导致"跟踪目标丢失"的原因有三个:一是声呐系统失效,使得潜艇无法探测到目标;二是通用接口机柜失效,使得探测数据无法传到指挥控制系统;三是指控系统失效,使之不能接收和复示跟踪目标。因此,可以在"跟踪目标丢失"下通过一个"或"门连接三个准底事件:"声呐系统失效""指挥系统失效"和"通用接口机柜失效"(见图10-27)。

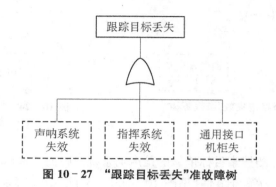

图 10-27　"跟踪目标丢失"准故障树

至此,接通敌模块的总体级模型已全部建成。

4) 攻击模块

线导鱼雷是现代潜艇常用的武器袋备,其工作方式是利用艇上的大型声呐设备和武器指控系统通过导线将鱼雷导引到到攻击目标附近,从而使得鱼雷攻击命中概率大大提高。因而,在进行鱼雷攻击时,本艇应做有规律的机动,以使本艇处于探测目标的最有利的位置和角度,从而获得质量最高的目标参数,同时,对线导鱼雷的导引需要8分钟左右的时间。在这阶段时间里,由于水面舰船武器系统的反应速度要比潜艇快得多,潜艇不宜暴露自己。否则将不得不实施规避,从而放弃正在进行中的攻击行动。所以,如果将顶事件取作"攻击过程失败",则在其下可通过一个"或"门连接二个准底事件:"武器系统失效""本艇意外声暴露"以及一个中间事件"不能按设想航行"(见图10-28)。

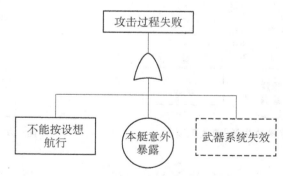

图 10-28　"攻击过程失败"准故障树

为了保持隐蔽性及降低本艇噪声,以使声呐的作用距离更远。在攻击阶段,潜艇只进行经济航行。同时,由于时间短,活动范围小,在这一阶段中不考虑遭遇非期望目标。因此,在"不能按设想航行"下可通过一个"或"门连接"艇体不能满足适航性要求""不能进行经济航行"和"艇内居住性恶化"三个准底事件和"偏离航向"一个中间事件(见图 10-29)。

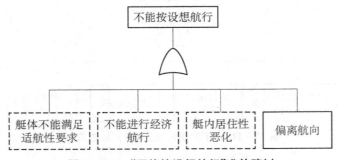

图 10-29 "不能按设想航行"准故障树

"偏离航向"的发生逻辑和如图 10-16 所示的一样。至此,攻击模块的总体级模型全部建造完毕。

5) 撤离模块

撤离模块要反映的是撤离任务的失败和潜艇各系统失效之间的关系。在撤离阶段,潜艇的任务是在规定的时间内采用水声对抗和机动规避等手段迅速撤离战区。因此,可以取"潜艇不能迅速撤离战区"作为该模块的顶事件,在此顶事件下可通过一个"或"门连接三个事件:"不能进行规避航行""本艇声暴露"和"水声对抗系统失效"(见图 10-30)。其中"不能进行规避航行"是中间事件,"本艇声暴露"和"水声对抗系统失效"为准底事件。

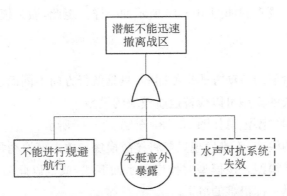

图 10-30 "潜艇不能迅速撤离战区"准故障树

规避航行同样也需要艇体作支持。因此,在"不能进行规避航行"下可通过一"或"门连接四个事件:"艇体不能满足适航性要求""航行推进失效""艇内居住性恶化"和"偏离航向"(见图 10-31)。其中"艇体不能满足适航性要求"和"艇内居住性恶化"是准底事件,而"航行推进失效"和"偏离航向"是中间事件。

在进行规避航行时,潜艇使用的是高速航行和经济航行。因此,在"航行推进失效"下可

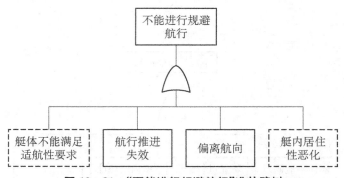

图 10‑31 "不能进行规避航行"准故障树

通过"与"门连接"主电机航行失效"和"经济航行失效"两个准底事件(见图 10‑32)。

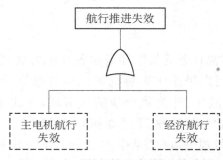

图 10‑32 "航行推进失效"准故障树

"偏离航向"的发生逻辑和如图 10‑16 所示的一样。至此,撤离模块的总体级模型全部建造完毕。

6)返航模块

返航阶段和航渡阶段的活动方式是相同的,只是航行方向不同而已。因而,其可靠性模型是一样的。航渡模块的模型可以代替返航模块的模型。

各个阶段的故障树模型汇总如图 10‑33 至图 10‑37 所示。

仔细观察所建立的模型,不难发现只要将接敌模块和攻击模块稍加改造,就可以得到潜艇导弹攻击任务可靠性模型。该模型要推广到水面舰船,或是以此为母型构造水面舰船的总体可靠性模型就不是一件很难的事了。

10.2 可维修性模型

产品的可维修性模型是对产品进行维修性定性与定量评估的重要工具之一,利用可维修性模型可以从定性与定量的角度,分析影响产品可维修性设计的因素,确定影响因素的主次关系,为设计的改进提出建设性的意见,从而影响产品的设计,降低全寿命费用,提高产品

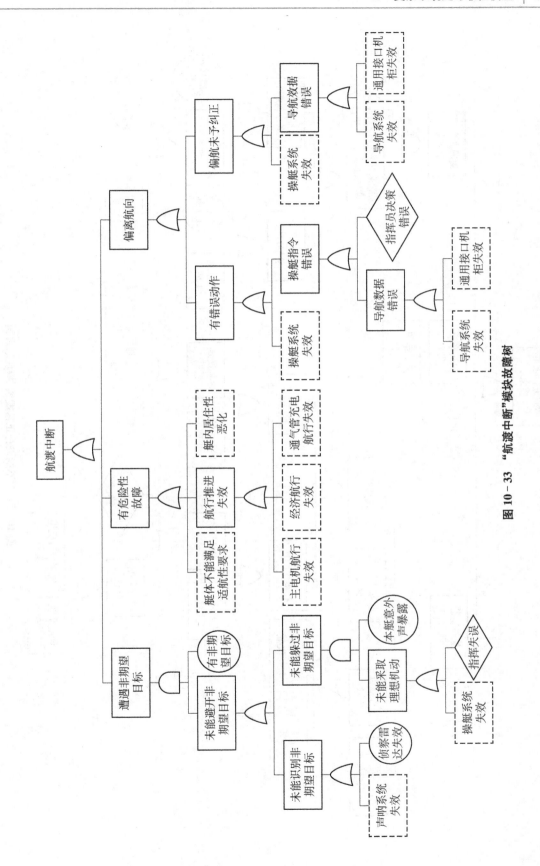

图 10 – 33 "航渡中断"模块故障树

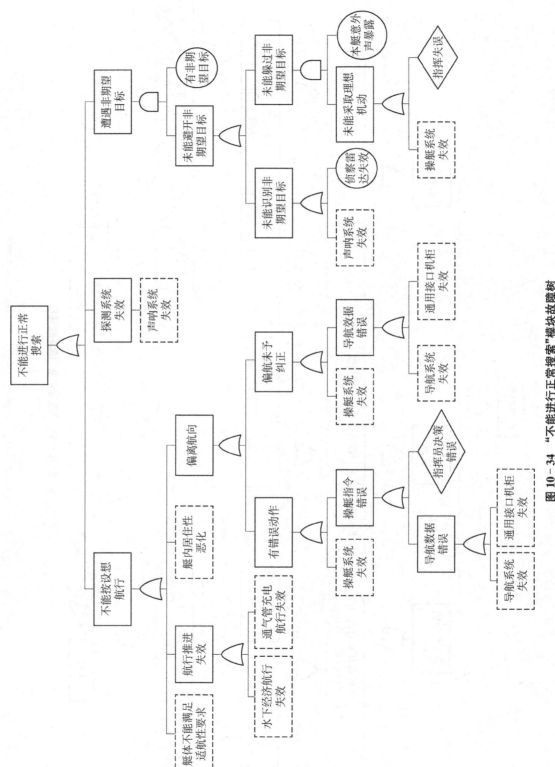

图 10-34 "不能进行正常搜索"模块故障树

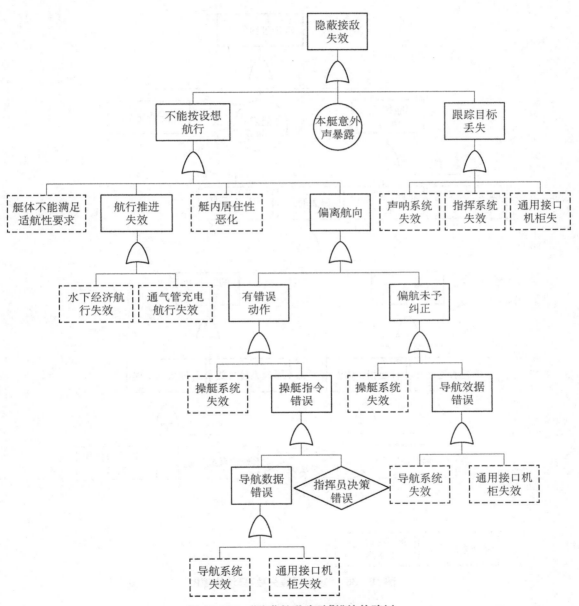

图 10-35 "隐蔽接敌失败"模块故障树

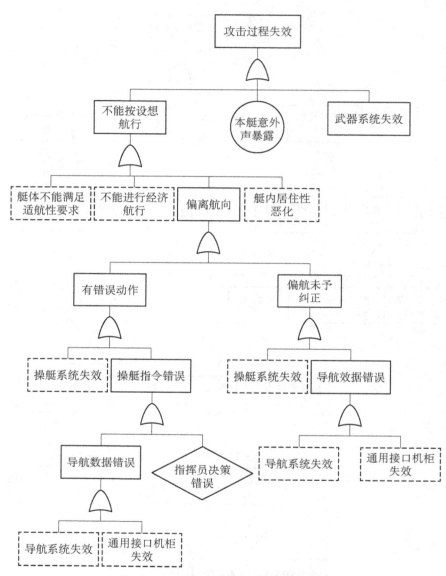

图 10 - 36 "攻击过程失败"模块故障树

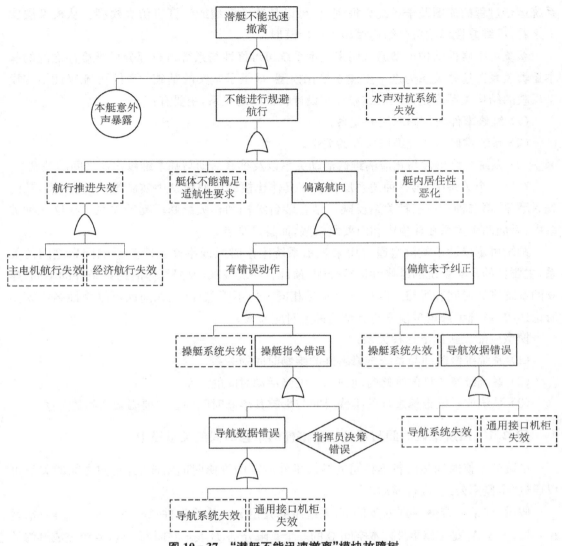

图 10-37　"潜艇不能迅速撤离"模块故障树

的完好性。

从工程角度来看,建立维修性模型的目的是进行产品的维修性设计与分析,使所设计制造的产品能满足可维修性要求,以保证产品维修方便、迅速、安全和经济。其具体目的是:

(1)用于维修性分配,把系统级的维修性要求,分配给系统级以下各个层次,以便进行产品设计。

(2)用于维修性预计与评定,估计或确定设计或设计方案可达到的维修性水平,为维修性设计与保障决策提供依据。

(3)当设计变更时,用于进行灵敏度分析,确定系统内的某个参数发生变化时,对系统维修性乃至可用性、费用的影响。

显然,在分配、预计和评价系统维修性的过程中,模型可以是简单的功能流程或描述全系统运行过程的流图及子系统方框图,也可以是数学模型或计算机仿真模型。从模型层次上来看,可维修性模型可分结构模型和定量模型。

系统可维修性结构模型通常用来表示系统可维修性与系统组成部分可维修性之间的基本逻辑关系。这些关系为进一步建立量化模型,提供了坚实的基础。系统可维修性结构模型反映的结构关系应是系统可维修性与设计特征间的关系,主要有:

(1) 维修事件与维修职能的关系。

(2) 系统维修与系统维修事件的关系。

(3) 系统维修事件与相应的维修活动关系以及维修活动与基本维修作业之间的关系。

在这三个关系中,第一种关系反映了在具体建模的维修级别中实施维修的各种活动的先后顺序;第二种和第三种关系反映了结合装备结构和相关维修活动的关系。在这三种关系中,后面两个关系在建模中相对要复杂些,而且是难点。

系统可维修性定量模型通常用来表示系统维修时间或维修工时其影响因素之间的关系,主要目的是对系统的维修性进行分配、预计。一般说来,根据具体的约束条件的不同,建立的系统维修时间和维修工时模型也不尽相同。但不管怎样,正如前面可维修性结构模型所论述的,系统维修定量模型与其结构模型对应起来。

模型应能反映如下三种关系:

(1) 系统维修时间与系统维修事件的维修时间的关系。

(2) 系统维修事件的维修时间与相关维修活动时间的关系。

(3) 系统或系统维修事件的维修时间与影响其维修时间的各主要因素之间的关系。

10.2.1 系统维修时间与系统维修事件的维修时间的关系模型

系统的维修时间是由各不相同的维修事件所需的维修时间组成的,它们之间的关系可以通过"全概率公式"进行描述。

假设,在某一维修级别的条件下,系统维修是由 n 个维修事件 A_1,A_2,$\cdots$,A_n 组成,且 A_1,A_2,$\cdots$,A_n 是维修事件样本空间 Ω 的一个有限分割,B 表示在时间 t 内,系统完成维修的事件,$P(A_i)$ 表示在系统的维修事件 A_i 发生的概率,根据概率论中的全概率公式,显然有:

$$\begin{cases} \sum_{i=1}^{n} A_i = \Omega \\ \sum_{i=1}^{n} P(A_i) = 1 \\ P(B) = \sum_{i=1}^{n} P(A_i)P(B \mid A_i) \end{cases} \tag{10-11}$$

由前面的假设和系统维修度定义可以看出:

$P(B)$ 是在时间 t 内系统修复的概率,即系统的维修度 $M_S(t)$;

$P(B|A_i)$ 是系统的维修事件 A_i 在时间 t 内完成的概率,即表示为 $M_i(t)$;

$P(A_i)$ 表示在系统的维修事件 A_i 发生的概率,即表示为 a_i。

前面的全概率公式可以写成如下形式：

$$M_S(t) = \sum_{i=1}^{n} a_i M_i(t) \tag{10-12}$$

显然，系统的平均修复时间 $\overline{M}_{cts}$ 为

$$\overline{M}_{cts} = \sum_{i=1}^{n} a_i \overline{M}_{cti} \tag{10-13}$$

在系统维修性模型的建立过程中，a_i 的确定是建模成败的关键内容之一。在 a_i 确定的过程中，要注意保证维修事件的划分满足假设中的要求，即要满足式（10-11）的要求，同时还要注意维修事件的组成关系，确保 a_i 计算的正确性。

在研究系统的修复时间时，a_i 与产生维修事件的故障所对应的故障率相关，即

$$a_i = \frac{\lambda_i}{\displaystyle\sum_{i=1}^{n} \lambda_i} \tag{10-14}$$

式中：λ_i 表示产生第 i 个维修事件的故障所对应的故障率。

在研究系统的预防维修时间时，式（10-13）中的 $\overline{M}_{ct}$ 改为 $\overline{M}_{pt}$，而 a_i 与预防维修事件发生的频率相关，即

$$a_i = \frac{f_{p_i}}{\displaystyle\sum_{i=1}^{n} f_{p_i}} \tag{10-15}$$

10.2.2 系统维修事件的维修时间与相关维修活动时间的关系模型

系统维修事件的维修时间与相关维修活动时间的关系模型有时称为"白箱"维修性数学模型。维修事件确定以后，根据产品设计和维修方案等，能够确定出相应的维修活动或基本维修作业顺序。归结起来，维修活动或基本维修作业顺序有 3 种形式，即串行、并行及网络。

1）串行作业模型

一个维修事件是由多项维修活动和基本维修作业或基本活动组成。如果各项维修活动或基本维修作业是按一定顺序依次进行的，前一个作业完成时后一个作业开始，既不重叠也不间断，可称为串行维修作业，如图 10-38 所示。

在串行维修情况下，完成一次维修事件的时间就等于各项维修活动或基本维修作业时间的累加值。

假设：

T——完成某维修事件的维修时间；

T_i——该次维修中第 i 项串行作业时间；

$M(t)$——该次维修事件在时间 t 内完成的概率

图 10-38 串行维修作业模型

$M_i(t)$——第 i 项串行维修作业在时间内完成的概率 t 内完成的概率

m——表示基本维修作业(或基本维修活动)的数目。

则

$$T = \sum_{i=1}^{m} T_i$$

$$M(t) = M_1(t) * M_2(t) * M_3(t) * \cdots * M_m(t) \tag{10-16}$$

式中：* 表示卷积。

2) 并行作业模型

如果构成一个事件的各项活动(或作业)同时开始,则为并行作业,如图 10-39 所示。

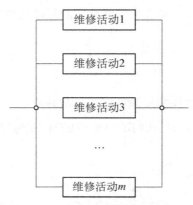

图 10-39　并行维修作业模型

在复杂系统中,并行作业的情况很可能出现常常并行作业模型由多人同时进行维修,以缩短维修持续时间。因此,在并行作业中,事件维修时间应是各项活动时间的最大值,即

$$T = \max\{T_1, T_2, \cdots, T_m\}$$
$$M(T) = P\{T \leqslant t\}$$
$$= P\{\max\{T_1, T_2, \cdots, T_m\} \leqslant t\}$$
$$= P\{T_1 \leqslant t, T_2 \leqslant t, \cdots, T_m \leqslant t\} \tag{10-17}$$
$$= \prod_{i=1}^{m} M_i(t)$$

3) 网络作业模型

如果组成维修事件的各项活动(或基本维修作业)既不是串行又不是并行关系(见图 10-40),一般说来无法直接用简单的数学模型关系描述。此时,可采用网络规划技术或随机网络理论来计算维修时间,也可以采用网络仿真的方法计算维修时间。

对如图 10-40 所示的作业模型,将其转化为 PERT 描述,如图 10-41 所示。

假设假定各维修活动的时间分别为

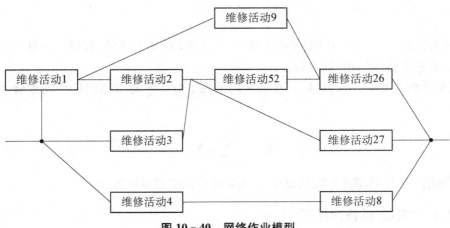

图 10-40　网络作业模型

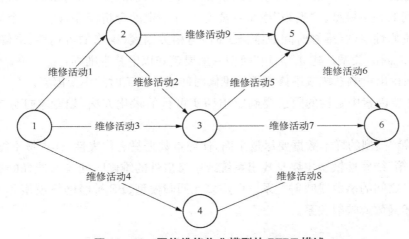

图 10-41　网络维修作业模型的 PERT 描述

$$t_1, t_2, t_3, \cdots, t_9$$

则,完成维修事件的维修时间应为

$$T = \max\{t_1 + t_9 + t_6, t_3 + t_7, \cdots, t_4 + t_8\}$$

利用 PERT 研究的有关内容,例如,事件的最早期望完成时间、事件的最迟必须完成时间、事件松弛时间以及关键路径等概念,可以方便地得到维修事件的维修时间,维修事件按期完成的概率等。同样也可以直接利用随机网络的相关研究结果来确定相应的维修性参数。

10.2.3　维修工时的数学模型

首先考虑维修事件的维修工时,显然无论串行作业、并行作业或网络作业,由维修工时的定义可知,其维修事件的维修工时为

$$M_{C_i} = \sum_{j=1}^{m} t_{ij} N_{u_j} \qquad (10-18)$$

式中：N_{u_j} 为完成第 j 项活动所需要的人数；t_{ij} 为事件 i 的第 j 项活动的维修时间；m 为基本维修作业（或基本维修活动）的数目。

由概率论的有关知识可以得出，系统平均维修工时 M_{C_S} 与维修事件平均维修工时之间的关系为

$$M_{C_S} = \sum_{i=1}^{n} a_i M_{C_i} \qquad (10-19)$$

式中：a_i 为第 i 个维修事件发生的概率；n 为系统中的维修事件数。

10.2.4 "黑箱"维修性模型

"黑箱"维修性模型一般是反映系统或系统维修事件的维修时间与影响其维修时间的各主要因素之间的关系模型。"黑箱"模型主要是通过一定的分析程序，建立一个简洁的函数关系来描述维修性参数（维修时间或维修工时）与相关因素（维修的可达性、维修的人素质、工程要求等）之间的关系。建立"黑箱"模型一般要遵守以下基本准则：

（1）必须找出影响系统或维修事件的维修时间或维修工时的主要因素。

（2）对主要因素中定性的因素要确定出切实可行的量化方法，如专家打分或相似对比打分等方法。

（3）"黑箱"模型的样本数据要尽量全面，使样本数据具有代表性，样本量不能太小。

建立"黑箱"维修性模型主要是找出系统或维修事件的维修时间与所选择的影响维修时间的主要因素之间的函数或映射关系。可用多元回归模型、BP 神经网络模型和贝叶斯网络模型实现上述函数或映射关系。

11

泛可靠性设计与指标分配

产品的可靠性不是计算出来的,而是靠系统地实施可靠性工程得来的。可靠性设计就是为获得产品的可靠性而实施的可靠性工程中的一个重要环节。在很大程度上可以这么说,可靠性设计决定着装备的固有可靠性,并支配着产品的一生。

在装备设计阶段,由生产方与订货方共同协商确定整个系统的可靠性指标,根据已给条件及预测数据,以及系统的组成结构,采取一种分配方法,在系统的各个分系统间进行分配,然后各分系统将分配得到的可靠度指标再分配给各个部件,每个部件按所分配的可靠度进行设计,选取元件、零件,以确保系统可靠度指标的要求。这种将系统的可靠性指标分配给分系统及部件的方法,称为可靠性分配。泛可靠性分配就是要将系统泛可靠性指标由上到下层层分解,使各级设计人员都明确其相应的可靠性设计要求,从而采取合适的措施来满足这一要求。

11.1 可靠性设计

11.1.1 可靠性设计的一般概念

一般说,产品的功能和特性是在设计阶段决定下来的。对可靠性也是一样,把设计时确定的目标值、预测值或用可靠性试验确认的特征量称为固有可靠度。产品设计后,经过制造、运输、储存、维修、使用等阶段,由于受到各种各样条件的制约,可靠度会降低,达不到固有可靠度。

因此,产品越复杂,在设计时就越要规定高的固有可靠度,以确保产品最终到达使用者手中时能具有必要的使用可靠度。为此,在设计阶段不仅要使用传统的功能设计时所必需的技术资料,而且必须参考质量管理、维修、使用等所有领域的技术资料及管理资料等。收集、处理这些资料,并具体反映到设计中去,是上述可靠性设计活动的重要内容。

一般说,设计目标应在用户的技术要求中作明确记载。可是,除特殊用户的产品外,很少给出可靠性规格和目标值,通常是生产商在了解用户的意向和反映、竞争企业的动向、技术水平的现状和发展趋势等情况,并且考虑到本企业的意志、目的等因素后确定的。

对技术规格,希望单纯并且具体。可是,可靠性不是一种单独存在的功能,不用说,在对其记述时必须包括产品的基本性能和构造,与维修、使用的关系、条件等。

在基本搞清设计对象的内容阶段,以设计者为中心,在与协作厂等有关方面进行充分协商的基础上决定可靠性技术规格。其中最基本的工作是把设计目标定量化,即必须规定可靠性特征量。

确定目标值时应注意的问题是,要考虑目标值对有关人员所产生的心理影响,目标值必须现实、适当。如果目标值过高,则会使人感到难以实现,反而不利。相反,如果目标值过低,则不宜确保产品性能和使用要求。作为防止过高目标的有力手段之一,是价值工程。这是一种估算可靠性成本、从价格方面判断社会常识性经济价值的方法。

对大系统和构成部件较多的产品,在确定整体目标的同时,要对子系统等下层次的产品分配各自的目标,这称为可靠度分配。分配的一般方针是,对技术性能要求高的和较复杂的部分,在容许限度范围内,给定较低的可靠度;对原理简单和有丰富实践经验的部分,给定较高的目标可靠度。不用说,在设计的过程中要对分配值和整体值作必要的修正。

可靠性设计与常规设计比较主要有以下三方面的特点:

(1)可靠性设计对系统的各个部件、元器件以及零件都是按照产品的固有可靠性要求来进行全面平衡,降低产品的失效率,从而提高产品性能指标的可靠性,保证产品的质量。

(2)可靠性设计与常规设计主要不同点在于对失效可能性的认识与估计上的不同,常规设计是以安全系数来保证结构的安全,而可靠性设计是用可靠度或用其他可靠性指标来确保结构的安全性,因此,它对失效可能性的认识和估计更为合理。

(3)对安全性的认识进一步深化,可靠性设计除了引入可靠度及其他可靠性指标外,还对结构的安全系数作了统计分析,这样得出的安全系数比常规设计的安全系数更加科学,因为,它已经是与可靠度相联系的安全系数了。常规设计对结构安全度的评价只有一个指标,而可靠性设计对安全度的评价却有两个指标,即在一定可靠度下的安全系数。所以,它是人们认识深化的结果。

由于系统性能不同,系统复杂程度不同,其可靠性的设计方法及其重要性也有所不同。一般来说,产品的可靠性设计都应包括以下两个方面:

首先,确定结构或部件的可靠性指标及其大小,并采取适当的方法对可靠性指标分配给各部件或零件。一个结构或部件用什么样的可靠性指标(如可靠度、平均寿命、寿命方差等),这取决于设计要求;可靠性指标的大小将决定于它的重要性。例如一般船舶结构(零部件)所用的大都是可靠性寿命指标,如平均寿命或寿命方差等。由于它的重要性,因此达到规定寿命的可靠度往往取 0.999 9 或 0.999 999 这样高的数值,而民用结构或部件,则一般都取 0.95 或 0.99 的可靠度。一旦结构或部件的可靠度指标确定以后,那么,结构或部件的可靠度就应合理分配给其部件、零件或元件。

其次,部件按分配的可靠性设计,元件按分配的指标进行筛选,零件按分配的指标进行设计。常用的可靠性设计方法如表 11-1 所示。

表 11-1 可靠性设计

1. 可靠性组成
(1) 明确系统、设备、产品的可靠性要求,确定可靠性指标和进行可靠性分配
(2) 确定可靠部件和危险部件,减轻部件的负载并要安全而谨慎使用
(3) 为使部件的变动效应为最小,进行应力分析,采用统计的设计方法
(4) 简单化、基本(单元)化、标准化、插件式构造
(5) 采用贮备结构和典型电路,充分利用过去的经验
(6) 采用贮备设计法,修正误动作,考虑是否采用备件
(7) 估测可靠性、维修性(预测失效率、MTBF、失效树因果分析、FMECA)法等
(8) 可靠性验证试验(验收试验、环境和寿命试验、筛选试验、维修性试验)
(9) 审查设计
2. 减少环境影响(振动、冲击、热、潮湿、灰尘、气体、日照、放射性、干涉效应等)
3. 对以下各种因素的综合权衡
(1) 可靠性——安全裕度、安全系数、安全性、安全寿命
(2) 维修性——抽检、修理、布线、装配方面的结构,备件、互换性,采用容易得到的部件,修理人员的技术水平,检修方式
(3) 容易操作——从工程心理学考虑减少人为失误、预防失误的设计,软件的可靠性
(4) 功能和性能
(5) 经济性、生产性
(6) 尺寸、重量、外观等

11.1.2 泛可靠性设计方法及考虑

11.1.2.1 系统可靠性设计方法

常用的系统可靠性设计方法有安全余度设计和降额设计、简单化和标准化、耐环境性和环境保护、人机工程的考虑、可维修性考虑、冗余法、易制造性、设计修正等。

1) 安全余度设计和降额设计

过去,安全余度设计作为产生过剩质量的首要原因,与后述的冗余设计一起是被严格禁止的,可是,从可靠性设计的立场出发,通常只要尺寸、重量、费用等的限制和工作条件许可,就要预留足够的安全系数和裕量。

为了大幅度降低电子仪器中构成零件的故障率,在设计中减轻零件的负荷,其负荷仅为额定值的几分之一,把这称为降额设计。关于电阻、电容、半导体等广泛使用的电子零件的降额设计资料,在美国发布的可靠性预测手册(MIL - HDBK - 217B)中有详细数据,很有参考价值。

一般说,当机器和系统的故障较多时,设计人员往往把其原因单纯地归于零件的质量,而零部件专业生产厂则将其原因归于零件使用不当。虽然作为因果论的原因分析有局限性,但其中的大部分是由于电路设计中零件处于额定极限值状态下工作而引起的。

2) 简单化和标准化

在功能要求的范围内,使机器有尽可能高的可靠性的秘诀比较简单,即尽可能使用简单功能的零件,尽可能减少零件数量和种类,采用标准零件和标准电路等。概括起来说,措施就是简单化和标准化。

标准化的产品,由于一般有丰富的批量生产经验和使用经验,因此能充分消除缺陷、缺点和薄弱点。过去,标准化作为产业界的整体问题,主要从生产率、经济性方面推进。但标准化不仅影响产品的稳定性,而且与后述的人-机工程和维修性的效果有关,所以应在这种意义上重新认识标准化对提高可靠性技术所起的作用。

然而,创造欲较强的开发设计技术人员很可能不满足简单设计和仅仅使用标准零件。但实践证明,作为解决可靠性问题的对策,简单化和标准化确实是一种较为现实的办法。

另一方面,谨慎设计者易犯的错误之一是考虑各种不常出现的最恶劣使用条件组合的情况下也要确保可靠性,即所谓极端性的极限设计。极限设计本身不是一件坏事,但考虑的是极端情况,往往使产品结构复杂化,所用的非标准零件也相应增加,实际上不能取得理想的结果,这一点是应该引起注意的。

3)耐环境性和环境保护

所谓耐环境性设计,就是估计、评价产品所处环境的种类和严酷程度及其对产品的影响,以确定产品的强度和耐久性。在可靠性设计中,这也是最基本的内容之一。以可靠性试验为主的耐久性试验、寿命试验、环境试验等各种试验,都是在给定的环境条件下进行的。对材料、零件、机器等产生的故障、退化、耗损、破坏等各种现象,已经积累了大量的观察数据,并已汇总成数量众多的设计标准和技术规定,可供参考。

强化耐环境性,自然也受经济性的制约。因此,可以考虑对产品在极端环境下采取保护措施,如在运输、搬运、储存或使用中遇到高温、高湿、振动、冲击等情况时,装备特别的调节器或缓冲器等,这比直接强化产品本身的耐环境性要经济得多。

4)人-机工程设计

从操作、维修人员的角度出发,使产品易于操作和使用的设计称为人-机工程设计。必须明确,一般系统中操作、维修人员的功能是保证系统可靠性的主要因素之一。因此,设计中必须排除各种不利操作使用的因素,以保证不发生错误操作并能够迅速进行维护、修理作业。不用说,这种设计与人-机工程的各项原则是一致的。

可是,目前这种设计原则很受个人实践知识所限,即使是有一定经验的设计人员,稍不留意就容易疏忽和遗留的事项也很多,那么必须预先做出设计用的检查表,作为设计人员遵循的依据,以免发生疏漏。表 11 - 2 为可维修性设计及人-机工程设计用的检查表。

表 11 - 2　人-机工程设计检查表

(1) 指示器(目视)是否装得使操作员能看清刻度、分度、指针、数字等? 是否能方便、正确地读出刻度间隔、图案或数字与指针以及刻度的方向

(2) 显示器(目视)是否备有能显示工作状态的适当手段

(3) 显示器(目视)是否设计得使读数误差最小、是否避免了含糊的指示和麻烦的内、外插入读法

(4) 调整器能否按照所有操作员期待的那样方式工作

(5) 与功能有关的调整器和显示器能否保持物理、功能的相容性(例如旋转方向等的关系)

(6) 为了便于操作员转身操作,调整器类仪器等采用的把手、旋钮及按钮等布置是否合适

(7) 控制台是否设计得有宽畅的放腿位置,书写时是否有合适的表面和高度,调整器和显示器是否确保有适当的位置

(8) 产品的设计和布置是否能保证在几名操作员同时工作相互间不会产生干扰

（续表）

（9）排列和布置时是否重点考虑了操作员作业负担平衡的问题？即某个人很闲,而其他人工作过重的问题

（10）照明设计是否考虑了特定工作的要求？有无照明不足的量仪

（11）是否把晃眼睛的因素控制得最小,如磨得闪亮的表缘、发光的珐琅加工、反射光很强的测量仪罩等

（12）在更换修理组件和零件等时,是否可以不拆下其他的任何零件？维修工作是否复杂

（13）要求紧固器、底座等特殊工具时,能否不妨碍维修

（14）在为了维修而取出元件时,门的导轨能否保持？导轨是否不会摇动或卡住

（15）底座、组件等是否带把手？是否在不太歪斜的状态下就能轻便地移动

（16）维修或校正用调整器是否带指示盘

（17）产品和说明书的符号、代码等是否一致

（18）是否备有维修人员用的照明灯

这种表是各种事项的罗列,明白易懂、几乎不需要什么说明,下面只是对其要点做一些补充解释。在系统的人-机工程设计中,包括维修性设计在内,必须研究如下一些项目：

（1）要尽量减少对可能成为错误判断和错误操作原因的视觉、听觉以及身体其他各种感觉功能的依赖性,必须注意从根本上去除妨碍这些感觉功能发挥的因素。例如,开关、量仪及元件的安装、布置、色彩、识别、照明、接近性及一般环境等。

（2）机械设计要适合人的身体特征,即身高、腕力、其他部位的能力等。

（3）在操作和维修环境非常严酷的情况下,应考虑适当的保护措施。

（4）要考虑作业的难易程度,将作业能力和熟练程度作适当调整,但是也不要过于单调的反复动作。

一些专家也在考虑以人的可靠性（人-机系统可靠性）作为标准来评价人-机工程设计,并在核电站和飞机设计方面进行了许多应用探索,但在舰船环境条件方面的应用尚处于研究阶段。

当发生错误操作时,使机器停止工作的机构通常称为防误设计。例如,在开关机构中输入非规定的程序时电源不接通的机构；设有自锁机构的带式录音机的录音开关；照相机中防止二次摄影的机构等。

5）冗余法

所谓冗余法,是指赋予整个产品或其一部分具有冗余性的设计。这是一种确保高可靠性的有效设计方法。所谓冗余性,为完成规定功能附加多余的构成要素。即使其中一部分发生故障,也不会引起高一层次产品的故障。

冗余设计应保证：

（1）元件的故障发生应是相互独立的。

（2）能把故障元件切离后进行修理。

冗余法的优点是,采用冗余后的可靠性改善效果可用理论方法进行计算。因而,不用担心会掺杂设计者的主观因素。

可是,冗余法也不是改善可靠性的万能药方,要避免盲目地应用。为此,必须对以下几个方面做慎重的研究：

（1）在产品尺寸、重量等严格限制的场合，如果应用冗余法而将储备件勉强装入较小的容积中，则与单个产品相比，反而使可靠性下降。其理由是：①散热面积减小，从而使温度大幅度上升；②振动、冲击、温度等周围环境的影响同时作用于具有冗余的部分，失去了故障的独立性；③容易在冗余部分采用可靠性差的零件等等。

（2）必须注意对冗余部分的负荷分配不能产生差错。举一个典型的例子，在双机双桨船舶上即使有一台发动机发生故障，船舶也不会失速到最低限度，否则就失去了采用双机双桨在保障船舶安全性方面的意义。

6）易制造性

在把设计图转入制造工序的阶段，要考虑产品或它的设计图纸固有的制造工艺性。为了用较低的成本制造出高质量的产品，除制造工序应具备必要的设备和能力之外，在设计过程中必须考虑应使产品的特性与这些能力相适应。

产品的制造工艺性好，不仅使成本低、交货快，并且可达到高的可靠性。由于这种性质是取决于制造现场人员实践经验和根据制造工序中物的相对条件而定的一种定性的性质，因此设计人员应该多多听取生产施工人员的意见。例如，在设计时，对于产品尺寸的许用值，设计人员的观点往往与制造工艺人员不一致。设计人员为安全起见，强行规定一个勉强可以制造得很严格的许用值，有时虽有一定效果，但如果要求太高，明显地影响工艺流程的合理性，结果反而不好。

若产品的生产要求采用不太常用的工艺，如材料的特殊化学处理、特殊热处理、超净室内作业等，则要早做准备，必须对如何达到可靠性做事先的研究。

7）设计修正

一般说，对有关方面提出的设计进行变更并修改图纸，这样的做法往往是不受欢迎的。但从可靠性设计的观点来看，修正的效果是不容忽视的。不但后述的设计分析、设计审查十分重要，而且在制造过程、试验阶段提出的变更要求，现场反映和故障报告书等也都是避免和防止设计疏忽及错误的很有益的可靠性设计信息。因而要从设计管理上积极地确定这些信息的传递程序和实现设计修正工作的正规化。

11.1.2.2　维修性设计时的考虑

从可靠性技术发展的初期起，就有把故障的易修复性作为产品固有性质的想法。这是由于可靠性技术研究的范围包括不仅要使产品不发生故障，而且即使一旦发生故障要能很快修复。因而，产生了可维修性工程，现在进一步把可靠性工程称为可靠性、可维修性工程，即把两者作为一个整体来考虑。

可维修性问题与其他各章所述的那样，涉及的范围非常广。在维修性设计方面常常要考虑以下几个方面的问题，即可达性、安装方法、模块化和故障检测功能等。

1）可达性的考虑

所谓可达性，是指在维修作业中对产品内部进行修理操作、插入工具和试验工具以及更换零件等的难易程度。这种性质极其普通，一些细小的地方很容易被疏忽，可是在结构设计完成以后则又很难修正，而且，再也没有比可达性差的产品那样更难以处理的了。可达性大致可从以下三个方面解决：

（1）产品装备场所。

产品装备场所的空间是否影响产品的安装、拆卸作业？工具、试验器等是否容易插入？在这样的作业中维修员的作业位置是否合理？如在设计潜艇机舱时必须考虑柴油机气缸吊出空间等。

（2）产品外壳。

复杂的产品往往分割成几个单元，装在一个外壳中。这种情况下，对各单元的尺寸和外壳开口部分的关系、各单元间的连接方式、开口部分的结构（盖、门）等均应做仔细的考虑。

（3）产品内部。

由于内部的底板、辅助底板安装方法的设计不当，很可能使一些必要的零件无法更换、修理，或是更换和修理要花费很长的时间。这一类问题在一些大型机柜和控制台的设计中特别突出。

零件的布置和空间的安排，对可靠性和制造的工艺等影响很大，与维修之间的关系也必须充分兼顾口为了缩短更换故障零件所需的时间，当然是故障率越高的零件就越应有好的可达性。此外，还应选容易进行目视检查、没有高温和高压危险的安装位置。

2）安装方法的考虑

在复杂的电子仪器中，为减少零件的更换时间，把几个零件集成为一个单元或装入一个机壳中，作为一个维修单位。这种单位称为模块。最近，在大型的船用发动机中也采用模块结构，大大缩短了现场的维修时间。

3）模块设计的考虑

（1）因故障而更换下来的模块是废弃还是送工厂修理，必须预先确定，并作好相应准备。

（2）若知道零件故障率、零件单价、组装费、维修费（保管费、更换作业费）等，在尺寸、重量的限制范围内，可以把模块的大小设计成使总费用最低。

（3）为了使制造容易，经常将许多模块在尺寸、结构、外观方面设计成相同的。这时为防止不同的模块互相插错，要在接插机构上采取措施。

（4）在设计上必须保证同一模块的互换性。此外，为了在取出、插入模块时不损伤接插端子和其他零件，在设计上必须做仔细的考虑。

（5）对由许多模块组成的产品，必须具备故障检测功能或校正试验插件等。

4）故障检测功能的考虑

在复杂产品和系统中，除提高高故障部位的可达性外，为了缩短发现故障所需的时间，还必须具备故障检测功能。这种功能有以下几种：

（1）故障显示、警报装置，校正试验插件。这些不是独立的装置，而是装在产品的内部。它们适用于能直接检测故障部位的产品。

（2）故障检测电路。对于故障部位无法直接检测的产品，必须设计检测电路。这种电路也称为故障诊断电路。在复杂电路、电子计算机等中，已开发应用了各种研究成果。在与电子计算机组合在一起的大系统中，往往用电子计算机进行诊断。

为了方便维修性设计的检查，在设计时可使用表11-3所列的维修性设计检查项目。

表 11-3　维修性设计检查项目

1. 电气设计

(1) 维修方法、试验装置等的参数规格是否符合系统的构想

(2) 元件是否需要特殊的保养

(3) 元件是否能简单地安装连接到系统中去

(4) 在现场更换元件、零件时，系统是否无须在工厂内重新调整

(5) 更换元件时，必须做哪些调整

(6) 调整是否能回复到整个允许范围内

(7) 是否需要做周期性的调整？频度如何

(8) 检查、试验工作是否都能在规定的限耗时间内完成

(9) 必须在工厂内调整的部位是否减到最小

(10) 必须在现场调整的部位是否减到最小

(11) 对同一组件内电路间的连接，是否使每个维修元件上的接线端数为最少

(12) 在调整器操作不当时，是否会引起电路的损坏

(13) 调整器、指示器是否都尽量采用中间指零方式

(14) 是否必须进行定期测试？频度如何

(15) 测试点是否适当？在设备安装状态下接近性是否良好

(16) 需作哪些分解试验

(17) 需要哪些特殊试验仪器或特殊工具

(18) 必备的工厂用或维修用试验仪器是否达到最低限度？此外，能否与其他元件配合好

(19) 修理、更换或调整时是否需要特殊的方法

(20) 零件、组件、部件等的布置是否便于插入测试探头、烙铁和其他工具？此外，单元结构布置是否有碍接近性

(21) 试验、调整及修理程序是否靠维修员起码的知识就能完成？不把部件从构成部本体上取下来能否进行故障探测

(22) 能否依靠指示性的试验器和标准的试验程序检测元件内的全部缺陷(退化性、突发性)

(23) 能否识别早期故障零件？为了取下这样的零件，能否安排一个合理的预防性维修计划表

(24) 对故障率最高的零件的接近性是否良好

(25) 零件不装在一起能否安装到配台上？是否已将不相匹配的零件装配在一起

(26) 元件、组件等能否各自独立安装、更换

(27) 测试点是否要加限流电阻？测试点接地时零件是否会产生故障

(28) 仪表盘照明灯是否容易更换？它不能采用串联连接方式

(29) 对于 300 V 以上电路的测试点是否要加入分压器

(30) 维修中即使使用跨接线，电路是否不发生异常

(31) 调整器是否在看得到的地方？是否在任意位置都不用分解就可操作

(32) 与调整器和显示器有关的部分是否安装在产品的同一表面上

(33) 所有的元件(如果可能，直至零件)是否有充分的识别标示？零件上是否有表示电气特性的标记

(34) 为了使各种功能的元件都能在较好的场所进行检查，电线的长度是否足够长

(35) 使连接电缆不在端子处下垂，能否使用插销连接座

(36) 现场更换的模块、零件、组件等是否用插入式

(37) 电缆装具是否在工厂中作为单个元件设计制造的

(38) 电线的通路是否不被门或罩夹住

(39) 各插销的插头是否能识别

(40) 各插销是否不能插入别的不同的接线座

2. 机械设计

(1) 在装配、更换配线、维修时能否看清全部零件的组件，身体能否接近这些零件和组件

(2) 在正常装备状态下，所有的测试点是否都有很好的接近性

(3) 在正常装备状态下，是否能保证所有现场用调整器的接近性

(4) 采取的装配方式是否考虑尽量减少修理、调整时的拆卸和分解程序

（续表）

（5）是否对维修、贮存、出厂试验等有不符合实际的设施要求
（6）设计中是否强调了对无需的特殊维修环境（电源车、冷气房、特殊电源等）的要求
（7）设计中是否考虑了不使维修员遭受突然事故的伤害
（8）各组件能否独立地装配在希望的位置或容易维修的位置

可维修性的定性要求是维修简便、快速、经济的具体化，根据国内外的实践经验，定性要求可概括为如下几个方面。

（1）具有良好的维修可达性。

维修可达性是指维修产品时，能够迅速方便地达到维修部位的特性。通俗地说，就是维修部位能够"看得见、够得着"或者容易看见、够着，而不需拆卸、搬动其他机件。很显然，可达性好，维修就迅速、简便，而且差错、事故也会减少，所需费用也少。所以，可达性是维修性定性要求中最重要的一条。

为此要合理地布置装备各组成部分及其检测点、润滑点、维护点；要保证维修操作有足够的空间，包括使用工具、器材的空间；合理开设维修通道、窗孔。

（2）提高标准化和互换性程度。

标准化、通用化、模块化和互换性，是现代设计与制造的要求。它们对于武器装备的维修与保障尤其有意义。不但可简化维修，而有利于减轻后勤保障（备件、工具、设备等）负担和战时拆拼修理。因此，发达国家都极为重视武器装备的标准化、通用化、模件化、互换性，并且进一步发展到"共用性"，即系统和设备或部队相互提供服务的能力。

（3）具有完善的防差错措施及识别标记。

维修中的各种差错，轻则延误时间，重则伤人、毁装备。国内外发生的由于维修差错造成飞机事故、火炮损毁的事件屡见不鲜. 经验教训甚多。因此，要采取措施防止维修差错。

要从结构设计上消除差错的可能性。如要使零部件只有装对了才能装得上，装错、装反就装不上；插头、插件只有对准位置才插得进，发生差错能立即发觉并纠正。

合理地设置标记也是防止差错的辅助措施，标记还有助于提高维修效率。因此，要从便于维修和防差错的角度，设置必要的文字、数字、符号、图形等标记。

（4）保证维修安全。

维修安全性是指防止维修时损伤人员、装备的一种设计特性。维修中的安全与使用中的安全有差别。使用通常是在装备处于正常状态、完整状态下进行操作的。而维修则常常是在装备处于故障状态、分解状态下进行操作的。因此，装备仅有使用安全还不够，还要保证维修安全。这就需要在设计时考虑并采取必要的保护装置、措施，包括防机械损伤、防电击、防火、防爆、防毒、防核事故等。

（5）检测诊断准确、快速、简使。

随着武器装备的功能多样化、结构复杂化，故障检测诊断、性能测试已经成为维修工作中的关键问题。特别是电子设备和复杂系统，运用传统手段的故障诊断时间往往占整个维修时间的 60% 以上。因此，通过设计实现检测诊断简便、迅速、准确是装备发展的重要要求。

在装备研制早期就应考虑检测诊断问题,包括检测方式、检测系统、检测点配置等。要把测试性纳入装备研制领域,与其他性能综合权衡,检测系统与主装备同步研制或选配、试验与评定。

(6)重视贵重件的可修复性。

零部件的可修复性是指其磨损、变形、耗损或以其他形式失效后,能够对原件进行修理,使之恢复原有功能的特性。装备上一些重要而昂贵的零部件应具有可修复性。这不但可望节省维修费用,而且有助于减轻后勤(备件)保障负担和战时抢修。为此,应使之有可调整、可矫正、可焊接、可拆装、可镀性,以便采用有效的原件修复措施。

(7)符合维修中的人机工程要求。

人机工程主要研究如何达到人与机器有效的结合和人对机器的有效利用。维修人机工程要求充分考虑人的生理因素、心理因素和人体几何尺寸等因素,以提高维修工作效率和质量,减轻人员疲劳。

此外,还要求减轻维修工作负担,降低维修的技术难度,以便于维修人员培训和补充。

以上定性要求是有普遍意义的,但对不同类型的装备应有所侧重。例如,对某些电子装备,要着重强调模块化、插件连接、自动检测;而对某些机械装备,可能更强调可达性、互换性、通用性、贵重件的可修复性等要求。

11.1.2.3 测试性设计时的考虑

测试性要求,应在尽可能少地增加硬件和软件的基础上,以最少的费用使装备获得所需的测试能力,实现检测诊断简便、迅速、准确。其主要要求是:

(1)对 BIT 和外部测试设备的功能要求。如电子设备 BIT 应能满足基层级维修的要求,BIT 和外部测试设备应能满足中继级维修的要求等,非电子设备 BIT 应满足功能检测的要求。

(2)对可更换单元划分的要求。如对坦克火控系统要求进行功能分解,确定第二层、第三层的功能,按功能要求进行模块化设计,以确定基层级(外场)可更换单元和中继级(车间)可更换单元。

(3)对 AET 和外部检测设备的要求,包括功能组合化,采用标准的计算机测试语言、自检功能、与被测对象自检测相兼容、被测试对象测试接口要求等。

(4)其他特殊要求。如采用油液光、铁谱分析来监控装备技术状况时,采集油样的接口要求;涉及装备安全性的有关参数的监控、报警的要求等。

11.1.2.4 保障性设计时的考虑

GJB3872《装备综合保障通用要求》将保障性要求分为三类:针对装备系统的战备完好性要求、针对装备的保障性设计特性要求、针对保障系统及其资源的要求。可以看出,保障性要求与可靠性、维修性、测试性、保障系统及其资源等要求密切相关。前面已对可靠性、维修性、测试性要求进行介绍,这里着重对保障系统及其资源要求进行分析。

确定保障系统及其资源要求时,应列出每一项综合保障要素的定性要求(约束条件),这些定性要求主要考虑以下几个方面:

(1)与保障有关的设计要求。如要有辅助动力、自制氧、自制高压空气的要求等。

（2）对保障方案的要求。应明确有关维修级别和维修机构设置的设想，基层级和中继级实施换件修理的设想、实施承包商维修的方针政策和初步设想等。

（3）保障资源的约束条件。人员的数量和技术水平的约束、保障设备的品种和数量的约束，尽量采用现有设备和设施的要求，储存方法和技术的约束条件、环境条件的约束等。

（4）保障资源通用化、系列化要求。如应尽量采用系列化维修专用工具的要求，尽量采用通用维修设备的要求，应尽量采用现有燃料、润滑剂品种的要求等。

（5）有关保障单元的运输量（机动性）的要求。如保障单元工种和人数的约束，设备重量、体积的约束，尽量减少战时机动维修设备（工程车、方舱）的要求等。

（6）有关保障系统生存性的要求。如合理设置与划分维修级别，减小保障系统规模，提高其防护能力的要求，尽量减少中继级维修的范围，甚至在战时取消中继级维修的要求。

（7）有些特殊的要求。如坦克在沙漠、沼泽地区使用和潜渡时的特殊保障要求；装备在核生化环境条件下的保障要求等。

11.2 可靠性指标分配

在装备设计阶段，由生产方与订货方共同协商确定整个系统的可靠性指标，根据已给条件及预测数据，以及系统的组成结构，采取一种分配方法，在系统的各个分系统间进行分配，然后各分系统将分配得到的可靠度指标再分配给各个部件，每个部件按所分配的可靠度进行设计，选取元件、零件，以确保系统可靠度指标的要求。这种将系统的可靠性指标分配给分系统及部件的方法，称为可靠性分配。简而言之，可靠性分配就是要将系统可靠性指标由上到下层层分解，使各级设计人员都明确其相应的可靠性设计要求，从而采取合适的措施来满足这一要求。

要进行可靠性分配，必须首先明确设计目标、限制条件、系统下属各级定义的清晰程度及有关信息（如类似产品的可靠性数据等）的多寡。例如，有的是在设计的早期阶段，产品并不十分清晰的情况下进行初步可靠性分配；有的是在假设各分系统串联条件下进行分配；有的是以某些可靠性指标作为限制条件，规定它的最低值，在这一限制下，要求费用、重量、体积等系统的其他参数尽可能小；有的则给出最低费用的限制，在这一限制条件下，要求可靠性最高。随着具体情况不同，可靠性分配方法也不同。但是，其最终目的都是以最小的代价（如制造费用最低、研制时间最短等）来达到系统可靠性的要求。

可靠性基本分配方法有比例分配法、按重要度分配法、按复杂程度分配法以及最优化分配法等。

11.2.1 比例分配法

工作中，应根据系统所要完成的任务及给出的不同条件来进行可靠度分配。这里所给的条件是系统中的各部件的预测可靠度相近似，或允许失效率与预测失效率成比例。首先讨论串联系统的分配法，再讨论简单的复合系统的分配方法。

1) 等分配法

假设系统 S 由 n 个分系统串联组成,并且各分系统所受环境影响基本相同。根据经验所知,各分系统的可靠度相近似,或各分系统的预测可靠度相近。那么,可以认为该系统是均匀的。

如果已知系统可靠度指标 R,于是各系统可靠度指标 R_i^* 那可按下方式分配:

$$\prod_{i=1}^{n} R_i^* = R_i$$

由于预测可靠度 R_i 有

$$R_1 \approx R_2 \approx \cdots \approx R_n$$

可以使 $(R_i^*)^n = R^*$,即有

$$R_i^* = \sqrt[n]{R^*} \quad (i = 1, 2, \cdots, n) \tag{11-1}$$

等分配法的特点是,不管系统的结构如何,也不管系统的各个组成部分的实际情况怎样,各个组成部分平均分担可靠性指标。

例 11.1　若系统 S 由三个分系统串联组成,$R^* = 0.9$,则分配给各分系统的可靠度指标

$$R_i^* = \sqrt[3]{0.9} = 0.965\,5 \quad (i = 1, 2, 3)$$

这种分配方法计算起来特别简单,应用非常方便,但必须要求系统具有均匀性。其分配指标只与系统所给的可靠度指标 R^* 有关,而与分系统的重要度无关,与其预测可靠度也无关。因而,只是在近似分配时才使用这种分配方法。

2) 串联比例分配法(一)

假设系统 S 由 n 个分系统串联组成。假设系统及其分系统都只有正常或失效这两种状态,且各分系统相互独立。若分系统 A_i 在工作时间 t 内的可靠度为 $R_i(i=1, 2, \cdots, n)$,则系统 S 在工作时间 t 内的可靠度为

$$R = \prod_{i=1}^{n} R_i$$

如果每个分系统都服从指数分布,则系统 S 也服从指数分布。设分系统 A_i 的失效率为 λ_i,则分系统 A_i 在工作时间 t 内的可靠度为

$$R_i = e^{-\lambda_i t} \approx 1 - \lambda_i t \quad (i = 1, 2, \cdots, n)$$

故系统 S 在工作时间 t 内的可靠度为

$$R = e^{-\lambda t} = e^{-\sum_{i=1}^{n} \lambda_i t} \approx 1 - \lambda t \tag{11-2}$$

或者分系统在工作时间 t 内的失效概率为

$$q_i = 1 - R_i \tag{11-3}$$

系统 S 在工作时间 t 内的失效概率为

$$q = 1 - R, 即 R = 1 - q \tag{11-4}$$

　　如果系统 S 是均匀的,并且各分系统所受的环境影响基本相同。那么,可认为系统的允许失效概率正比于预测失效概率。就是说若分系统 A_i 的预测失效概率为 q_i 比分系统 A_j $(i \neq j)$ 的预测失效概率 q_j 高 k 倍时,那么,分配给系统 A_i 的允许失效概率 q_i^* 比分配给分系统 A_j 的允许失效概率 q_j^* 也高 k 倍。

　　根据系统 S 的最高需求,若已知系统 S 的可靠度指标 R^* ,那么,系统 S 的允许失效概率 $1 - R^* = q^*$ 。如果分系统 A_i 的预测可靠度为 R_i ,则分系统 A_i 的预测失效概率为 $q_i = 1 - R_i$,于是有

$$\frac{q_i}{q_i^*} = \frac{q}{q^*} (i = 1, 2, \cdots, n) \tag{11-5}$$

即分系统 A_i 的分配失效概率指标为

$$q_i^* = q_i \frac{q^*}{q} (i = 1, 2, \cdots, n)$$

所以分配给分系统 A_i 的可靠度指标为

$$R_i^* = 1 - q_i^* (i = 1, 2, \cdots, n) \tag{11-6}$$

其中

$$\sum_{i=1}^{n} q_i = q, \ \sum_{i=1}^{n} q_i^* = q^*$$

而

$$\prod_{i=1}^{n} R_i^* = R^*$$

　　例 11.2　若系统 S 由 10 个分系统 $A_i (i = 1, 2, 3, \cdots, 10)$ 组成,其条件符合比例分配法的条件。已求出各分系统的预测可靠度为 $R_i (i = 1, 2, 3, \cdots, 10)$,已知 $q_i = 1 - R_i$, $\sum_{i=1}^{n} q_i = 0.2$ 。若已给出系统 S 的可靠度 $R^* = 0.900$,即系统 S 的允许失效概率 $q^* = 0.100$,试求分配给各分系统的可靠度指标 $R_i^* (i = 1, 2, \cdots, 10)$ 。

　　解：已知 $R_1 = 0.98$, $q_1 = 0.02$,于是

$$q_1^* = q_1 \cdot \frac{q^*}{q} = 0.02 \times \frac{0.1}{0.2} = 0.010$$

所以

$$R_1^* = 1 - 0.010 = 0.990$$

同理可以算得 $R_i^* (i = 2, 3, \cdots, 10)$,如表 11-4 所示。

表 11-4　可靠度指标分配结果

子系统	预测可靠度 R_i	预测失效概率 q_i	允许失效概率 q_i^*	可靠度指标 R_i^*
A_1	0.980	0.020	0.010	0.990
A_2	0.980	0.020	0.010	0.990
A_3	0.994	0.006	0.003	0.997
A_4	0.994	0.006	0.003	0.997
A_5	0.992	0.008	0.004	0.996
A_6	0.970	0.030	0.015	0.985
A_7	0.970	0.030	0.015	0.985
A_8	0.970	0.030	0.015	0.985
A_9	0.970	0.030	0.015	0.985
A_{10}	0.985	0.020	0.010	0.990
		$\sum\limits_{i=1}^{10} q_i = 0.2 = q$	$\sum\limits_{i=1}^{10} q_i^* = 0.1 = q^*$	$\prod\limits_{i=1}^{10} R_i^* = 0.904$ $> 0.900 = R^*$

这种分配方法通俗易懂,计算简明。但是这种方法在实际应用中是困难的,由例 10.2 可以看出,这种分配方式提高了所有分系统的可靠度指标,从而使各个分系统的可靠性都需要改进,因此给工作带来了困难。另外我们应用了 $R = 1-q$,实际上 $R \approx 1-q$,而 $R = \mathrm{e}^{-\lambda t}$。所以,这种分配法是一种近似分配法。下面讨论第二种比例分配法。

3) 串联比例分配法(二)

假设系统 S 由 n 个分系统 $A_i(i=1,2,\cdots,n)$ 串联组成。若每个分系统都服从指数分布,其失效率为 λ_i,那么,分系统 A_i 在工作时间 $(0,t)$ 内的可靠度为

$$R_i(t) = \mathrm{e}^{-\lambda_i t} \quad (i=1,2,\cdots,n) \tag{11-7}$$

设系统的失效率为 λ,那么系统 S 在工作时间 $(0,t)$ 内的可靠度为

$$R = \mathrm{e}^{-\lambda t} = \mathrm{e}^{-\sum\limits_{i=1}^{n}\lambda_i t} \tag{11-8}$$

其中

$$\lambda = \sum_{i=1}^{n} \lambda_i$$

称 $\lambda_i t$ 为分系统 A_i 在工作时间 $(0,t)$ 内的任务失效率(或累积失效率),则由式(11-7)可得

$$\lambda_i t = -\ln R_i \tag{11-9}$$

同样,称 λt 为系统 S 在工作时间 $(0,t)$ 内的任务失效率,且 $\lambda t = -\ln R$。

若已知系统 S 在工作时间 $(0,t)$ 内的可靠度指标为 R^*,那么在 $(0,t)$ 内系统 S 的允许

任务失效率为

$$\lambda^* t = -\ln R^* \tag{11-10}$$

又知分系统 $A_i(i=1, 2, 3, \cdots, n)$ 在工作时间 $(0, t)$ 内的可靠度指标为 $R_i(t) = \mathrm{e}^{-\lambda_i t}$ $(i=1, 2, \cdots, n)$，那么在 $(0, t)$ 内分系统 $A_i(i=1, 2, 3, \cdots, n)$ 的允许任务失效率为

$$\lambda_i^* t = -\ln R_i^* \quad (i=1, 2, 3, \cdots, n) \tag{11-11}$$

假设各系统所受到的环境、技术等因素影响基本相同，因此可以认为分系统的允许失效率 λ_i^* 与其预测失效率 λ_i 成比例，则

$$\frac{\lambda_i^*}{\lambda_i} = \frac{\lambda^*}{\lambda} \quad (i=1, 2, 3, \cdots, n)$$

即

$$\frac{\lambda_i^* t}{\lambda_i t} = \frac{\lambda^* t}{\lambda t} \quad (i=1, 2, 3, \cdots, n) \tag{11-12}$$

故

$$\lambda_i^* t = \frac{\lambda^* t}{\lambda t} \lambda_i t \quad (i=1, 2, 3, \cdots, n)$$

所以各分系统 $A_i(i=1, 2, 3, \cdots, n)$ 的可靠度指标为

$$R_i^* = \mathrm{e}^{-\lambda_i^* t} \quad (i=1, 2, \cdots, n) \tag{11-13}$$

例 11.3　无线电引信由三个分系统：自差收发机 A_1、低频放大器及信号处理装置 A_2，执行级 A_3。串联组成如图 11-1 所示。假设电源正常，若已给引信在 $(0, t)$ 时间内的可靠度指标 $R^* = 0.900$，则引信的允许失效率 $\lambda^* t = 0.10536$，已知分系统在工作时间内的预测可靠度 R_i^*（见表 11-5），试分配各分系统可靠度指标。

图 11-1　无线电引信组成

解： 已知分系统 A_1、A_2、A_3 的预测可靠度

$$R_1 = 0.9000, \quad R_2 = 0.9180, \quad R_3 = 0.9080$$

则预测任务失效率为

$$\lambda_1 t = 0.10536, \quad \lambda_2 t = 0.08556, \quad \lambda_3 t = 0.09651$$

故

$$\lambda t = \sum_{i=1}^{3} \lambda_i t = 0.287\ 43$$

允许任务失效率为

$$\lambda_2^* t = \frac{\lambda^* t}{\lambda t} \lambda_2 t = \frac{0.105\ 36}{0.287\ 43} \times 0.085\ 56 = 0.313\ 6$$

所以分系统 A_2 的可靠度指标为

$$R_2^* = \mathrm{e}^{-\lambda_2^* t} = 0.969\ 1$$

其他可靠度指标可类似计算,结果如表 11-5 所示。

表 11-5 可靠度指标分配

子系统	预测可靠度 R_i	预测失效概率 $\lambda_i t$	允许失效概率 $\lambda_i^* t$	可靠度指标 R_i^*
自差收发机 A_1	0.900 0	0.105 36	0.038 62	0.962 1
低频放大器及信号处理装置 A_2	0.918 0	0.085 56	0.031 36	0.969 1
执行级 A_3	0.908 0	0.096 51	0.035 38	0.965 2
		$\sum_{i=1}^{3} \lambda_i t = 0.287\ 43$	$\sum_{i=1}^{3} \lambda_i^* t = 0.105\ 356$	$\prod_{i=1}^{3} R_i^* = 0.900\ 0$ $= R^*$

第二种比例分配法的结果与第一种比例分配法的结果比较,前者精度高,但是计算量要大一些,并且要求系统的允许失效率 $\lambda^* t$ 与各分系统的允许失效率之和 $\sum \lambda_i^* t$ 之间的误差很小,那么 $\prod_{i=1}^{n} R_i^* \approx R^*$ 的精度就高,否则 $\prod_{i=1}^{n} R_i^* \approx R^*$ 误差就大。

运用比例分配法必须事先预测各分系统的可靠度,这就是应用比例分配法的不方便之处。

11.2.2 按重要程度分配(AGREE 分配法)

前面所讨论的比例分配法,方法简单,使用方便。但是,分配的结果使每个分系统的可靠度都要提高,即对每个分系统的可靠度都要改善,改善分系统的可靠度必然增加分系统的成本费,同时用比例分配法不能体现分系统各自在系统中的重要程度。因此,按重要程度分配法比比例分配法更为完善。

假设 S 为 n 个分系统 $A_i(i=1, 2, 3, \cdots, n)$ 组成的串联系统,各分系统均由独立的标准组件装置,元件有互相无关的常数失效率,用特定的分系统失效引起系统失效的概率来定义分系统的重要系数:第 i 个分系统的重要系数 ω_i 为

$$\omega_i = P\{\text{系统失效} \mid \text{当分系统} A_i \text{失效时}\} \quad i = 1, 2, \cdots, n$$

已知系统 S 共有 N 个组件，A_i 分系统有 n_i 组件 $(i = 1, 2, 3, \cdots, n)$，即 $\sum\limits_{i=1}^{n} n_i = N$。若各分系统服从指数分布，即

$$R_i(t) = \mathrm{e}^{-\frac{t}{m_i}}$$

那么，系统 S 也服从（或近似服从）指数分布，其可靠度为

$$R(t) = \mathrm{e}^{-\frac{t}{m}}$$

式中：m_i 和 m 分别为分系统 A_i 和系统 S 的平均寿命（或平均无故障间隔时间）；m_i 为待定数。因而在工作时间 $(0, t)$ 内分系统 A_i 对系统 S 而言的实际可靠度应为

$$R_i'(t) = 1 - \omega_i (1 - \mathrm{e}^{-\frac{t}{m_i}}) \, (i = 1, 2, 3, \cdots, n) \tag{11-14}$$

若给系统 S 的可靠度指标 $R^*(t)$，要求出分配到各分系统的可靠性指标 $R_i^*(t)$。

如果系统 A_i 和系统 S 在工作时间 $(0, t)$ 内的失效率为 λ_i 及 λ，且它们之间的关系为

$$\frac{\lambda_i}{\lambda} = \frac{n_i}{N} (i = 1, 2, 3, \cdots, n) \tag{11-15}$$

即

$$\frac{\lambda_i}{\lambda} = \frac{\ln \mathrm{e}^{-\lambda_i t}}{\ln \mathrm{e}^{-\lambda t}} = \frac{n_i}{N} \tag{11-16}$$

$$\ln R_i(t) = \ln[R(t)]^{\frac{n_i}{N}} (i = 1, 2, 3, \cdots, n)$$

$$R_i(t) = [R(t)]^{\frac{n_i}{N}} (i = 1, 2, 3, \cdots, n) \tag{11-17}$$

由式 $(11-17)$ 得到 A_i 分系统的实际可靠度与系统 S 的可靠性指标的关系为

$$R_i'(t) = [R^*(t)]^{\frac{n_i}{N}} (i = 1, 2, 3, \cdots, n) \tag{11-18}$$

故有

$$1 - \omega_i (1 - \mathrm{e}^{-\frac{t}{m_i}}) = [R^*(t)]^{\frac{n_i}{N}} \tag{11-19}$$

由式 $(11-19)$ 得到分系统 A_i 的平均寿命为

$$m_i^* = \frac{-t}{\ln\left\{1 - \dfrac{1}{\omega_i}(1 - [R^*(t)]^{\frac{n_i}{N}})\right\}} (i = 1, 2, 3, \cdots, n) \tag{11-20}$$

所以分配给 A_i 分系统的可靠性指标为

$$R_i^*(t) = \mathrm{e}^{-\frac{t}{m_i^*}} = 1 - \frac{1}{\omega_i}(1 - [R^*(t)]^{\frac{n_i}{N}}) (i = 1, 2, 3, \cdots, n) \tag{11-21}$$

我们知道,当$|x|$很小时,e^{-x}有近似公式

$$e^{-x} \approx 1 - x, \text{或} \ x = 1 - e^{-x} \qquad (11-22)$$

若采用近似式(11-22),则A_i分系统的实际可靠度为

$$R_i'(t) = 1 - \omega_i \frac{t}{m_i} = \exp\left(-\frac{\omega_i t}{m_i}\right) \qquad (11-23)$$

将式(11-23)代入式(11-18)得到

$$\exp\left(-\frac{\omega_i t}{m_i}\right) = \left[R^*(t)\right]^{\frac{n_i}{N}} \qquad (11-24)$$

对式(11-24)两边取对数,解得平均寿命为

$$m_i^* = \frac{N\omega_i t}{n_i(-\ln R^*(t))}(i = 1, 2, 3, \cdots, n) \qquad (11-25)$$

所以分配给各分系统的可靠度指标为

$$R_i^*(t) = \exp\left[\frac{n_i \ln R^*(t)}{N\omega_i}\right](i = 1, 2, 3, \cdots, n) \qquad (11-26)$$

如果分系统A_i在$(0, t)$内工作时间为$t_i(0 < t_i < t)$,则式(11-20)和式(11-25)相应可变为

$$m_i^* = \frac{t_i}{\ln\left\{1 - \frac{1}{\omega_i}(1 - \left[R^*(t)\right]^{-\frac{n_i}{N}})\right\}}(i = 1, 2, 3, \cdots, n) \qquad (11-27)$$

和

$$m_i^* = \frac{N\omega_i t_i}{n_i(-\ln R^*(t))}(i = 1, 2, 3, \cdots, n) \qquad (11-28)$$

例 11.4 设有一台机载电子设备为 5 个分系统的串联系统,要求工作 12 h 的可靠度为 0.923,试求各分系统的可靠度分配,各分系统的有关数据如表 11-6 所示,试求各分系统的可靠度分配指标。

表 11-6 分系统的有关数据

分系统	分系统组合数 n_i	A_i 工作时间 t_i/h	A_i 的重要度 ω_i
发动机 A_1	102	12	1.0
接收机 A_2	91	12	1.0
控制设备 A_3	242	12	1.0
起飞自动装置 A_4	95	3	0.3
电源 A_5	40	12	1.0

解： $R^* = 0.923$，$\ln R^* = 0.080\,1$，$N = 570$,利用式(11-28)得

$$m_1^* = \frac{570 \times 1.0 \times 12.0}{102 \times (-\ln 0.923)} = 837\ \mathrm{h}$$

$$m_2^* = \frac{570 \times 1.0 \times 12.0}{91 \times (-\ln 0.923)} = 938\ \mathrm{h}$$

$$m_3^* = \frac{570 \times 1.0 \times 12.0}{242 \times (-\ln 0.923)} = 353\ \mathrm{h}$$

$$m_4^* = \frac{570 \times 0.3 \times 3.0}{95 \times (-\ln 0.923)} = 67\ \mathrm{h}$$

$$m_5^* = \frac{570 \times 1.0 \times 12.0}{40 \times (-\ln 0.923)} = 2\,134\ \mathrm{h}$$

所以各分系统分配的可靠度指标

$$R_1^*(12) = \mathrm{e}^{-\frac{t_1}{m_1^*}} = \mathrm{e}^{-\frac{12}{837}} = 0.986$$

$$R_2^*(12) = \mathrm{e}^{-\frac{12}{938}} = 0.987$$

$$R_3^*(12) = \mathrm{e}^{-\frac{12}{353}} = 0.986$$

$$R_4^*(3) = \mathrm{e}^{-\frac{3}{67}} = 0.987$$

$$R_5^*(12) = \mathrm{e}^{-\frac{12}{2\,134}} = 0.994$$

再考虑串联系统要求的指标 $R^*(12) = 0.923$,而用分配后分系统的指标计算系统的可靠度为

$$R_1^*(12) \cdot R_2^*(12) \cdot R_3^*(12) \cdot R_4^*(3) \cdot R_5^*(12) = 0.923\,26$$

两者差值为 $0.000\,26$。

11.2.3 按复杂程度分配

1) 串联系统

假设系统 S 由 n 个分系统 $A_i(i = 1, 2, \cdots, n)$ 串联组成,A_i 可靠度为 $R_i(i = 1, 2, \cdots, n)$,系统 S 的可靠度为

$$R = \prod_{i=1}^{n} R_i \tag{11-29}$$

我们知道,一个系统的复杂程度或复杂系数反映该系统失效的容易程度,因此,可以认为,系统的失效概率 q 与复杂程度系数成正比,故有分系统 A_i 的失效概率 q_i 与其复杂程度系数 c_i 成正比,即

$$q_i = kc_i\,(i = 1, 2, \cdots, n) \tag{11-30}$$

于是系统 S 的可靠度为

$$R = \prod_{i=1}^{n} (1 - kc_i) \tag{11-31}$$

其中 $k>0$，若给定系统的可靠度指标为 R^*，试求各分系统的分配可靠度指标 R_i^*。

由式(11-31)有

$$R^* = (1-kc_1)(1-kc_2)\cdots(1-kc_n) \tag{11-32}$$

式中 c_i 是分系统 A_i 的复杂程度系数。可以由技术员根据以往经验及数据资料讨论评定各分系统的复杂程度系数。因此，式(11-32)是未知数 k 介的 n 次代数方程。如能求得 n 次方程式(11-32)的正实根 k_0，就可以得到各分系统的失效率 $q_i^* = 1-c_ik_0 (i=1, 2, \cdots, n)$。但是，当 $n \geqslant 4$ 时，解高次方程(11-32)是没有解析方法的，主要是近似解法。这里可采用一次近似解法来寻求问题的解。

方程(11-32)可改写为

$$R^* = 1-\sum_{i=1}^{n} c_ik + \cdots + (-1)^n \prod_{i=1}^{n} c_ik \tag{11-33}$$

当 $k>0$ 且甚小时，可以取

$$R^* \approx 1-\sum_{i=1}^{n} c_ik \text{ 或 } R^* = 1-\sum_{i=1}^{n} c_ik$$

得系统的失效概率为

$$q^* = \sum_{i=1}^{n} c_ik, \text{ 即 } k = \frac{q^*}{\sum_{i=1}^{n} c_i}$$

其中 $q^* = 1-R^*$。分系统 A_i 的失效概率为

$$q_i = c_ik = \frac{c_iq^*}{\sum_{i=1}^{n} c_i} (i=1, 2, \cdots, n) \tag{11-34}$$

设 $\omega_i = \dfrac{c_i}{\sum_{i=1}^{n} c_i} (i=1, 2, \cdots, n)$

则有

$$q_i = \omega_iq^*, R_i = 1-\omega_iq^* (i=1, 2, \cdots, n) \tag{11-35}$$

这里 R_i 是分配指标 R_i^* 的近似值，因此，应采取修正系数来求 R_i^*。令

$$R_i^* = hR_i (i=1, 2, \cdots, n) \tag{11-36}$$

其中 h 为修正系数，则

$$R^* = \prod_{i=1}^{n} R_i^* = h\prod_{i=1}^{n} R_i = hR$$

即

$$h = \left(\frac{R^*}{R}\right)^{\frac{1}{n}}$$

式中

$$R = \prod_{i=1}^{n}(1 - \omega_i q^*)$$

所以，各分系统的分配可靠度指标为

$$R_i^* = (1 - \omega_i q^*)\left[\frac{R^*}{\prod\limits_{i=1}^{n}(1 - \omega_i q^*)}\right]^{\frac{1}{n}} \quad (i = 1, 2, \cdots, n) \tag{11-37}$$

例 11.5 假设系统由 4 个分系统串联组成，已知各分系统的复杂系数分别为：10，25，5，40，又给系统 S 的可靠度指标 $R = 0.8$，试求各分系统的分配可靠度指标。

解：先算出 ω_i 及 q^*：

$$\omega_i = \frac{c_i}{\sum\limits_{i=1}^{n} c_i}$$

$$\omega_1 = 0.13, \ \omega_2 = 0.31, \ \omega_3 = 0.06, \ \omega_4 = 0.50$$
$$q^* = 1 - R^* = 0.20$$

再算得

$$R = \prod_{i=1}^{4}(1 - \omega_i q^*)$$
$$= 0.974 \times 0.938 \times 0.988 \times 0.900$$
$$= 0.812$$
$$h = \left(\frac{R^*}{R}\right)^{\frac{1}{n}} = \left(\frac{0.8}{0.812}\right)^{\frac{1}{4}} = 0.996$$

由式(11-37)求出各分系统的分配可靠度指标(见表 11-7)。

表 11-7 各分系统的分配可靠度指标

分系统	复杂系数 c_i	ω_i	$q^* \omega_i$	$1 - q^* \omega_i$	R_i^*
A_1	10	0.13	0.026	0.974	0.971
A_2	25	0.31	0.062	0.938	0.934
A_3	5	0.06	0.012	0.988	0.984
A_4	40	0.50	0.100	0.900	0.896
共计	80	1.00	0.200		$\prod\limits_{i=1}^{n} R_i^* = 0.7996 \approx 0.80$

2) 并联系统

假设系统 S 由 n 个分系统 $A_i(i=1, 2, 3, \cdots, n)$ 并联组成,这里考虑的是系统的可靠度。分系统服从指数分布,系统近似地服从指数分布,则系统 S 的可靠度为

$$R_s(t) = e^{-\lambda_s t} \approx 1 - \lambda_s t$$
$$F_s(t) = \lambda_s t \tag{11-38}$$

式中:λ_s 是系统的失效率;$F_s(t)$ 是系统的不可靠度。

设 λ_i 是分系统 $A_i(i=1, 2, 3, \cdots, n)$ 的失效率,则分系统的可靠度为

$$R_i(t) = e^{-\lambda_i t} \approx 1 - \lambda_i t \tag{11-39}$$

则系统的可靠度为

$$R_s(t) = 1 - \prod_{i=1}^{n}[1 - R_i(t_i)]$$
$$\approx 1 - \prod_{i=1}^{n} \lambda_i t_i \tag{11-40}$$

因而系统的不可靠度为

$$F_s(t) = \lambda_s t \approx \prod_{i=1}^{n} \lambda_i t_i \tag{11-41}$$

其中 t_i 为分系统 A_i 的工作时间,$0 < t_i \leqslant t (i=1, 2, 3, \cdots, n)$。

当 $t_i = t$ 时,则有

$$\lambda_s = (\prod_{i=1}^{n} \lambda_i) t^{n-1} \tag{11-42}$$

当 $t_i = 2$ 时,则有

$$\lambda_s = \lambda_1 \lambda_2 t \tag{11-43}$$

已知系统的失效率指标为 λ_s^*,若分系统 A_i 的复杂程度系数 c_i 与 A_i 的预测失效率 λ_i 成比例,即有

$$\frac{\lambda_1^*}{\lambda_2^*} = \frac{\lambda_1}{\lambda_2} = \frac{c_1}{c_2} \tag{11-44}$$

由式(11-43)和式(11-44)可得到

$$\lambda_1^* = \frac{c_1}{c_2} \lambda_2^* = \frac{c_1 \lambda_s^*}{c_2 \lambda_1^* t} \tag{11-45}$$

即 A_1 的失效率分配指标为

$$\lambda_1^* = \sqrt{\frac{c_1 \lambda_s^*}{c_2 t}} = \sqrt{\frac{\lambda_1 \lambda_s^*}{\lambda_2 t}} \tag{11-46}$$

同理可以推得 A_2 的失效率分配指标为

$$\lambda_2^* = \sqrt{\frac{c_2 \lambda_s^*}{c_1 t}} = \sqrt{\frac{\lambda_2 \lambda_s^*}{\lambda_1 t}} \tag{11-47}$$

例 11.6 今有串并联系统 S 如图 11-2 所示,已知系统寿命近似地服从指数分布,部件的预测失效率及复杂程度系数 c_i 列入表 11-8 中,当工作时间为 500 h 时,系统可靠度指标为 99%,试求在工作时间为 500 h 时各部件的可靠度分配指标。

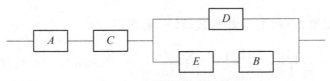

图 11-2 系统 S 可靠性框图

表 11-8 部件的预测失效率及复杂程度系数

分系统	预测失效率	复杂系数 c_i
A, E	1×10^{-6}	1×10^{-6}
B	8×10^{-6}	6.53×10^{-6}
C, D	10×10^{-6}	9.10×10^{-6}

解: 系统 S 由部件 A,C 及分系统 S_1 组成。

先求系统的失效率指标 λ_S^*,由于

$$R_S^*(500) = 0.99 = e^{-\lambda_S^* \times 500}$$

则

$$\lambda_S^* = 20 \times 10^{-6}(1/h)$$

再求分系统 S_1 的复杂系数 c_{S_1}

$$c_{S_1} = (\lambda_E + \lambda_B)\lambda_D t$$
$$= 9 \times 10^{-6} \times 10 \times 10^{-6} \times 500$$
$$= 4.5 \times 10^{-8}$$

复杂系数的总和:

$$c_A + c_C + c_{S_1} = 10.145 \times 10^{-6}$$

根据式(11-34)得到分配的失效率指标为

$$\lambda_A^* = \frac{20 \times 10^{-6} \times 1}{10.145} = 1.97 \times 10^{-6}(1/h)$$

$$\lambda_c^* = \frac{20 \times 10^{-6} \times 9.1}{10.145} = 17.94 \times 10^{-6}(1/h)$$

$$\lambda_{S_1}^* = \frac{20 \times 10^{-6} \times 4.5 \times 10^{-2}}{10.145} = 8.88 \times 10^{-6}(1/h)$$

再把 $\lambda_{S_1}^*$ 分配给各部件。根据式(11-46)和式(11-47)进行计算得到

$$\lambda_D^* = \sqrt{\frac{10 \times 10^{-6} \times 8.88 \times 10^{-6}}{9 \times 10^{-6} \times 500}} = 0.140\,5 \times 10^{-4}\,(1/h)$$

$$\lambda_S^* = \sqrt{\frac{9 \times 10^{-6} \times 8.88 \times 10^{-6}}{10 \times 10^{-8} \times 500}} = 0.126\,4 \times 10^{-4}\,(1/h)$$

最后把 λ_s^* 分配给 λ_E^* 和 λ_B^*。根据式(11-34)可得

$$\lambda_E^* = \frac{c_E \lambda_{S_1}^*}{c_E + c_{S_1}} = \frac{0.126\,4 \times 10^{-4} \times 1}{1 + 6.53} = 0.016\,8 \times 10^{-4}\,(1/h)$$

$$\lambda_B^* = \frac{c_B \lambda_{S_1}^*}{c_B + c_{S_1}} = \frac{0.126\,4 \times 10^{-4} \times 6.53}{1 + 6.53} = 0.169\,6 \times 10^{-4}\,(1/h)$$

采用 $R_i^*(t) \approx 1 - \lambda_i^* t$ 近似式求得各部件的可靠度分配指标为

$$R_A^* \approx 1 - 1.97 \times 10^{-6} \times 500 = 0.999\,0$$
$$R_B^* \approx 1 - 0.169\,6 \times 10^{-4} \times 500 = 0.994\,5$$
$$R_C^* = 0.991\,0$$
$$R_D^* = 0.993\,0$$
$$R_E^* = 0.999\,2$$

11.2.4 最优化分配

许多最优化理论都可以用于可靠性分配,如线性规划方法等等。这些方法的关键均在于找到合适的优化目标函数以及相应的约束条件。在此,仅用拉格朗日算法为例作简要说明。

已经知道,可靠度分配由于所具有的条件不同,其分配的方法不同。在实际工作中往往根据某些明确的要求(或限制)来进行分配,如有的要求按各分系统制造费用最低进行分配;有的要求按体积最小进行分配;有的要求按达到一定灵敏度水平进行分配等。一般是根据系统所完成任务而起主导作用的那些特性参数来选取分配方案,对于这种有约束的系统的分配,可以采用拉格朗日乘数法。

假设系统 S 由 n 个部件组成,显然系统的可靠度 R_S 是各部件的可靠度 $R_i (i=1, 2, \cdots, n)$ 的函数,即有

$$R_S = R(R_1, R_2, \cdots, R_n) \tag{11-48}$$

若 R_i 与变量 x_i(如 x_i 是第 i 个部件的成本费、体积或重量)

$$x_i = x_i(R_i)(i = 1, 2, \cdots, n)$$

且 $x_i(R_i)$ 是单调增函数,要求系统 S 的可靠度为 R^* 的条件下,使

$$x = \sum_{i=1}^{n} x_i(R_i) \tag{11-49}$$

最小进行分配,即在约束条件

$$R^* = R(R_1, R_2, \cdots, R_n)$$

的限制下,求满足

$$\min \sum_{i=1}^{n} x_i(R_i)$$

的解$(R_1^*, R_2^*, \cdots, R_n^*)$。

引入拉格朗日函数

$$L(R_i, \lambda) = \sum_{i=1}^{n} x_i(R_i) + \lambda [R^* - R(R_1, R_2, \cdots, R_n)]$$

式中λ是拉格朗日待定系数。根据极值的必要条件有

$$\frac{\partial L}{\partial R_i} = \frac{\mathrm{d}x_i}{\mathrm{d}R_i} - \lambda \frac{\partial R}{\partial R_i} = 0 \, (i = 1, 2, \cdots, n) \tag{11-50}$$

求式(11-50)的解,如果有一解$(R_1^{(k)}, R_2^{(k)}, \cdots, R_n^{(k)})$满足极小值的充分条件,则$(R_1^{(k)}, R_2^{(k)}, \cdots, R_n^{(k)})$即为所要求的分配指标。如果式(11-50)只有唯一的正数解$(R_1^1, R_2^1, \cdots, R_n^1)$且$R \leqslant 1$,$(i=1, 2, \cdots, n)$,则此解即为所求的分配指标。

例 11.7 假设系统S由A_1,A_2串联组成,$R(R_1, R_2) = R_1 R_2$

$$x_i = B_i - \frac{1}{\alpha_i} \ln(1 - R_i)$$

式中$\alpha_1 = 0.9$,$\alpha_2 = 0.4$,x_i为分系统A_i的成本费。已知系统的可靠度指标$R = 0.72$,试求各分系统的可靠度指标。

解: 由于$R = 0.72$,即有$R_2 = \dfrac{0.72}{R_1}$,又由式(11-50)得到方程组

$$\begin{cases} \dfrac{R_1}{0.9(1-R_1)} = \dfrac{R_2}{0.4(1-R_2)} \\ R_2 = \dfrac{0.72}{R_1} \end{cases}$$

由上面方程组得到

$$R_1^2 + 0.9R_1 - 1.62 = 0$$

故有

$$R_1 = \frac{-0.9 \pm 2.7}{2}, \quad R_1^{(1)} = 0.9, \quad R_1^{(2)} = -1.9$$

略去$R_1^{(2)} = -1.9$,将$R_1^{(1)}$代入方程得到

$$R_2^{(1)} = \frac{0.72}{0.9} = 0.8$$

$(R_1^{(1)}, R_2^{(1)})$为唯一极值点。因此,所要求的可靠度分配指标为$R_1^* = 0.9$,$R_2^* = 0.8$。

如果系统 S 为 n 个部件的串联系统，设 V_i 为第 i 个部件的体积，则系统 S 的体积 $V = \sum_{i=1}^{n} V_i$，并且 V_i 和部件的可靠度 R_i 的关系可以表示为 $R_i = f_i(V_i)$，已知系统的容许体积为 V_0^*。

如果在条件

$$V^* = \sum_{i=1}^{n} V_i \tag{11-51}$$

的限制下，求系统的可靠度最大时 V_i 的最佳分配，即在式(11-51)的约束下，求满足

$$\max R_i = \prod_{i=1}^{n} f_i(V_i)$$

的解。

引入拉格朗日函数

$$L(V_i, \lambda) = R(V_i) + \lambda\left[V^* - \sum_{i=1}^{n} V_i\right] = R(V_i) + \lambda\phi(V_i)$$

式中 $\phi(V_i) = V^* - \sum_{i=1}^{n} V_i$

$$\frac{\partial R}{\partial V_i} - \lambda\frac{\partial \phi}{\partial V_i} = 0$$

由于 $R = \prod_{i=1}^{n} R_i$，因此有

$$\begin{cases} \dfrac{\partial R}{\partial V_i} = \dfrac{R}{R_i} \\ \dfrac{\partial R}{\partial V_i} = R\dfrac{\partial(\ln R_i)}{\partial V_i} = R\dfrac{\partial[\ln f_i(V_i)]}{\partial V_i} = \lambda \end{cases} \quad (i = 1, 2, \cdots, n) \tag{11-52}$$

如果 R_i 和 V_i 的关系 f_i 可以用数量表示出来，则可用解析法求得最佳值 V_i，R_i 和 λ。

11.2.5 储备度的分配法

如果系统的固有可靠度不能满足系统规定的可靠度指标，那么，需要采取必要的加储备件的方法来提高系统的可靠度。

1) 在部件级上或在系统级上加备件

采用备件的方法提高系统的可靠度必须注意两点：一是设计要求简便；二是备件成本低。希望通过最小努力而达到最大效果，最简单的方法可以采取在部件级上加备件，或在系统级上加备件。

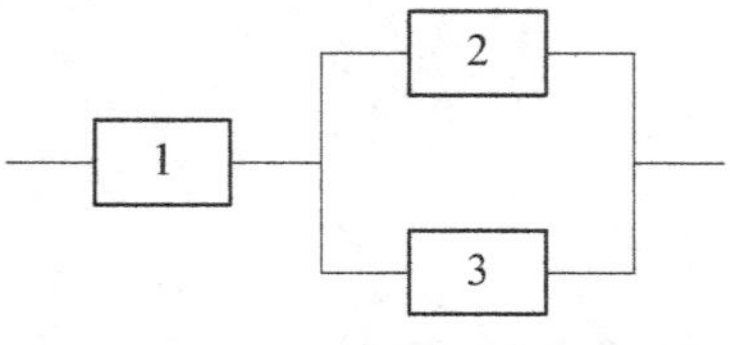

例如原系统 S 如图 11-3 所示，若在系统级上加备件，则采取两个同型系统 S 并联，如图 11-4 所示的备件系统 S_1；若在部件级上加备件，则采取每一个部件并联后再按原

图 11-3 原系统图

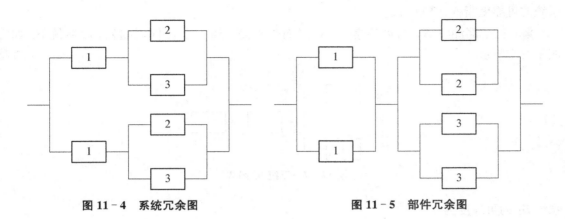

图 11-4　系统冗余图　　　　　图 11-5　部件冗余图

系统结构组合,如图 11-5 所示的备件系统 S_2。

　　已经证明,部件级上加备份的系统的可靠度大于系统一级加备份的系统的可靠度,即有 $R(S) \leqslant R(S_1) \leqslant R(S_2)$。那么,是不是每一个部件上都要加备份呢? 如何设计一个可靠的系统并使其费用最小呢?

　　通常加备件时,并不是对系统的每个部件都加备件,即使对每个部件加备件时,也不一定是每个部件都加相同数目的备件。由于备件数目多少是直接关系到系统的成本、体积、重量等因素,因此,不能对某个部件增加过多的备件。值得关注的问题是:在系统可靠度达到所需指标的条件下,所用备件数目最小。

　　设系统 S 由 n 个独立部件 X_1,X_2,$\cdots$,X_n 串联组成,各部件的可靠度分别为 R_1,R_2,$\cdots$,R_n,则系统 S 的可靠度为

$$R = f(R_1, R_2, \cdots, R_n) = R_1 \cdot R_2 \cdot \cdots \cdot R_n$$

　　如果对部件 X_i 加一个备件,则新系统 S_i 的可靠度为

$$
\begin{aligned}
R_i^* &= f_i(R_1, R_2, \cdots, R_n) \\
&= R_1 \cdot R_2 \cdot \cdots \cdot R_i[1-(1-R_i)^2]R_i + R_n \\
&= (2-R_i)R_1 \cdot R_2 \cdot \cdots \cdot R_n \\
&= (2-R_i)f(R_1 \cdot R_2 \cdot \cdots \cdot R_n)
\end{aligned}
$$

显然有

$$R_i^* > R$$

　　即备件后的新系统比原系统度的可靠度提高了。当 $(2-R_i)$ 的差值越大,即 R_i 越小时,系统可靠度提高的幅度越大。因此,我们应该对可靠度最低的部件加备份,这样所加的数量最少。

　　例 11.8　设系统由 S 个三个部件 X_1,X_2,X_3 串联组成(见图 11-6),各部件的可靠度分别为 0.5,0.8,0.85,系统 S 的可靠度 0.34,试增加最小数目的备件,使

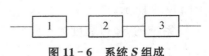

图 11-6　系统 S 组成

系统的可靠度指标达到 0.7。

　　解： 三个部件中 X_1 的可靠度最小，因而先对 X_1 加一个备件，加备件后系统 S_1 如图 11 - 7 所示。

图 11 - 7　系统 S_1 组成

系统 S_1 的可靠度为

$$R_1 = (2 - 0.5) \times 0.5 \times 0.8 \times 0.85$$
$$= 0.51$$

S_1 的可靠度仍不满足要求，因此再加备件，这里 X_1 加备件后形成并联结构 X_1'，且 X_1' 的可靠度为

$$R_1' = 1 - (1 - 0.5)^2 = 0.75$$

于是系统 S_1 可视为 X_1'，X_2，X_3 的串联系统，且 X_1' 的可靠度为 0.75，比 X_2，X_3 的可靠度小，因此再加备件 X_1 得到 X_1'' 结构，其可靠度为

$$R_1'' = 1 - (1 - 0.5)^3 = 0.875$$

于是可以得到如图 11 - 8 所示的由 X_1''，X_2 及 X_3 串联所组成的系统 S_2。

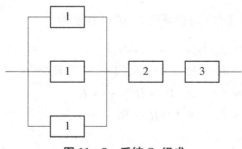

图 11 - 8　系统 S_2 组成

　　系统 S_2 的可靠度为

$$R_2^* = 0.875 \times 0.8 \times 0.85 = 0.595$$

仍然没有达到要求的指标，此时部件 X_2 的可靠度最小，因此对部件 X_2 加备件得系统 S_3，如图 11 - 9 所示。

　　系统的 S_3 可靠度为

$$R_3^* = [1 - (1 - 0.8)^2] \times 0.875 \times 0.85 = 0.714$$

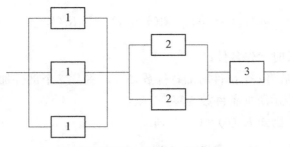

图 11 - 9 系统 S_3 组成

所得系统 S_3 的可靠度超过要求指标(0.7),即所求系统为 S_3。

2)成本最小可靠性最高的加备件方法

现在从成本最小出发加备件,假设系统由 n 个独立部件串联组成,各部件的可靠度为 R_1,R_2,$\cdots$,R_n,各部件的成本费为 c_1,c_2,$\cdots$,c_n,要求系统的可靠度达到预定的指标但所用备件的成本最小。这个问题可以演化为两种约束极值问题。

(1)已知系统应达到的可靠度指标 R^*。m_1,m_2,$\cdots$,m_n 为未知数,要求满足条件,即

$$\prod_{i=1}^{n}\left[1-(1-R_i)^{m_i}\right] \geqslant R^* \tag{11-53}$$

使

$$c = \sum_{i=1}^{n} c_i m_i \tag{11-54}$$

最小,这是对系统的可靠度进行限制,使系统的成本费最小,求正整数 $m_i(i=1, 2, \cdots, n)$,这是整数规划问题。

(2)也可以对系统的成本进行限制,使可靠度达到最大,即要求满足

$$\sum_{i=1}^{n} c_i m_i \leqslant c \tag{11-55}$$

条件,使

$$R^* = \prod_{i=1}^{n}\left[1-(1-R_i)^{m_i}\right] \tag{11-56}$$

最大,式中 c 为系统备件后的总成本。

上面两个问题可以利用数学规划方法求解。下面举一个利用运筹学中的方法来找满足式(11-53),并使费用函数式(11-54)最小的非负整数 m_1,m_2,$\cdots$,m_n 的例子。

例 11.9 假设系统 S 由 5 个部件 X_1,X_2,X_3,X_4,X_5 串联组成,其可靠度分别为 0.96,0.93,0.85,0.8,0.75,各部件的成本费分别是 300 元,1 200 元,800 元,500 元,1 000元。备件后要求系统的可靠度不小于 0.8,使系统的成本费最小。

解:选择备件时既要考虑成本又要考虑部件的可靠度,选取可靠度较小成本较低的部件先加备件,并且根据参数

$$\mu_i(k_i) = \frac{1}{c_i}\big[\lg R_i(k_i+1) - \lg R_i(k_i)\big] \qquad (11-57)$$

进行选择,当 μ_i 值最大时优先备件。

式(11-57)中 k_i 是第 i 个部件所加备件数,$R_i(k_i)$ 是第 i 个部件加 k_i 个备件的可靠度,初始状态 $R_i(0)=R_i$ 表示所加备件数为零。

首先计算 $\mu_i(k_i)$。已知 $R_1(0)=0.96$,则

$$R_1(1) = 1 - (1-0.96)^2 = 0.998\,4$$

$$\mu_1(0) = \frac{1}{300}\big[\lg R_1(1) - \lg R_1(0)\big]$$

$$= \frac{1}{300}(\lg 0.998\,4 - \lg 0.96)$$

$$= 5.76 \times 10^{-5}$$

同理算得

$$\mu_2(0) = \frac{1}{1\,200}(\lg 0.995\,1 - \lg 0.93)$$

$$= 2.45 \times 10^{-5}$$

$$\mu_3(0) = \frac{1}{800}(\lg 0.977\,5 - \lg 0.85)$$

$$= 7.58 \times 10^{-5}$$

$$\mu_4(0) = \frac{1}{500}(\lg 0.96 - \lg 0.8)$$

$$= 15.84 \times 10^{-5}$$

$$\mu_5(0) = \frac{1}{1\,000}(\lg 0.937 - \lg 0.75)$$

$$= 9.67 \times 10^{-5}$$

由以上可知,$\mu_4(0)$ 最大,因此先对 X_4 加备件,加备件后的系统 S_1 的可靠度为

$$0.96 \times 0.93 \times 0.85 \times [1-(1-0.8)^2] \times 0.75 = 0.546$$

增加备件 X_4 后,系统的成本费增加 500 无,系统 S_1 如图 11-10 所示。

图 11-10　系统 S_1

系统 S_1 的可靠度为 0.546,没有达到预定指标,还需要加备件,故再计算 μ_i。由于 X_1,X_2,X_3,X_5 没加备件,μ_i 参数仍为 $\mu_i = \mu_i(0)(i=1,2,3,5)$。

$$R_4(1) = 1 - (1 - 0.8)^2 = 0.96$$
$$R_4(2) = 1 - (1 - 0.8)^3 = 0.992$$
$$\mu_4(1) = \frac{1}{500}(\lg 0.992 - \lg 0.96) = 2.85 \times 10^{-5}$$

所以此时 $\mu_5(0) = 9.67 \times 10^{-5}$ 最大，因此对 X_5 加备件，加备件后的系统 S_2 的可靠度为

$$0.96 \times 0.93 \times 0.85 \times 0.96 \times [1 - (1 - 0.75)^2] = 0.683$$

系统增加成本费为 $c_4 + c_5 = 500 + 1\,000 = 1\,500$ 元，系统 S_2 如图 11-11 所示。

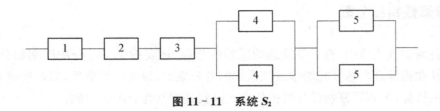

图 11-11　系统 S_2

系统 S_2 的可靠度为 0.683，仍然没有达到预定指标，因此还需要加备件。以同样的计算方法得到表 11-9。

表 11-9　备件计算表

部件	X_1	X_1	X_1	X_1	X_1	系统可靠度	增加备件成本/元
可靠度 R_i 成本费 c_i	0.96 300	0.93 1 200	0.85 800	0.8 500	0.75 1 000	0.455	0
$\mu_i \times 10^5$ k_i $R_i(k_i)$	5.67 0 0.96	2.45 0 0.93	7.58 0 0.85	15.84 0 0.96	0.67 0 0.75	 0.546	500
$\mu_i \times 10^5$ k_i $R_i(k_i)$	5.67 0 0.96	2.45 0 0.93	7.58 0 0.85	2.85 1 0.96	9.67 1 0.937	 0.683	1 500
$\mu_i \times 10^5$ k_i $R_i(k_i)$	5.67 0 0.96	2.45 0 0.93	7.58 0 0.977	2.85 1 0.96	2.15 1 0.937	 0.790	2 300
$\mu_i \times 10^5$ k_i $R_i(k_i)$	5.67 0 0.998	2.45 0 0.93	1.08 1 0.977	2.85 1 0.96	2.15 1 0.937	 0.816	2 600

从表中可以看出，系统 S_4（见图 11-12）已达到要求，其增加成本费用达 2 600 元。

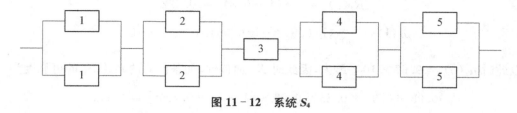

图 11-12　系统 S_4

11.3　维修性指标分配

在装备研制或改进中，有了系统总的维修性指标，还要按照一定分配原则和分配方法，把系统维修性指标合理地分配给组成该系统的各分系统、设备和元器件，以便明确系统各部分的维修性指标，为其维修性设计提供依据。这就是维修性分配的目的。

对装备而言，维修性分配是其研制与改进中一项必不可少的工作。只有合理分配维修性指标，才能避免维修性设计的盲目性。维修性指标分配的是否合理，合适的维修性分配方法起着十分重要的作用。

维修性基本分配方法有等值分配法、按故障率分配法、按系统组成的复杂度分配法、维修性改进分配法和加权分配法。

11.3.1　等值分配法

等值分配法认为各分系统的维修性指标相等，即

$$MTTR_1 = MTTR_2 = \cdots = MTTR_n \qquad (11-58)$$

与可靠性等分配法一样，等值分配法是最简单的维修性分配方法，分配的准则是各单元的指标相等，不需要更多的信息。

等值分配法的适用条件：组成上层次产品的各单元的复杂程度、故障率及预想的维修难易程度大致相同。也可以在缺少可靠性、可维修性信息时，做初步的分配。这适用于早期设计阶段。

11.3.2　按故障率分配法

按故障率分配法的思想是取各单元的平均修复时间 $MTTR_i$ 与其故障率成反比，即

$$\lambda_1 \cdot MTTR_1 = \lambda_2 \cdot MTTR_2 = \cdots = \lambda_n \cdot MTTR_n \qquad (11-59)$$

将式（11-59）代入（11-58）得

$$MTTR_i = \frac{MTTR \sum\limits_{i=1}^{n} \lambda_i}{n\lambda_i} \qquad (11-60)$$

当单元的故障率 λ_i 已知时,可求得各单元的维修性指标 $\overline{M}_{cti}$。显然,当单元的故障率越高,分配的修复时间则越短;反之,则越长。这样,可以有效地达到规定的可用性和战备完好性目标。

按故障率分配法考虑影响因素相对单一,适用于早期设计的分配。

11.3.3　按系统组成的复杂度分配

在分配指标时,系统组成的复杂性是考虑的重要因素。一般说来,系统结构越简单,其可靠性越好,维修起来也方便;反正,结构越复杂,构成分系统的部件数越多,故障率就越高。当将系统的 $MTTR$ 进行分配时,各分系统分配的指标应与其故障率成反比。即故障率高的,分配少一些;故障率低的,可以适当多一些。

按系统组成的复杂程度分配时,有三种情况:

(1) 系统是新设计的,无经验资料可借鉴时。此时有

$$MTTR_i = \frac{MTTR \sum\limits_{i=1}^{K} n_i \lambda_i}{K n_i \lambda_i} \tag{11-61}$$

式中:$MTTR_i$ 为第 i 个分系统的平均修复时间;$MTTR$ 为已知系统的总的平均修复时间;n_i 为第 i 个分系统的数量;λ_i 为第 i 个分系统的故障率;k 为分系统的种类。

(2) 系统是改进型设计,其中一部分是新设计的产品,其余的是老产品或有相类似产品的资料可供使用。此时有

$$MTTR_j = \frac{MTTR \sum\limits_{i=1}^{k} n_i \lambda_i - \sum\limits_{i=1}^{l} n_i \lambda_i MTTR_i}{(k-l) n_i \lambda_i} \tag{11-62}$$

式中:$MTTR$ 为已知系统的总的平均修复时间;$MTTR_j$ 为新设计的第 j 个分系统的修复时间,$j = l+1, l+2, \cdots, k$;$MTTR_i$ 为其余的 l 个分系统中第 i 个分系统的修复时间;n_i 为第 i 个分系统的数量;λ_i 为第 i 个分系统的故障率。

(3) 系统的各分系统全部有过去的经验资料可供使用。此时,可以先用经验数据作为分配的数据,再用下式校核:

$$\overline{M} = \frac{\sum\limits_{i=1}^{K} MTTR_i n_i \lambda_i}{\sum\limits_{i=1}^{K} \lambda_i n_i} \tag{11-63}$$

式中:$\overline{M}$ 是系统的平均修复时间。

$\overline{M} \leqslant MTTR$(给定的系统修复时间),说明该系统符合给定的维修性要求;当 $\overline{M} > MTTR$ 时,则不符合要求,需要重新设计。

按系统组成的复杂度分配法认为,构成分系统的部件数越多,分系统越复杂,因而故障率就越高。当将系统的 $MTTR$ 进行分配时,各分系统分配的指标与其故障率成反比。即故

障率高的,指标分配少一些;故障率低的,可以适当多一些。该方法对于系统在方案论证和初步设计阶段,对维修性数据要求较少时适用。

11.3.4 维修性改进分配法

维修性改进分配法假设系统的某功能层次需要取得的维修性改进与该层次的维修性指标原分配值(预计值)成正比,与故障率无关。

当系统的 $MTTR$ 的分配结果符合系统要求的维修性指标,则认为分配工作已完成。如果不符合,则要进行修正,修正过程就是可维修性改进分配,即

$$MTTR'_i = \frac{MTTR_i \cdot MTTR_g}{MTTR} \tag{11-64}$$

式中：$MTTR'_i$ 为第 i 个分系统改进分配后的平均修复时间；$MTTR_i$ 为第 i 个分系统原分配的平均修复时间；$MTTR_g$ 为规定的系统平均修复时间目标值；$MTTR$ 由 $MTTR = \sum_{i=1}^{n}\lambda_i MTTR_i / \sum_{i=1}^{n}\lambda_i$ 确定。

可维修性改进分配法适用于分配值与目标值相差较大时,对分配值进行修正,使之与目标值比较切合的过程。维修性改进分配法适用于维修性设计改进阶段。

11.3.5 加权分配法

加权分配法计算如下:

$$MTTR_i = \frac{K_i MTTR \sum_{i=1}^{n}\lambda_i}{\sum_{i=1}^{n}\lambda_i K_i} \tag{11-65}$$

式中：$MTTR_i$ 为第 i 个分系统的平均修复时间；$MTTR$ 为已知的系统的总的平均修复时间；λ_i 为第 i 个分系统的故障率；K_i 为第 i 个分系统的维修性加权因子。

加权分配法认为,维修性分配要考虑两个方面的因素:一是考虑各分系统的可靠性,即对故障率较高的分系统提出快速修复的要求;二是考虑各分系统采用维修手段的可能性。可能性包括系统复杂性、故障检测与隔离因素、可达性因素、可更换因素等方面。

11.4 测试性指标分配

11.4.1 测试性分配及考虑

测试性分配是系统和设备测试性设计工作的重要内容。测试性分配是将系统要求的测试性指标按照一定的原则和方法逐级分配给分系统、设备、部件或组件,作为它们各自的测试性指标提供给设计人员,从而给出分系统、设备、部件或组件测试性设计的依据。产品的

设计必须满足这些要求。

测试性的分配结果将影响系统众多性能和特性,如可靠性、维修性、任务成功概率、战备完好率、体积、重量等。对基本可靠性的影响主要体现在增加系统复杂性,降低系统的基本可靠性;对任务可靠性的影响主要体现在实现余度管理功能,提高任务可靠性;检测隐蔽故障,通知避免隐蔽故障发生,有助于系统重构和自修复,提高任务可靠性和安全性;减少人为故障和执行任务前的检测、校验时间,减少非任务时间等。

1) 测试性分配的时机

测试性分配主要是在方案论证阶段和初步设计阶段进行的。一旦系统级的测试性指标确定后,就应把它们分配到各组成部分。测试性分配是一个逐步深入和不断修正的过程。分配到系统哪一功能层次.取决于设计研制工作的进程。在初步设计阶段,由于能获得的信息有限,只能在系统的较高层次上进行初步的分配。在详细设计阶段,系统的设计特点已逐步确定,可获得更多更详细的信息,此时可对分配的指标作必要的调整和修正,必要时可重新进行一次分配,使之更符合实际情况。以后,当系统有较大设计更改时也应对分配的指标进行复查和调整。

2) 测试性分配的主要输入输出

测试性分配工作,主要是选用适当的方法将用于测试性分配和预计的主要参数,主要是系统的 FDR 和 FIR 指标,以及虚警的定量要求,分配给需要规定测试性指标的产品层次,纳入其设计规范。因此,测试性分配的输入为测试性分配的主要参数,输出也是测试性分配的主要参数,只不过参数的层次不同。同时,为使测试性分配结果尽可能合理,要求分配时尽量考虑各个有关因素,如,故障发生频率、故障影响、维修级别的划分、$MTTR$ 要求、测试设备的规划、以前类似产品测试性经验以及系统的构成及特性、动态规划等。

3) 测试性分配的主要流程

系统测试性分配的一般流程如图 11 - 13 所示。图中列出了各研制阶段的测试性分配过程。在维修方案确定后,要在机载和脱机诊断系统之间进行初步的诊断组合分析以及初步的可靠性分析,然后进行分系统的测试性分配。对老的分系统分配的调整应在规范确定之前进行。在分系统的合同签订后,开始进行工程研制阶段的更详细的诊断权衡研究。此后,外部测试设备(ETE),和机载诊断的最终组合在工程研制早期确立。随后系统级机载诊断设计和 ETE 设计开始进行。在签订了分系统合同并定义了分系统间的接口之后,可以开始分系统 LRU/LRM 的测试性分配。每个分系统到较低级的分配从验证/确认阶段进行的测试性分配开始。在图中示出的工程研制阶段的早期,应采取措施进行诊断设计迭代。LRU/LRM 部件的 FDR/FIR 分配将依赖于后方级的 FDR/FIR 要求,如对部件隔离的模糊度的要求。

4) 测试性分配总体原则

进行测试性分配时,应该遵循以下几项总体原则:

(1) 将系统 FDR、FIR 指标分配给系统的各组成单元,其量值一般应大于 0 小于 1。

(2) 进行指标分配时一般应考虑有关影响因素,如故障率、故障影响等。可以只考虑一种影响因素,也可以综合考虑多种影响因素。

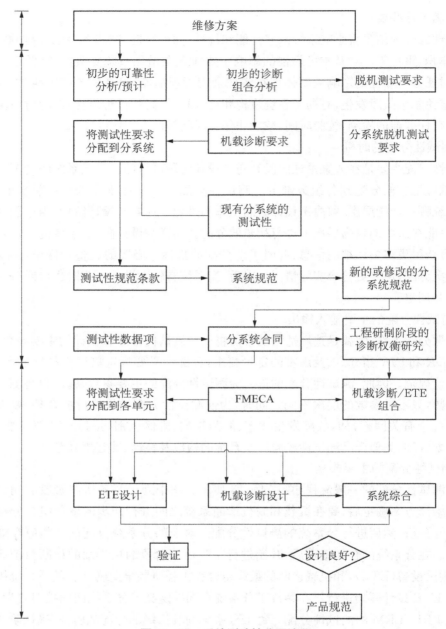

图 11 - 13 系统测试性分配流程

（3）依据分配给各组成单元的测试性指标综合后得到系统的测试性指标,应该大于或至少等于原来的系统测试性指标。

（4）分配的是自动测试设计的 FDR 与 FIR 的指标,应用所有测试方法（包括人工测试）时,产品故障检测与故障隔离能力应达到 100%。

（5）虚警定量要求可用等约束条件方法确定分配值。

11.4.2 测试性分配基本方法

目前常用的测试性分配方法有等值分配法、经验分配法、按故障率分配、加权分配、综合加权分配法、新老产品组合分配和优化分配等多种方法。

等值分配法直接令各组成单元指标等于系统指标,实际上未做分配;经验分配法依赖设计者的经验,主观性强。考虑最全面的是优化分配法,它以优化技术为基础,综合考虑自上而下分配的要求,维修方案(强调两级维修)以及与装入系统的测试性附件有关的额外负担(重量、体积、功率等)所施加的附加约束等诸方面因素,虽然比较复杂,但便于计算机化,适用于大型复杂系统的测试性分配。表 11 - 10 为各种主要测试性分配方法的优缺点比较。

表 11 - 10 测试性分配方法特性比较

测试性分配方法		按故障率分配法	新老产品组合分配法	加权分配法	优化分配法
优点		适用于数据收集不足或是设计早期阶段的分配	能考虑到系统内老产品的测试性要求	能综合考虑各种因素的影响	在一定的约束下以某一项目为目标(如任务成功概率、费用最小),可获得最优解
缺点	分配结果是否因可能大于 1 而需要调整	是	是	是	否
	分配模型是否有需要主观调整的参数	否	否	否	否
	加权值确定是否主观	否	否	是	否
	其他	故障率数据可能不够准确		没有考虑各因素影响的不一致性	单个目标最优,但不能平衡其他目标;采用不同的目标函数,分配结果差异较大

1) 按故障率分配法

系统的组成部件越多越复杂,越容易出故障。故障率高的组成部分(分系统或 LRU)应有较高的自动故障检测与隔离能力,以减少维修时间,提高系统可用性。因此,在设计早期阶段可按故障率高低分配测试性指标。

在完成系统功能、结构划分后,再画出功能层次图,并取得有关各部分的故障率数据(可从可靠性分析资料获得)之后.按以下三步进行分配工作:

(1) 计算各组成部分的分配值 P_{ia}。

$$P_{ia} = \frac{P_{sr}\lambda_i \sum \lambda_i}{\sum \lambda_i^2} \tag{11-66}$$

式中：P_{sr} 为系统的测试性指标（要求值）；P_{ia} 为第 i 个 LRU 的分配指标；λ_i 为第 i 个 LRU 的故障率。

（2）根据需要与可能修正（调整）计算的 P_{ia}。对计算值中大于 1 的，取其最大可能实现值；同时应加大那些故障影响大的或容易实现 BIT 的 LRU 的分配值。

（3）用下式验算是否满足要求。

$$P_a = \frac{\sum \lambda_i P_{ia}}{\sum \lambda_i} \tag{11-67}$$

式中：P_a 为计算的系统测试性指标。

如果 $P_a \geqslant P_{sr}$（要求值），则分配工作完成。否则，应重复第二步的工作。

2）加权分配法

加权分配法要求首先分析系统各组成部分的特性，根据工程分析结果和专家的经验确定各部分的加权系数，然后按照有关数学公式计算出各部分的分配值。其主要步骤如下：

第一步，画出系统测试性框图（包括功能层次图和功能框图）。系统划分的详细程度取决于指标分配到哪一级。

第二步：通过 $FMEE-FMETA$ 或从可靠性分析结果中获取故障模式、影响和故障率数据资料。

第三步：按照系统的构成情况和维修要求等，通过工程分析并借助专家经验，确定下列有关的加权系数：

K_{i1}——故障率系数。故障率高的部分应取较大的 K_{i1} 值。考虑的方法之一是，按照此部分（如 LRU）的故障率占系统总故障率的比例大小来确定 K_{i1} 值。

K_{i2}——故障影响系数。原则上，受故障影响大的部分，其 K_{i2} 就应取较大的值。确定 K_{i2} 值的一种方法是按照 $FMEE-FMETA$ 结果计算 I～IV 类故障模式占系统总故障模式的比例大小来确定。

K_{i3}——$MTTR$（平均维修间隔时间）影响系数。一般来说，要求 $MTTR$ 小的部分，其 K_{i3} 取较大的值；此外，需要人工检测和隔离故障时间较长的部分，应分配较大 K_{i3} 值，尽量采用 BIT。

K_{i4}——实现故障检测与隔离的难易系数。容易实现的，K_{i4} 应取较大值。

K_{i5}——故障检测与隔离成本系数。成本低的，K_{i5} 应取较大值。

以上 K_{i1}～K_{i5} 的取值范围为 1～5。不能考虑某项因素（如成本或难易程度）时，对应的 K 值取零。

第四步：确定第 i 部分的加权系数 K_i：

$$K_i = K_{i1} + K_{i2} + K_{i3} + K_{i4} + K_{i5} \tag{11-68}$$

第五步：确定总的加权系数 K：

$$K = \frac{\sum(n_i\lambda_i K_i)}{\sum(n_i\lambda_i)} \tag{11-69}$$

式中：n_i 为第 i 部分的数目；λ_i 为第 i 个部分的故障率。

第六步，计算第 i 部分的 FDR 或 FIR 的分配值 P_{ia}。

$$P_{ia} = \frac{P_{sr}}{K}K_i \tag{11-70}$$

式中：P_{sr} 为要求的系统指标（FDR 或 FIR）。

第七步：将以上各步所得数据及时填写到测试性分配表格中（见表 11-11）。

表 11-11　测试性分配工作表示例

名称代号	数量	$\lambda(\times10^{-6})$	加权系数						P_{ia}	
			K_1	K_2	K_3	K_4	K_5	K_I	计算值	修正值
LRU1	1	30	1	4	1	2	3	11		
...	...	...								
...	...	...								

第八步：调整和修正计算所得 P_{ia} 值，一般取两位小数即可。对于过大的 P_{ia}（如大于 1.0）可取其最大可能实现值；对过小的 P_{ia} 给予适当提高。同时，对其他分配值进行相应的调整，以满足系统总的指标要求。调整时可参考按故障率分配确定的方法。

第九步：验算，参考按故障率分配确定的验算公式进行验算，如 $P_s \geqslant P_{sr}$ 则分配值可列入新产品技术要求。否则应重复第八、九两步。

3）新老产品组合分配法

在一个既含有老产品又有新产品的系统中，老产品的故障率和 FDR 及 FIR 为已知数据；新产品的故障率数据可从可靠性分析中得到，其测试性指标由系统指标分配获得。在这种情况下可采用如下分配步骤。

第一步，求新产品指标 P_{sn}：

$$P_{sn} = \frac{P_{sr}\lambda_s - \sum\limits_{j=1}^{n-k}\lambda_j P_j}{\sum\limits_{i=1}^{k}\lambda_i} \tag{11-71}$$

式中：λ_s 为系统的总故障率；n 为系统中新产品和老产品 LRU 总数目；k 为系统中新产品 LRU_i 的数目；λ_i 为新产品 LRU_i 的故障率；λ_j 为老产品 LRU_i 的故障率；P_j 为老产品 LRU_j 的指标。

第二步，求各新产品的分配指标：

$$P_{ia} = \frac{P_{sn}\lambda_i \sum_{i=1}^{k} \lambda_i}{\sum_{i=1}^{k} \lambda_i^2} \tag{11-72}$$

也可用下式计算各新产品的分配指标：

$$P_{ia} = \frac{P_{sn}K_i \sum_{i=1}^{k} (n_i\lambda_i)}{\sum_{i=1}^{k} (n_i\lambda_i K_i)} \tag{11-73}$$

式中：K_i 为新产品 LRU_i 的加权系数；n_i 为新产品 LRU_i 的数目。

第三步，调整和修正：

所得结果不合理时，进行调整和修正，修正后数字一般取两位小数即可。

第四步，验算：

参考按故障率分配确定的验算公式进行验算，如 $P_i \geqslant P_{ia}$ 则分配值可列入新产品技术要求。否则应重复第三、四两步。

4）优化分配法

测试性分配问题可归纳为以下两种方式：

（1）"费用有效"地把测试性指标（FDR、FIR、FAR、$MFDT$、$MFIT$ 等）分配到约定层次，以满足系统要求。

（2）确定测试性资源（$BIT/BITE$，ETE 等）的最优分配方式，由此决定最优的零部件指标。

或者可以简单描述为：

① 在给定的系统费用及"费用函数"的情况下，使测试性最高；或者等效。

② 在给定系统测试性及设计要求的情况下，使全部费用最小。

下面将给出优化问题的一般数学表达式。

令 X_{kl} 为分配到一武器系统的某个单元的测试性指标值（TFOM）。其中，下标 k 代表约定层次（如 $k=0$ 为装备层次，$k=1$ 为装备，$k=2$ 为系统，$k=3$ 为分系统等）；l 代表在某个具体层次上的不同单元（如 LRU1、LRU2、LRU3）。

令 f_{kl} 为待优化的目标函数（费用及"费用函数"），它服从于一组关于 TFOM 值的约束函数 g_{kl}^r（r 代表约束数）。则优化问题的数学表达式为

$$\min \sum_{k=1}^{q} \sum_{l=1}^{n_k} f_{kl}(x_{kl})$$

约束为

$$\sum_{k=1}^{q} \sum_{l=1}^{n_k} g_{kl}^r(x_{kl}^r) \leqslant C_r$$

式中：$r=1, 2, \cdots, m$（$0 \leqslant 1$）；f_{kl} 和 g_{kl}^r 为可加的及可分的目标和约束函数（不含有 TFOM

叉积);x_{kl} 为受约束的待分配的测试性指标值;q 为约定层次数;m 为最大约束数;n_k 为每个层次的单元数(分系统、LRU 等);C_r 为与测试性有关的第 r 个资源或"费用"的最大允许值。

11.5 复杂系统顶层可靠性指标的分配与分解

可靠性分配是实施大型装备可靠性设计的起点,其目的是将大型装备的顶层可靠性指标(如任务可靠度和固有可用度),合理地分配到装备的各个层次,使之成为各个层次可靠性设计的依据。

如何做到分配合理是问题的焦点。在大型装备总体层次上,其可靠性指标往往是不多的,如舰船就两个顶层可靠性指标,即使用有可用度和任务可靠度。其他可靠性指标均由这两个指标派生而来。值得注意的是,在使用可用度和任务可靠度指标中,包含了可靠性方面的因素,可维修性、保障性等因素也是隐含其中的。因此,可靠性指标分配时,必须综合兼顾可靠性、可维修性等方面因素。

11.5.1 可靠性分配中的对可维修性、保障性因素的考虑

近几十年来,学者、工程技术人员在可靠性、维修性分配理论及实践方面做出了巨大的努力,取得了一系列研究成果,为丰富可靠性理论做出了积极的贡献。但是,目前可靠性分配与维修性分配理论研究是独立进行的,也就是说,可靠性分配时仅考虑影响可靠性方面的因素,而忽略了影响系统可靠性的可维修性因素。

对于一般简单系统的可靠性分配,通常采用的方法有等分配法、评分分配法、比例组合法、考虑重要度和复杂度的分配法、加权分配法等。这些方法对简单系统而言,是可以满足分配需求的。但是,对复杂系统的可靠性分配却有着诸多局限性,体现在:

(1)诸类方法都是基于大串联模型的。对于复杂系统,大串联模型往往不能对其可靠性逻辑结构进行客观描述,因而诸类分配方法并不适用于复杂系统。

(2)诸类方法在分配时,仅考虑可靠性因素,并没有考虑可维修性因素对系统的影响。

(3)诸类方法没有从总体层面上考虑,只考虑系统层次。

事实上,对于大型复杂系统(装备),评价其可靠性的指标是总体任务可靠度和固有可用度。一方面,大型复杂系统"总体任务可靠度"和"固有可用度"这两个顶层参数值的计算,用常规的大串联模型无法解决;另一方面,两个参数里不仅包含了可靠性因素,同时也隐含了可维修性因素。因此,常规的可靠性分配方法不适用于大型复杂系统的可靠性分配。

在维修性分配方面,通常的方法有等分配法、按故障率分配法、按系统组成的复杂度分配法、可维修性加权分配法等。等分配法是最简单的分配方法,其准则是各单元的指标相等,要求组成该产品各单元的复杂程度、故障率及预想的维修难易程度大致相同;按故障率分配法的思想是取各单元的平均修复时间 $MTTR_i$ 与其故障率成反比;按系统组成的复杂度分配法认为,构成分系统的部件数越多,分系统越复杂,因而故障率就越高;可维修性加权分配法认为,维修性分配要考虑两个方面的因素:一是考虑各分系统的可靠性,即对故障率

较高的分系统提出快速修复的要求;二是考虑各分系统采用维修手段的可能性。

在上述分配方法中,按系统组成复杂度和维修性加权分配法的思想有可取的地方,但是,对于大型复杂系统的分配却有缺陷。原因如下:

(1) 对于大型复杂系统而言,系统组成的复杂度是影响维修性的一个方面,其他的因素如故障检测与隔离性、可达性、可更换性也对可维修性产生重要影响。但是,按系统组成复杂度的分配法却忽略其他影响系统维修性因素。

(2) 多学科设计优化技术是专门用于加权分配法的前提是系统的可维修性指标以及分系统(设备)的故障率是已知的。但是,大型复杂系统的可靠性分配处于系统设计之初,此时设备还没有选型,也就是设备的故障率还是未知的。

(3) 在设计之初,大型复杂系统的可靠性指标仅有两个,即任务可靠度 R_m 和固有可用度 A_I。此时,系统的维修性指标也是未知的。

由上面的分析可以看出,在研究大型复杂系统可靠性分配方法过程中,解决以下两个方面的问题是关键:

(1) 解决在舰船总体可靠性分配过程中,如何从总体可靠性指标中分离出维修性指标问题。也就是在分配时,如何考虑可靠性因素与维修性因素的综合影响问题。

(2) 优化分配过程中,如何解决好单元可靠性参数(如 MTBF)与可维修性参数之间的协同问题。

11.5.2 大型复杂系统可靠性分配层次

可靠性分配可归结为三个层次:

1) 总体到系统层次、系统到设备层次

以系统为基本单元,建立装备的总体可靠性模型。根据此总体可靠性模型,将总体可靠性指标(如任务可靠度、固有可用度),分配到系统层次。

以设备为单元建立各个系统的系统可靠性模型。根据此模型,将分配到的系统可靠性指标,再分配到设备层次,最终得到设备的可靠性、维修性指标。

2) 总体到设备层次

以设备为基本单元,建立装备的总体可靠性模型。根据此总体可靠性模型,将总体可靠性指标(如任务可靠度、固有可用度),直接分配到设备层次,得到设备的可靠性和可维修性指标。

3) 设备到单元层次

在大型装备可靠性工程中,一般不实施设备到单元层次的可靠性分配。因为对大型装备设计者而言,并不需要亲自设计设备,只需要对设备的性能有所了解,选择合适的设备即可。如果市场上没有合适的设备,也只需要提出要求,让设备生产方设计生产能满足要求的设备。

特殊情况下,若有需求,可以建立设备的可靠性模型,将设备的可靠性指标分配到单元。

11.5.3 可靠性和可维修性综合分配

11.5.3.1 可靠性和可维修性分配原则

对大型装备而言,由于其系统组成及任务的复杂性,在可靠性分配时,要做到分配结果

"绝对精确"是不可能的。一方面是因为其系统组成和任务复杂,影响其可靠性、可维修性的因素颇多;另一方面,"绝对精确"的标准在哪里? 事实上,这个标准是找不到的。正如在参数估计时,只能寻求其极大似然值或在一定置信度下可能落入的区间一样,在可靠性分配时,不可能做到绝对精确。

既然无法做到"绝对精确",在大型装备可靠性和可维修性综合分配时,把握两条主线即可:一是突出各系统(设备)的相对可靠程度以及维修难易程度,以使设计人员在设计中有的放矢;二是分配的结果经过反算,能满足总体或系统的可靠性控制指标(通常是任务可靠度 R_m 和固有可用度 A_I)。

在具体操作上,第一条主线的核心在于确立合理的可靠性、可维修性影响因素处理原则。

1) 可靠性影响因素处理原则

单元的复杂程度、重要度等因素对系统的可靠性产生重要影响,反过来,分配时也应该合理考虑这些因素。从定性上看,大型装备可靠性分配可按以下原则进行:

(1) 复杂的系统(设备)分配较低的可靠性指标。

(2) 技术上不成熟的系统(设备)分配较低的可靠性指标。

(3) 工作环境恶劣的系统(设备)分配较低的可靠性指标。

(4) 功能重要(重要度高)的系统(设备)分配较高的可靠性指标。

(5) 工作时间长的系统(设备)分配较低的可靠性指标。

(6) 分配时还应结合可维修性、保障性,如对可达性差的设备分配较高的可靠性指标,以实现较好的综合效能等。

2) 可维修性影响因素处理原则

维修性影响因素的处理可按以下原则进行:

(1) 单元的故障率对维修性指标分配的影响。

单元故障率越高,表明该单元越容易发生故障。在可维修性分配时,为了合理平衡维修时间的分配,容易发生故障的单元应该分配较少的维修时间;反之,则可以分配较多的维修时间。

(2) 单元维修实施难易程度对维修性指标分配的影响。

维修实施难的单元应该分配较多的维修时间,以保证在给定的维修条例下、规定的维修时间内能够修复该故障单元;反之,则可以分配较少的维修时间。

3) 可靠性和可维修性影响因素协调原则

(1) 可靠性因素协调原则。

在人们的习惯思维中,某事件评分越高,所代表事件的内在属性越好。反映在可靠性分配中,在确立可靠性评分因子与其可靠性的关系时,也应该遵循习惯思维。也就是,通过对影响单元的可靠性因素进行加权评分,评分高的单元,分配较高的可靠性指标;评分低的系统单元,分配较低的可靠性指标。

(2) 可维修性因素协调原则。

同可靠性指标分配思维一样,可维修性方面,如果单元评分因子高,表明该单元故障后,修好的难度较大,因而在分配时,应该分配较多的维修性时间($MTTR_i$);反之,则分配较少的维修性时间($MTTR_i$)。

(3) 可靠性、可维修性综合协调原则。

可靠性分配的目的之一是指导设备的选型。通常情况下,在市场上找到(或新设计生产)$MTBF$ 大和 $MTTR$ 小的设备(即高可靠易维修)比较困难,相反,找到(或新设计生产)$MTBF$ 小和 $MTTR$ 大的设备则较容易一些。

在大型装备可靠性维修性综合分配中,主要约束条件是任务可靠度 R_m 和固有可用度 A_I。目标是在满足任务可靠度 R_m 和固有可用度 A_I 要求的情况下,尽量使分系统(设备)$MTBF$ 最小化,使 $MTTR$ 最大化。问题的关键在于寻求一个最佳点,即 $MTBF$ 小到多少以及 $MTTR$ 大到多少是最合适的。

因此,可靠性、可维修性分配综合协调原则的核心是,在给定的任务可靠度 R_m 和使用可用度 A_I 下,$MTBF$ 最小达到多少以及 $MTTR$ 最大达到多少能够满足要求。

大型装备可靠性维修性分配是一个综合权衡过程,为实现系统设计优化,特殊情况下还应考虑其他约束条件,如经济因素等。

在进行可靠性分配时,应根据实际情况对上述原则进行适当的剪裁,特别是对于约束条件的处理,可以根据实际情况增加分配原则。如果分配的总指标超出了目前技术发展水平和费用约束的现实的定量与定性要求,根据相关的程序,重新确定要分配的总指标或调整其他约束条件,目的是使最终的分配结果做到技术上可行、经济上合理、时间上快速等。

11.5.3.2 可靠性和可维修性综合分配的数学规划模型

如前所述,可靠性维修性综合分配的目标是在满足任务可靠度 R_m 和固有可用度 A_I 要求的情况下,尽量使分系统(设备)$MTBF$ 最小化,使 $MTTR$ 最大化。这显然是一个多目标规划问题,属于优化设计的范畴。

1) 目标函数

优化设计首先要建立一个由各个设计变量组成的可以评价设计方案好坏的函数,称为目标函数,也可称为评价函数。在可靠性和可维修性综合分配中,目标函数描述为

$$\begin{cases} f_1 = f_1(\lambda_1, \lambda_2, \cdots, \lambda_n) \\ f_2 = f_2(\mu_1, \mu_2, \cdots, \mu_n) \end{cases} \tag{11-74}$$

式中:λ_i 为第 i 个设备的故障率,$\lambda_i = 1/MTBF_i$;μ_i 为第 i 个设备的修复率,$\mu_i = 1/MTTR_i$。

优化设计的目的,就是要在所有可行的设计方案中找出一个最适宜和满意的答案,即使目标函数的值极大化(max)或极小化(min)。因此式(11-74)可写成如下形式:

$$\begin{cases} \min\limits_{x \in \lambda^n} f_1(x) \\ \max\limits_{x \in \mu^n} f_2(x) \end{cases} \tag{11-75}$$

但由于 $\max f(x)$ 等价于 $\min\{-f(x)\}$,所以,通常都写成追求目标函数最小的形式

$$\begin{cases} \min\limits_{x \in \lambda^n} f_1(x) \\ \min\limits_{x \in \mu^n} f_2'(x) \end{cases} \tag{11-76}$$

如果考虑提高设备可靠性的成本,则目标函数 f_1 可写成

$$\min C_1 = \sum_1^n \alpha_i(R_i) \tag{11-77}$$

式中:$\alpha_i(R_i)$ 为关于可靠性的成本函数,可用三参数指数函数模型来描述:

$$\alpha_i(R_i) = c_i(R_i, f_i, R_{i_{\min}}, R_{i_{\max}}) = (1 - f_i)\exp\left(\frac{R_i - R_{i_{\min}}}{R_{i_{\max}} - R_i}\right) \tag{11-78}$$

式中:f_i 表示提高分系统(设备)可靠性的可行度,也就是难易程度,取值范围在 0 到 1 之间,取值越大,说明提高该分系统(设备)的可行性越大;$R_{i_{\min}}$ 表示在该分系统(设备)工作一段时间后根据第 i 个该分系统(设备)的失效分布获得的其当前的可靠度;$R_{i_{\max}}$ 表示根据现有技术第 i 个该分系统(设备)最大可以达到的可靠度值;$\alpha_i(R_i)$ 表示第 i 个该分系统(设备)的成本。

很显然,R_i 又是 λ_i 的函数。

同样,如果考虑提高设备可维修性的成本,则目标函数 f_2 可写成:

$$\min C_2 = \sum_1^n \beta_i(M_i) \tag{11-79}$$

式中:$\beta_i(M_i)$ 为关于可维修性的成本函数。

2)约束条件

在可靠性和可维修性分配中,约束条件主要来自于两个方面,即任务可靠度约束条件和固有可用度约束条件,即

$$\begin{cases} R_{\mathrm{m}}(R_1, R_2, \cdots, R_i) \geqslant R_{\mathrm{m}}^* & i = 1, 2, \cdots, n \\ A_{\mathrm{I}}(A_1, A_2, \cdots, A_i) \geqslant A_{\mathrm{I}}^* & i = 1, 2, \cdots, n \end{cases} \tag{11-80}$$

式中:R_{m} 为总体(或系统)任务可靠度函数,R_{m}^* 为任务可靠度目标值;$R_i(i=1, 2, \cdots, n)$ 为任务可靠度函数的自变量,也是第 i 个分系统(或设备)的可靠性值。A_{I} 为固有可用度函数,A_{I}^* 为固有可用度目标值;$A_i(i=1, 2, \cdots, n)$ 为固有可用度的自变量,也是第 i 个分系统(或设备)的固有可用度值。

由于 R_i、A_i 是 λ_i 和 μ_i 的函数,于是式(11-80)可写成

$$\begin{cases} R_{\mathrm{m}}(\lambda_1, \lambda_2, \cdots, \lambda_n, \mu_1, \mu_2, \cdots, \mu_n) \geqslant R_{\mathrm{m}}^* \\ A_{\mathrm{I}}(\lambda_1, \lambda_2, \cdots, \lambda_n, \mu_1, \mu_2, \cdots, \mu_n) \geqslant A_{\mathrm{I}}^* \end{cases} \tag{11-81}$$

3)可靠性函数

在可靠性和可维修性综合分配的数学规划模型中,明确总体(系统)的可靠性函数是较为关键的一个环节。在这里,总体(系统)的可靠性函数可以理解为可靠性预测模型。

(1) 固有可用度预测模型。

固有可用度 A_i 预测模型计算方法比较简单,其计算方法与普通系统可用度的计算方法一样。在计算出系统的平均故障间隔时间($MTBF$)和平均故障修复时间($MTTR$)后,使用可用度可用下式求得:

$$A_i = \frac{MTBF}{MTBF + MTTR} \tag{11 - 82}$$

$MTBF$ 和 $MTTR$ 的计算用经典的故障树计算方法可以解决,所需要明确的仅是故障定义的边界条件而已。在此不作赘述。

若考虑后勤保障因素,即考虑平均后勤延误时间($MLDT$)的影响,则固有可用度模型变成了使用可用度模型,此时有

$$A_o = \frac{MTBF}{MTBF + MTTR + MLDT} \tag{11 - 83}$$

(2) 任务可靠度预测模型。

任务可靠度的预测模型比较复杂。由于各种装备的典型战斗任务不同,不同装备的典型任务剖面和同种装备的不同任务剖面的阶段划分不一样,各个阶段的任务特点也都不一样,很难用一个通用的模型概括所有的装备任务可靠度模型。因此,通常的做法是将任务分成若干个阶段,每个阶段根据各自的特点建立对应的某一类模型,然后再将各个模块综合起来,组成任务可靠度模型。任务可靠度模型建立方法在第八章已详细介绍,这里不再赘述。

4) 可靠性和可维修性综合分配多目标规划模型简化

在上述的可靠性和可维修性综合分配多目标规划模型中,可靠性和可维修性成本因素也是考虑其中的。在实际工程中,如何合理地考虑成本因素,对于可靠性工作者来说是一大挑战。原因在于:虽然可以根据实际成本数据得到成本函数,然而在大多数情况下,数据资料很欠缺,很难获取实际的可靠性成本函数。尤其在大型舰装备设计初期,想得到完整的可靠性成本数据,实在不现实。因此,在大型装备可靠性和可维修性综合分配中,可以考虑忽略成本因素。

如果不考虑费用成本因素,分配规划模型可以简化。

式(11 - 74)中,函数 f_1 可简化成

$$f_1 = \sum_{i=1}^{n} MTBF_i = \sum_{i=1}^{n} \frac{1}{\lambda_i} \tag{11 - 84}$$

函数 f_2 可简化成

$$f_2 = \sum_{i=1}^{n} - MTTR_i = \sum_{i=1}^{n} \frac{1}{\mu_i} \tag{11 - 85}$$

于是,规划模型表述为

$$\begin{cases} \min f_1 = \sum_{i=1}^{n} \frac{1}{\lambda_i} \\ \min f_2 = \sum_{i=1}^{n} \frac{1}{\mu_i} \\ \text{s. t.} \begin{cases} R_m(\lambda_1, \lambda_2, \cdots, \lambda_n, \mu_1, \mu_2, \cdots, \mu_n) \geqslant R_m^* \\ A_{\mathrm{I}}(\lambda_1, \lambda_2, \cdots, \lambda_n, \mu_1, \mu_2, \cdots, \mu_n) \geqslant A_{\mathrm{I}}^* \end{cases} \end{cases} \quad (11-86)$$

特殊情况下,如果要求系统的维修时间不大于一定值,则多一个约束条件,即

$$\text{s. t.} \begin{cases} R_m(\lambda_1, \lambda_2, \cdots, \lambda_n, \mu_1, \mu_2, \cdots, \mu_n) \geqslant R_m^* \\ A_{\mathrm{I}}(\lambda_1, \lambda_2, \cdots, \lambda_n, \mu_1, \mu_2, \cdots, \mu_n) \geqslant A_{\mathrm{I}}^* \\ MTTR_{\mathrm{S}} \leqslant MTTR_{\mathrm{S}}^* \end{cases} \quad (11-87)$$

式中:$MTTR_{\mathrm{S}} = \dfrac{\sum\limits_{i=1}^{n} \lambda_i \cdot MTTR_i}{\sum\limits_{i=1}^{n} \lambda_i} = \dfrac{\sum\limits_{i=1}^{n} \lambda_i \cdot \dfrac{1}{\mu_i}}{\sum\limits_{i=1}^{n} \lambda_i}$。

12

泛可靠性预计

泛可靠性预计是在产品(系统)泛可靠性模型的基础上,根据同类产品在研制过程及使用过程中所得到的失效数据、维修数据、测试数据和有关资料,预测产品(系统)在今后的实际使用中,所能达到的泛可靠水平。泛可靠性预计是一个由局部到整体、由小到大、由下到上的过程,在系统设计的各阶段(如方案论证、初步设计及详细设计阶段)反复进行,其主要价值在于为各个阶段的设计决策提供可靠的依据。

12.1 可靠性指标预计

12.1.1 可靠性指标预计基本方法

可靠性预计的基本方法有:相似产品法,上、下限法,元件计数法,应力分析法,故障率预计法,可靠性框图法,网络法、故障树法和数值仿真法等。

1) 相似产品法

如果一种新产品是从旧产品发展演变而来的,就可以用一种以经验推测为主的预计方法进行预计。因为不论系统如何变化,它们之间总有许多相似之处。相似产品法就是利用已有相似产品所积累的经验和数据,以 $MTBF$、故障率或类似的参数用表格对照的方法对新产品的可靠性进行预计,它适用于尚未确定系统设计特性前的早期的设备可靠性预计。

相似产品预计法一般包括以下步骤:

(1) 根据如通用设备的类型、使用条件及其他已知特性等确定新设备的定义。

(2) 确定与新设备最相似的现有设备和设备种类。

(3) 获得并分析在现有设备使用期间所产生的历史数据,以便尽可能近似地确定设备在规定的使用环境下的可靠性。

(4) 对新设备可能具有的可靠性水平的结论。

这种方法虽然比较粗略,但所需信息少,且容易获得,特别适合于方案阶段的可靠性预计。

2) 元器件计数法

元器件计数法是以组成产品的元器件失效概率为依据预计产品可靠性的方法。它的计算步骤如下：

(1) 计算设备中各种型号和各种类型的元器件数目。

(2) 在已有的标准中查找相应型号或相应类型元器件的通用失效率。

(3) 把各元器件的数目乘上相应的通用故障率及其质量等级。

(4) 最后把各乘积累加起来，即可得到部件、系统的故障率。

其通用公式为

$$\lambda_s = \sum_{i=1}^{N} N_i(\lambda_G \cdot \pi_Q) \tag{12-1}$$

式中：λ_s 为系统总的故障率；λ_G 为第 i 种元、器件的通用失效率；π_Q 为第 i 种元、器件的通用质量系数；N_i 为第 i 种元、器件的数量；N 为系统所用元、器件的种类数。

若整个系统的各设备在同一环境下工作，则可直接用上述表达式。若各设备分别在不同环境下工作，则应按每一环境中的各部分设备使用式(12-1)，再把各故障率相加，得到设备总故障率。

元器件故障率 λ_G 及质量等级 π_Q 可以通过查阅 GJB/Z299C—2006 等国军标获得。

这种方法的优点是只使用现有的工程信息，不需要详尽地了解每个元器件的应力及它们之间的逻辑关系就可以迅速地估算出该系统的故障率。预测速度较快，适合于方案阶段。

3) 上、下限法

上、下限法的基本思想是：由于系统的复杂性，计算其可靠度的真值比较困难，于是设法预计两个近似值，一个称为可靠度上限($R_上$)，一个称为可靠度下限($R_下$)。然后取上下限的几何平均值作为系统可靠度的预计值(R_s)。所以，问题转变成如何既方便又较精确地预计上下限值。在 2^n 个状态中，选出概率量级较大、同时计算方便的那些故障状态，用 1 减去它们的概率之和得出系统可靠度的上限($R_上$)。同样，在所有 2^n 个状态中选出概率量级较大、同时计算方便的那些正常状态，它们的概率之和作为系统可靠度的下限($R_下$)。上、下限各自考虑的状态越多，则将越逼近于系统可靠度的真值。

设一个系统有 n 个单元，因而有 2^n 个互不相容的状态，其中一部分使系统处于故障状态，这些故障状态出现的概率之和为系统的不可靠度。另一部分使系统处于正常工作状态，这些正常工作状态出现的概率之和等于系统可靠度。系统可靠度与系统不可靠度之和恒为 1。

对上限 $R_上$ 进行预计时，为了达到一定的精度，一般需要两次预计。第一次预计只考虑所有串联单元中至少有一个故障的那些故障状态。串联单元中有一个单元故障，将会引起系统故障，这是最易发生的故障状态，其他有关联的冗余系统，它们的可靠度一般都较高，因此作为第一次预计，只考虑串联单元。既然至少有一个串联单元故障，那么那些并联单元中无论那一个故障或是正常，整个系统仍处于故障状态。因此，计算串联单元引起的故障概率时，不用考虑并联单元。实际上，从概率的计算得知，在计算串联单元故障时，所有并联单元的各种状态都考虑进去后，并联单元的各种状态概率之和为 1，结果和只计算串联单元故障是相同的。

一般来说,第一次预计已能给出比较满意的上限值,但对于并联系统的可靠度不是很高的情况,它的不可靠的程度不能忽略,否则,仅考虑串联单元将使 $R_上$ 估计值偏高。所以还需作第二次预计。

第二次预计考虑当串联单元必须是正常时,同一并联单元中二个元件同时故障引起系统故障。

对下限 $R_下$ 的预计,为了达到一定的精度,一般需要三次预计。下限为正常工作状态的概率之和。

第一次预计只考虑没有单元故障时,系统正常工作状态。

第二次预计考虑并联单元中只有一个元件故障时,系统正常工作状态。

第三次预计考虑处于同一并联单元中有两个元件故障时,系统正常工作状态。

把预计的 $R_上$、$R_下$,用几何平均可求得较为实用的系统可靠度的预计值:

$$R_S = 1 - \sqrt{(1-R_{上1})(1-R_{下2})} \qquad (12-2)$$

或

$$R_S = 1 - \sqrt{(1-R_{上2})(1-R_{下3})} \qquad (12-3)$$

这里必须指出的是,为了使预计值在真值附近并逐渐逼近它,在计算上、下限时,立足点一定要相同。也就是说,上限值 $R_上$ 和下限值 $R_下$ 数量级要相当。具体地说,如果上限只考虑一个单元故障的情况,下限也必须只考虑没有单元故障和并联单元中一个元件故障时系统正常工作的情况。如果上限考虑一个单元故障及同一并联单元中二个元件同时故障使系统故障的情况,则下限须考虑没有单元故障,并联单元中一个元件及同一并联单元中二个元件故障时系统正常工作的情况。

上、下限法可以用于初步设计阶段进行复杂系统的可靠预计,在美国阿波罗宇宙飞船那样的复杂系统中曾成功地用过此法。但该法若想获得较高的预计精度,需采用多次近似,使用太麻烦。

4) 应力分析法

应力分析法是用于详细设计阶段电子设备的可靠性预计方法。由于元器件的故障率与其承受的应力水平及工作环境有极大的关系。确切地说,应力分析法是在取得了元器件应力水平数据后在考虑了元器件应力水平的情况下进行的元器件计数法。在取得了信息后,即可用应力分析法结合元器件计数法预计设备的可靠性。

应用应力分析法预计可靠性须知以下信息:

(1) 元器件种类及数量。

(2) 元器件质量水平。

(3) 元器件的工作应力。

(4) 产品的工作环境。

一般来说,需要采用下列步骤:

（1）确定每一元器件的基本失效率。

（2）根据相关手册的图表确定一个或更多的备乘因子或相加因子值。

（3）使用确定的基本失效率和修正因子计算元器件失效率。

计算故障率为

$$\lambda_P = \lambda_b(\pi_E \cdot \pi_Q \cdot \pi_R \cdot \pi_A \cdot \pi_{S2} \cdot \pi_C) \text{ 故障数}/10^6 \text{ 小时} \qquad (12-4)$$

式中：λ_b 为检测基本故障率；π_E 为环境因子；π_Q 为质量因子；π_R 为电流额定值因子；π_A 为应用因子；π_{S2} 为电压应力因子；π_C 为配置因子。

上述各种因子可以通过查阅 GJB/Z 299C—2006 等国军标获得。

把每种元器件的故障率计算出来后，利用元器件计数法，求得系统的故障率为

$$\lambda_S = \sum_{i=1}^{N} N_i \lambda_{P_i} \qquad (12-5)$$

式中：λ_{P_i} 为第 i 种元器件的故障率；N_i 为第 i 种元器件的数量；N 为系统中元器件种类数。

系统的 $MTBF_S = 1/\lambda_S$。

利用应力分析法结合元器件计数法预计系统可靠性是很烦琐且费时的。目前许多国家已把这些表格、公式等存入计算机，利用计算机辅助预计可以大大节省人力及时间。

5）故障率预计法

当设计工作进展到详细设计阶段，即已画出了原理图，选出了元部件，当已知它们的数量、故障率、环境及使用应力时，就可以用故障率法预计该系统的可靠度。其预计流程如图 12-1 所示。

大多数情况下，元件故障率是常数，是在实验室条件下测得的数据，称为"基本故障率"，用 λ_b 表示。但在实际应用时，必须考虑环境条件和应力情况，称为"应用故障率"，用 λ 表示：

$$\lambda = \pi_k D \lambda_b \qquad (12-6)$$

式中：π_k 为环境因子，可通过查阅 GJB/Z299C—2006 等国军标获得；D 为减额因子，其值小于或等于 1 由应力情况决定。

当元部件的故障率不是常数时，同样也可以用这种方法进行预计。

6）图估法

图估法是一种利用有限的信息获得可靠性估计值的方法。这些有限信息往往是经有限的试验或是实际使用统计而获得的，表示设计的目标值有可能是偏高的。基于这些理由，除非已被以前的经验证实外，否则各种假设条件都是偏保守的，若将 L_{10} 寿命作为最小值就应减少一半。

对寿命的多义性必须予以解释。寿命指的是某段时间（循环）的均值、中值，或故障前的工作时间，到此时间可能有一定百分数的样品故障。

各种概率纸是图估法不可缺少的工具，其中威布尔概率纸是图解分析法最有用的工具。

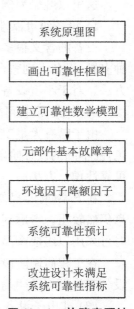

图 12-1 故障率预计流程

（1）当分布的形状或斜率参数 m 值等于 1 时，威布尔分布可简化成指数分布。

（2）m 值在 1.5～3 范围内，它变成近似于对数正态分布。

（3）m 值为 3.5 时则接近于正态分布。

有了寿命的百分位值和 m 的假设值，然后用威布尔概率纸，在时刻 x 前的故障率 $F(x)$，及对应任何寿命的可靠度 $1-F(x)$，便可确定。

这种方法可以用于估计一些小设备或非电子设备的零部件可靠性。它虽然简单，但要求建立在一定量的试验来得到数据。因而，对于贵重的、单件的机电设备则很难用此法进行预计。

可靠性框图法、网络法、故障树法和数值仿真法第 3、4 章已做出详细叙述，这里不再赘述。

12.1.2　大型复杂系统可靠性预计方法选择的考虑

对于大型复杂系统，其可靠性参数很多。如舰船，总体可靠性参数有任务可靠度 R_m、使用可用度 A_o 等；系统可靠性参数有基本可靠性参数 $MTBF$ 和任务可靠性参数 R_m 或 $MTBCF$ 等；设备可靠性参数有 $MTBF$ 等。在设计的不同阶段及系统的不同级别上应采用不同的方法进行可靠性预计。

这里以舰船为例，来说明大型复杂系统可靠性预计方法的选择问题。

1）设备级可靠性预计方法选择

设备的含义很多，一般指的是设计中最基本的一类单元。尽管如此，舰船上设备也是多种多样，设备大到整台主机，小到一个阀门。对于一些大型设备，可以选用系统可靠性预计方法。对于小型设备，则采用设备级可靠性预计方法。

（1）电子设备可靠性预计方法选择。

由于已有大量工作的积累，电子设备可靠性预计相对比较成熟，但由于各种方法各有特色，在不同的设计阶段所具备的条件也不一样，因而，在不同的条件下，应该选择最为适合的可靠性预计方法。

在方案阶段，已知单元或部件的基本信息，包括元器件型号、数量和通用故障率等，但信息仍然较粗。考虑到电子设备中很少考虑元器件冗余，可以用全部元器件串联来考虑。这时可采用以组成产品的元器件失效概率为依据的元器件计数法。

在工程研制阶段，此时已具备了详细的元器件的清单，对元器件型号、数量、质量等级和设备工作环境已明确，此时可以采用应力分析法来进行电子设备可靠性预计。

（2）非电子设备可靠性预计方法选择。

对非电子设备进行可靠性预计时，由于设备的故障模式不同，使用环境的差异，加之非电子设备故障数据相对缺乏，因而在进行可靠性预计时带来一定的难度。针对舰船非电子设备的具体设计情况，同样采取分阶段进行预计。

在方案阶段，尚未确定系统设计特性或进行方案论证及初步设计，可通过相似产品所积累的经验和数据，如 $MTBF$、故障率等类似的参数，采用相似产品法进行非电子设备可靠性预计。所需的基本数据可以用图估法或查中船总编译发行的《非电子产品可靠性数据》

获得。

在工程研制阶段,已画出设备原理图,并选出零部件,且已知零部件的数量、使用环境及使用应力等参数,因而可采用故障概率法进行详细设计阶段的预计。所需的基础数据可以用图估法、最小信息法、干涉理论法或查中船总编译发行的《非电子产品可靠性数据》获得。

2）系统级可靠性预计方法选择

系统一词涵盖的范围很广,凡为完成某种功能而组合到一起的都可以称作系统。在此,系统特指除船舶总体之外具有一定层次结构的组件。对于一些大型设备,也可以考虑采用系统级可靠性预计方法。

同样,在不同的设计阶段,由于所具备的条件不一样,所使用的方法也不一样。

在方案阶段,其基本任务是通过比较,得出最佳系统构造方案。此时,各系统构造基本定型,但预计的精度要求并不很高。而可靠性框图法属于数学处理比较简单的方法,该方法可以用于在方案阶段对系统可靠性进行预计。

在工程研制阶段,其基本任务是通过一定技术手段来保证技术方案的实现。此时系统构造非常具体,所选用的设备也很落实,是设计的最后一步。此时要求的预计精度也比较高。

故障树法是预计复杂系统可靠性的有力工具。它可以分析系统的最终形态,也可以分析系统的中间形态。由于故障树强调的是事件。因而,它不仅能用于分析系统的可靠性,还能分析包括硬件、软件和人等组成系统的各种因素在内的系统的可靠性。此外,故障树模型便于拆装,特别适用于像舰船那样多种行业联合攻关的大型复杂系统的可靠性分析。不同层次,不同专业的可靠性模型可以分别建立,然后拼接在一起即是一个总的故障树模型。

同样,经典的故障树法也不能解决可维修系统的可靠性问题。但故障树法和可靠性数值仿真法相结合,可以较好地解决这一问题。因而,对于不可维修系统,应采用故障树法进行系统可靠性预计。对于可维修系统,可以采用以最小割集为基础的可靠性数值仿真法进行系统可靠性预计。

3）总体可靠性预计

舰船总体是指在水面上具有直接作战能力,能够完成某项作战任务的各种系统、分系统、设备、人员及技术的组合。其主要总体可靠性参数有两个：使用可靠度 A_0 和任务可靠度 R_m。这两个参数都是针对可维修系统提的。对这两个参数值的预计一直是困扰舰船可靠性工程开展的大问题。目前出现的预计方法主要有可靠性框图法和以最小割集为基础的可靠性数值仿真法。舰船总体可靠性也需按照设计不同阶段选择不同的方法进行分阶段预计。

在方案阶段,舰船总体的推进系统、操舵系统、观导通信系统等系统的设计进一步细化,各分系统、设备数据有了一定的基础,在此深度设计,经常要进行多方案比较。因而,可以选用可靠性框图法可预计船艇的总体可靠性参数。

在工程研制阶段,对于可维修舰船总体,全船各系统、分系统及设备已详细确定,数据信息也比较完善,作战任务及性能要求也已明确。此时舰船总体系统极其复杂,并且在预计过程中,如果要考虑一定的预计精度,就必须考虑可维修情况。此时可靠性框图法的能力尚显欠缺,或是经过大量的简化,与真实情况相差太大。这时可以考虑用故障树法建立可靠性模型,采用以最小割集为基础的可靠性数值仿真法能够较好的预计舰船总体任务可靠度和使用可用度。应用故障树法和以最小割集为基础的可靠性数值仿真法,计算故障树顶事件发生概率和舰船总体任务可靠度。

12.2　维修性指标预计

在装备研制过程中,维修性设计是必要的一环。在对装备进行维修性设计后,需要用一定的手段或方法判断其设计是否合理,是否需要进一步改进。维修性预计就是为装备可维修性设计改进提供依据的一种手段。其具体作用有以下几个方面:

(1)预计设计的装备可能达到的可维修性水平,了解其是否达到规定的指标,以便做出研制决策,如选择设计方案或转入新的研制阶段或试验。

(2)及时发现维修性设计及保障方面的缺陷,作为改进装备设计或保障安排的依据。

(3)当研制过程中,更改设计或保障要素时,估计对其维修性的影响,以便采取适当对策。

常见的维修性预计方法有统计推断法、线性回归预计法、单元对比法、运行功能预计法时间累计法和加权因子法等。

1)统计推断法

统计推断法是一种依据类似系统的维修性特性分布模型求解系统的维修性参量的方法。其基本思想是假设新系统的维修性分布与现有类似系统的分布特性相同,根据新系统所取得的样本数据估计其分布参数,从而得新系统的维修性分布和相应的参数值。

统计推断法的基础是掌握某种类型产品的结构特点与维修性参数关系,且能用近似公式、图表等表达出来。其准确程度取决于新系统与现有系统的差异程度,还取决于所掌握现有系统的设计特点与其维修特性之间相互关系的准确程度。

统计推断法适用于早期设计阶段,在系统的较高层次内进行维修性预测。

2)线性回归预计法

根据累积的大量已有的类似系统实际维修数据,列出系统维修性参数的多变量线性回归方程:

$$\dot{y} = c_0 + c_1 x_1 + c_2 x_2 + \cdots + c_n x_n \tag{12-7}$$

式中:$\dot{y}$ 为维修性参数的估计值;x_i 为影响系统维修性参数的变量,如系统的复杂性和结构特点等;c_i 为回归系数,可按过去积累的一定量的 y_i 与相应的 x_i 实测值,以最小二乘法求得。

线性回归预计法适用于早期设计阶段。特别是适用于总体方案论证时,在系统内部细节均不确定的情况下,可以粗略地预计系统可能达到的可维修性水平,从而及时采用针对性的改进方案。

3）单元对比法

单元对比法的主要出发点是认为装备研制过程中具有一定的继承性,在组成新设计的系统或设备的单元中,总会有使用过的产品。以研制的装备中一个已知维修时间的单元为基准,通过与基准单元对比,估计其他各单元的维修时间,进而确定系统或设备的维修时间。

单元对比法适用于方案设计阶段,对系统进行早期的维修性预计。方法的优点在于计算简单。

单元对比法的缺点:以相对量值计算,容易导致积累误差大,计算精度较低。

4）运行功能预计法

运行功能预计法认为在整个任务过程中,系统或设备要完成一项或多项运行功能,而维修时间则取决于具体的运行功能。运行功能是在规定的时间间隔内,系统正在执行的那个特定功能。本方法需要制定任务、维修剖面,以便规定系统的各种运行功能以及每种运行功能所需要的预防性维修。

该方法提供了一种进行维修性预计的过程和模型,以便尽可能广泛的利用现有数据,如历史经验、主观评价、专家判断等数据。

该方法适用于系统和设备的研制阶段,也可用于改进设计时对维修时间进行估计。该方法优点在于将修复性维修与预防性维修结合在一起,是一种常用的经济可行之法。

该方法的缺点是要根据专家经验判断,主观成分较多。

5）时间累加预计法

时间累加预计法的思想是将系统维修时间与可更换的维修事件维修时间、维修事件维修时间与具体维修作业时间联系起来,并通过时间累加和均值模型计算系统平均修复时间。

该方法的基本原理是由下而上,对可更换单元的故障率和维修过程的参数进行估计开始,再经过累加或求平均值,预计设备或系统的维修性参数。

时间累加预计法可以预计系统或设备的平均修复时间,除此之外,还可以预计隔离率、每次修复的平均维修工时、每工作小时的平均维修工时等。

6）加权因子预计法

加权因子预计法是加权分配法的逆变换。加权因子法需要的信息:各单元的失效率 λ_i、系统的平均故障修复时间 $\overline{M}_{ct}$ 值,并可预知符合实际的维修性因子 K_{ij} 及其加权因子 K_i。

$$\overline{M}_{ct} = \frac{\lambda_i * \overline{M}_{ct\,i} * \sum_{i-1}^{n} K_i}{K_i \sum_{i=1}^{n} \lambda_i} \tag{12-8}$$

式中:$\overline{M}_{ct}$ 是已知的系统的总的平均修复时间;$\overline{M}_{cti}$ 是第 i 个分系统的平均修复时间;λ_i 是第 i 个分系统的故障率;K_i 是第 i 个分系统的维修性加权因子。

当系统的设计特点特别是与维修性有关的设计特点已基本确定,掌握了较多的有关可维修性方面的数据信息时,可用加权因子法进行维修性预计。

该方法适用于系统的各个分系统方案和结构形式已经确定的阶段。

12.3 测试性预计

测试性预计时根据设计情况定量估计测试性参数是否满足指标要求,预计是按系统的组成,由部件到设备、分系统,最后估计出系统级的测试性参数值,预计是由小到大,由局部到整体的综合过程。

测试性预计工作主要是在详细设计阶段进行,若在方案阶段和初步设计阶段估计测试性指标实现的可能性,可根据以前相似产品的经验和技术水平进行初步预计。与测试性分配类似,测试性预计是一个不断细化和改进的估计所能达到指标的过程。实际上,在确定系统测试性指标时,就要考虑各组成部分可能达到的指标以及类似产品的经验等,对系统可能达到的指标做了粗略的估计,这也可以说是最初步的测试性预计。在详细设计阶段可以获得本系统更多更真实的数据,预计的结果可以作为评价是否达到设计要求的初步依据。随着设计工作的深入,应及时修改有关预计数据,预计结果才能更接近实际情况。当系统设计有较大更改时,应重新进行测试性预计。

通常情况下,测试性预计包括系统测试性预计、SRU 测试性预计、LRU 测试性预计和BIT 预计等。

12.3.1 系统测试性预计

系统(或分系统)测试性预计,是根据系统设计的可测试特性来估计可达到的故障检测能力和故障隔离能力。所用检测方法包括 BIT、人员观测和维修人员的计划维修等。其主要工作如下:

(1) 准备测试性框图。以系统测试性框图为基础,根据设计的可测试特性,把 BITE、测试点及其引出方法标注在框图上。

(2) 从 FMETA 和可靠性预计资料中取得故障模式和故障率数据。

(3) 取得 BIT 分析预计的结果。

(4) 人员可观测故障分析。根据测试特性设计(如故障告警、指示灯、功能单元状态指示器等),或者从 FMETA 表格中分析判断人员可观测或感觉到的故障及其故障率。

(5) 维修故障检测分析。分析系统维修方案和计划维修安排及外部测试设备规划,测试点的设置等,或者从维修分析资料和 FMETA 表格中识别通过维修人员现场维修活动可以检测的故障模式及其故障率。

(6) 填写系统测试描述表和系统测试性预计工作单,如表 12-1 和表 12-2 所示。

(7) 计算系统总的故障率(λ_T),可检测的故障率(λ_D)和可隔离的故障率(λ_I).

故障检测率 $FDR = \lambda_D/\lambda_T$

故障隔离率 $FIR = \lambda_I/\lambda_T$

列出用以上方式不能检测的故障模式,并按其影响和发生频率来分析对安全和使用的影响,以便决定是否需要进一步采取改进措施。

(8) 预计结果分析。

把以上分析与预计的结果与规定的系统测试性要求比较,评定是否满足要求,必要时提出测试性设计上的改进建议。

表 12 - 1   系统测试性描述表

①系统名称:　②系统编号:

③序号	④测试编号	⑤测试名称 (测试的部件、功能)	⑥测试点 (测试接口)	⑦测试方法	⑧激励	⑨备注
填写顺序号	填写测试编号,测试为:系统编号—标识符及顺序号。其中系统编号分为两位:XX,这两位代表执行测试的系统的编号。标识符分为三种:一是 A,表示这个测试是 ATE 测试;二是 M,表示这个测试是人工测试;三是 B,表示这个测试时 BIT	填写测试的名称,可以空白	填写测试所用的测试点或者测试接口	填写测试所用的测试方法	填写测试所用的激励,当不用激励时可以空白	填写备注事项

①:填写系统名称;②:填写系统的编号,格式为:所属系统的编号——两位数字。

12.3.2　LRU 和 SRU 测试性预计

对于系统中每个 LRU(特别是非电子类的)应该进行测试性预计,通过 BIT、ATE 和观测/测试点(TP)等方法检测故障和隔离故障到 SRU 的能力,评定 LRU 的设计是否符合测试性要求。

在开展 LRU 测试性预计时,需要 LRU 的测试性框图,LRU 的接线图、流程图和机械布局图等,可靠性预计和 FMETA 结果,内部、外部观测、测试点位置,工作连接器和检测连接器(插座)输入/输出信号,LRU 的 BIT 设计资料,有关 LRU 维修方案、测试设备规划的资料等。

有了上述资料,即可开展 LRU 测试性预计分析工作。

(1) BIT 分析,分析 LRU 的 BIT 软件和硬件可检测和隔离那些功能故障模式及其故障率。

(2) I/O 信号分析。主要分析工作连接器和检测连接器的 I/O 信号可检测和隔离的工作模式及其故障率。

(3) 观察点和测试点分析。这是分析人工检测和隔离能力。另需要指出的是,这里的测试点是指未引导连接器上的内部测试点。

表 12-2 系统测试性预计工作单

①系统/分系统:　　　　分析者:　　　　日期:

序号	②项目	③部件		④故障率 λ			系统测试编号	⑤λ_D（检测的）				⑥λ_IL（隔离的）			备注
	名称代号	编号	λ_{SR}	FM	α	λ_{FM}		BIT	ATE测试	人工测试	UD	1LRM	2LRM	3LRM	
按顺序排列	填写组成系统的 LRM 的名称或代号	填写组成 LRM 的部件或名称代号	填写组成 LRM 的部件的故障率	填写 SRU 的工作模式	填写 SRU 的发生频数比	$\lambda_{FM} = \alpha\lambda_{SR}$	根据系统测试表描述填写可检测以和隔离该故障模式的测试编号	用 BIT 可检测到的故障模式故障率	分析利用 ATE 可检测到的故障模式故障率	通过人工检测观察点,指示器和内部测试点可检测到的故障模式的故障率	以上三种方式都检测不到的故障模式故障率	可隔离到 1 个 LRU 的故障率	可隔离到 2 个 LRU 的故障率	可隔离到 3 个 LRU 的故障率	
		⑦故障率总计													
		⑧检测率隔离率预计值													

①: 填写所分析分系统或分系统名称; ⑦: 填写对应的表内各种故障率汇总情况; ⑧: 填写对应的工作检测率和故障隔离率。

（4）填写 LRU 测试描述表和 LRU 测试性预计工作单（如表 12-3 所示）。LRU 测试描述表与系统测试描述表内容相同，只不过将对系统的描述更改为 LRU。

（5）把预计结果与要求值比较，必要时提出改进 LRU 测试性设计建议。

SRU 的测试性预计的目的与方法与 LRU 的相同，只是分析的对象是组成 LRU 的各个 SRU。

12.3.3　BIT 预计

BIT 预计是在 BIT 分析和设计的基础上进行，通过工程分析和计算来估计 BIT 故障检测率和隔离率量值，并与规定的指标要求进行比较。针对 BIT 预计分析过程如图 12-2 所示。

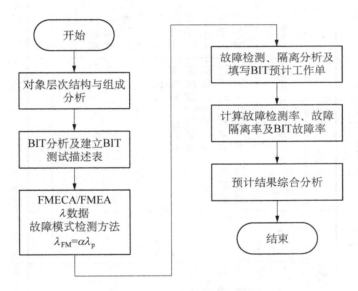

图 12-2　BIT 的预计分析过程

流程分析内容各个项目的详细阐述与测试性预计分析的内容相同。BIT 分析及建立 BIT 测试描述表是在测试性预计分析未详细体现的，其具体含义为分析系统的各种 BIT 工作模式以及其他检测诊断手段的测试范围，算法和流程等，并了解系统工作前 BIT、工作中 BIT 和工作后维修 BIT 的工作原理，及它们所测试的范围、启动和结束条件，故障显示记录情况等，并根据对各种诊断方案和方法的分析，建立系统级、LRU 级、SRU 级的 BIT 测试描述表。

BIT 测试描述如表 12-4、表 12-5 所示（以 SRU 的 BIT 测试描述表为例）。BIT 预计工作单如表 12-5 所示。

表12-3　LRU测试性预计工作单

① LRU 名称:　所属系统:　分析者:　日期:

②项目	③组成部件			④故障率 λ				⑤λ_D（检测的）					⑥λ_IL（隔离的）			备注
序号	名称代号	编号		λ_P	FM	α	λ_{FM}	LRU测试编号	BIT	ATE测试	人工测试	UD	1SRU	2SRU	3SRU	
按顺序排列	填写SRU被分析的内部功能单元(或区器件、元件)的名称、代号及序号	填写功能单元(或器件、元件)的区位编号		填写功能单元(或器件、元件)的故障率	填写LRU的工作模式	填写LRU的发生频数比	$\lambda_{FM}=\alpha\lambda_{SR}$	填写LRU的测试编号	用BIT可检测到的故障模式的故障率	分析利用ATE可检测到的故障模式故障率	通过人工检测、观察点、指示器和内部测试点可检测的故障模式故障率	以上三种方式都检测不到的故障模式故障率	可隔离到1个SRU的故障率	可隔离到2个SRU的故障率	可隔离到3个SRU的故障率	
⑦故障率总计																
⑧检测率,隔离率预计值/(%)																

①: 填写所分析 LRU 系统和该 LRU 系统的名称; ⑦: 填写对应的表内各种故障率汇总情况; ⑧: 填写对应的工作检测率和故障隔离率。关于④,有以下关系: $\lambda_{FMi}=\alpha_i\lambda_P$, $\sum\lambda_{FMi}=\lambda_P$, $\sum\alpha_i=1$。

表 12 - 4 SRU 的 BIT 测试描述表

① SRU 名称：②SRU 编号：

③序号	④BIT 编号	⑤测试项目名称（测试的部件、功能）	⑥测试内容与方法说明	⑦减少虚警方法	⑧适用类别			⑨备注
					PBIT	PUBIT	MBIT	
填写顺序号	填写 BIT 编号,格式为：系统编号—LRU 编号—SRU 编号—BIT 顺序号	填写 BIT 的测试项目名称	填写 BIT 测试内容和方法的简单说明	填写对该 BIT 采取的减少虚警方法	填写此 BIT 能否用于 PBIT	填写此 BIT 能否用于 PUBIT	填写此 BIT 能否用于 MBIT	填写备注事项。

①填写 SRU 名称；②填写系统的编号,格式为：所属系统的编号——两位数字。

表 12 – 5　BIT 预计工作单

① SRU: 所属 LRU: 所属系统; 故障率单元为 10^{-6}/h

②序号	③元器件名称和代号	④故障率				⑤BIT编号	⑥λ_D(检测)				⑦λ_IL(隔离到SRU)			⑧λ_IL(隔离到LRU)			⑨BIT故障率 λ_B	备注
		λ_p	故障模式	α	λ_FM		PUBIT	PBIT	MBIT	UD	1SRU	2SRU	3SRU	1LRU	2LRU	3LRU		
填写顺序号	填写元器件的名称和代号	填写元器件的故障率	填写元器件的故障模式	填写元器件故障模式发生频数比	填写元器件故障模式的故障率	根据测试描述表填写可以检测该隔离故障模式的BIT编号。对不能检测的,不用填写	周期BIT可检测故障模式的故障率	加电BIT可检测故障模式的故障率	维修BIT科检测故障模式的故障率	上述三种BIT未能检测故障模式的故障率,对这种故障模式不进行隔离分析	该故障模式可以隔离到1个SRU	该故障模式可以隔离到2个SRU	该故障模式可以隔离到3个SRU	该故障模式可以隔离到1个LRU	该故障模式可以隔离到2个LRU	该故障模式可以隔离到3个LRU	填写BIT硬件的故障率。当分析元器件BIT硬件电路时,直接将其故障率填写到此栏,不用分析其检测隔离情况	
⑩故障率总计																		
⑩检测率,隔离率预计值(%)																		

① 填写 SRU,所属 LRU 以及所属系统的名称。关于④,有以下关系: $\lambda_{FMi} = \alpha_i \lambda_p$, $\sum \lambda_{FMi} = \lambda_p$, $\sum \alpha_i = 1$。

13

泛可靠性因素分析

在泛可靠性工程中,分配属于决策性问题,其目的是将系统的泛可靠性指标要求具体落实到系统、设备及单元层次上去。当泛可靠性指标分配到分系统或设备后,下一步就是对系统的各个层次进行科学的泛可靠性分析。泛可靠性分析是可靠性工程中一项基础性的工作,即通过运用定性和定量的分析手段,对系统的可靠性设计特性进行逻辑的、综合的评定,确定系统及其组成单元的薄弱环节,找出影响系统安全及影响维修和后勤保障的关键项目,为系统的改进设计提供依据。

13.1 系统可靠性薄弱及关重件确定

13.1.1 重要度分析

国内外资料上介绍的重要度有八九种之多,但最常用的,也是最基本的是概率重要度、结构重要度和关键重要度三种。本节仅介绍这三种重要度,并指出它们的物理含义和不同的用途。

前面已经提到过,一个部件可以有多种失效模式。在故障树中,每一种失效模式对应一个基本事件。本节所介绍的重要度的定义和计算方法均系基本事件重要度的定义和计算方法。部件重要度应等于它所包含的基本事件的重要度之和。当部件只含一种失效模式时,部件重要度即等于基本事件重要度。

为简单起见,本节假定每个部件只含一种失效模式,则基本事件的重要度即是部件的重要度。

在讨论重要度的概念和计算方法之前,首先介绍两个常用的基本概念,这就是"系统的临界状态"和"关键部件"。

n 个部件的两态系统,其部件状态的组合有 2^n 个。这 2^n 种组合分别归结为"系统正常"和"系统失效"。为了区别起见,可以称系统的每一种部件状态组合为系统的微观状态,系统正常或失效为系统的宏观状态。因而,一个据有 n 个部件的两态系统共有 2^n 种微观状态,而这 2^n 种微观状态又可归结为两种宏观状态。由于在同一时刻两个或两个以上的部件状态同时发生变化的概率很小,可以忽略不计,我们认为每次只有一个部件的状态发生变化。

从另一方面看,在 2^n 个微观状态中,并非每一种微观状态发生每一种变化都能导致系统宏观状态发生变化的。只有其中某些特殊微观状态在发生某种特殊变化时才能导致系统宏观状态变化。这些特殊的微观状态即是系统的临界状态。

因而,对系统的临界状态可作如下定义:当且仅当某一个部件状态变化时即可导致系统宏观状态变化,则称此系统处于某种临界状态之中。那些当且仅当该部件状态变化即导致系统宏观状态变化的部件就称为该临界状态的关键部件。任何非临界状态的微观状态都必须首先变成临界状态后才可能使宏观状态发生变化。

图 13-1 是一个四部件系统可靠性框图;表 13-1 是如图 13-1 所示系统的状态表。

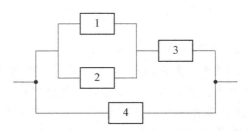

图 13-1　四部件系统可靠性框图

表 13-1　四部件系统状态表

状态编号	微观状态				宏观状态	状态编号	微观状态				宏观状态
	1	2	3	4			1	2	3	4	
1	0	0	0	0	0	9√	0	1	1	0	0
2	1	0	0	0	0	10√	0	1	0	1	0
3	0	1	0	0	0	11√	0	0	1	1	1
4√	0	0	1	0	0	12√	1	1	1	0	0
5√	0	0	0	1	0	13√	1	1	0	1	1
6√	1	1	0	0	0	14√	1	0	1	1	1
7√	1	0	1	0	0	15√	0	1	1	1	1
8√	1	0	0	1	0	16√	1	1	1	1	1

注:1—失效;0—正常;√—临界状态。

表 13-1 中列出了系统全部 16 种微观状态以及其对应的宏观状态。在状态 1、2、3 中,改变任何一个部件的状态都不可能使系统的宏观状态发生变化。因而,它们是非临界状态。在状态 4 中,若部件 4 的状态由 0 变 1,则系统宏观状态也将由 0 变 1,这一个状态就是临界状态。而导致系统状态变化的部件 4 称为该临界状态的关键部件。

临界状态和关键部件有如下性质:

(1) 如前所述,并非系统所有的微观状态都是临界状态,只是其中某些特殊的微观状态才属于临界状态。

(2) 一个系统的任一部件都有可能成为关键部件。即任一部件都能在系统的 2^n 个微观状态中找到以其为关键部件的微观状态。显然,这一部件是否成为关键部件取决于其他 $n-1$ 个部件的状态组合。如图 13-1 中的部件 3,当其他三个部件状态均取 0 时,不管部件 3 的状态怎么变,系统宏观状态都不会从 0 变到 1。反之,当部件 1、2、4 的状态分别为 1、0、1 时(状态 8、14),若部件 3 的状态由 0 变到 1,系统宏观状态也由 0 变到 1。当部件 3 状态由 1 变到 0 时,系统宏观状态也由 1 变到 0。因而,状态 1 不是以部件 3 为关键部件的临界状态,状态 8、14 都是以部件 3 为关键部件的临界状态。由此可见,一个部件可以作为多个临界状态的关键部件。

(3) 一个临界状态可以对应多个关键部件。如表 13-1 中的状态 13,部件 1、2 和 4 的状态从 1 变到 0 时,都可以使系统宏观状态从 1 变到 0。因而,部件 1、2、4 均可作为状态 13 这一临界状态的关键部件。

下面要讨论的重要度的概念就是以临界状态和关键部件为基础的。

1) 概率重要度

设系统的不可靠度函数为 $g(t)$,第 i 个单元的失效概率函数为 $Q_i(t)$,则定义系统不可靠度函数对单元 i 的失效概率函数的偏导数为单元 i 的概率重要度(记作 $I_i^{pr}(t)$),即

$$I_i^{pr}(t) = \frac{\partial g(t)}{\partial Q_i(t)} \tag{13-1}$$

设系统故障树的结构函数为

$$\psi(X) = \psi(x_1, x_2, \cdots, x_n) \tag{13-2}$$

由结构函数分解式可得

$$\psi(X) = x_i \psi(1_i, X) + (1-x_i)\psi(0_i, X) \tag{13-3}$$

对上式两边求数学期望,因为 x_i 和 $\psi(1_i, X)$、$(1-x_i)$ 和 $\psi(0_i, X)$ 分别相互独立,由数学期望的性质可得

$$E[\psi(X)] = F_i \cdot E[\psi(1_i, X)] + (1-F_i) \cdot E[\psi(0_i, X)] \tag{13-4}$$

故障树结构函数的数学期望即是顶事件的发生概率,也就是系统的不可靠度。因而,式 (13-4) 的左边为 $g(t)$。而 F_i 即是第 i 单元的失效概率,可以改写为 $Q_i(t)$。$E[\psi(1_i, X)]$ 为第 i 单元状态取 1 时系统的不可靠度,记作 $g(1_i, Q)$,$E[\psi(0_i, X)]$ 为第 i 单元状态取 0 时系统的不可靠度,记作 $g(0_i, Q)$。则式 (13-4) 可以改写成

$$g(t) = Q_i(t) \cdot g(1_i, Q) - Q_i(t) \cdot g(0_i, Q) \tag{13-5}$$

上式两边分别对 $Q_i(t)$ 求偏导数,则有

$$\frac{\partial g(t)}{\partial Q_i(t)} = g(1_i, Q) - g(0_i, Q) \tag{13-6}$$

即

$$I_i^{pr}(t) = g(1_i, Q) - g(0_i, Q) \tag{13-7}$$

式(13-7)给出了概率重要度的数学含义,即 i 单元的概率重要度为 i 单元状态取 1 时故障树顶事件的概率与 i 单元状态取 0 时故障树顶事件概率之差。

作为一个工程中常用的可靠性参数,对于概率重要度来说,仅明确其数学含义是不够的,还必须进一步考察其物理含义。在式(13-7)中,$g(1_i, \boldsymbol{Q})$ 为单元 i 失效时系统的失效率,$g(0_i, \boldsymbol{Q})$ 为单元 i 正常时系统的失效率,因而,式(13-7)右边表示当单元 i 从正常变到失效时系统不可靠度的增值,也就是当且仅当单元 i 从正常变到失效时系统失效的概率。

例 13.1 试求一个 3 中取 2 系统中任一部件的概率重要度。

解: 3 中取 2 系统的故障树结构函数可表示为

$$\psi = x_1 x_2 \bigcup x_1 x_3 \bigcup x_2 x_3$$

显然,上式是用最小割集表示的故障树结构函数。经不交化处理后,上式可以化为

$$\psi = x_1 x_2 + x_1 x_2' x_3 + x_1' x_2 x_3$$

则顶事件发生概率的表达式为

$$g(t) = Q_1 Q_2 + Q_1(1 - Q_2) Q_3 + (1 - Q_1) Q_2 Q_3$$

由上式可以推导出 $g(1_1, \boldsymbol{Q})$ 和 $g(0_1, \boldsymbol{Q})$:

$$g(1_1, \boldsymbol{Q}) = Q_2 + (1 - Q_2) Q_3$$
$$g(0_1, \boldsymbol{Q}) = Q_2 Q_3$$

根据式(13-7),有

$$I_i^{\mathrm{pr}}(t) = Q_2 + (1 - Q_2) Q_3 - Q_2 Q_3$$

例 13.2 试计算两部件串联、两部件并联和 3 中取 2 系统各部件的概率重要度。设时间和失效率数据为 $t = 20\ \mathrm{h}$, $\lambda_1 = 0.001/\mathrm{h}$, $\lambda_2 = 0.002/\mathrm{h}$, $\lambda_3 = 0.003/\mathrm{h}$。

解: 由题设,三个部件的不可靠度分别为

$$Q_1 = 1 - \mathrm{e}^{-\lambda_1 t} = 1.980\ 13 \times 10^{-2}$$
$$Q_2 = 1 - \mathrm{e}^{-\lambda_2 t} = 3.921\ 06 \times 10^{-2}$$
$$Q_3 = 1 - \mathrm{e}^{-\lambda_3 t} = 5.823\ 55 \times 10^{-2}$$

(1) 对于 2 部件串联系统:

$$g = Q_1 + Q_2 - Q_1 Q_2$$

则

$$I_1^{\mathrm{pr}} = \frac{\partial g}{\partial Q_1} = 1 - Q_2 = 0.960\ 789$$

$$I_2^{\mathrm{pr}} = \frac{\partial g}{\partial Q_2} = 1 - Q_1 = 0.980\ 199$$

(2) 对于 2 部件并联系统:

$$g = Q_1 Q_2$$

则

$$I_1^{pr} = \frac{\partial g}{\partial Q_1} = Q_2 = 3.921\,06 \times 10^{-2}$$

$$I_2^{pr} = \frac{\partial g}{\partial Q_2} = Q_1 = 0.980\,13 \times 10^{-2}$$

（3）对于 3 中取 2 系统：

$$g = Q_1 Q_2 + Q_1 Q_3 + Q_2 Q_3 - 2Q_1 Q_2 Q_3$$

则

$$I_1^{pr} = \frac{\partial g}{\partial Q_1} = Q_2 + Q_3 - 2Q_2 Q_3 = 9.287\,92 \times 10^{-2}$$

$$I_2^{pr} = \frac{\partial g}{\partial Q_2} = Q_1 + Q_3 - 2Q_1 Q_3 = 7.573\,05 \times 10^{-2}$$

$$I_3^{pr} = \frac{\partial g}{\partial Q_3} = Q_1 + Q_2 - 2Q_1 Q_2 = 5.745\,91 \times 10^{-2}$$

上面用简单的实例展现了概率重要度的物理意义。

对于两单元串联系统，只要任何一个单元失效系统即失效。因此，当且仅当单元 1 失效系统即失效的状态是单元 2 完好。反之，当且仅当单元 2 失效系统即失效的状态是单元 1 完好。故有

$$I_1^{pr} = 1 - Q_2 = R_2$$
$$I_2^{pr} = 1 - Q_1 = R_1$$

对于两单元并联系统，当两单元都失效时系统才失效。因而，当且仅当一个单元失效系统即失效的状态是另一个单元失效，故有

$$I_1^{pr} = Q_2$$
$$I_2^{pr} = Q_1$$

2）结构重要度

若一个系统不会由于某单元的失效而由系统失效变成系统正常，则这样的系统称为单调关联系统。船舶及其系统一般均为单调关联系统。因而，本书所讨论的可靠性问题均为单调关联系统的可靠性问题。

对于单调关联系统，当单元 i 的状态由 0 变到 1 时，系统的状态有下列三种方式：

（1）$\psi(0_i, X) = 0$，$\psi(1_i, X) = 1$，$\psi(1_i, X) - \psi(0_i, X) = 1$

（2）$\psi(0_i, X) = 0$，$\psi(1_i, X) = 0$，$\psi(1_i, X) - \psi(0_i, X) = 0$

（3）$\psi(0_i, X) = 1$，$\psi(1_i, X) = 1$，$\psi(1_i, X) - \psi(0_i, X) = 0$

对于单元 i 的某一给定状态，其余 $n-1$ 个单元的状态可有 2^{n-1} 种组合。取其和

$$n_i^\psi = \sum_{n-1} \left[\psi(1_i, X) - \psi(0_i, X) \right] \qquad (13-8)$$

显然,这种求和仅仅是将第(1)种情况发生次数进行了累加,其他两种情况的贡献为零。而情况(1)发生的次数就是以 i 单元为关键单元的临界状态数。以 i 单元为关键单元的临界状态越多,i 单元的失效导致系统失效的可能性越大。故 n_i^ψ 可以作为单元 i 对系统失效贡献大小的度量。由于这种可能性仅由系统结构而决定,因而,可以用 n_i^ψ 的这种特征来定义部件的结构重要度。为了使每个单元的结构重要度不大于1,可将 i 单元的结构重要度定义为

$$I_i^{\text{st}} = \frac{1}{2^{n-1}} n_i^\psi \qquad (13-9)$$

从定义式中可以看出,i 单元的结构重要度为以 i 单元为关键单元的临界状态数除 i 单元外其余 $n-1$ 个单元状态组合数之比。

当部件 i 的状态给定时,系统任一状态为 $(\cdot_i, X)$,$\psi(\cdot_i, X) = 1$ 或 $\psi(\cdot_i, X) = 0$。$(\cdot_i, X)$ 中有 $n-1$ 个部件的状态变量。

为了不失一般性,任设其中 k 个为失效状态 $(k = 0, 1, 2, \cdots, n-1)$,$n-1-k$ 个为正常状态。

当 $k = 0$ 时,对应于 $n-1$ 个部件都正常的状态,当 $k = n-1$ 时,对应于 $n-1$ 个部件都失效的状态。设每一部件正常的概率是 $\frac{1}{2}$,失效的概率也是 $\frac{1}{2}$,则系统处于任一状态 $(\cdot_i, X)$ 的概率为

$$P\{(\cdot_i, X)\} = Q_1 \cdot Q_2 \cdot \cdots \cdot Q_k \cdot R_{k+1} \cdot \cdots \cdot R_{n-1} = \frac{1}{2^{n-1}}$$

因而

$$P\{\psi(1_i, X) = 1\} = P\{\psi(0_i, X) = 1\} = P\{\psi(1_i, X) = 0\} = P\{\psi(0_i, X) = 0\} = \frac{1}{2^{n-1}}$$

故式(13-9)可以变为

$$
\begin{aligned}
I_i^{\text{st}} &= \frac{1}{2^{n-1}} \sum_{2^{n-1}} \left[\psi(1_i, X) - \psi(0_i, X) \right] \\
&= \frac{1}{2^{n-1}} \sum_{2^{n-1}} \psi(1_i, X) - \frac{1}{2^{n-1}} \sum_{2^{n-1}} \psi(0_i, X) \\
&= \sum_{2^{n-1}}^{1} \psi(1_i, X) P\{\psi(1_i, X) = 1\} - \sum_{2^{n-1}}^{1} \psi(0_i, X) P\{\psi(0_i, X) = 1\} \\
&= E[\psi(1_i, X)] - E[\psi(0_i, X)] \\
&= g(1_i, Q) - g(0_i, Q) \\
&= \frac{\partial g(t)}{\partial Q_i(t)}
\end{aligned}
$$

上述演算结果表明,当所有部件的失效概率和正常概率均为 1/2 时,部件的概率重要度

等于其结构重要度。这样,就提供了一个通过概率重要度来求结构重要度的方法,大大地简化了式(13-9)的计算。

 例 13.3　对于两部件并联系统,分别用上述两种方法计算各部件的结构重要度。

解:两部件系统部件状态组合数为 4,当其中一个部件的状态固定时,系统可能取的微观状态只有两个,即另一个部件的两种状态。

对于并联系统,用第一种方法得到的概率重要度为

$$I_i^{st} = \frac{1}{2}\big[(1-0) + (0-0)\big] = \frac{1}{2}$$

用第二种方法计算结构重要度时,先假设两个部件的失效概率分别等于 1/2,则有

$$I_1^{st} = Q_2 = \frac{1}{2}$$

$$I_2^{st} = Q_1 = \frac{1}{2}$$

 例 13.4　试计算如图 13-2 所示系统各部件的结构重要度。

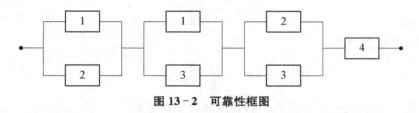

图 13-2　可靠性框图

解:不难看出,这个系统有四个最小割集,它们是:

$$\{x_4\},\ \{x_1,x_2\},\ \{x_1,x_3\},\ \{x_2,x_3\}$$

所以

$$g = Q_4 + (1-Q_4)Q_1Q_2 + (1-Q_4)Q_1(1-Q_2)Q_3 + (1-Q_4)(1-Q_1)Q_2Q_3$$

$$I_4^{st} = \frac{\partial g}{\partial Q_4}\bigg|_{Q_i=\frac{1}{2}}$$

$$= \big[1 - Q_1Q_2 - Q_1(1-Q_2)Q_3 - (1-Q_1)Q_2Q_3\big]_{Q_i=\frac{1}{2}}$$

$$= 1 - \frac{1}{2}\times\frac{1}{2} - \frac{1}{2}\times\frac{1}{2}\times\frac{1}{2} - \frac{1}{2}\times\frac{1}{2}\times\frac{1}{2}$$

$$= \frac{1}{2}$$

$$I_1^{st} = \frac{\partial g}{\partial Q_1}\bigg|_{Q_i=\frac{1}{2}}$$

$$= \big[(1-Q_4)Q_2 + (1-Q_4)(1-Q_2)Q_3 - (1-Q_4)Q_2Q_3\big]$$

$$= \left(1-\frac{1}{2}\right)\times\frac{1}{2} + \left(1-\frac{1}{2}\right)\times\left(1-\frac{1}{2}\right)\times\frac{1}{2} - \left(1-\frac{1}{2}\right)\times\frac{1}{2}\times\frac{1}{2}$$

$$= \frac{1}{4}$$

由于部件 2、3 和部件 1 在系统中的地位相同,它们的结构重要度应相等。故

$$I_2^{st} = I_3^{st} = I_1^{st} = \frac{1}{4}$$

3) 关键重要度

前面已经谈到,概率重要度 $I_i^{pr}(t)$ 在数学上的意义是:i 单元失效概率改变一个单位所引起的系统失效概率的变化。但由于单元原有失效概率的大小不同,其同样变化一个单位的难易也不同。在这一点上,概率重要度不能充分反映这个性质。因而,有必要引入一个新的概念来对其进行刻画,这个概念就是关键重要度。

关键重要度是一个变化率的比,单元 i 的关键重要度就是单元 i 的失效概率的变化率所引起的系统失效概率的变化率,记作 $I_i^{cr}(t)$,且有

$$I_i^{cr}(t) = \lim_{\Delta Q_i(t) \to 0} \frac{\Delta g(t)/g(t)}{\Delta Q_i(t)/Q_i(t)} = \frac{Q_i(t)}{g(t)} \frac{\partial g(t)}{\partial Q_i(t)} \tag{13-10}$$

因为

$$I_i^{pr}(t) = \frac{\partial g(t)}{\partial Q_i(t)}$$

则式(13-10)可以变为

$$I_i^{cr}(t) = \frac{Q_i(t)}{g(t)} I_i^{pr}(t) \tag{13-11}$$

例 13.5　试计算例 13.2 所给三种系统的关键重要度。

解:由例 13.2 的计算结果得到了各个部件在三种不同系统中的概率重要度。再由式(13-11)即可算得关键重要度。

三个部件的不可靠度分别为

$$Q_1 = 1 - e^{-\lambda_1 t} = 1.980\,13 \times 10^{-2}$$
$$Q_2 = 1 - e^{-\lambda_2 t} = 3.921\,06 \times 10^{-2}$$
$$Q_3 = 1 - e^{-\lambda_3 t} = 5.823\,55 \times 10^{-2}$$

(1) 对于两部件串联系统:

$$g = Q_1 + Q_2 - Q_1 Q_2 = 5.978\,832 \times 10^{-2}$$

$$I_1^{pr} = \frac{\partial g}{\partial Q_1} = 1 - Q_2 = 0.960\,789$$

$$I_2^{pr} = \frac{\partial g}{\partial Q_2} = 1 - Q_1 = 0.980\,199$$

则有

$$I_1^{cr}(t) = \frac{Q_1}{g} \cdot I_1^{pr} = \frac{1.980\,13 \times 10^{-2}}{5.978\,832 \times 10^{-2}} \times 9.607\,89 \times 10^{-1} = 3.182\,038\,1 \times 10^{-1}$$

$$I_2^{cr}(t) = \frac{Q_2}{g} \cdot I_2^{pr} = \frac{3.921\,06 \times 10^{-2}}{5.978\,832 \times 10^{-2}} \times 9.801\,99 \times 10^{-1} = 6.428\,377\,8 \times 10^{-1}$$

（2）对于两部件并联系统：

$$g = Q_1 Q_2$$

$$I_1^{pr} = \frac{\partial g}{\partial Q_1} = Q_2 = 3.921\ 06 \times 10^{-2}$$

$$I_2^{pr} = \frac{\partial g}{\partial Q_2} = Q_1 = 0.980\ 13 \times 10^{-2}$$

则：

$$I_1^{cr}(t) = \frac{Q_1}{g} I_1^{pr} = \frac{1}{Q_2} I_1^{pr} = \frac{Q_2}{Q_2} = 1$$

$$I_2^{cr}(t) = \frac{Q_2}{g} I_2^{pr} = \frac{1}{Q_1} I_2^{pr} = \frac{Q_1}{Q_1} = 1$$

（3）对于 3 中取 2 系统：

$$g = Q_1 Q_2 + Q_1 Q_3 + Q_2 Q_3 - 2Q_1 Q_2 Q_3 = 4.122\ 578 \times 10^{-3}$$

$$I_1^{pr} = \frac{\partial g}{\partial Q_1} = Q_2 + Q_3 - 2Q_2 Q_3 = 9.287\ 92 \times 10^{-2}$$

$$I_2^{pr} = \frac{\partial g}{\partial Q_2} = Q_1 + Q_3 - 2Q_1 Q_3 = 7.573\ 05 \times 10^{-2}$$

$$I_3^{pr} = \frac{\partial g}{\partial Q_3} = Q_1 + Q_2 - 2Q_1 Q_2 = 5.745\ 91 \times 10^{-2}$$

则有

$$I_1^{cr}(t) = \frac{Q_1}{g} I_1^{pr} = \frac{1.980\ 13 \times 10^{-2}}{4.122\ 578 \times 10^{-3}} \times 9.287\ 92 \times 10^{-2} = 4.461\ 113\ 83 \times 10^{-1}$$

$$I_2^{cr}(t) = \frac{Q_2}{g} I_2^{pr} = \frac{3.921\ 06 \times 10^{-2}}{4.122\ 578 \times 10^{-3}} \times 7.573\ 05 \times 10^{-2} = 7.202\ 867\ 86 \times 10^{-1}$$

$$I_3^{cr}(t) = \frac{Q_3}{g} I_3^{pr} = \frac{5.823\ 55 \times 10^{-2}}{4.122\ 578 \times 10^{-3}} \times 5.745\ 91 \times 10^{-2} = 8.116\ 667\ 64 \times 10^{-1}$$

13.1.2 关重件确定

不管哪种类型的可靠性分析，其基本目的都是查找系统的薄弱环节，确定关重件，为其改进设计提供依据。

1）依据 FMECA 确定关重件

根据 FMECA 结果，从中找出严酷度Ⅰ、Ⅱ类单点故障模式清单和可靠性关键重要产品清单，如表 13-2 和表 13-3 所示。

表 13-2 严酷度 I、II 类单点故障模式清单

系统名称		填表核对		审核批准		第　页·共　页日期	
序号	产品名称	故障模式	最终故障影响	严酷度等级	设计改进措施	使用补偿措施	故障模式未被消除原因	备注

表 13-3 可靠性关键重要产品清单

系统名称		填表核对		审核批准			第　页·共　页日期	
序号	产品名称	关键故障模式	最终故障影响	严酷度等级	设计改进措施	使用补偿措施	实施部门	实施情况	备注

2）依据重要度分析确定关重件

概率重要度、结构重要度和关键重要度从不同角度反映了部件对系统的影响程度，因而，它们使用的场合各不相同。在进行系统可靠度分配时，通常使用结构重要度。当进行系统可靠性参数设计以及排列诊断检查顺序时，通常使用关键重要度，而在计算部件结构重要度和关键重要度时，往往又少不了概率重要度这么一个有效的工具。

从关键重要度的表达式来看，式（13-11）可以表示为

$$I_i^{cr} = \frac{1}{g}Q_i I_i^{pr} \tag{13-12}$$

式中：$1/g$ 对所有单元都相同，不同的是 Q_i 和 I_i^{pr}。而 I_i^{pr} 是当且仅当单元 i 失效时系统失效的概率，$1/g$ 是单元 i 失效的概率，那么，$Q_i I_i^{pr}$ 就是单元 i 触发系统失效的概率。$Q_i I_i^{pr}$ 越大，表明由单元 i 触发系统失效的可能性就越大。

因此，一旦系统发生故障，有理由首先怀疑是关键重要度最大的单元触发了这次故障，也就是认为此单元是关重件。对该单元作快速更换就可使系统恢复正常工作。于是，可以根据单元关键重要度的大小顺序列出系统单元故障诊断检查的顺序表，用来指导系统的运行和维修。这个顺序表在需要快速排除故障的场合，如临战情况，就显得更为有用。只要按照该顺序表首先检查关键重要度最大的单元。若该单元确实已经发生故障，则予以更换，系统立即恢复工作。若不是该单元故障，则应检查顺序表上关键重要度次大的单元。这是保证能以最快速度排除系统故障的最优检查方案。

例 13.6 计算如图 13-2 所示系统各部件的关键重要度，并列出诊断检查顺序表。设 $Q_4 = 0.2$，$Q_1 = Q_2 = Q_3 = 0.6$。

解： 由例 11.4 可知

$$g = Q_4 + (1-Q_4)Q_1Q_2 + (1-Q_4)Q_1(1-Q_2)Q_3 + (1-Q_4)(1-Q_1)Q_2Q_3$$
$$= 0.2 + 0.8 \times 0.6^2 + 0.8 \times 0.6^2 \times 0.4 + 0.8 \times 0.6^2 \times 0.4$$
$$= 0.7184$$

根据式(13-10),有

$$
\begin{aligned}
I_1^{cr}(t) &= \frac{Q_1(t)}{g(t)} \frac{\partial g(t)}{\partial Q_1(t)} \\
&= \frac{0.6}{0.7184} \times \left[(1-Q_4)Q_2 + (1-Q_4)(1-Q_2)Q_3 - (1-Q_4)Q_2Q_3 \right] \\
&= \frac{0.6}{0.7184} \times (0.8 \times 0.6 + 0.8 \times 0.4 \times 0.6 + 0.8 \times 0.6 \times 0.6) \\
&= 0.3207
\end{aligned}
$$

部件 1、2、3 在系统中所处的地位以及其自身的失效概率均为相同,因而,其关键重要度是一样的。

$$
I_1^{cr}(t) = I_2^{cr}(t) = I_3^{cr}(t) = 0.3207
$$

$$
\begin{aligned}
I_4^{cr}(t) &= \frac{Q_4(t)}{g(t)} \frac{\partial g(t)}{\partial Q_4(t)} \\
&= \frac{0.2}{0.7184} \times \left[1 - Q_1Q_2 - Q_1(1-Q_2)Q_3 - (1-Q_1)Q_2Q_3 \right] \\
&= \frac{0.2}{0.7184} \times (1 - 0.6 \times 0.6 - 0.6 \times 0.6 \times 0.4 - 0.6 \times 0.6 \times 0.4) \\
&= 0.0981
\end{aligned}
$$

根据上面计算结果,系统故障时部件诊断检查顺序应为:①部件 1、2、3;②部件 4。

13.2　可维修性分析

13.2.1　维修级别分析

维修级别分析(level of repair analysis, LORA),是指产品研制、生产和使用阶段,对其进行非经济性和经济性分析,确定可行的修复或报废维修级别的过程。其目的是确定维修工作在哪一级维修机构维修执行最为有效、经济。

修理级别分析工作应在寿命周期内反复进行,通过系统的评估过程来实施,以得到有效和经济的维修方案。评估的详细程度和各工作项目进行的时机应适合各装备的要求,并且应与装备的研制阶段相适应。

1) 维修级别划分

按照维修的难易程度、维修人员技术水平和所需工具、补给及时间等现场条件,维修级别通常划分为三类,即基层级、中继级和基地级。

对于不同的装备类型和习惯,在级别名称上有一定的差别。如航空装备,其维修级别又可称为外场级(指使用现场)、野战级(指修理厂或航修厂)和后方级(大修厂或制造厂);对于舰船装备,其维修级别又可称为舰员级(指舰船现场)、中继级(指修理所、修理船或抢修队等)和基地级(指修理工厂)。

（1）基层级维修。

这是直接由装备上随行人员负责进行的维修。这类维修的特点是只需少量修理及拆换、调整、清洗和润滑等工作，即可快速地将系统恢复规定的工作状态。

为了最大限度缩短修复性维修时间，减少因停机而造成的损失，基层级维修主要对故障率较高单元采取换件修理，并以简单的检查、测试和更换为主，这是从装备的使用条件出发，考虑现场维修技术力量较为薄弱，故障检测设备、资料以及备品、备件储备数量有限等实际情况下做出的决策。

在装备设计过程中，恰当地选取和设计基层级可更换件，对于提高拆换速度以及确定后勤保障需求，使系统发生故障后能尽快地恢复预定的功能状态，具有非常重要的意义。

（2）中继级维修。

对维修要求过高，在现场难以完成维修的故障单元，主要放在中继级维修。如对于舰船而言，这部分工作主要由指定的直接对舰船提供维修保障的机构完成，如机动抢修队、舰（船）队修理所进行。按照有关规定，目前舰（船）队修理所主要维修任务是进行坞排保养和故障修理，负责完成舰船年度保养、小修及主、辅机的中修任务，以及进行日常舰员级维修难以完成的临时性修理等。

（3）基地级维修。

这是一种最高级别的维修。当单元故障在前两种维修级别上维修都不合适时，才进行基地维修。这类维修往往是由技术水平较高的专家，采用专用工具及试验设备来完成复杂的修理、改装和精密调整。目前舰船基地级维修工作主要在部队指定的维修工厂完成，有时也可以委托地方船厂完成。

2）修理级别分析过程

修理级别分析采用定性与定量相结合的方法进行。研制阶段早期，如获取的各种数据不充分，可以定性分析方法为主，通过非经济性分析和类比分析确定待分析产品的维修级别。随着研制工作的深入，当获取的各种数据充分时，应以定量分析方法为主，确定待分析产品的维修级别。图 13-3 为修理级别分析流程图，图 13-3(a) 为定性修理级别分析流程；图 13-3(b) 为定量修理级别分析流程。

由图 13-3 可以看出，非经济性分析是确定维修级别的一个重要环节。事实上，非经济性修理级别分析主要是从超过费用影响方面的限制因素（如现行维修保障机构的约束、安全性、保密性、机动性、维修技术可行性、任务成功率、维修人员配备等）和现有的类似装备的修理级别分析决策出发，确定修理或报废的维修级别。实施该分析虽不注重费用因素，然而，可以根据非经济性评估结果提出的建议给出经济性估价。限制因素一般是指将修理或报废的决策限制在特定的维修级别的因素或限定了可用的备选保障方案的那些因素。

非经济性修理级别分析是一个通过考虑影响修理或报废决策的限制因素来进行问答的逻辑过程。对于待分析产品清单中的任一产品都应回答表 13-4 中的问题，答案应是：是或否；修理或报废决策受限制的维修级别及受限制的原因。在回答完所有问题后，分析人员将"是"的回答及原因组合起来，然后基于"是"的回答确定初始维修方案。表 13-4 为常见的

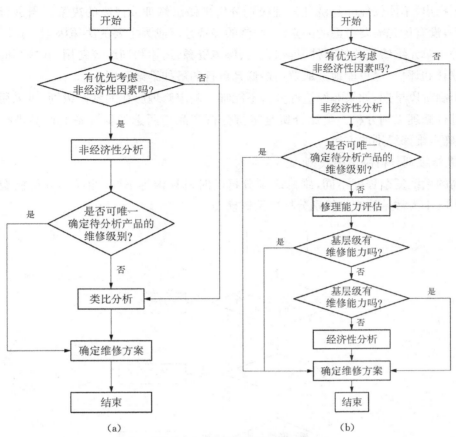

图 13-3 维修级别分析流程

单元非经济性分析表。

表 13-4 非经济性分析表

非经济性因素	是	否	影响或限制的维修级别				限制维修级别原因
			基层级	报废	基地级	中继级	
在该维修级别上维修是否存在危险因素							
在该维修级别上维修是否存在保密因素							
在该维修级别上维修是否有相关规范限制							
在该维修级别上维修或报废是否影响任务完成							
在该维修级别上维修是否存在影响运输的因素							
……							

备注：不同的故障单元维修级别的确定，可对以上内容加以剪裁，并将回答"是"的选项及其原因加以综合，确定单元维修级别方案。

必须指出,不能仅凭非经济性修理级别分析来做出修理或报废的决策。当进行非经济性分析后,没有优先需要考虑的因素时,维修的经济性就成为主要的决策因素。这时要全面考虑各种与单元维修有关的备件、维修人力、保障资源、运输和训练等费用,并按不同维修级别加以综合和评价,尽可能地选取费用最低且可行的最佳维修级别。

在研制阶段早期,如果非经济性分析不能唯一确定修理所在的维修级别,可采用类比分析方法进行修理级别分析。类比分析是将待分析产品与所选类似装备的产品进行分析对比,进而确定维修级别的方法。

3) 维修级别分析决策树模型

不同的系统复杂程度不同,维修级别分析的时机和内容不同,相应的分析模型也不一样。图 13-4 为常见的维修级别分析决策树模型。

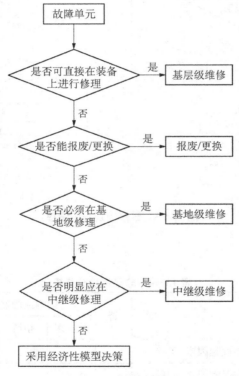

图 13-4　决策树模型

该模型是一种定性的分析方法。通过如图 13-4 所示的四个决策点选择,实现对故障单元维修级别判断。其基本出发点是尽量采取靠前维修思想,并使单元维修尽可能地接近使用对象和基层一线,尽可能地采用换件维修的方式,来保持和实现系统较好的机动性和较高的可用性。

13.2.2　以可靠性为中心的可维修性分析

1) 概述以可靠性为中心的维修(RCM)概述

随着可靠性技术的不断深入发展,装备维修也已进入了一个全新的领域——以可靠性为中心的维修(RCM)。美国海军在 MIL - P - 24534A(NAVY)中对 RCM 的定义为:"一种基于对可能发生的,明显影响到安全、使用和保障功能的硬件功能故障分析,进而确定预防性维修要求的方法。必要的具体工作是由一逻辑决断树进行抉择的"。

RCM 作为确定预防性能维修要求的一种方法,其理论依据是:

(1) 从全寿命的观点进行维修工作和活动。

(2) 从装备的可靠性特性出发进行维修。

(3) 对装备实行全面的可靠性控制。

(4) 运用费用—效益的观点来权衡维修工作,确定维修策略,只进行必要的维修工作。

与其他系统方法一样,RCM 作为一种严谨的逻辑判决方法,在使用时需要反复迭代运用。RCM 分析过程如图 13 - 5 所示。

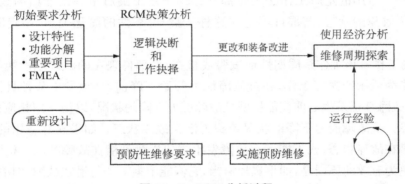

图 13 - 5 RCM 分析过程

2) RCM 分析主要步骤

RCM 分析的主要步骤如图 13 - 6 所示。

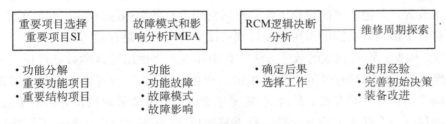

图 13 - 6 RCM 分析的主要步骤

首先,装备被划分为重要或非重要的项目。重要项目的预防性维修要求是通过 RCM 逻辑决断分析而得到,并以一定的维修工作类型表示。在维修要求确定以后,利用经验要么肯定,要么否定维修工作的有效性。

在进行 RCM 分析之前,必须首先进行重要项目的选择,必须审定各项目(部件、组件等)间的功能关系,以确定功能分解的最底层。功能分解的目的是使 RCM 逻辑决断分析尽可能地在最低层进行,在最低层次上,一个项目要么属于重要项目,要么属于非重要项目。重要项目又可以进一步分为重要功能项目和重要结构项目,然后再考虑其故障率及其对较高功能层次的项目的影响。

在选定重要项目后应开展故障模式及影响分析。故障模式与影响分析的目的在于确定功能、功能故障和工程故障模式,和每个重要项目的故障影响。

在某个项目被确定为重要功能项目或重要结构项目后,RCM逻辑决断分析将确定其故障对装备可能造成的后果和确定何种维修工作对预防故障的发生最为有效。在具体的逻辑树分析中,逻辑树的主要分支是按照故障的危害度划分的,如安全影响、任务影响、其他定期的功能、隐蔽的或不常用的功能。通过分析,确定所需要的维修工作、工作周期以及所进行工作的维修级别。

维修工作的划分及其适用性、有效性如下:

(1)定时工作。包括返修工作和寿命极限工作,这些工作是周期性地对部件进行返修或更换。一个适用的定时工作必须是部件达到一定工龄后呈现出递增的故障风险,并且没有可预测故障的状态,若部件不呈现这种工龄-可靠性的简化关系,则定时工作是不适用的。

(2)检测工作。该工作是周期性地试验或检查,将部件现在的状态或性能与确定的标准相比较。作为适用的视情工作,在抗故障能力开始下降前,必须发生某种具体的故障模式,并且远在故障真正发生之前应能探明抗故障能力下降的状况,以便采用相应的措施以防止真正的故障。抗故障能力下降的状况统称为潜在故障状态。如果没有适用的检测工作,则不能确定潜在故障状态,或不能远在故障发生之前探测到潜在故障状态。检测工作往往比定时工作更为有效的原因是,如果选择恰当,它们能依据一个与潜在故障密切相关的状态或标准。

(3)故障探测工作。这些工作主要用于揭示隐蔽故障。在执行一个适用的故障探测工作期间,可以探测那些对操作人员来说是不明显的功能故障,如安全阀的故障等。

(4)有效性。对于致命性故障,只有当工作能够将故障风险减少到一个可接受水平时工作才是有效的。其他的预防维修工作只有当它们具有费用-效益时,才是有效的。故障探测工作只有将所影响的功能的可用性提高到可接受的水平才是有效的。

(5)维修周期。没有现成的数学方法能利用几种通常使用的故障数据选择一个"正确"的预防维修周期。除非周期性的工作能揭示或防止功能故障,否则该工作是无效的。当存在一个威胁安全且与时间有关的故障时,需要依据以往的经验采取较保守的对策,这是由于分析者必须保证一个高水平的有效性。对于其他情况,分析者应注意到在不影响安全的情形下,有进一步研究的机会。视情工作的间隔期取决于故障率随时间的变化。故障探测工作的间隔期取决于用户在希望使用隐蔽的或不常用的功能时,该功能是可利用的。故障探测工作不能改进将来的可靠性,只能保证用户为已存在的但没有被发现的故障而有所准备。研制人员应当注意到,选择周期性工作意味着在仔细地考虑所有的可用信息后,确信该选择是对用户有利的。

(6)维修级别。如上一节所述,维修级别一般分为基层级、中继级和基地级。各类装备可根据具体情况进一步划分,对每一项研究工作需根据维修的及时性、经济性及维修工作的复杂程度、管理要求等确定其级别,为减少停机损失和节约费用,应尽可能低的选择较低的维修级别。若某项工作需要频繁地进行,以保证舰船工作时的安全与任务能力要求,则该工作必须被确定为舰员级的。如果某项工作的周期允许利用非舰载的人力物力,那么就必须要根据技能、材料、工具或设备条件做出选择。

从总体上看,RCM 分析过程可以细为 12 个阶段:

第一阶段:根据有关的标准和规定,将产品细分为系统和子系统,以便进一步分析,并对其范围和内容作具体说明。

第二阶段:分析系统和子系统的功能以及分析可能产生的功能故障。

第三阶段:选择重要功能补充项目。

第四阶段:分析重要功能项目的故障模式及故障影响。

第五阶段:RCM 逻辑决策树分析。

第六阶段:保养和润滑工作要求分析。

第七阶段:为第五、六阶段中已确定的维修要求准备一份维修要求索引。

第八阶段:当以往的维修要求对某项工作不能完全适用时,应对这些工作进行方法研究和规程评审。

第九阶段:工作的详细说明。

第十阶段:确定停用设备的维修要求。

第十一阶段:确定非计划维修要求。

第十二阶段:准备维修需求卡并列入维修索引。

3) RCM 逻辑决断图

逻辑决断图的分析流程始于决断图的顶部,然后由对问题的回答"是"或"否"确定分析流程的方向。逻辑决断图分为两层(见图 13-7 和图 13-8):

(1) 第一层确定故障影响(问题 1 至 5,见表 13-5):根据故障模式和影响分析结果确定各功能故障的影响类型,即将功能故障影响划分为明显的安全性、任务性、经济性影响和隐蔽的安全、任务、经济性影响。问题 2 提到的对使用安全的直接有害影响是指某故障或它引起的二次损伤将直接导致危害安全的事故发生,而不是与其他故障综合才会导致事故发生。

表 13-5　故障影响分析表

序号	问　　题
问题 1	功能故障的发生对正常使用操作装备的操作人员的影响是否明显
问题 2	功能故障或由该功能故障引起的二次损伤对使用安全是否有直接有害的影响
问题 3	功能故障对任务完成是否有直接的影响
问题 4	隐蔽功能故障和另一个与系统有关的备用功能的故障的综合对使用安全是否有有害的影响
问题 5	隐蔽功能故障和另一个与系统有关的备用功能的故障的综合对任务完成是否有有害影响

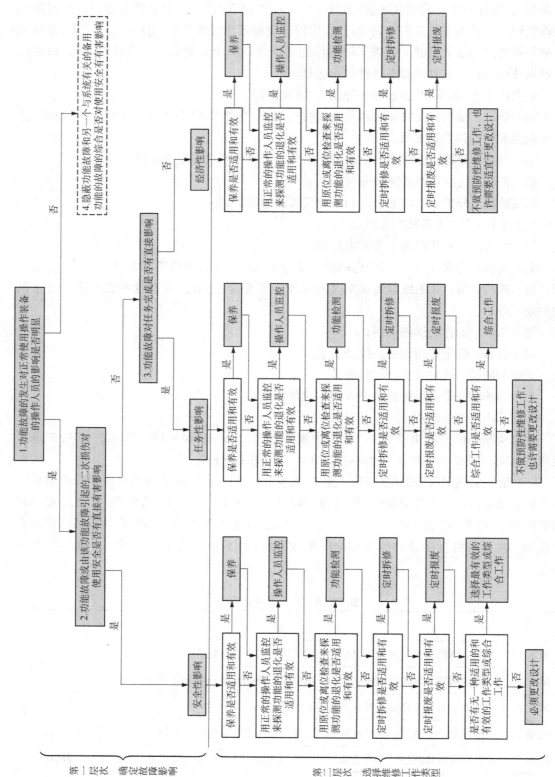

图 13 - 7　以可靠性为中心的维修分析逻辑决断图(a)

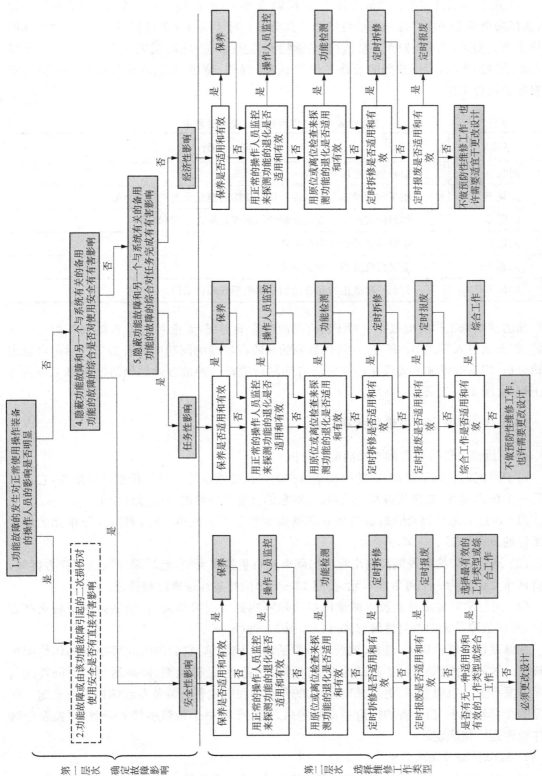

图 13 - 8　以可靠性为中心的维修分析逻辑决断图（b）

（2）第二层选择预防性维修工作类型（问题 A 至 F，见表 13-6）：考虑各功能故障的原因，选择每个重要功能产品的预防性维修工作类型。对于明显功能故障的产品，可供选择的维修工作类型为：保养、操作人员监控、功能检测、定时拆修、定时报废和综合工作。对于隐蔽功能故障的产品，可供选择的维修工作类型为：保养、使用检查、功能检测、定时拆修、定时报废和综合工作。

表 13-6 预防性维修工作类型分析表

序号	问题
问题 A	保养是否适用和有效
问题 B	用正常的操作人员监控来探测功能的退化是否适用和有效
问题 C	用原位或离位检查来探测功能的退化是否适用和有效
问题 D	定时拆修是否适用和有效
问题 E	定时报废是否适用和有效
问题 F	有无一种适用的和有效的工作类型或综合工作

预防性维修工作类型选择中对于所有的故障影响类型，无论对问题 A 的回答为"是"或"否"，都必须进入问题 B。任务、经济性影响的故障在后续的问题中回答为"是"后即可退出逻辑分析；安全性影响的故障在回答完所有问题后选择一种最有效的预防性维修工作或综合工作（见图 13-7、图 13-8）。

13.2.3 维修事件中维修活动分解

1）对维修事件所包含的维修活动的分析

对于给定的装备系统，对它的一次维修称为一次维修事件。对于任意维修事件，它都对应着一个维修过程，如当装备系统故障时，对它的修复性维修的一般过程如下：

（1）通过故障检测及隔离输出将故障隔离到单个可更换单元时，对该故障单元的修复性维修的过程如图 13-9(a)所示。

（2）通过故障检测及隔离输出将故障隔离到可更换单元组，然后采用成组更换方案时，可将该单元组视为一个可更换单元，按图 13-9(a)的修复性维修过程处理。

（3）通过故障检测及业及隔离输出将故障隔离到可更换单元组，然后采用交替更换方案时，对该故障单元的修复性维修的过程如图 13-9(b)所示。

在修复性维修过程中，准备、调校和检验活动比较简单，它们的时间可根据具体情况加以确定。故障检测、隔离属于测试性及故障诊断的范畴，故障检测、隔离活动的时间首先与诊断方案有关。组成分解、更换、组装活动的作业序列则主要由装备系统的构造所确定。在指定的维修环境下，当装备的构造基本确定后，对应于每一个维修事件的分解、更换及组装的作业序列应是确定的。

2）故障检测及隔离分析

当系统发生故障后，其故障检测及隔离时间直接与系统的故障诊断手段有关。对于指

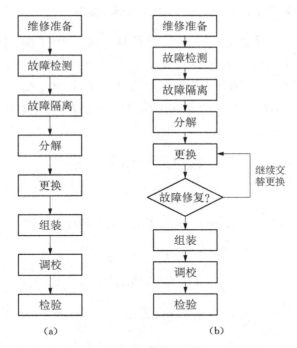

图 13 - 9　修复性维修基本过程

定的维修级别,对装备系统的诊断方案主要有以下几种:①BIT;②ATE;③人工测试;④以上 3 种情况的综合。

　　当系统采用 BIT 或 ATE 进行测试时,故障检测及隔离时间可根据 BIT 及 ATE 的性能直接得出,这时一般不需要拆卸作业。如果不能直接隔离到可更换单元,而只能隔离到可更换单元组时,可能需要进一步的人工测试或交替更换。

　　对于大部分装备,BIT 及 ATE 不可能检测和隔离 100％的故障,因此,必须考虑人工测试问题。当装备系统采用人工测试时,情况比较复杂,这时可将测试分为以下两种情况:

　　(1) 在测试过程中,不需要进行拆卸作业。在指定的维修级别上,当可更换单元是否故障的信息完全可以由各外部测试点得到时,所进行的人工检测可不需进行拆卸作业。一般而言,在装备设计过程中,必须对反映各可更换单元是否故障的外部测试点的选择进行优化,使之在保证故障检测、隔离要求的前提下,越少越好。

　　(2) 在测试过程中,需要进行拆卸作业时。对于有些故障,没有外部测试点可以利用,而且也很难根据故障现象立即判断出是哪一个单元发生了故障,在这种情况下,就需要通过拆卸检查实现故障隔离。此时,故障检测、隔离及分解实际上已融为一体。

　　假设装备系统(或子系统)由 n 个可更换单元组成,且该系统出现故障后,假定只有一个单元损坏,并将系统出现故障后,对应某一单元 i 故障的概率叫该故障单元的条件概率,用 P_i 表示;用 t_i 表示检查该故障单元所用时间,总的持续检查时间的平均值用 T_{cp} 表示。当给定一种检查顺序时,就可以得到一个 T_{cp}。

　　设系统有 n 个可能故障单元 S_1,S_2,$\cdots$,S_n,第一种检查顺序为 S_1,S_2,$\cdots$,S_k,S_{k+1},

$\cdots S_n$；第二种检查顺序为 S_1，S_2，$\cdots$，S_{k+1}，S_k，$\cdots S_n$，则有

$$T_{cp}(1) = P_1 t_1 + P_2(t_1 + t_2) + \cdots + P_k(t_1 + t_2 + \cdots + t_{k-1} + t_k)$$
$$+ P_{k+1}(t_1 + t_2 + \cdots + t_k + t_{k+1}) + \cdots + P_n(t_1 + t_2 + \cdots + t_n)$$
$$T_{cp}(2) = P_1 t_1 + P_2(t_1 + t_2) + \cdots + P_k(t_1 + t_2 + \cdots + t_{k-1} + t_{k+1})$$
$$+ P_k(t_1 + t_2 + \cdots + t_k + t_{k+1}) + \cdots + P_n(t_1 + t_2 + \cdots + t_n)$$

要使

$$T_{cp}(1) < T_{cp}(2)$$

则有

$$P_k(t_k + t_{k+1}) < P_{k+1} t_{k+1} + P_k t_{k+1}$$

即为

$$P_{k+1} t_k < P_k t_{k+1}$$
$$\frac{P_k}{t_k} > \frac{P_{k+1}}{t_{k+1}} \tag{13-13}$$

由式(13-13)可以看出，故障可能性大，而查找所需时间又短的单元，应优先查找。根据这一基本规则，我们总可以对每一个可更换单元，给出其最优的检查顺序，从而得到它的总的检查隔离时间。

根据式(13-13)的思想，可以得出如下几种故障隔离方法：

(1) 时间概率法。

若 P_i，t_i 均为已知，则可按下式安排检查顺序，即

$$\frac{P_1}{t_1} > \frac{P_2}{t_2} > \frac{P_3}{t_3} > \cdots$$

这种方法保证了在前面检查中，单位时间内发现故障单元的概率比以后各次检查中发现故障的概率要大。

(2) 由简到繁法。

若 t_i 为已知，而 P_i 未知，则故障查找顺序应按 t_i 递增的顺序排列，即

$$t_1 < t_2 < t_3 < \cdots$$

(3) 薄弱环节突破法。

若 P_i 已知，而 t_i 未知，则查找顺序为

$$P_1 > P_2 > P_3 > \cdots$$

即首先要检查的单元是可靠性最薄弱的环节。

(4) 任意选择法。

若 P_i，t_i 均未知，则可采用任意选择法，即根据可能的故障单元任意安排查找顺序，此

时可假定各单元的故障率相等。

3) 分解、更换及组装分析

对于比较简单的装备,找出到达每一个可更换单元的分解序列也许并非难事。对于一个复杂的装备,由系统层分解到可更换单元的路径比较长。在这种情况下,当可更换单元故障时,要由用户直接给出到达它的分解序列将是十分困难的。但是,在装备的装配关系确定的前提下,可以首先将装备系统按结构组成分解成分系统、组件等。然后按层次的高低分别分析不同层次上各分系统、组件、零件等之间的直接连接或遮挡关系,这种直接连接关系可通过邻接矩阵来描述。在邻接矩阵的基础上,可以通过变换,求出不同步长的可达矩阵,从而导出不同层次上达到各可更换单元的分解序列,然后将各层次分解序列进行综合,得出针对某一具体可更换单元的分解序列。由于组装是分解的逆过程,因此,知道了分解序列也就已知了组装序列。组成分解及组装序列的基本维修作业时间可通过基本维修作业时间数据库得到。由此,对应于具体可更换单元的分解及组装时间可容易得到。而对可更换单元的更换时间则完全由其本身的结构特征所决定。

13.3 测试性分析

13.3.1 故障模式、影响及测试分析

故障模式、影响及测试分析是在 FMECA 分析的基础上,结合故障的相关信息在系统级别、LRU 级别、SRU 级别依次开展的测试性分析,分析内容主要分为故障检测分析和故障隔离分析两部分,包括故障模式、测试参数/测试点、测试方法的选择以及故障是否隔离等。

故障模式、影响及测试分析是产品的测试性设计、分析及试验与评价的重要组成部分,是系统及设备测试性初步设计的重要内容。它一般在固有测试性设计工作完成后展开。其分析结果,尤其是获得的故障模式等内容,为产品的测试性指标分配、测试性预计、故障注入或模拟、优选测试点等方面提供支持。

故障模式、影响及测试分析包括两个部分:一是故障模式、影响及测试分析(FMETA),一是扩展分析(E-FMETA)。FMETA 是 E-FMETA 的基础,对具体产品进行分析时,根据有效的数据资源和要求,可以只进行 FMETA 而不做 E-FMETA。但是,做 E-FMETA 工作,必须先完成 FMETA。

1) 故障模式、影响及测试分析

与 FMEA 一样,FMETA 也分为硬件 FMETA 和功能 FMETA。FMETA 与 FMETA 的实施步骤一样,这里不再赘述,只列出 FMETA 表格,如表 13-7 所示。

2) 测试性扩展分析

(1) 测试性扩展分析需要的资料。

若系统具备以下资料,则可进行测试性扩展分析。

① 系统功能描述文件。这类文件包括下列数据项目:

a. 系统工作和体系结构直至功能等级的描述,包括各种 LRU 的详细清单以及它们在

表 13－7　功能及硬件故障模式、影响及测试分析（FMETA）表

初始约定层次：　　　　　　任务：　　　　　　　审核：　　　　　　　第　页·共　页
约定层次：　　　　　　　　分析人员：　　　　　批准：　　　　　　　填表日期：

代码	产品或功能标志	功能	故障模式	故障原因	任务阶段与工作方式	故障影响			严酷度/故障发生概率等级	测试方法及测试点	设计改进措施	使用补偿措施	备注
						局部影响	高一层次影响	最终影响					
1	2	3	4	5	6	7	8	9	10	11	12	13	14
对每一产品的每一故障模式采用的编码和体系进行标识	记录被分析产品或功能的名称与标志	简要描述产品所具有的主要功能	根据故障模式分析的结果，简要描述每一产品的所有故障模式	根据故障模式分析的结果，简要描述每一故障模式的所有故障原因	根据任务剖面要说明发生故障的任务阶段与该阶段内产品的工作方式	根据故障影响分析的结果，简要描述每一故障模式的局部、高一层次和最终影响并分别填入第7栏～9栏			按每个故障模式确定其严酷度和发生概率等级	根据产品故障模式原因、影响等分析结果，简要描述故障检测方法、测试点性能参数及位置	根据故障影响、故障检测等分析结果描述设计改进使用补偿措施	根据故障影响、故障检测等分析结果简要描述设计改进与使用补偿措施	主要记录对其他栏的注释和补充说明

说明：①表中的"初始约定层次"填写"初始约定层次"的产品名称；②"约定层次"填写正在被分析的产品紧邻的上一层次产品，当"约定层次"的级数较多（一般大于3级）时，应从下至上按"约定层次"的级别不断分析，直至"约定层次"为"初始约定层次"，才构成一套完整的 FMETA 表格；③"任务"填写"初始约定层次"所需完成的任务。若"初始约定层次"具有不同的任务则应分开填写 FMETA 表；④由表 13－7 中各栏目的填写说明见表中相应栏目的描述。

系统中的位置；

  b. 系统内采用的测试手段的描述，如采用 BIT，则应详述其方案和工作方式。

  ② 系统图，包括：

  a. 系统电气图和（或）机械图、原理图。每个图样均应包括下列数据项目；

  b. 系统各 LRU 间详细地电气及机械连接（包括连接器和针脚号）；

  c. LRU 识别数据（项目名称、参考号和零部件号等）；

  d. 输入和输出数据及信号名称；

  e. 专门设计的测试连接器和测试点。

  ③ 可靠性方面的故障模式、影响和危害性分析（FMECA）。

  ④ 在准备测试性分析的过程中，要利用 FMECA 报告中的某些数据项，这些数据项是：

  a. 所分析的每个 LRU 的故障模式描述；

  b. 故障检测方法。

  （2）测试性扩展（E-FMETA）分析内容。

  测试性扩展（E-FMETA）分析内容包括以下几个方面：

  ① 故障基本信息的确定。

  根据系统的组成结构和 FMECA 结果，确定需要分析的故障模式。为了体现故障模式的不同重要程度，应该根据 FMECA 结果给出故障模式的严酷度和危害度。具体结果可以参照上述 FMECA 结果。

  ② 故障演变特性分类。

  在确定了故障模式之后，应该进行故障演变特性分类。在故障模式症状与测试扩展分析中，故障演变特性的类别主要有突变故障、渐变故障。

  突变故障，也称二值故障。突变故障多是由于偶然因素引起的故障，这种故障智能通过统计概率的方法来估计，这种故障很容易进行检测，但不利于进行有效的预测。

  渐变故障，是指产品的规定性能随使用时间（循环、次数）增加而逐渐衰退的情形。渐变故障可以使用系统模式和时间关联跟踪参数方法进行检测和预测，同时这种故障也是最适合进行预测的故障。

  通过故障演变特性分类，可以确定每个故障模式是属于突变故障还是渐变故障，为下一步的故障诊断与预测技术分析提供基础。突变故障由于其故障规律具有随机性，难以通过预测的方法来防止故障的发生，因此分析的重点是如何选择测试点/传感器的位置来获取有效的故障症状信息，以确保故障能够被准确地监测和隔离。渐变故障分析的重点是根据掌握故障的发展规律，进行测试点/传感器的合理布局，获取故障先兆信息，进而选择合理的预测技术和方法对故障发生时间进行准确的预测。

  ③ 故障症状和故障先兆分析。

  故障症状是指通过人们观察和测量得到的故障的感性认识，它可以只是具有一定概率的一种或多种故障的存在，通过故障症状可以进行故障的诊断。

  在 FMECA 的故障影响分析结果的基础上应进一步分析故障症状。故障症状主要体现为故障模式在系统范围内的定量、定性影响或表现。定量影响或表现一般是通过表征故障现象或者影响的定量参数来表达。定性的影响或表现一般是指不能用定量参数直接表达，或者不能准确化量化的故障影响或现象。

在故障症状分析基础上，对于可以预测的故障模式，还需要进一步分析故障先兆。故障先兆是指可以在故障模式确定发生之前，或者在故障模式演变的初期可以观测到的故障模式。故障先兆与故障症状的另一个区别点似乎故障先兆一定会出现后续的故障模式，而故障症状则可能是出现了其他的故障模式。

④ 测试点/传感器布局分析。

在确定了故障模式的症状和先兆后，需要通过测试获得相关的参量或变化。对于电子产品，症状/先兆通常可以由电压、电流、电阻等电信号表示，因此需要确定在产品中的哪个位置测取这些电信号，即确定测试点。对于非电子产品，症状/先兆通过由非典类物理量表示，需要采用传感器进行变换，因此需要确定采用哪些传感器和传感器放置位置。对于特殊的电信号，也有采用专用传感器进行测量的。

⑤ 诊断与预测技术分析。

在明确了故障模式与对应的测试参量以及测试点/传感器设置之后，需要分析确定可用的故障诊断与故障预测技术/方法。对于突变故障，只需确定故障诊断技术/方法，对于渐变故障，需要确定故障诊断和故障预测技术/方法。表 13-8 给出了常用的故障诊断技术/方法的类别；表 13-9 给出了常用的故障预测技术/方法的类别。

表 13-8　故障诊断技术

故障诊断技术	说　明
BIT	利用设计到系统或设备内的测试硬件和软件对系统或设备全部或局部进行自动测试的方法，如连续 BIT、周期 BIT、启动 BIT、通电 BIT、维修 BIT 等
外部自动测试	利用外部的 ATE 或自动测试系统对系统或设备进行自动测试的方法
人工测试	以维修人员为主进行故障诊断测试。对于难于实现自动检测的故障模式或部件，需要采用人工测试。人工测试可以通过使用通用仪器设备工具和(或)专用外部测试设备

表 13-9　故障预测技术

故障预测技术	说　明
预置损伤标尺法	通过在实际产品中增加保险或预警装置来提供故障的早期警告，预警装置的语气寿命一般都比被监控对象短，通过增加一系列不同见状程度的预警装置，可以实现产品损伤过程的连续定量监控
性能状态监测法	通过监测产品的性能或者状态变化，分析计算进行故障预测的方法。一般分为统计方法和机器学习法
环境应力检测法	失效物理方法是利用产品的生命周期载荷和失效机理知识来评估产品的可靠性

（3）扩展分析流程。

故障模式症状与测试扩展分析的分析流程如图 13-10 所示。

（4）扩展分析实施步骤。

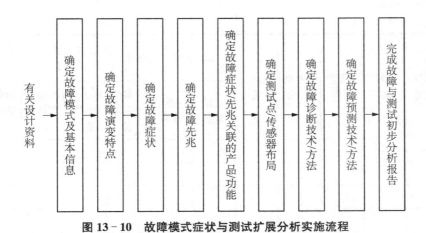

图 13-10 故障模式症状与测试扩展分析实施流程

故障模式症状与测试扩展分析的主要步骤如下：

① 确定故障模式及基本信息。根据 FMECA 报告，确定被分析对象的产品/功能组成、对应的所有故障模式以及故障模式的严酷度等级和发生概率等级等基本信息。

② 确定故障演变特点。根据经验或者相关数据，确定出每个故障模式的演变特点，将故障模式分类为突变故障、渐变故障。

③ 确定故障症状。根据 FMECA 报告的三级影响，结合经验数据、原理分析和（或）可用的仿真分析手段，确定故障模式会导致的各种影响或症状表现。

④ 确定故障先兆。在故障症状的基础上，分析确定属于故障先兆的表现。

⑤ 确定故障症状/先兆设计的产品/功能。确定出现各种症状/先兆的产品/功能项。

⑥ 确定测试点/传感器及布局。根据故障症状/先兆确定进行监测所需的传感器或测试，并根据故障症状/先兆涉及的产品/功能，以及信号处理特点，确定测试点位置或者传感器位置，以获得最佳的监测效果。

⑦ 确定故障诊断技术/方法。根据选用的测试点/传感器及布局，选择可行的故障诊断技术方法，如 BIT、外部自动测试、人工测试等，用于故障模式的诊断。

⑧ 确定故障预测技术/方法。根据选用的测试点/传感器及布局，选择可行的故障预测技术方法，用于故障模式的预测。

表 13-10 给出了故障模式症状与测试扩展分析表格的参考样式。

表 13-10 故障模式症状与测试扩展分析表

对象：　　　　　　　　　　　　分析人员：　　　　　　　　　　　　填表日期：

编号	产品/功能标志	故障模式	严酷度等级	发生概率等级	故障演变特点	故障症状/先兆分析			测试点/传感器布局分析		故障诊断/预测技术分析	
						故障症状	故障先兆	关联的产品/功能	测试点/传感器选择	测试点/传感器布局	故障诊断技术/方法	故障预测技术/方法
01												

（续表）

编号	产品/功能标志	故障模式	严酷度等级	发生概率等级	故障演变特点	故障症状/先兆分析			测试点/传感器布局分析		故障诊断/预测技术分析	
						故障症状	故障先兆	关联的产品/功能	测试点/传感器选择	测试点/传感器布局	故障诊断技术/方法	故障预测技术/方法
02												
03												
04												
05												
…												
填表说明(对产品进行故障模式症状与测试扩展分析时应去掉)												
产品或功能编号	故障所在部件的名称	根据FMECA得到的故障模式的名称	根据FMECA得到的故障严酷度等级	根据FMECA得到的故障概率等级	按照故障的演变特点将故障分为突变故障和渐变故障	故障模式会导致的各种影响或症状表现	判断故障症状是否属于故障先兆,属于则画"√"不属于则画"×"	症状/先兆所在的产品/功能,或者受影响的产品/功能	进行症状/先兆测试所需的测试参量或传感器种类	根据症状/先兆关联的产品/传感器数据进行故障诊断的技术或方法确定测试点的位置或传感器的布局	根据测试点/传感器数据进行故障诊断的技术或方法	根据测试点/传感器的数据进行故障预测的技术活方法

（5）测试性 E-FMETA 报告。

E-FMETA 报告的主要内容包括：

① 概述。本部分内容包括：实施 E-FMETA 的目的、产品所处的寿命周期阶段、分析任务的来源等基本情况；实施 E-FMETA 的前提条件和基本假设的有关说明；故障判据、严酷度定义、E-FMETA 分析方法的选用说明；FMETA、E-FMETA 表格选用说明；分析中使用的数据来源说明；其他有关解释和说明等。

② 产品的功能原理。被分析产品的功能原理和工作说明，并指明本次分析所涉及的系统、分系统及其相应的功能，并进一步划分出 E-FMETA 的约定层次。

③ 系统定义。被分析产品的功能分析、绘制功能框图和任务可靠性框图。

④ 填写的 FMETA、E-FMETA 表的汇总及说明。

⑤ 结论与建议。除阐述结论外，严酷度 Ⅰ、Ⅱ 类单点故障模式或严酷度为 Ⅰ、Ⅱ 类故障模式建议采用 BIT 检测，对其他可能的设计改进措施和使用补偿措施的建议，以及预计执行措施后的效果说明。

⑥ E-FMETA 清单。根据 E-FMETA 分析表的结果确定："BIT 检测故障清单"如表 13-11 所示；"不可测故障清单"如表 13-12 所示。

表 13 - 11　BIT 检测故障清单

系统名称　　　填表　　　审核　　　第　页·共　页
校对　　　　　批准　　　　　　　填表日期

序号	产品名称	故障模式	最终故障影响	严酷度等级	备注
1					
2					
...					

表 13 - 12　不可测故障清单

系统名称　　　填表　　　审核　　　第　页·共　页
校对　　　　　批准　　　　　　　填表日期

序号	产品名称	不可测故障模式描述	备注
1			
2			
...			

⑦ 附件。FMETA、E - FMETA 表格等。

上述内容可剪裁,视情而定。

13.3.2　优选测试点和诊断策略设计分析与研究

测试点的优化选择、诊断策略的设计分析,是系统测试性设计的重要内容。诊断策略主要关注测试选取与调度问题,主要依赖于一种故障—测试相关性模型,当执行某测试序列之后,根据测试输出(Pass 或 Fail),结合相关矩阵即可推导出系统可能的故障单元。它是"结合约束、目标及其他相关要素优化实现系统故障诊断的一种方法"。诊断策略最终设计一组测试序列,使其尽可能获得高的故障隔离精度并消耗少的期望测试代价。

一般诊断策略采用的是序贯诊断方式,主要是优化选择测试资源并进行合理的测试调度,以满足故障检测率(时间)、隔离率(时间)等可测性指标要求。

通过优选测试点和诊断策略设计分析,对提高装备故障诊断能力(即提高故障检测率和故障隔离率,降低虚警率)、提高诊断效率(即减少测试的数目/费用,缩短平均故障检测时间和故障隔离时间),从而提高装备可用度、降低装备全寿命周期费用具有十分重要的意义。优选测试点和诊断策略设计工作已在部分外军项目展开并取得良好的效果。如美军黑鹰直升机的火控系统经过诊断策略优化设计,平均故障隔离时间由 8~12 小时降为 1.5 小时,隔离所有故障的平均测试数从 78 降为 24。

优选测试点和诊断策略设计分析,是建立在故障模式、影响及测试分析基础上开展的,是系统及设备测试性设计与分析的重要组成部分。下面主要介绍两类比较常用的优选测试点和诊断策略设计方法。

1) 基于相当故障树的复杂系统测试点优选和诊断策略

　　确定系统故障测试顺序是系统故障维修的策略问题。其实质就是当系统发生故障后，确定按照什么样的程序进行系统的故障诊断。即确定是先检测哪个单元，再检测哪个单元，最后检测哪个单元的问题。正确地选择和确定恰当的系统故障诊断程序，对于缩短系统维修时间，提高维修质量和效率，保持和恢复系统功能，提高装备的可用性水平有着十分重要的意义。最理想的系统故障诊断程序当然是希望能够以最小的时间代价，以最快的速度发现和排除系统故障。

　　系统故障诊断程序的确定是与故障检测的技术水平紧密相关的。目前常见的故障检测方法主要有声学检测法、振动检测法、温度检测法、强度检测法、污染物检测法、压力流量检测法和电参数检测法等。这些方法认为系统的故障将导致系统的参数发生变化，在标称情况下，系统参数应满足一已知模式，而当系统发生故障时，这些参数将偏离其标称状态，从而系统故障诊断时可以从这些运行参数出发，根据系统输出或状态变量的估计残差特性来加以分析判断。传统的故障诊断方法都是以此为基础，根据系统的结构、原理和功能特点，对所有故障原因进行罗列汇总，经规范化、条理化处理后，给出系统故障诊断程序。系统一旦发生故障，只需按照既定程序，依次检查，逐一排除即可。

　　但这种方法存在故障原因处理没有区分，诊断程序固化，没有突出各故障原因发生概率差异，无法体现其对系统故障的贡献大小，不能反映使用条件、工作时间等因素对系统故障产生的实际影响等不足。特别是当要知道系统各不同层次故障之间的功能逻辑关系和关联程度，希望以最快的速度、最小的代价，准确、高效地发现并排除系统故障时，这种方法就不能满足要求，而基于相当故障树的故障诊断方法可以较好地解决这些问题。图 13-11 为基于相当故障树的故障诊断流程。

图 13-11　基于相当故障树的故障诊断流程

　　根据所建的故障树，利用相应可靠性工具软件（如上海交通大学舰船可靠性与人因工程实验室开发的舰船可靠性工程工具包软件），所建分析模型的不交最小割集和单元关键重要度可以方便地求得。若不考虑故障检测的时间成本，即单元的故障检测时间，或当各单元故障检测时间基本相同时，只要将单元关键重要度从大到小排序，列出故障诊断检查表，以此来指导系统的检测维修即可。当系统发生故障时，根据相应的故障树模型，输入底事件故障数据，可很快地求出各单元的关键重要度，排序生成故障诊断顺序表。故障诊断时先从关键重要度最大的单元开始检查，若已发生了故障，则立即予以修理或更换，系统即可恢复工作，若不是该单元故障，则继续向下，检查顺序表上关键重要度次大的单元，如此进行下去，即为最快确定故障源的最优方案。

　　由于故障诊断的目的在于判明故障原因，排除系统故障。而关键重要度只是在触发概率上，或者说，是在对系统故障的贡献程度大小上提供分析判断单元故障的依据，要确定故障原因还需进行故障的检测定位。由于单元的故障模式和发生概率不同，故障检测方式和输出不同,单元故障检测时间可能相差很大。与关键重要度略小的单元相比,关键重要度稍大的单元有时甚至会大出许多。如有的机械设备故障仅靠手工检测,准备时间长,操作程序复杂,故障检测时间可能长达几个小时,甚至几天。而有的电子设备采用 BIT 技术,所需故障检测时间很短,仅需几秒。从单位故障检测时间诊断效果看,此时若依照关键重要度排序的顺序表,首先检查关键重要度略大的单元,单位时间内确定故障的概率就会较低,单位时间花费诊断效果就不好。因而,当单元故障诊断时间相差较大时,仍用关键重要度确定单元故障排除的先后顺序是不合适的。所以单元诊断时间是要考虑进故障诊断策略里的一个重要因素。另外一点,人们往往希望花费最少的故障检测费用,就能最快的达到测试效果。所以,测试费用也必须考虑在内。

基于相当故障树的复杂系统测试点优选及诊断策略实施步骤如下:

(1) 建立相当故障树。

(2) 优选测试点。

在建立了系统及设备相当故障树的基础上,即可进行优选测试点的工作。所谓优选测试点即是在相当故障树的每个最小割集的输出端(即每个底事件)设置测试点。

(3) 建立故障诊断策略。

通过故障树分析可以得到 n 个最小割集。当一个最小割集发生,顶事件即发生。故首先要寻找发生故障的最小割集。

要确定从哪一个割集入手进行检测分析,首先要对各个割集进行排序。排序的原则如下:

① 首先将最小割集内的底事件按照关键重要度进行排序;

② 将底事件个数少的最小割集排在前面位置;

③ 相同底事件个数的最小割集,第一个底事件关键重要度最大的最小割集排在前面。

按照上述原则对最小割集进行排序,并重新编号。

采用对半分割法可以实现快速搜索发生导致顶事件发生的最小割集。即从所有最小割集的中点开始检测,如检测结果正常,则表明故障在后半部;如检测结果不正常,则故障在前半部。然后再对有故障部分的中点进行测试,再次把其分成有故障和无故障的两部分,再次选取有故障部分的中点测试,直到查到故障部件为止。

建立最小割集内各个底事件故障诊断策略要考虑到三个因素:①单元关键重要度 $I_i^{cr}(t)$,表明单元故障对系统故障发生的贡献程度;②单元平均故障检测时间 $MTTD$;③单元故障检测费用 C_i。应该根据产品不同情况采用不同的评判标准来实施诊断排序。

① 产品具备上述(3)中①②③数据时,应该综合三者最为排序依据。如下式:

$$R_i^{cr}(t) = \frac{I_i^{cr}(t)}{MTTD_i \cdot C_i}$$

将各底事件 $R_i^{cr}(t)$ 按照从大到小的顺序进行排序,进行故障诊断时即按照此顺序展开。

② 产品具备上述(3)中①②数据时,应该综合两者最为排序依据。如下式:

$$R_i^{cr}(t) = I_i^{cr}(t)/MTTD_i$$

将各底事件 $R_i^{cr}(t)$ 按照从大到小的顺序进行排序,进行故障诊断时即按照此顺序展开。

③ 产品具备上述(3)中①③数据时,应该综合两者最为排序依据。如下式:

$$R_i^{cr}(t) = I_i^{cr}(t)/C_i$$

将各底事件 $R_i^{cr}(t)$ 按照从大到小的顺序进行排序,进行故障诊断时即按照此顺序展开。

④ 产品只具备上述(3)中①数据时,只取关键重要度大小最为排序依据。即为

$$R_i^{cr}(t) = I_i^{cr}(t)$$

将各底事件 $R_i^{cr}(t)$ 按照从大到小的顺序进行排序,进行故障诊断时即按照此顺序展开。

⑤ 在某些情况下,为求简便,可取底事件发生故障率作为排序依据。

将各底事件故障发生的概率按照从大到小的顺序进行排序,进行故障诊断时即按照此顺序展开。

2) 基于相关性模型的诊断法

(1) 基本假设。

在开展相关性建模前,要进行如下基本假设:

① 被测对象仅有两种状态:"正常",即 UUT 无故障可以正常工作,"故障",即 UUT 不能正常工作。

② 单故障假设,既某一时刻认为仅有一个组成单元(被测对象的组成部件,不论其大小和复杂程度,只要是故障隔离的对象,修复时要更换的,就称为组成单元)发生故障。即使 UUT 同时存在两个以上的故障,实际诊断时也是一个一个地隔离较为简便。

③ 被测对象的状态完全取决于各组成单元的状态。某一部件发生故障,信息流可达的测试点上测量有效性相同。

(2) 定义。

① 测试与测性点。

为确定被测对象的状态并隔离故障所进行的测量与观测的过程称为测试。测试过程中可能需要有激励和控制,观测其响应,如果其响应是所期望的,则认为正常,否则认为故障。进行测试时,可以获得所需状态信息的任何物理位置称为测试点。一个测试可以利用一个和数个测试点;一个测试点也可以被一个或多个测试利用。为便于理解,开始时可以认为一个测试就使用一个测试点,则测试点就代表了测试,用(T_i 或 t_i)表示测试或测试点。

② 被测对象组成单元和故障类。

被测对象的组成部件,不论其大小和复杂程度,只要是故障隔离的对象,修复时要更换的,就称为组成单元。实际上诊断分析真正关心的是组成单元发生的故障,所以组成单元可以用它的所有故障来代表。它们具有相同或相近的表现特征,称为故障类。为便于理解,在以后测试点选择和诊断顺序分析中,用 F_i 表示组成单元、组成部件或故障类。

③ 相关性。

相关性是指被测单元的组成模块与测试点之间、2 个组成模块之间或 2 个测试点之间存在的逻辑关系。如测试点 T_j 依赖组成单元模块 F_i,则 F_i 发生故障,就意味着 T_j 的测试结果应是不正常的;反之,如果 T_j 的测试通过了,则证明 F_i 是正常的,这就表明了 T_j 与 F_i 是

相关的。

（3）相关性建模。

① 相关性图示模型。

相关性的图形表示方法是在功能框图的基础上，清楚表明功能信息流方向和各组成部件相互连接关系，并标注清楚初选测试点的位置与编号，以此编码各组成部件与各测试点的相关性关系。图 13-12 表示了功能框图和相关性模型图之间的转化。

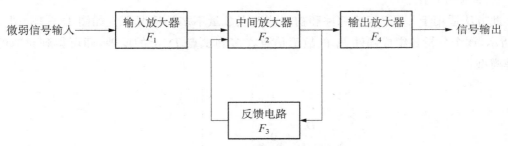

图 13-12　某一简单 UUT 的功能框图

经过转化后，得到相关性模型如图 13-13 所示。

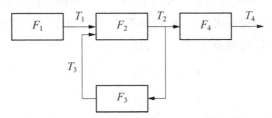

图 13-13　图 13-12 所示 UUT 的功能框图对应的相关性模型

② 相关性数学模型。

假设初选的测试点集合 T 具有 n 个测试点：

$$\boldsymbol{T} = \begin{bmatrix} T_1 & T_2 & T_3 & \cdots & T_n \end{bmatrix}$$

被测系统的故障状态集 F 包含了 m 个单元的单点故障状态：

$$\boldsymbol{F} = \begin{bmatrix} F_1 & F_2 & F_3 & \cdots & F_m \end{bmatrix}$$

此时的相关性矩阵 $\boldsymbol{D}$（也称为 $\boldsymbol{D}$ 矩阵）如下：

$$\boldsymbol{D} = \begin{bmatrix} d_{11} & d_{12} & \cdots & d_{1n} \\ d_{21} & d_{22} & \cdots & d_{2n} \\ \vdots & \vdots & \vdots & \vdots \\ d_{m1} & d_{m2} & \cdots & d_{mn} \end{bmatrix}$$

式中：第 i 行矩阵表示第 i 个组成单元（或部件）故障在各测试点上的反应信息，它表明了 F_i

和各个测试点 $T_j(j=1, 2, \cdots, n)$ 的相关性；第 j 列矩阵表示第 j 个测试点可测得各组成部件的故障信息，它表明了 T_j 和各个组成部件 $F_i(j=1, 2, \cdots, n)$ 的相关性。其中：

$$d_{ij} = \begin{cases} 1, & \text{当 } T_j \text{ 可以测到 } F_i \text{ 时} \\ 0, & \text{当 } T_j \text{ 不能测到 } F_i \text{ 时} \end{cases}$$

在实际应用中，建立相关性模型的途径可参考以下几种方法：

① 直接分析法。

此方法适用于 UUT 组成部件和初选测试点数量不多的情况下。如图 13 - 12、图 13 - 13 所示，逐个分析各组成部件 F_i 的故障信息在多测试点 T_j 上的反映，即可得到对应的 D 矩阵模型：

$$D = \begin{bmatrix} 1 & 1 & 1 & 1 \\ 0 & 1 & 1 & 1 \\ 0 & 1 & 1 & 1 \\ 0 & 0 & 0 & 1 \end{bmatrix}$$

② 列矢量法。

此方法是首先分析各测试点的一阶相关性，列出一阶相关性表格，然后分别求各测试点所对应的行，最后组合成 D 矩阵模型。在列矩阵 T_j 中，与 T_j 相关的部件位置用 1 表示，不相关的位置用 0 表示，即可得到列矩阵 T_j。以图 13 - 13 为例，得到以下结果：

$$T_1 = \begin{bmatrix} 1 & 0 & 0 & 0 \end{bmatrix}^{\mathrm{T}}$$
$$T_2 = \begin{bmatrix} 1 & 1 & 1 & 0 \end{bmatrix}^{\mathrm{T}}$$
$$T_3 = \begin{bmatrix} 1 & 1 & 1 & 0 \end{bmatrix}^{\mathrm{T}}$$
$$T_4 = \begin{bmatrix} 1 & 1 & 1 & 1 \end{bmatrix}^{\mathrm{T}}$$

由此，可得到 D 矩阵模型（见表 13 - 13）。

表 13 - 13 D 矩阵模型

	T_1	T_2	T_3	T_4
F_1	1	1	1	1
F_2	0	1	1	1
F_3	0	1	1	1
F_4	0	0	0	1

③ 行矢量法。

此方法同样是先根据测试性框图分析一阶相关性，列出各测试点一阶相关性逻辑方程，然后求解一阶相关性方程组，得到 D 矩阵模型。一阶相关性逻辑方程的形式如下：

$$T_j = F_x + T_k + F_y + T_l + \cdots \quad j = 1, 2, \cdots, n$$

方程等号的右边始于测试点相关的组成部件和测试点。"＋"表示逻辑"或",下标 x 或 y 为小于等于 m 的正整数,k 和 l 取值为小于等于 n 的正整数,且不等于 j。

令 $F_i=1$,其余 $F_x=0$,求解上式可得到各个 d_{ij} 的取值(1 或 0),从而求得相关矩阵的第 i 行:

$$F_i = \begin{bmatrix} d_{i1} & d_{i2} & \cdots & d_{in} \end{bmatrix}$$

取 i 为不同的小于等于 m 的正整数,重复上述计算过程,即可求得 m 个行矢量,综合起来可得到相关性矩阵。

以上例为例,得到:

$$T_1 = \begin{bmatrix} 1 & 0 & 0 & 0 \end{bmatrix}^T$$
$$T_2 = \begin{bmatrix} 1 & 1 & 1 & 0 \end{bmatrix}^T$$
$$T_3 = \begin{bmatrix} 1 & 1 & 1 & 0 \end{bmatrix}^T$$
$$T_4 = \begin{bmatrix} 1 & 1 & 1 & 1 \end{bmatrix}^T$$

从而得到与列矢量法相同的结果。

(4) 制定测试点诊断策略。

在建立了 UUT 的相关性数学模型之后,就可以优选故障检测(FD)用测试点了。

① 简化 D 矩阵模型识别模糊组。

为了简化随后的计算工作量,在建立相关性矩阵后,要对相关性矩阵进行简化,合并冗余测试点和不可区分的故障状态(故障隔离模糊组)。简化的方法如下:

a. 比较矩阵的各列,若列向量 $T_k = T_j$,($k \neq j$),则测试点是互为冗余的,只选其中测试费用较少的一个节点即可,相关性矩阵中去掉未被选中的测试点对应的列。

b. 比较相关性矩阵的各行,若行向量 $F_x = F_y$,($x \neq y$),则对应的故障不可区分,作为一个故障定位组处理,只用其中一行表示。其余的行列保持原编号不变,简化矩阵为 A,其行列的数目小于等于 A。

② 选择检测用测试点。

假设 UUT 简化后的相关性矩阵为 $D = [d_{ij}]_{m \times n}$,则第 j 个测试点的故障检测权值(表示提供检测有用信息多少的相对度量)W_{FD} 可用下式计算:

$$W_{FD_i} = \sum_i^m d_{ij}$$

计算出各测试点的 W_{FD} 之后,选用其中 W_{FD} 值最大者为第一个检测用测试点。其对应的列矩阵为

$$T_i = \begin{bmatrix} d_{1j}, & d_{2j} \cdots d_{mj} \end{bmatrix}^T$$

用 T_j 把矩阵 D 一分为二,得到两个子矩阵:

$$D_p^0 = [d]_{a \times j}$$
$$D_p^1 = [d]_{(m-a) \times j}$$

式中: D_p^0 为 T_j 中等于"0"的元素所对应的行构成的子矩阵;D_p^1 为 T_j 中等于"1"的元素所对

应的行构成的子矩阵；a 为 T_j 中等于"0"的元素的个数；p 为下标，为选用测试点的序号。

选出第一个测试点后，$p=1$。如果 $\boldsymbol{D}_1^0$ 的行数不等于零（$a \neq 0$），则对 $\boldsymbol{D}_1^0$ 再计算 W_{FD} 值，选其中 W_{FD} 最大者为第二个检测用测试点，并再次用其对应的列矩阵分割 $\boldsymbol{D}_1^0$。重复上述过程，直到选用检测用测试点对应的列矩阵中不再有为"0"的元素为止。有为"0"的元素，就表明其对应的 UUT 组成单元（或故障类）还未检测到；没有为"0"的元素，就表明所有组成单元都可检测到，故障检测用测试点的选择过程完成。

如果在选择检测用测试点的过程中，出现的 W_{FD} 最大值多个对应测试点，那么可从中选择一个容易实现的测试点。

③ 选择故障隔离用测试点。

仍假设 UUT 简化后的相关性矩阵为 $\boldsymbol{D} = [d_{ij}]_{m \times n}$，则第 j 个测试点的故障隔离权值（表示提供故障隔离用信息的相对度量）W_{FI} 可用下式计算：

$$W_{FI} = \sum_{k=1}^{z} (N_j^1 N_j^0)_k$$

式中：N_j^1 为列矩阵 $\boldsymbol{T}_j$ 中元素为 1 的个数；N_j^0 为列矩阵 $\boldsymbol{T}_j$ 中元素为 0 的个数；Z 为矩阵数，$Z \leqslant 2^p$；p 是已选为故障隔离用测试点数。

计算出各测试点的 W_{FI} 之后，选用 W_{FI} 值最大者对应的测试点 T_j 为故障隔离用测试点。其对应的列矩阵为

$$\boldsymbol{T}_j = [d_{1j}, \ d_{2j} \cdots d_{mj}]^{\mathrm{T}}$$

用 $\boldsymbol{T}_j$ 把矩阵 $\boldsymbol{D}$ 一分为二，即

$$\boldsymbol{D}_p^0 = [d]_{a \times j}$$
$$\boldsymbol{D}_p^1 = [d]_{(m-a) \times j}$$

式中：$\boldsymbol{D}_p^0$ 为 T_j 中为"0"元素对应行构成的子矩阵，p 为所选测试点序号；$\boldsymbol{D}_{pj}^1$ 为 T_j 中为"1"元素对应行构成的子矩阵；a 为 T_j 中等于"0"的元素个数。

开始时只有一个矩阵，当选出第一个故障隔离用测试点后，$p=1$；分割矩阵后 $Z=2$。对矩阵 $\boldsymbol{D}_1^0$ 和 $\boldsymbol{D}_1^1$ 计算 W_{FI} 值，选用 W_{FI} 大者为第二个故障隔离用测试点，再分割子矩阵。这时 $p=2$，子矩阵数 $Z = 2^2 = 4$。重复上述过程，直到各子矩阵变为只有一行为止，就完成了故障隔离用测试点的选择过程。

当出现最大的 W_{FI} 值不至一个时，应优先选用已被故障检测选用、测试时间短或费用低的测试点。

可以证明，已和正数 A 与 B 之的为 C，只有当 $A = B = \dfrac{C}{2}$ 时，A 与 B 之积最大。所以用 W_{FI} 值最大的测试点分割相关性矩阵，符合串联系统中对半分割思路，可以尽快地隔离出故障部件。也就是说，把原来只适用单一串联系统中对半分割的诊断方法，引申扩展用于复杂系统的故障诊断了。

④ 制定诊断策略。

所谓诊断策略是指故障检测和隔离时的测试顺序。它是 UUT 测试性/BIT 详细设计分析的基础,同时也为 UUT 外部诊断测试提供技术支持。这种诊断策略既可用于产品设计阶段,也可用于使用阶段维修时的故障诊断。

制定诊断策略以测试点的优选结果为基础,先检测后隔离,以测试点选出的先后顺序制定诊断测试策略。具体方法是根据测试点优选结果,用选出的测试点进行测试,按测试结果的正常与否确定下一步测试。过程如下:

故障检测顺序如下:

a. 用第 1 个检测用测试点用(FD 用 TP)测试 UUT。

若测试结果为正常,且"0"元素对应子矩阵 D_1^0 不存在了,则无故障。

若测试结果为正常,且"0"元素对应子矩阵 D_1^0 存在,则要用第 2 个 FD 用 TP 测试 D_1^0。

b. 用第 2 个 FD 用 TP 测试 D_1^0。

若测试结果为正常,且 D_2^0 不存在了,则无故障;

若测试结果为正常,且 D_2^0 存在,则需用下一个测试点测试。

c. 选用下一个 FD 用 TP 测试,直到 D_p^0 不存在为止(所选出 FD 用 TP 用完)。

d. 如任一步检测结果为不正常,则应转至故障隔离程序。

故障隔离顺序如下:

a. 用第 1 个隔离用测试点(FI 用 TP)测试 UUT,按其结果(正常或不正常)把 UUT 相关性矩阵划分成两部分 D_1^0 和 D_1^1。

若测试结果为正常,可判定 D_1^1 无故障,故障在 D_1^0 中,需用第 2 个 FI 用 TD 测试 D_1^0。

若测试结果为不正常,则可判定 D_1^0 无故障,而 D_1^1 存在故障,需用第 2 个 FI 用 TP 测试 D_1^1。

b. 用第 2 个 FI 用 TP 测试剩余有故障部分(有故障的子矩阵),再次划分为两部分 D_2^0 和 D_2^1。

若测试结果为正常,故障在 D_2^0 中,需用下一个 FI 用 TP 继续测试 D_2^0。

若测试结果为不正常,则故障在 D_2^1 中,需用下一个 FI 用 TP 继续测试 D_2^1。

c. 用下一个 FI 用 TP 测试有故障的子矩阵 D_p^0(或 D_p^1),并把它一分为二,重复上述过程直到划分后的子矩阵成为单行(对应 UUT 的一个组成单元或一个模糊组)为止。

d. 在测试过程中,任何一步隔离测试,把原矩阵分割成两个子矩阵后,如某个子矩阵已成为单一行了,则对该子矩阵就不用测试了。

⑤ 考虑可靠性的影响。

前面介绍的优选测试点、制定诊断策略和计算平均诊断测试步骤时,都没有考虑 UUT 各组成单元的可靠性影响;或者说认为各组成单元的可靠性是一样的,可暂不考虑可靠性影响。但实际上这是不真实的,只要有可能就应尽量考虑有关影响。

一般情况下,UUT 各组成单元的可靠性是不会完全相同的,可靠性低的组成单元发生故障的可能性较大,应优先检测,赋予较大的检测权值。UUT 及其各组成单元的可靠性数据(故障率或故障概率)可从可靠性设计分析资料中获得。优选测试点和制定诊断策略时,计算故障检测权值(W_{FD})除基于相关性之外,还要考虑相对故障率高低或故障概率大小。

各测试点的故障检测权值 W_{FD} 可用下式计算:

$$W_{\mathrm{FD}_j} = \sum_i^m \alpha_i d_{ij} \quad j = 1, 2, 3, \cdots, n$$

$$\alpha_i = \frac{\lambda_i}{\sum_i^m \lambda_i}$$

式中：W_{FD_j} 为第 j 个检测点的检测权值；α_i 为第 i 个组成单元的故障发生频数比；d_{ij} 为 UUT 相关性矩阵中第 i 行第 j 列元素；λ_i 为第 i 个组成单元的故障率；i 为待分析的相关矩阵行数。

检测时即根据其检测权值大小按顺序进行。

13.4　保障性分析

13.4.1　保障性分析内容及过程

装备保障性分析是一个反复权衡协调装备及其各类保障资源要求以符合保障性指标的过程。分析过程中，不仅要进行装备功能综合分析，还要考虑费用、现场特定保障要求等约束，并在寿命周期各阶段不断修改、完善，因此它是一项复杂的系统工程。但就其分析的总思路来看，保障性分析可分为如下几个步骤：①提出装备的保障要求；②制订保障方案；③确定保障资源要求，④研制和生产期间保障性的评估。值得注意的是，这四个步骤不是孤立的，而是相互衔接、反复迭代和并不断细化的。

1）提出装备的保障要求

保障要求是对有关保障问题要求的总称，它包括：保障性目标值、保障资源方面的要求、保障性及与保障性有关的定性、定量设计约束等。

通常情况下，保障性分析从提出保障要求开始。及早提出保障要求，可以在研制工作早期即做到保障影响设计。由于研制早期装备尚在论证中，缺乏确定保障要求的必要信息，工作难度较大，因此必须从多方面设法获取信息，为早期分析权衡提供输入。通常获取信息可从三个方面进行：

（1）分析装备所执行的任务、使用方案和设计方案对保障提出的要求。

（2）现场调查收集和分析类似装备的保障要求，以及需要改进的保障问题。

（3）在研装备采用新技术后对保障的要求。

当没有可用信息时，根据已有的可能信息做出合理的假设，并进行风险评价。

提出保障要求的主要方法是使用研究分析与比较分析。

使用研究分析主要是研究装备何时、何地和如何使用该项新研装备，以便为判定战备完好性目标和为综合保障总体规划提供信息。使用研究应着重分析使用中有关保障性的因素，如装备应完成的任务、装备性能参数及量值、预期使用环境、拟装备的数量、部署时间要求、预计使用寿命、使用强度和任务频度、维修方案和现有条件、人力要求以及使用时与其他有关装备的关系等。

利用比较分析可以确定影响装备保障性的主导因素，从而可以明确新研装备在哪些方面需要改进,继而制订出装备保障性要求和有关保障性的设计约束。比较分析时,需要建立基准比较系统。基准比较系统可能是与新研装备相类似的现役装备,或由能代表新研装备设计与使用特点的现有几种装备的不同部件和设备组成的模拟装备。利用基准比较系统已有的信息(如类似部件和设备的故障率、造成停机时间的主导因素),提高保障性的设计因素、影响保障费用和战备完好性的主导因素以及类似装备有关保障的定性要求时,必须仔细分析这些信息的有效性,以减少风险。

保障要求的提出往往不是一次分析就能完成的,原因是信息不够完整和具体,只能由粗到细,随着装备研制的进展,而逐渐明确和具体化。例如,在论证阶段,通过对保障费用、人力及战备完好性等主导因素进行分析,初步制定战备完好性目标暂定值。到方案阶段,结合装备设计方案分析,制定战备完好性目标值和门限值的初定值。到工程研制阶段,由于信息增多并比较具体,就可以明确地确定保障资源参数、战备完好性、可靠性、维修性等协调一致的目标值与门限值。

2)制订保障方案

保障方案是保障系统完整的系统级说明,由满足功能的保障要求并与设计方案及使用方案相协调的各综合保障要素的方案组成。

制订保障方案是综合保障工作中的重要组成部分,是建立保障系统的基础。从保障方案包括的内容可知,制定保障方案要考虑装备特点、保障和使用特性、资源要求和实际使用状况等诸多因素,因而应按功能分析、系统综合以拟定备选方案、再经权衡分析最后确定。在装备寿命周期的后期提出的保障系统是根据上述规定的要求,并结合相应的管理与提供的保障资源而建立的。没有完善的保障方案就不能建立完善的保障系统。保障方案、保障计划和保障系统之间在装备寿命周期中的基本关系如图 13 - 14 所示:

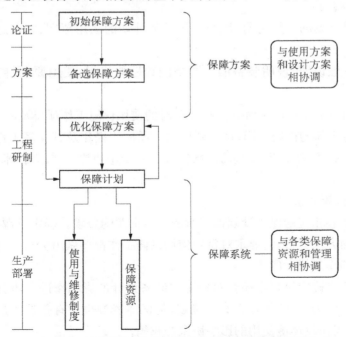

图 13 - 14 保障方案、保障计划与保障系统之间的基本关系

保障方案的制定是一个动态过程,自装备论证时提出初始保障方案,通过方案阶段和工程研制阶段对不同备选保障方案的权衡分析,得到优化的保障方案,并在工程研制阶段的后期进一步完善。保障方案以及由它演化而成的保障计划等在研制过程中要通过评审、验证来评价。

3) 制订保障计划

保障计划是保障性分析工作中的一个更要环节,它是一个详细的保障方案。保障方案通常只是装备保障系统的总体说明,如维修类型、维修级别及其主要任务以及使用与维修原则等;而保障计划则进一步说明保障方案的具体实施内容和要求,它包括所有使用与维修工作与各类保障专业所需的硬件与软件项目的详细内容。

保障计划可分为维修保障计划和使用保障计划。

维修保障计划是装备维修的详细说明,包括执行每一维修级别的每项维修工作的程序、方法和所需的保障资源等,其主要内容有:

(1) 各维修级别上所需的维修工作类型(保养、检查、更改及报废等)、维修对象(涉及哪些部件或设备)和工作频数等。

(2) 各维修级别要求的人员专业种类、数量、技术水平及训练和训练器材。

(3) 维修工作所需要的工具、设备(专用与通用)及各种技术资料。

(4) 各维修级别所必需的初始的保障设施(如场地及建筑物等)。

(5) 必要时应说明基地级维修所需的人力和物力。

(6) 各级维修所需的软件。

(7) 现有保障资源可利用的情况。

使用保障计划是指完成装备使用保障工作的程序、方法、实施时机和所需保障资源的详细描述,其主要内容有:

(1) 使用保障计划的一般说明,说明使用保障计划的适用范围、编制过得、编制的主要文件等;

(2) 装备的一般说明,说明装备的主要功能和性能指标、使用原则、使用方式、使用环境等;

(3) 详细列出完成不同的训练和作战任务时的使用保障工作项目及所需的保障资源;

(4) 使用保障工作的详细说明,详细列出每一项使用操作及其保障工作项目的工序,完成每一步工序的具体方法和所需的资源,操作人员的专业种类、人数和技术等级及其训练和训练保障资源等。

4) 确定保障资源要求

根据保障方案和相应的保障计划拟定所需保障资源的要求。确定资源要求应采用使用与维修工作分析的方法进行,它要求对每项使用维修工作都要做出分析,因此作好这项工作是保障性分析中工作量最大的。

在保障资源要求确定过程中还要对资源与装备设计的影响作进一步分析,使它们相互匹配得更为良好。因为,虽然保障方案已确定,但保障资源也还有备选的过程,还要与装备设计、费用以及现场作战环境使用的影响协调与权衡。

这项工作需在工程研制阶段完成,以便在装备生产以前有时间安排保障资源的研制、采购和供应等问题,保证装备部署时能同时提供所需的保障资源。

13.4.2　保障资源规划

保障资源是使用与维修装备所需的物资与人力的总称,是构成装备保障系统的物质基础。保障资源主要包括:人力与人员,备件与消耗品,保障设备,保障设施,技术资料,包装、装卸、储存和运输过程中的保障资源等。

保障资源直接影响到战备完好性和寿命周期费用。一般来说,保障资源越充足,战备完好性越高而费用可能也越高。进行保障资源规划时,一方面要满足需求,同时也要受到费用的制约。因此,需要掌握权衡分析方法,制定规划程序,必要时,还要作定量计算和计算机模拟研究,以保证保障资源既满足需求,又切合实际和负担得起。图 13-15 为规划保障资源的工作程序。

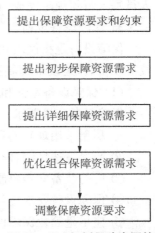

图 13-15　规划保障资源的工作程序

1) 保障人力与人员规划

人力和人员作为保障资源的重要因素,是指平时和战时使用与维修装备所需人员和数量、专业与技术等级。

(1) 规划人力和人员的原则。

进行人力和人员规划应遵循如下原则:尽量降低对人力和人员的要求,减少工程数量和每个保障单元的人数;人力和人员的编配应考虑各维修级别的任务划分;应考虑人力和人员因调动、更新对使用和维修造成的影响;应考虑战场条件下应急抢修人员的配备和战伤人员的补充。

(2) 人力与人员的规划过程。

论证阶段。明确现有人力和人员情况经及约束条件,分析人员和技能短缺对系统战备完好性和费用的影响。

方案阶段。初步分析平时和战时使用与维修装备所需的人力和人员,提出初步的人员配备方案。

工程研制阶段。修正人员配备方案,考虑人员的考核与录用,并与训练计划相协调。

定型阶段。根据保障性试验与评价结果,进一步修订人力和人员要求,提出人力和人员编配方案。

生产、部署和使用阶段。根据现场使用评估结果,调整人力和人员要求,配备使用与维修人员。

(3) 维修人员数量计算模型。

维修人员数量计算常用两种方法:一是相似装备类比法;二是工程估算法。

相似装备类比法是参照相似装备的人员数量进行适当增删,主要取决于规划人员的经验水平。

工程估算法认为,各维修级别上所需人员的数量直接与该级别的维修任务有关。可以

通过各项维修任务所需的工时数推算出所需人数,即

$$q = \left(\sum_{j=1}^{r} \sum_{i=1}^{k_j} n_{j} f_{ji} H_{ji} \right) \eta / H_0 \tag{13-14}$$

式中:q 为某维修级别上所需维修人员数;r 为某维修级别上负责维修的装备型号数;k_j 为 j 型号装备维修任务项目数;n_j 为某维修级别上维修某 j 型号装备的数量;f_{ji} 为 j 型号装备对第 i 项维修任务的平均频数;H_{ji} 为 j 型号装备完成第 i 项维修任务所需工时数;H_0 为维修人员每人每年规定完成的工时数;η 为维修工作量修正系数,$\eta > 1$。

2)保障设备规划

保障设备是指使用和维修装备所需的设备,包括测试设备、维修设备、试验设备、计量与校准设备、搬运设备、拆装设备、工具等。

(1)保障设备定性和定量要求。

保障设备定性要求:

① 尽量采用现有的和通用的保障设备;

② 心尽量选择综合测试设备;

③ 应与装备同步研制,同步交付使用;

④ 保障设备要求应与其他保障资源相匹配;

⑤ 应尽量简化保障设备品种;

⑥ 应该考虑保障设备的保障问题;

⑦ 应考虑保障设备保障期要求;

⑧ 要考虑软件保障所需要的设备和工具要求。

保障设备定量要求:

① 保障设备利用率;

② 保障设备满足率。

(2)保障设备的规划过程。

论证阶段,确定有关保障设备的约束条件和现有保障设备的信息。

方案阶段,确定保障设备的初步要求。

工程研制阶段,确定保障设备要求,制定保障设备配套方案,编制保障设备配套目录,提出新研制与采购保障设备建议,按合同要求研制保障设备。

定型阶段,根据保障性试验与评价结果,对保障设备进行改进,修订保障设备配套方案。

生产、部署与使用阶段,根据现场使用评估结果,进一步对保障设备进行改进,修订保障设备配套方案。

(3)保障设备数量确定方法。

工程上常用类比法和估算法来确定保障设备数量。

类比法,也称经验法,其基本思路是分析人员首先选择新研制装备的相似装备,其次是根据相似装备的保障设备配套情况来确定新研制装备所需的保障设备数量。

估算法,是通过估算利用保障设备的时间多少,来估算保障设备的数量。

保障设备的年度使用时间的计算方法如下：

$$T = Q\left(\sum_{i=1}^{n} f_i \times T_i\right) \tag{13-15}$$

式中：T 为保障设备的年度使用时间；Q 为所保障的系统总数；f_j 为第 i 项工作的频度；T_j 为完成第 i 项工作的任务时间。

用估算法确定保障设备数量时，用式(13-15)估算利用保障设备的总时间，通过时间的大小选择保障设备的配备数量。

3）保障设施规划

保障设施是指使用与维修装备所需的永久性和半永久性的建筑物及其配套设备。

（1）保障设施分类。

保障设施可以按不同方式分类。

① 按结构和活动能力可分为永久式和半永久式设施。

a. 永久性设施：主要包括维修车间、供应仓库、试验场（站）、机场、码头等。这些设施虽数量不多，但造价昂贵，是重要的不动产。充分、有效地利用这些设施对提高部队战斗力至关重要。

b. 半永久性设施：主要包括临时性的供应仓库、修理帐篷等，是部队临时性设施，也是战时后方供应基地或修理基地设置的重要设施。

c. 有的把修理工程车、抢修工程车、加油车、抢救车、抢修船、器材供应车等称为移动性设施，也有称为保障装备的。这些设施对机动作战部队或对部队装备进行支援保障都很重要。

② 保障设施按其预定的用途，可区分为维修设施、供应设施、训练设施和专用设施等。

a. 维修设施：维修设施又分基地级维修设施、中继级维修设施和基层级维修设施。基地级和中继级维修设施一般包含有维修车间、仓库等，其中有固定的生产设备和试验台架等。

b. 供应设施：存放备件、补给品的仓库和露天储存点属于固定式供应设施。器材供应车属移动式供应设施。

c. 训练设施：靶场、训练基地等对保证部队训练是必不可少的，如装甲部队训练中心、步兵训练中心等。

d. 另外，还有一些专用的设施，如光学、微电子、有害或有毒物品储存设施。

（2）保障设施确定原则。

在进行保障设施规划时应考虑如下问题：

① 规划设施的基本准则是提高现有设施的利用率，充分发挥其作用，尽量减少新的设施需求；

② 在规划设施需求时，应考虑同一兵种不同装备对同一设施的要求，同时也应考虑其他军兵种对设施的要求，因为一种设施，可以保障多种装备；

③ 设施应建在交通便利、开展保障工作最方便的地点，要具有安装设备和完成作业的

足够面积和空间；

④ 应确保作业所需的工作环境（如温度、湿度、洁净度、照明度等）和建造质量，并符合国家规定的环境保护要求；

⑤ 必须具备安全防护装置和必要的消防设备；

⑥ 在设计过程中，应进行费用分析，合理确定建造周期、建造费用、维护费用等方面的问题；

⑦ 要明确新设施对现有设施的影响；

⑧ 应尽量减少系统所需设施的数量并考虑设施的隐蔽要求，使保障设施在战时受攻击的可能性降低到最低限度。

（3）保障设施的规划过程。

保障设施规划过程开始于装备方案论证阶段，使用方首先提出保障设施的约束条件，并向承制方提供现有设施的数据；承制方通过保障性分析，初步确定设施的类型、空间及配套设备需求，经分析现有设施不能满足要求时，则应制定新的设施需求。对于装备的使用、维修、训练、保管等所必需的设施，跑道及障碍物、码头、厂房、仓库等，应尽早确定。

由于新建设施建设周期长，应尽早确定对新设施的要求，经使用方认可后，具体建造一般由使用方完成。同时还要分析新研装备对现有设施的影响，以确定是否需要改进或扩建，以免影响装备的正常使用。

在建造设施时应制订设施建设计划。该文件包括：设施要求合理性的说明、设施的主要用途、被保障装备的类型和数量，设施地点、面积，设施设计准则、翻建或新建及其基本结构，以及通信、能源、运输等方面的要求。

在装备部署前，应基本完成保障设施的建造，以便装备部署到部队时，有足够的保障设施。

4）运输包装储存（PHS&T）规划

作为保障资源的要素之一，包装、装卸、储存和运输（PHS&T）保障是指为保证装备及其保障设备、备件等得到良好的包装、装卸、储存和运输所需的程序、方法和资源等。

包装，包括为准备分配产品所需的各种操作和装置，如防腐包装、捆包、装运标记、成组化及集装箱运输。

装卸，指的是在有限范围内将货物从一地移动到另一地。通常限于单一的区域。如在货栈之间或在仓库区之间或从库存转移到运输状态。常用装卸设备有铲车、货盘起重器、滚轴系统、起重机和辊轴车等。

储存，货物短期或长期储存。可以储存在临时性的或永久性的设施中。

装运，是利用通常可利用的设备如火车、卡车、飞机、轮船将货物从一地转移一段相当远的距离。

运输性，指某项装备用牵引、自行推进或通用运输工具通过公路、铁路、河道、航空或海洋等方式得以移动的内在特性。

运输方式，具体装运货物的各种办法，即卡车、飞机、火车或轮船。

规划的目的是确定装备及其保障设备、备件、消耗品等能得到良好的包装、装卸、储存和运输条件，使之处于良好状态。

在某些情况下,装备的运输要求是设计约束条件,它在达到装备的战备完好性目标方面起着重要作用,因而必须加以充分重视。应在方案阶段着手制定装备的运输包装储存计划,并贯穿整个研制过程。

(1) 包装、装卸、储存和运输保障的规划要求。

对 PHS&T 规划应明确如下要求和约束:

① 产品(或包装件)的尺寸、重量、重心及堆码方法的限制;

② 采用标准的包装容器和装卸设备、简便的防护方法、应尽量避免特殊要求;

③ 包装、贮运条件及储存期要求;

④ 包装、运输环境条件要求。

对包装等级的要求:

包装等级通常分 A, B, C 三级。A 级包装为装备提供最优良的防护,能在全天候条件下经受住户外储存至少一年以上而不发生装备变质。B 级防护较次于 A 级,但也能使在较好的环境条件下储存 18 个月。C 级防护为最低级防护,用于在已知有利的条件下进行物资保护。

对包装容器及设计的要求:

应尽量选用标准包装容器,需要专门设计时应考虑:

① 每一包装容器中货物的品种和数量;

② 包装容器重复使用程度;

③ 储存空间和装卸、码放约束;

④ 易碎品及其装卸约束;

⑤ 需要的起吊和系固要求;

⑥ 采用通用包装方式;

⑦ 外形尺寸、包括重量的限制;

⑧ 应与现行邮件传递方式对包装要求一致。

运输方式选择:

常用运输方式有飞机、卡车、轮船、火车等,采用哪种方式受运输路线、交通条件限制,还可以按照容量、速度、可用性进行权衡选择。

(2) 包装、装卸、储存和运输保障的规划原则。

PHS&T 规划时,应考虑如下问题:

① PHS&T 计划要结合装备的研制、生产、调配计划和装备使用管理来制订;

② PHS&T 计划要与其他专业工作协调一致,并符合装备的安全性要求;

③ 应考虑人机工程、产品储存期、产品清洁度和防腐、防污等方面的因素;

④ 要规定明确的装备包装、装卸、储存和运输要求;

⑤ 要考虑对静电敏感的物品和危险器材的包装、装卸、储存和运输要求;

⑥ 要考虑采用标准的装卸设备和程序;

⑦ 要明确机动性和运输性要求;

⑧ 对于导弹、弹药和其他装备,要说明在规定条件下的储存寿命、使用寿命以及机动性和运输特性;

要考虑可以提高包装、装卸、储存和运输效率的其他途径,如系统或分系统设计的模块化和标准化。

(3) 包装、装卸、储存和运输保障规划过程。

在方案论证阶段,使用方应提出 PHS&T 的要求或约束条件,并提供现役装备 PHS&T 方面的信息;承制方进行保障性分析,确定 PHS&T 的需求。

在工程研制阶段,确定 PHS&T 所需程序和方法及所需资源,对 PHS&T 需求进行评审,并开始资源的研制。

在装备定型时,应对 PHS&T 保障的有效性进行验证与考核,以证明 PHS&T 需求的适用性。在装备部署前,应完成 PHS&T 计划的实施工作。

13.4.3 备件供应规划

备件供应规划工作的目的是根据系统战备完好性和费用约束条件,按装备寿命周期内使用与维修需要,确定备件和消耗品的品种和数量,并按合同要求交付初始备件和消耗品,提出后续备件供应建议。

1) 备件供应要求

在装备论证时,使用方应根据现行供应和维修体制,提出备件供应要求,包括定性要求、定量要求和供应约束条件

(1) 备件供应定性要求。

备件供应定性要求有:

① 系列化、通用化、组合化要求;

② 包装、装罐、储存和运输要求;

③ 编码要求;

④ 供应技术文件要求;

⑤ 装备更改和停产后供应保障要求;

⑥ 备件质量保证要求(包括功能、结构、精度等要求)。

(2) 备件供应定量要求。

备件供应定量要求有:

① 备件满足率和条件利用率;

② 平均保障延误时间。

(3) 备件供应约束条件。

备件供应约束条件有:

① 装备说明(包括装备部署状况、数量、使用频度等);

② 维修体制;

③ 供应体制;

④ 费用限额;

⑤ 使得、维修和储存地点环境;

⑥ 初始保障时间;

⑦ 修理周转期；

⑧ 平均供应反应时间。

2）备件品种和数量确定原则

备件供应的关键是能较准确地确定备件的品种和数量。然而，备件数量的确定多种因素影响，如装备的使用方法、维修能力、环境条件、管理能力等。因此，备件数量的确定时，要综合考虑，得到比较合理的备件需求。

在确定备件品种和数量时，应考虑如下原则：

① 备件的品种和数量直接与装备的战备完好性有关，因此，要以达到战备完好性为目标，建立备件品种和数量与战备完好性之间的关系；

② 在确定备件品种和数量时，应考虑在达到战备完好性要求的情况下，以费用作为约束条件；

③ 应该考虑平时和战时的区别，战时除了正常消耗外，还要考虑战损的影响；

④ 应考虑初始备件与后续备件的区别，初始备件考虑保证某一规定的使用期限，有时过于保守，一般情况下数量偏高；后续备件可以通过现场数据情况，加以修正。

图 13-16 为确定备件品种和数量的工作过程。

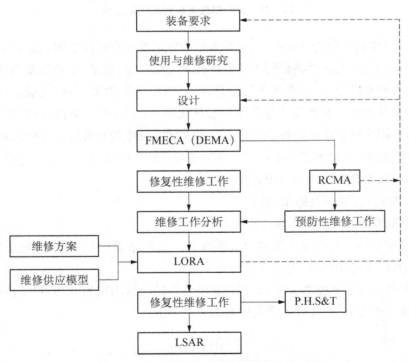

图 13-16　确定备件品种和数量的工作过程

3）备件供应的规划与优化过程

在论证阶段，订购方应提出供应保障要求和约束条件，有关备件的内容可以根据相似装备经验给出或按使用可用度模型论证提出。

在方案阶段,承制方应制订备件供应工作计划,明确备件和消耗品的确定原则和方法。

在工程研制阶段,确定平时和战时所需备件和消耗品的品种和数量,编制初始备件和消耗品清单,提出后续供应建议。

在定型阶段,根据保障性试验与评价结果,进一步修订备件和消耗品清单。

在生产、部署和使用阶段,根据现场使用评估结果,调整备件和消耗品清单。

在装备的整个寿命周期内,备件供应的规划及优化流程如图 13-17 所示。

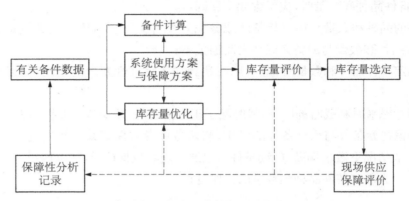

图 13-17　备件供应的规划及优化流程

在备件供应规划与优化过程中,从装备系统的使用要求和保障方案出发,利用保障分析记录得到的有关数据,在新装备研制中根据备件供应要求、失效率、平均修复时间、备件满足率和利用率、修理周转期、报废率等进行备件计算;根据费用约束、维修级别、约定维修层次等,制定初始备件清单。在备件计算和库存量优化的基础上,根据缺备件的风险、备件满足率和利用率、费用等评价每项备件库存量和全系统供应保障的有效性。评价之后,为各级维修级别和供应站制定稳定的库存量清单。在装备现场使用中,应对备件保障进行持续评价,并为保障性分析、库存量优化与评价提供反馈。

4) 备件供应计算模型及应用示例

(1) 指数型寿命件备件需求量计算模型。

该模型主要适用于具有恒定失效率的零部件。一般来说,正常使用的电子零部件都属于指数型寿命件,如电子部件、电阻、电容、集成电路等。

已知零部件寿命服从指数分布,该部件在装备中的单机用数为 N,累积工作时间 t,失效率 λ 和备件满足率为 P,则备件需求量的基本公式如下:

$$P = \sum_{j=0}^{S} \frac{(N\lambda t)^j}{j!} \exp(-N\lambda t) \tag{13-16}$$

式中: S 为装备中某零部件的备件需求量;P 为备件满足率,即在规定保障时间内,需要该备件时,不缺件(能得到它)的概率;t 为累积工作时间,可按不同情况分别处理,如:

① 对不可修复备件,t 用装备初始保障时间(如 1~2 年)内装备累积工作时间(h)或备件供应更新周期内累积工作时间(h);

② 对可修复备件,又分为两种情况:

一是基层级更换,后送中继级或基地级更换。此时按 t 按修理周转周期内装备累积工作时间(h)计算,修理周转期取值一般比装备初始保障时间可以短很多,例如 3～6 个月,但是注意周转期也不能太短,以保证中继级或基地级不出现待修备件排除现象;

二是在基层级对该件进行修复,此时当满足该件的 $MTBF_i$ 远远大于该件的平均修复时间 $\overline{M}_{cti}$ 时,在至少备一个供换件修理的条件下,用该件的 $\overline{M}_{cti}$ 代替式中 t,即用 $\overline{M}_{cti}$ 代替周转时间内装备累积工作时间。

式(13-16)中:j 为递增符号,j 从 0 开始逐一增加,直到某 S 值,使得 $P \geqslant$ 规定的保障概率,该 S 即为所求备件需求量。

当 $N\lambda t \geqslant 5$ 时,备件需求量可以用正态分布按住计算,计算公式简化为

$$S = N\lambda t + u_p \sqrt{N\lambda t} \qquad (13-17)$$

式中:u_p 为正态分布分位数,可从 GB/T4086.1 中查出。常用的正态分布分位数,如表 13-14 所示。

表 13-14　常用的正态分布分位数表

P	0.8	0.9	0.95	0.99
u_p	0.84	1.28	1.65	2.33

例 13.7　某型装备有同型电子部件 20 只,不可修复,且其寿命服从指数分布,失效率 $\lambda = 10^{-4}$ 次/小时。在 2 年的保障时间内,每年累积工作 5 000 h。求在备件满足率大于等于 90% 的情况下,需要多少个备件?

解:由于该部件是不可修复部件,属于第一种情况,t 按保障时间内累积工作时间计算,即

$$t = 2 \times 5\ 000 = 10\ 000\ \text{h}$$
$$N = 20\ \text{只}$$
$$\lambda = 10^{-4}\ \text{次/小时}$$

则

$$N\lambda t = 20 \times 10^{-4} \times 10\ 000 = 20$$
$$P \geqslant 0.9$$

将上述参数代入式(13-16)进行迭代运算,得

$$S = 26$$

即该部件需备 26 只。

例 13.8　某型装备有信号处理印制板插件 20 块,寿命服从指数分布,每块的失效率 $\lambda = 10^{-5}$ 次/小时。在 2 年保障时间内的维修方案为,印制板后送基地级修理周期为 6 个月,

按每月 30 天,每天工作 24 小时。求在备件满足率大于等于 95% 的条件下,需要备多少块?

解:由于该部件是可修复部件,且采用后送修理方案,属于第二种情况中的第 1 类,t 按周转周期内累积工作时间计算,即

$$t = 6 \times 30 \times 24 = 4\ 320\ \text{h}$$
$$N = 20\ \text{只}$$
$$\lambda = 10^{-5}\ \text{次/小时}$$

则

$$N\lambda t = 20 \times 10^{-5} \times 4\ 320 = 0.864$$
$$P \geqslant 0.95$$

将上述参数代入式(13-16)进行迭代运算,得

$$S = 3$$

即该部件需备 3 块。

例 13.9 某型装备电源印制板插件 10 块,寿命服从指数分布,用的是分立元件,保障时间内的维修方案为基层级原件修复。每块插件的失效率 $\lambda = 10^{-4}$ 次/小时,修复时间 $\overline{M}_{cti} = 1\ \text{h}$。2 年保障时间内按总工作时间 10 000 小时计算,求在备件满足率大于等于 95% 的条件下,需要的备件是多少?

解:由于该部件是可修复部件,且采用基层级原件修复方案,属于第二种情况中的第 2 类,可直接用 $\overline{M}_{cti} = 1\ \text{h}$ 代替式(13-16)中的 t 进行计算,即

$$t = 1\ \text{h}$$
$$N = 10\ \text{只}$$
$$\lambda = 10^{-4}\ \text{次/小时}$$

则

$$N\lambda t = 10 \times 10^{-4} \times 1 = 10^{-3}$$

理论上不足一块,按约定,不足一块的准备一块。

以上是假设印制板可以无限次修复且不会报废,实际上印制板不可能修复无限次,一般按 5 次计算,即准备一块可修复板,相当准备 5 块不修复板。

估算 2 年保障期内的期望故障数为 $10^4 \times 10 \times 10^{-4} = 10$。

为满足 2 年保障期内不再补充订购备件,需再增加一块备件,即备 2 块备件。

例 13.10 按例 13.7 的数据,用式(13-17)计算备件需要量。

解:由例 13.7 知,$N\lambda t = 20 \times 10^{-4} \times 10\ 000 = 20$,对应 $P = 0.9$ 的 $u_p = 1.28$

将数据代入式(13-17),得

$$S = 20 + 1.28\sqrt{20} = 25.72$$

取整得 $S = 26$,与例 13.7 相同。

特别需要注意的是,当 $N\lambda t$ 很小时,用式(13-17)计算的误差是较大的。如 $N\lambda t = 0.15$, $P = 0.99$ 时,用式(13-16)计算 $S = 2$,而用式(13-17)计算,$S = 1.05$。

所以,当 $N\lambda t$ 很小时,不宜用式(13-17)计算。

(2)威布尔型寿命件备件需求量计算模型。

该模型主要适用于机电部件。

已知零部件寿命服从威布尔分布,其形状参数为 β,尺度参数为 η,位置参数为 γ,更换周期为 t,备件满足率为 P,则备件需求量的基本公式如下:

$$S = \left(\frac{u_p k}{2} + \sqrt{\left(\frac{u_p k}{2}\right)^2 + \frac{t}{E}}\right)^2 \tag{13-18}$$

式中:S 为装备中某零部件的备件需求量;E 为平均寿命,$E = \eta \times \Gamma\left(1 + \dfrac{1}{\beta}\right)$(假定位置参数 $\gamma = 0$;k 为变异系数,可按下式计算:$k = \sqrt{\dfrac{\Gamma\left(1 + \dfrac{2}{\beta}\right)}{\Gamma\left(1 + \dfrac{1}{\beta}\right)^2} - 1}$;$u_p$ 为正态分布分位数,可从 GB/T4086.1 中查出;t 为更换周期。

例 13.11 某机电件为威布尔寿命件,形状参数为 $\beta = 2$,尺度参数 $\eta = 10^3$ h,累积工作时间 $t = 10^4$ h,求在备件满足率大于等于 90% 的情况下,需要多少个备件?

解:对应 $P = 0.9$ 的 $u_p = 1.28$;

$$E = \eta \times \Gamma\left(1 + \frac{1}{\beta}\right) = 1\,000 \times \Gamma(1.5) = 886\ \text{h}$$

$$k = \sqrt{\frac{\Gamma\left(1 + \dfrac{2}{\beta}\right)}{\Gamma\left(1 + \dfrac{1}{\beta}\right)^2} - 1} = \sqrt{\frac{\Gamma(2)}{\Gamma\left(\dfrac{3}{2}\right)^2} - 1} = 0.522\,7$$

将上述参数代入式(13-18),得

$$S = 13.76$$

取整数 $S = 14$,即需要 14 个备件。

(3)正态分布型寿命件备件需求量计算模型。

该模型主要适用于机械部件。

已知零部件寿命服从正态分布,其寿命均差 E、标准差 σ,更换周期为 t,备件满足率为 P,则备件需求量的基本公式如下:

$$S = \frac{t}{E} + u_p \sqrt{\frac{\sigma^2 t}{E^3}} \tag{13-19}$$

式中:S 为装备中某零部件的备件需求量;σ 为寿命标准差;E 为寿命均差;u_p 为正态分布分位数,可从 GB/T4086.1 中查出;t 为更换周期(若是磨损寿命,t 用工作时间;若是腐蚀、老化寿命, t 用日历时间近似)。

5) 以可靠性为中心的备品备件配置策略

备品备件问题是一个传统的老问题。自从装备出现,备品备件问题就存在了。在早期,装备本身还不算太复杂,同型装备的建造数量还比较多,装备的备品备件数量都是依据经验决定的。

在高新技术不断涌现的今天,各种新型设备不断地出现。与此同时,装备的技术寿命越来越短,同型装备的批量也越来越小。大量新的,小批量的设备在装备装备上出现,过去所依赖进行备品备件数量确定的经验再也不是完全可靠了。

与此同时,人们对装备的认识已经跨越了简单的平台加负载的概念,进入了系统化的时代。在系统化观念的引导下,对装备的设计分析也引入了新概念。系统效能、系统可靠性等概念成了装备综合权衡要考虑的基本因素。在 20 世纪 80 年代,在对系统可靠性进行分析的时候,人们开始认识到,可维修大型复杂系统的使用可靠性和系统的维修后勤保障关系密切。如果维修工作开展的顺利,系统的使用可靠性就高。而在影响维修的诸多因素中,备品备件是一个重要的影响因素。朴素地来看,如果备品备件配置过多,将造成不必要的浪费。如果备品备件配置不足,在需要的时候往往取不到备件,造成维修时间过长,直接影响舰船的使用可靠性。在这样的思想指导下,一种新的基于系统可靠性的备品备件配置观念形成了。其基本观点是装备的备品备件配置策略应该能在最小的代价下保持装备的使用可靠性达到满意值。这就是以可靠性为中心的备品备件配置策略。

本章节介绍按使用可用度要求确定备品备件供应定量要求的方法,即先按使用可用度要求确定备件满足率,然后按上一章节的方法计算备件需求量。

(1) 备件满足率 P 的选择。

预防性维修用备件和修复性维修用备件对使用度可用度的影响,可以分别考虑,分别计算。

综合考虑预防性维修用备件和修复性维修用备件影响装备的连续工作装备的使用可用度表达式为

$$A_o = \frac{T_T - T_{tp}}{T_T} \frac{T_{BF}}{T_{BF} + \overline{M_{ct}} + T_{LD}} \tag{13-20}$$

式中: A_o 为使用可用度; T_T 为年最大可用时间; T_{tp} 为年预防性维修总时间; T_{BF} 为平均故障间隔时间; $\overline{M_{ct}}$ 为平均修复时间; T_{LD} 为平均保障延误时间。

不考虑预防性维修(即不把预防性维修时间作为相关试验时间)情况下,连续工作装备的使用可用度表达式为

$$A_o = \frac{T_{BF}}{T_{BF} + \overline{M_{ct}} + T_{LD}} \tag{13-21}$$

影响 T_{LD} 的因素主要有两个:一是以备件满足率 P 为主导的保障资源满足率;二是以平均备件供应反应时间为主的平均供应反应时间 T_{SR},工程上常用的 T_{LD} 表达式为

$$T_{\mathrm{LD}} = (1 - P) T_{\mathrm{SR}} \tag{13-22}$$

将式(13-22)代入式(13-21),得

$$A_{\mathrm{o}} = \frac{T_{\mathrm{BF}}}{T_{\mathrm{BF}} + \overline{M}_{\mathrm{ct}} + (1 - P) T_{\mathrm{SR}}} \tag{13-23}$$

固有可用度 A_{i} 的表达式为

$$A_{\mathrm{i}} = \frac{T_{\mathrm{BF}}}{T_{\mathrm{BF}} + \overline{M}_{\mathrm{ct}}} \tag{13-24}$$

联立式(13-23)和式(13-24),得

$$A_{\mathrm{i}} = \left[1 + \frac{(1 - P) T_{\mathrm{SR}}}{T_{\mathrm{BF}} + \overline{M}_{\mathrm{ct}}} \right] A_{\mathrm{o}} \tag{13-25}$$

通常情况下,$T_{\mathrm{BF}} \gg \overline{M}_{\mathrm{ct}}$,则(13-25)可简化为

$$A_{\mathrm{i}} = \left[1 + (1 - P) \frac{T_{\mathrm{SR}}}{T_{\mathrm{BF}}} \right] A_{\mathrm{o}} \tag{13-26}$$

由式(13-26)可见,P 与 $\dfrac{T_{\mathrm{SR}}}{T_{\mathrm{BF}}}$ 是影响 A_{i} 与 A_{o} 关系的主要因素。下面对它们之间的影响进行详细阐述。

① 以 A_{i} 为设计基准,如果 P 不足(即数值较小),将导致 A_{o} 远低于 A_{i};

② 以 A_{o} 为设计基准,如果 P 不足(即数值较小),将导致需要设计较高的 A_{i} 才能保证现场的 A_{o};

③ P 的影响程度主要看 $\dfrac{T_{\mathrm{SR}}}{T_{\mathrm{BF}}}$ 的比值,比值越大,P 的影响越大;反之,$T_{\mathrm{SR}} \ll T_{\mathrm{BF}}$,则 P 的影响将变得很小。

下面举两个例子说明:

例如,$T_{\mathrm{SR}} = 100\,\mathrm{h}$,$T_{\mathrm{BF}} = 100\,\mathrm{h}$,若 $P = 0.9$,则要求 $A_{\mathrm{i}} = 1.1 A_{\mathrm{o}}$ 即可;若 $P = 0$(即每次修复都因缺备件而延误),则要求 $A_{\mathrm{i}} \approx 2 A_{\mathrm{o}}$。

又如,$T_{\mathrm{SR}} = 50\,\mathrm{h}$,$T_{\mathrm{BF}} = 25\,\mathrm{h}$,若 $P = 0.9$,则要求 $A_{\mathrm{i}} = 1.2 A_{\mathrm{o}}$;若仍保持 $A_{\mathrm{i}} = 1.1 A_{\mathrm{o}}$,则需要将 P 提高到 0.95。

提高 P 值,意味着增加备件数量,又可能与备件费用约束条件相冲突。

由于 T_{SR} 主要与供应线距离、输运工具和备件申请、供应管理体制有关,要改变是较困难的,因此,选择备件满足率 P 时,着重考虑的是备件费用、T_{BF} 及合理的 A_{i} 与 A_{o} 比例关系。在工程上,常将 P 的范围取在 0.80~0.99 之间。

(2) 备件满足率 P 的确定方法之一——数学模型法。

① 初始条件。

用该模型法的初始条件是,以过论证暂定的装备平均故障间隔时间(T_{BF})值、平均修复时间($\overline{M}_{\mathrm{ct}}$)值、使用可用度($A_{\mathrm{o}}$)值、平均反应供应时间($T_{\mathrm{SR}}$)值。

② 计算公式。

在不考虑预防性维修的情况下,对连续使用装备,采用下式(13-23)计算:

$$A_\mathrm{o} = \frac{T_\mathrm{BF}}{T_\mathrm{BF} + \overline{M}_\mathrm{ct} + (1-P)T_\mathrm{SR}} \quad (13-23)$$

式中:A_o 为使用可用度;T_BF 为平均故障间隔时间;$\overline{M}_\mathrm{ct}$ 为平均修复时间;P 为系统备件满足率;T_SR 为平均反应供应时间。

③ 关于备件满足率问题。

在式(13-23)中,P 指的是系统备件满足率。要计算某一部件所需备件数量时,用的备件满足率实际上是指某一部件 i 的备件满足率 P_i。

蒙特卡罗模拟指出,对串联系统,当系统备件品种数 $q<100$ 时,直接用备件的 P_i 代替式(13-23)中的系统备件保障率 P 计算时,引入的绝对误差小于 1%,是工程上可以接受的。当各备件的 P_i 不等时,可取最小的 P_i 代替 P,即

$$P = \min(P_i) \quad i = 1, 2, \cdots, q \quad (13-27)$$

当系统备件品种数 $q\geqslant 100$ 时,可以用自下而上的综合法,即用各部件的可用度 A_{o_i}($i=1, 2, \cdots, q$;q 为系统备件品种数)综合求出系统的使用可用度 A_o。

例 13.12 假定某装备的使用方案为连续工作,要求 $A_\mathrm{o}\geqslant 0.98$,论证中暂定装备的 $MTBF(T_\mathrm{BF})$ 为 600 h,$MTTR(\overline{M}_\mathrm{ct})$ 为 1 h。按备件供应点布局,从基层级提出备件需求至备件抵达基层级的平均供应反应时间 $MSRT(T_\mathrm{SR})$ 为 100 h。试求在此使用方案下,需要多大的备件满足率 P 才能保证 $A_\mathrm{o}\geqslant 0.98$。

解: 将已知数据代入式(13-23),得到

$$P = 0.95$$

将 $P=0.95$ 作为暂定值。

如果按此 P 值估算各备件费用大于给定备件费用约束值,且可靠性、可维修性设计尚有改进余地,可以通过适当提高 $MTBF$ 等方法降低对 P 的要求。

如果按此 P 值估算各备件费用小于给定备件费用约束值,也可以适当提高 P 值,以获得更高的 A_o 值。

(3) 备件满足率 P 的确定方法之二——工程经验法。

备件满足率 P 对使用可用度 A_o 的影响趋势为:

① 固定 A_o 和 $MTBF$、$MTTR$,若 $MSRT$ 增长,就要求备件满足率 P 大些;

② 固定 A_o 和 $MSRT$,若 $MTBF$ 增长、$MTTR$ 缩短,备件满足率 P 就可以小一些,反之亦然。

从国内外装备实例来看,备件满足率一般在 0.9~0.99 之间。

在已知条件不足,难以公式计算 P 值或希望直接推荐 P 值时,可根据工程经验和目前装备可靠性水平,暂定 P 值为 0.9。然后随着研制工作的开展逐步修正 P 值,以求达到更换的备件保障效果。

13.5　人因可靠性分析

人因可靠性是指操作人员在执行操作任务时,能完成指定执行任务时的能力。人因可靠性分析(human reliability analysis,HRA)是以人因工程、系统分析、认知科学、概率统计、行为科学等诸多学科为理论基础,以对人的可靠性进行定性与定量分析和评价为中心内容,以分析、预测、减少与预防人的失误为研究目标的一门学科。人因可靠性与人因失误是矛盾的对立统一体,人因可靠性是指人对于系统的可靠性或可用性而言所必须完成的那些活动的成功概率;人的失误则是从系统的不期望后果(例如绩效的退化、安全性的丧失、费用的增长等)角度来定义的。

任何人-机系统都必须由人来操纵控制,自动设备也不例外,只不过人的操纵活动少一些,但却是至关重要的。因此,人-机系统的可靠度 R_S 是由机器的可靠度 R_M 与人的操作可靠度 R_H 组成,并可简化为串联系统,即

$$R_S = R_M \cdot R_H \qquad\qquad (13-28)$$

式中:R_H 是操作者在确定环境条件下能够无差错地完成规定动作的能力,即操作人员可靠度。随着系统设计水平和工艺水平的不断提高,使得机器系统的可靠性 R_M 有了很大提高,与之相对应,人的操作可靠性 R_H 问题就越来越突出了。

由式(13-28)可知,提高人-机系统的可靠性包括两个方面:提高设备的可靠性和提高人的操作可靠性。实现人、机、环境之间的最佳匹配,使在确定环境条件下的操作人员能高效地、安全地、健康和舒适地进行工作与生活,是人-机系统设计中追求的目标。

13.5.1　人因失误理论

人因失误指人不能精确地、恰当地、充分地、可接受地完成其所规定的绩效标准范围内的任务。对于导致人因失误的原因,可从人和系统两个方面来进行分析。

(1) 人的主观原因。从操作者的角度看,人在进行生产劳动中,通常都经历三个阶段:即感觉阶段,识别判断阶段和行动操作阶段。在这三个阶段中,S(感觉)—O(思维)—R(动作)所需要的时间长短不一,如这三个阶段都进展顺利,即感觉正常、判断准确、动作无误,则整个任务过程效果良好;如出现接受信息不清、思维判断失误或操作动作失误等现象,则出现执行任务的失误,人因失误是由这三类因素综合作用引起的。

(2) 系统的客观原因。从系统的角度认为人因失误的原因是由于人的心理、生理、管理决策、社会环境以及人机界面设计不协调等多方面所致。其中,人的生理方面的原因是指人的各种能力的限度,包括人的知觉、感觉、反应速度、体力等;人的心理方面的原因是指人的气质、性格和情绪、注意力等;管理决策方面是指不合理的作业时间、作业计划、操作规程、人员匹配的不合理等因素;社会环境的原因包括物理环境和人际关系环境;人机界面方面是指人机功能匹配不当、工程设计上的不合理,易诱导误操作等等。

由于人的任务执行能力本身也属于一种意识行为,所以人因失误在一定环境条件下是

不可避免的。在执行任务时,人因失误有以下几个特点:

① 人的失误的重复性。人的失误常常会在不同甚至相同条件下重复出现,其根本原因是人的能力与外界需求的不匹配性。此外,人的失误不可能完全消除,但可以通过有效手段尽可能地避免。

② 人的失误行为往往是情景环境驱使的。人在系统中的任何活动都离不开当时的情景环境。各种环境问题的联合效应会诱发人的失误行为并造成重大的失误。

③ 人的行为的固有可变性。人的行为的固有可变性是人的一种特性,人在不借助外力情况下不可能用完全相同的方式(指准确性、精确度等)重复完成一项任务,起伏太大的变化会造成绩效的随机波动而足以产生失效。

④ 人失误纠正能力。操作者作为一个相对高度完美的自适应、自学习反馈系统,它具有一定的自我纠正能力。它包括对感知差错进行纠正或部分纠正的能力、判断决策修正能力和操作动作修正能力。

⑤ 人具有学习的能力。人能够通过不断的学习从而改进其工作绩效,而机器一般无法做到这一点。在执行任务过程中适应环境和进行学习是人的重要行为特征,但学习的效果又受到多种因素的影响,如动机、态度、个人禀赋等。

分析人的操作失误,可找出影响人失误的各种关键因素,并将这些因素进行定性分析。对人的认识、判断、行动过程中产生(不利)影响的物理的、精神的(或外部的、内部的)因素定义为行为形成因子。在人-机系统中,行为形成因子包括:环境因素;工作任务说明书;设备和任务状况;人员心理因素;人员的身体条件;人员的组织和训练情况因素等六个方面,如表 13 - 15 所示。

表 13 - 15　行为因子因素

人员行为因素	相 关 内 容
环境因素	工作场所、质量环境、工作和休息时间、工具设备的可用性与适用性、工作分配要发挥个人长处与爱好、使工作人员充满工作的兴趣与热情、组织结构、权威性机构、责任和情况交流、行政管理活动、报酬、赏识和利益
工作任务说明书	对于人的工作任务执行必须事先计划好一个程序或说明书,注意事项必须是分门别类、格式清楚合理
设备和任务状况	设备的要求(速度、精度、能力)、控制和操作的局限性、人员的兴趣和活力、任务的复杂程度、操作的重复性人员之间的协调
人员心理因素	任务的突发性、高风险操作、应对措施的失败、应对异常的困难程度等
人员的身体条件	工作强度、紧张情况、人员工作时间的长短、干渴和饥饿、温度、放射性条件、缺氧、振动环境、健康状况
人员的组织和训练情况	个人的经验、学历、技能、性格、知识水平

13.5.2　人因可靠性定性分析

由于影响人失误的因素甚多、随机性强,对于人因可靠性需要从定性和定量两个方面进行分析。应用人因失误树是一种有效的定性分析方法。

人因失误树,是指将人因失误行为因子作为基本事件,将人的操作失误与特定的系统失误联系起来的一种逻辑树。人因失误树的建立过程如下:

首先,对人执行的任务进行流程分析和失误模式分析,以人的执行任务失败作为起始端,找出导致执行任务失败的直接原因(如操作者的操作失误,或某种先决条件不满足等等),并分析它们与任务失败之间的逻辑关系(如"同时发生才导致任务失败","只要有一个发生就导致任务失败"等),这是第一层;进一步找出构成第一层事件的原因,列出它们之间的逻辑关系,这是第二层;依次类推,一层一层地分析下去,直到找到最基本的原因为止。这些最基本的原因就是人的决策失误的底事件。本着以人的因素为主导的观点出发,将底事件全部划归为人的某种形式的失误,即上述人的简单决策模型中的三种失误模式之一。

在建立人因失误树过程中,应将人因失误模式进行具体化。例如,接收信息失误可以表现为"某仪表数据读错";决策失误可以表现为"对某类信息缺乏或不能及时反应";操作失误可以表现为"某旋钮未旋到正确位置"等。为了在建立人因失误树过程中毫无遗漏的将可能出现的人因失误因素全部包含,必须在建树前详细分析整个决策过程,并对其作具体的失误模式分析,将各种失误模式罗列出来供建树时使用。

然而,试图建立一个统一的包含其所有任务的人-机系统可靠性模型是不切实际的。因此,需要对人的每种任务建立决策树模型,由此获得人的各个任务可靠度。根据功能特点,将人-机系统划分为一些相互独立的工作区,并对每一个确定的区域进行人的可靠性分析,并将其综合起来,即可获得整个人-机系统的人可靠性。

13.5.3　人因可靠性定量分析

对人-机系统而言,决策者和设计者最关心的是在规定的时间、规定的条件下完成任务的能力,以及该系统能够投入任务的能力,也就是任务可靠度和固有可用度。其中,人的可靠性最终可通过一定的可靠性指标来体现,即可靠性参数的量化。

1) 人因失误的数学分析

对于人因失误的数学分析,可参考可靠性理论的一般原理,定义在一般条件下,理想操作人员在连续工作条件下的可靠性,以 $R_H(t)$ 表示人的操作可靠度,则有

$$R_H(t) = e^{-\int_0^t e(t)dt} \tag{13-29}$$

式中:$e(t)$ 为人的瞬时差错率;t 为工作时间。

在人的操作可靠性分析中,考虑到人的学习曲线理论可知:$\lambda(t) = \lambda_0 e^{-st}$,其中,$\lambda_0$ 为人的初始失误率;s 是常数,两者都与环境因素有关。由此,人的失误概率密度函数可近似表达为

$$f_h(t) = \lambda_0 e^{-st} \exp(-\lambda_0 e^{-st}t) \tag{13-30}$$

此时,人的操作可靠度为 $R(t)$ 可表达为

$$R(t) = 1 - F(t) = 1 - \int_0^t f_h(t)\mathrm{d}t \qquad (13-31)$$

显然,对于人的执行任务模型中的任意一种失误模式,其不可靠度函数都可用式(13-31)来近似表达。在求得了确定环境条件下,操作人员的接收信息、决策判断和操作的可靠度随时间的分布函数以后,由式(13-31)可求得任意时刻人的操作可靠度。

2) 人因可靠性参数

为了进行人操作可靠性的数值计算,需要先获得各操作行为因子中各参数的数值。当人为失误引发的人-机系统故障、失效或事故的样本案例很大时,可以近似地把感知、判断决策、操作差错等失误引发的人-机系统故障、失效或事故的百分比率看作操作者各阶段的失误率。

3) 纠正能力系数

人是具有一定的纠正能力的,该能力存在与操作的三个阶段。由于感知、判断决策、动作间的相关性,使操作者在判断决策、动作阶段的自我纠正能力可以通过感知、判断决策阶段完成。

由于人机系统中操作者的行为具有相关性的特征,且受行为形成主因子的制约,所以感知、判断决策、动作阶段的纠正能力就应为上述两部分纠正能力之和。

13.5.4　人因可靠性分析示例

本节以船舶电站操控系统为例,进一步对人因工程进行阐述。

船舶电站操控系统是由舱室、机电控制设备和操作艇员所组成。在整个系统中,操作艇员处于主导地位,任何任务都是通过艇员去感知和操纵相关设备来完成的,而舱室的布置对艇员的操作行为有着重要的影响,是人员操纵的对象。对于操作人员的操作可靠性方面的研究,通过引用人因工程的方法可解决操作可靠性的定量分析问题,获得定量分析人-机系统的任务可靠度。

1) 舱室任务分析

如上所述,采用船舶电站操控系统的总体任务可靠度为参数来进行人因可靠性分析,计算总体任务可靠度之前,需要对整个船舶电站操控系统的所有任务进行分解,建立相应的人的决策失误树,以获取单个任务可靠度,为计算总体任务可靠度奠定基础。

通过对船舶使用单位的实地调查研究,归纳出在船舶电站操控系统内,典型的需要操作的主要任务如下:系统自动起动、系统手动起动、系统停止等任务。由于在这些确定的任务全属于复杂决策任务,因此,需对这些任务建立决策失误树并计算任务可靠度。

2) 人因失误模式分析

如同构造系统设备的故障树一样,在建立人的决策失误树之前,首先要进行决策流程分析和人失误模式分析,下面针对三个任务逐一进行说明。

(1) 系统自动起动。其失误模式分析如表13-16所示。

(2) 系统手动起动。其失误模式分析如表13-17所示。

(3) 系统停止。其失误模式分析如表13-18所示。

表 13‐16　系统自动起动失误模式分析

模式代码	失误模式类别	模式代码	失误模式类别
模式 1	未收到命令	模式 7	集控室未取得控制权
模式 2	未将系统接通	模式 8	系统起动按钮按错
模式 3	未监测到系统起动自检中的故障	模式 9	未监测到系统起动中的故障
模式 4	未按试验按钮	模式 10	未应答报警
模式 5	未按系统复位按钮	模式 11	系统运行状态查错
模式 6	未将操作方式选为自动方式		

表 13‐17　系统手动起动失误模式分析

模式代码	失误模式类别	模式代码	失误模式类别
模式 1	未收到命令	模式 8	系统起动条件未满足
模式 2	未将系统接通	模式 9	系统起动按钮按错
模式 3	未监测到系统起动自检中的故障	模式 10	系统起动按钮提前松开
模式 4	未按试验按钮	模式 11	未监测到系统起动中的故障
模式 5	未按系统复位按钮	模式 12	未应答报警
模式 6	未将操作方式选为手动方式	模式 13	系统运行状态查错
模式 7	集控室未取得控制权		

表 13‐18　系统停止失误模式分析

·	失误模式类别	·	失误模式类别
模式 1	未收到命令	模式 5	系统停止条件未满足
模式 2	集控室未取得控制权	模式 6	系统停止按钮按错
模式 3	未监测到系统起动自检中的故障	模式 7	未监测到系统停止中的故障
模式 4	未将操作方式选为手动方式	模式 8	未应答报警

对于表 13‐16～表 13‐18 中所描述的人的操作失误模式,将其分别定义的决策失误模式中的一类,并进一步细分为人的视觉系统失误、听觉系统失误、判断决策失误和操作失误等,即可获得每个决策任务的底事件,最终可构造出人操作失误树。

3) 人因失误树(HFT)的构造

通过对表 13‐16～表 13‐18 的分析,确定人在舱室内进行操作时的失误主要因素。在定义各失误底事件以后,通过运用故障树原理,针对各个人因失误原因建立相应的树形逻辑图,为进行人因可靠性数值仿真计算提供准备。

在分析各人因失误模式的基础上,对各人因失误事件按一定的顺序进行连接,把失误模式定义为底事件,把该任务失误定义为顶事件,将这些事件用逻辑门连接起来,即可建立人操作失误树,如图 13‐18～图 13‐20 所示。

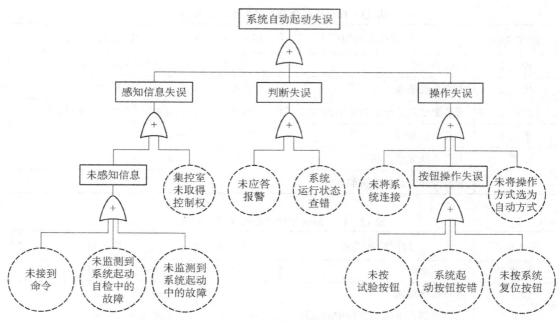

图 13 - 18　系统自动启动失误树

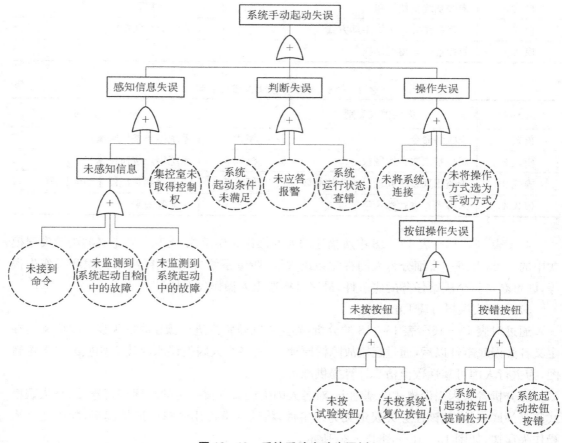

图 13 - 19　系统手动启动失误树

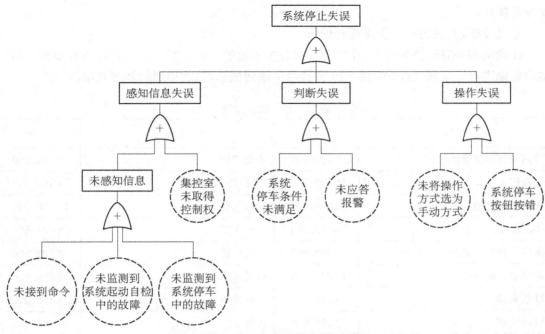

图 13-20　系统停止失误树图

4）人因失误数据的获得

由于目前对人本身的许多生理机理尚未完全明了，对于受环境因素影响的人失误的规律更加模糊。因此，对于人的失误参数主要是通过试验的手段来获取。

进行操作模拟试验是获取人因失误参数最直接有效的途径，为方便试验，选取舱室模拟操作台作为操作对象，操作台的布置如图 13-21 所示。

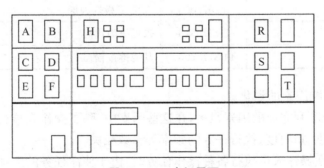

图 13-21　人机界面

在进行操作台试验过程中，为方便分析和对比，对该操作台的人机界面做出了如下几点假设：

（1）同一块面板上的按钮其按错的概率是相同的。

（2）同一块面板上的按钮其未按的概率是相同的。

（3）同一块面板上的灯看错的概率是相同的。

（4）H 板上 H021～H023 三个按钮的操作方式独特，因此关于这三个按钮的操作失误要分开统计。

通过分析，上述的几个假设是合理的。

在确定的外界环境条件下，在实验模拟台按确定的实验方案进行人操作失误试验，并将实验数据进行记录和统计，表 13 - 19 为通过一系列试验后，收集到的基础数据。

表 13 - 19　试验数据

失　误　模　式	$1/\lambda$ 值	失　误　模　式	$1/\lambda$ 值
等离子显示屏观测失误	8 400.000	R 板按错	13 396.250
未收到命令	14 400.000	S 板灯闪烁未见	4 189.500
未将系统接通	14 400.000	A 板按错	10 500.000
B 板未按	10 333.750	C 板未按	6 086.500
未见 B 板灯闪烁	14 400.000 00	C 板按错	8 703.800
未移动控制手柄	10 279.888	D 板未按	8 527.166
H 板未按	9 032.800	D 板按错	4 438.000
H 板按错	12 196.800	E 板按错	11 102.000
H 板初始条件看错	9 502.324	E 板未按	12 149.666
H021～H023 操作失误	7 853.300	未见 A 板灯闪烁	8 822.423
H 板灯闪烁未见	7 560.608	未见 C 板灯闪烁	11 822.257
仪表读错	7 246.399	未见 D 板灯闪烁	9 873.200
F 板未按	14 282.800	未见 E 板灯闪烁	10 046.992
F 板按错	10 502.333	未见 F 板灯闪烁	14 400.000
T 板按错	5 397.000	未见 T 板灯闪烁	10 710.000
T 板看错	12 747.518	未见故障代码	10 066.723
R 板初始条件看错	14 317.800	其他键按错	13 136.812

5）人因失误影响因素的量化

影响人-机系统顺利完成的因素很多，在这些因素中，除了操作人员自身的原因外，还与执行的任务复杂程度、重要度、执行任务的频率等参数相关。

复杂度因子。在操作人员执行各种操作任务时，由于使命任务的多样性，使得各任务的复杂度是不一样的。对于任务复杂度的量化分析，一般采用的是专家评分法，评分的方法是将复杂度评分为定义为 1～10 分。复杂度高的单元，评高分；反之，评低分。

重要度因子。重要度表明执行某项操作动作在总体任务中的重要程度。重要度因子的大小可依据操作动作在总体任务中的重要性而定，表明该操作动作失效时将影响整个总体任务失效的程度。重要度因子由以下两个方面权衡：一是对于确定的任务失效对总体任务可靠性的影响；二是确定的任务失效对总体安全性的影响。对于重要度高的操作任务，应该评以较高的分数，并分配较高的可靠性指标；反之，应该评较低的分数，分配较低的可靠性指标。

执行任务的频率。通常情况下,在进行操作任务的影响分析中,实施操作任务的时间长短的频率问题是一个重要的影响因素。

6) 模型仿真计算

运用相应的计算公式或计算软件可以很方便地完成相应的可靠性计算。为了便于计算,每一个任务决策树的原始数据都采用数据文件的形式输入,一个任务对应一个数据文件,因此在计算软件包的顶端编制了一段数据文件检查和预处理程序。

利用试验和专家打分所获得的基础数据,针对每个任务编制相应的数据文件,然后调用计算软件包可方便的求出系统的失误概率。其中,数据文件内容略。

通过计算机仿真软件计算,在舱室执行任务时,人因可靠性分析结果如下:

(1) 在确定的各项任务中,人的可靠度分别为

$$p_1 = 0.993\,5;\ p_2 = 0.980\,2;\ p_3 = 0.986\,0$$

(2) 总的人的任务可靠度为

$$\mu = 0.960\,2$$

7) 舱室布置定量评价

针对上述问题,就人因工程的角度,提出如下改进建议:

(1) 简化面板报警形式。由于报警灯分布过于分散,几乎遍及人的整个视觉区域,使人在搜索报警信息时,容易出现漏看、错看,且人眼也容易出现疲劳。

(2) 提高界面的交互性。即:在上一步操作完成之后,应以一定的形式提示操作者下一步的操作该如何执行。

(3) 在取消大量报警灯的前提下,可尽量往人的视觉中心处安排各面板和信息显示设备。

(4) 专门划出初始条件按钮区。即把满足初始条件时需亮的灯和按钮尽可能集中安排在有一定形状的区域内。

(5) 对需要精确读数的仪表,建议采用数字式仪表;对着重于显示趋势的仪表,建议采用模拟量表。

(6) 对需要同时按下的按钮,应加联动装置,以保证同步性。

14

泛可靠性试验与评价

可靠性试验是为了解、评价、分析和提高产品的可靠性而进行的各种试验的总称,是对产品进行可靠性调查、分析和评价的一种手段,其目的是发现产品在设计、材料和工艺等方面的各种缺陷,经分析和改进,使产品可靠性逐步得到增长,最终达到预定的可靠性水平;为改善产品的战备完好性、提高任务成功率、减少维修保障费用提供信息;确认是否符合规定的可靠性定量要求。

14.1 可靠性试验概述

对于生产者来说,在装备的建造过程中所使用的设备及零部件的可靠性是否合格,单凭纸面文章是说不过去的。装备建造后合不合格,也要用数据来说话。这些数据的来源就是可靠性试验。

可靠性试验可以在现场进行,也可以在实验室进行。

在现场进行的可靠性试验一般称作现场试验。现场试验所指的现场应是产品使用的现场。因而,试验时必须记录下现场的环境条件、维修以及测量等各种因素的影响。其优点在于:

(1) 能真实地反映产品的使用可靠性。

(2) 试验费用较为节省。

(3) 可以得到较多的故障数据。

(4) 当实验室试验不易或不可能时,它提供了一种试验方法,可为改进设计提供依据。

但是,现场试验对产品的可靠性保证也有许多不便的地方。其主要缺点在于:

(1) 可靠性信息反馈较迟,使得提出和实施改进措施都较为困难。

(2) 需要较严格的管理制度,以记录故障时间、现场的环境条件以及维修和测量等各种因素的影响。

(3) 在实际使用中难以完全控制现场环境条件、应力条件以及使用强度等因素,这可能使得统计分析变得复杂化。

在实验室进行的试验称为实验室试验,它是在规定的受控条件下进行的试验。实验室试验可以模拟现场条件,也可以不模拟现场条件。大多数产品的工作条件是不同的,而且这些环境条件十分复杂。产品在不同的环境条件下会显示出不同的可靠性,但也不可能针对每种环境条件分别建立起实验室与使用现场之间的直接关系。在一般情况下,实验室试验应该以各种已知方式与产品的实际使用环境建立起相互关系,以便试验后得到所需的各种信息。实验室试验的优点在于:

(1) 可以人为地控制环境条件、应力条件等因素,并可进行严格的试验设计。因而可以得到较为满意的结果,统计处理也较方便。

(2) 可以用加速试验的方法获得较多的故障数据。

(3) 可以用以提高和保证研制和生产阶段中产品的固有可靠性。

实验室试验的主要缺点在于由于模拟现场环境的条件限制,所得到的可靠性值可能与实际的使用可靠性有较大差异。

有价值的分析、评价应该是及时的。现场可靠性试验往往难以做到这一点。例如,把若干台设备置于现场使用,直到用坏为止。忠实地记录故障情况后才能确切地评价其可靠性。但是,此时要想采取一些改进措施来提高设备的可靠性已经不可能了。而在此之前,人们不能确切了解该设备的可靠性。但是应当看到,当设备规模庞大,在实验室内不易或不可能进行其可靠性试验时,其样机及小批产品的现场可靠性试验(包括验证试验)就具有特别重要的意义。

应当指出的是,现场试验在结合用户使用时进行时,则具有子样多、费用少、环境真实等特点。但存在着环境的典型性、数据测量的准确性和记录的完整性等方面的问题。这些问题在不同程度上会影响到试验结果的精度。

实验室试验可以大大地改善这种情况。通过一定方式的模拟试验,可在产品的研制阶段或寿命初期对其可靠性有一定程度的了解。虽然这种了解的确切性较差,但还有机会做些工作来改进产品投入使用后的可靠性。因此,在产品的设计、研制和生产的各个阶段都可以通过可靠性试验来加深对其可靠性的了解,并作为改进产品可靠性所采取措施的依据。

按试验性质分,可靠性试验又可分为可靠性工程试验和可靠性统计试验(见图 14-1)。

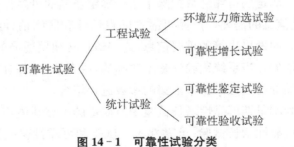

图 14-1 可靠性试验分类

可靠性工程试验包括环境应力筛选试验和可靠性增长试验,其目的是暴露故障并加以排除,以提高产品的可靠性。可靠性统计试验包括可靠性测定试验、可靠性鉴定试验和可靠性验收试验,其目的是评定产品的可靠性。

试验工作的重点应放在早期的可靠性工程试验上。可靠性鉴定试验和可靠性验收试验作为订购方对承制方可靠性工作的控制,起到最后把关的作用。因而,这两项也是不容忽视的。

在产品的开发过程中,产品的可靠性试验应尽可能与产品的性能试验、环境应力试验和耐久性试验结合在一起进行,这样可以避免重复试验,并保证不漏掉那些在单独进行的试验中经常忽视的缺陷。从而达到提高效率、节省经费的目的。

产品的性能试验应在产品的样机制造出来后立即进行。这样,在性能试验中所暴露出来的产品缺陷才可能作为改进产品所采取的措施的直接依据。

在可靠性试验中,环境应力的种类应根据实际情况进行综合。试验中所用的环境试验条件以及它随时间的变化应能代表受试产品的使用现场和任务环境。如果采用综合环境试验条件,则所规定的各种应力应按规定应力的等级和变化率进行组合。

在试验中所考虑的环境应力至少应包括热应力、湿度应力和冲击振动应力。在考虑电应力时,应了解产品的工作模式和操作运行周期,输入电压的变化范围应高于合同规定的最高值,并低于合同规定的最低值。热应力剖面应是对产品在现场使用中所要经受的实际热应力的真实模拟。湿度应力和冲击振动应力也应该覆盖合同所规定的范围。通常,试验的真实性低往往是由于忽视了有关应力或是由于对应力类型的定义不完整而造成的。例如,不施加振动应力,很难找到由于振动所造成的故障模式。建立真实的试验条件和程序需要了解整个寿命剖面,而这种了解应以相似产品所经历的实际应力的测定为基础。如果试验的目的在于暴露缺陷、即使所施加的应力高于使用时的应力也是合适的。但是要注意过应力或应力不足都可能造成估计上的差错,以致对试验结果不能做出合适与否的结论。

可靠性鉴定试验和可靠性验收试验在条件许可及考虑费用效益的前提下,应尽可能或有重点地模拟产品的寿命剖面。而模拟寿命剖面的试验又可分为高精度模拟和低精度模拟两种。高精度模拟是把产品置于与实际使用条件相同的模拟环境中,这是一种理想的模拟环境。由于高精度模拟的费用较高,一般情况下很少使用,而是以低精度模拟为主。

在可靠性试验中所测定的可靠性数据除了用于确定产品的可靠性是否满足定量要求之外,还应满足各种管理信息的需要。产品可靠性的点估计和区间估计测定值是承制方和订购方在寿命周期费用方面做出决策的重要信息,这些信息必须用适当的计量单位来表达,并以真实的试验结果为依据。当系统级验证是不实际的,或者效果很差的情况下,系统级的估计值必须从下层次产品的可靠性试验中汇集的参数进行综合。

环境应力筛选试验和早期可靠性增长试验中所测得的可靠性值不一定能代表实际的使用可靠性值。而后期可靠性增长试验、可靠性鉴定试验和可靠性验收试验都比较接近实际情况,所有有关的试验数据都能用于估计作战效能及用户费用。只有按合同规定所进行的可靠性鉴定试验和可靠性验收试验才能用来确定产品是否符合合同规定的定量要求。

在产品研制过程中的可靠性试验都应按照一个事先制订好的可靠性试验计划来进行。制订一个综合的可靠性试验计划一般应包括以下几个方面内容:

(1)确定产品的可靠性要求。

（2）规定可靠性试验条件。

（3）规定可靠性试验进度计划。

（4）拟定详细的可靠性试验方案。

（5）制定详细的试验操作程序。

（6）受试产品说明及性能监测要求。

（7）试验设备及仪器要求。

（8）可靠性数据的处理方法。

（9）试验报告的内容。

可靠性试验的费用及计划安排应保证可靠性大纲的效果和效益。为保证研制工作的进度以及避免追加费用，试验工作的重点应放在工程试验方面。

14.2　环境应力筛选试验

产品的可靠性取决于产品的可靠性设计。但是，在产品的制造过程中，由于人为因素或原材料、元器件、工艺条件和设备条件的波动影响，最终制造出来的产品不可能全都达到预期的固有可靠性水平。即产品在制造过程中遗留下来的各种潜在的缺陷使得产品出现早期失效。可靠性筛选试验的目的是通过建立和实施环境应力筛选程序，发现和排除由于不良零部件、元器件，工艺缺陷和其他原因所造成的早期失效。

通过在可靠性筛选试验中施加各种有效的应力，剔除产品的早期失效，剩下的产品的平均寿命比筛选前所有产品的平均寿命要高。但这并不意味着可靠性筛选试验可以提高产品的固有可靠性。因为产品的各种可能的故障机理在产品生产出来后就已经定型了。然而，可靠性筛选试验确实可以提高产品的使用可靠性。在正常情况下，筛选可以使产品的失效率降低半个或一个数量级，有时甚至可以达到两个数量级。

1）环境应力筛选试验分类

按筛选的性质分，环境应力筛选试验可以分为：

（1）检查性筛选：显微检查筛选，红外线无损检查筛选或射线无损检查筛选。

（2）密封性筛选：浸液检漏筛选，氦质谱检漏筛选，放射性示踪检漏筛选，湿度试验筛选。

（3）环境应力筛选：冲击、振动、离心加速度筛选，温度冲击筛选。

按生产过程分，环境应力筛选试验可以分为：

（1）生产线工艺筛选。

（2）成品筛选。

（3）装调筛选（即用模拟整机使用状态的筛选装置进行动态筛选）。

按筛选的复杂程度分，环境应力筛选试验又可分为：

（1）分布截尾筛选，即对产品的参数性能进行分选。

（2）应力强度筛选，即对产品施加一定强度的应力后进行测量分选。

（3）线性鉴别筛选。类似于老化筛选，但是要运用数理统计技术进行判别。

（4）精密筛选，即在接近产品的使用条件下进行长期老化，并多次精确地测量参数变化量进行挑选和预测。

2）筛选方法

具体的筛选方法有许多，各种方法有其独有的特征和功用。常用的筛选方法及其效果为：

（1）高温储存。电子元器件的失效大多是由于体内和表面的各种物理、化学变化而引起的，与温度有着密切的联系。温度升高以后，化学反应速度大大加快，失效过程也随之加快。这使得有缺陷的元器件能及时暴露出来，并能及时被剔除。高温筛选现已广泛地应用于电子元器件的筛选上，它能有效地剔除表面有沾污、接合不良或氧化层有缺陷的元器件。它简单易行，费用不大，而且通过高温储存可以使元器件的参数性能稳定下来。

（2）功率老化。功率老化又称电老化或电老炼。筛选时在热电应力的共同作用下能较好地暴露元器件表面和体内的潜在缺陷，因而，它是可靠性筛选的主要项目。但是，功率老化需要专门的试验设备，费用较高，故筛选时间不宜过长。

（3）温度循环。产品在使用过程中往往会遇到许多不同的温度条件。在温度条件发生变化时，由于热胀冷缩的影响，内部热匹配性能不好的元器件将会产生失效。温度循环筛选利用了极端高温和极端低温间的热胀冷缩应力，能有效地剔除含有热性能缺陷的产品。温度变化范围应大于产品实际使用的环境温度变化范围，循环次数一般在 5～10 次。

（4）离心加速度试验。离心加速度试验又称恒定加速度试验。当试件高速旋转时，作用于试件上的离心力可以帮助剔除接合强度过弱、内引线匹配不良以及装配不良的产品。

（5）粗细检漏。粗细检漏又称气密性试验，通常在半导体器件和其他有气密性要求的产品上进行，用以剔除气密性不好的产品，以保证产品在长期使用中的可靠性。粗检漏通常用氟碳化合物气泡法，不加压时检漏灵敏度为 10^{-3} atm·cm³/s。加压时检漏灵敏度为 10^{-5} atm·cm³/s。细检漏可以用氦质谱仪法或放射性示踪元素法，氦质谱仪的检漏灵敏度为 10^{-5} atm·cm³/s。放射性示踪元素法的检漏灵敏度还可以提高几个数量级，但要解决完全防护问题。

（6）镜检。产品在封装以前用显微镜检查称为镜检，对于半导体元器件来说，这是一项重要的无损探伤手段。通过镜检可以发现除体内缺陷以外几乎所有的工艺过程中的潜在缺陷，包括管芯中异物、键合缺陷、组装缺陷、氧化光刻缺陷和金属氧化层缺陷等。

（7）监控振动和冲击试验。在对产品进行冲击振动试验的同时监督电性能称为监控振动试验或监控冲击试验。这项试验能模拟产品使用过程中的振动、冲击环境，有效地剔除瞬时短路、断路等机械不良的元器件以及整机中的虚焊等故障。在高可靠性继电器和接插件中是一项重要的筛选项目。

（8）精密筛选。精密筛选试验技术是在研制海缆系统增音机用高可靠晶体管中发展起来的一项新的筛选技术。通过精密筛选可以保证元器件在 20 年连续工作中参数漂移不超过规定的指标。精密筛选通常在略高于现场使用条件的应力条件下进行 3 000～5 000 h 的电老化，周期较长，且需要专门的仪器设备，因而费用昂贵。

理想的筛选方案应能不错地筛选一个产品，即不应将本来是合格的产品误认为是有早

期失效缺陷的产品,也不应将早期失效产品误认为是合格产品。评价筛选效果的参数是筛选效果系数 β,为

$$\beta = \frac{\lambda_N - \lambda_A}{\lambda_N} \times 100\% \qquad (14-1)$$

式中:λ_N 是筛选前产品失效率;λ_A 是筛选后产品失效率。

β 越大,说明筛选效果越好。

3) 环境应力筛选试验注意事项

在进行环境应力筛选试验时应该注意以下几点:

(1) 筛选试验是一项百分之百的检验程序。在筛选之前,产品的参数性能一般都是合格的,只有在对产品施加了某种(或多种)应力或采用了特殊的检查方法之后,才能发现并剔除有隐患的早期失效产品。

(2) 环境应力筛选试验的设计应能使之激发出由于设计、制造的某些缺陷而产生的潜在故障。所施加的环境应力不必完全模拟产品规定的寿命周期剖面、任务剖面和环境剖面,但必须模拟在规定条件下的各种工作模式。

(3) 筛选试验可以视具体情况使用各种环境应力,如热冲击、温度循环、机械冲击、随机振动和离心加速度等。但在一般情况下,若订购方没有特殊要求,则主要使用随机振动和温度循环两种应力。

(4) 筛选试验不应充当验收试验。对提交的有可靠性指标的设备和元器件,在筛选试验中发生的故障不能作为接收和拒收产品的判决依据,但要作记录分析,必要时应采取适当的修复措施将产品恢复到发生故障前的状态。

(5) 如果希望在订购合同中对环境应力筛选试验有所要求,则可按实际情况考虑以下内容:①试验程序。②环境应力类型。③应力剖面选择。④试验时间或循环次数。⑤振动试验中的安装要求及每个方位的振动时间。⑥环境应力筛选前后及进行过程中对性能测量的要求。⑦对交付数据的要求等等。

下面是一个电子设备的可靠性筛选试验的例子。电子设备的筛选一般采用温度变化加振动循环的方法。本产品的筛选方案如图 14-2 所示。

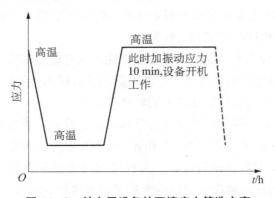

图 14-2　某电子设备的环境应力筛选方案

温度：高温　＋49～＋74℃；

　　　　一般　＋55℃；

　　　　低温　0～－55℃；

　　　　一般　－54℃。

温度变化率为 0.5～22℃/min，变化率越大筛选效果越好。

振动：若仅一个方向，则 10 min。

若不止一个方向，则每个方向 5 min。

应力方式：可以是正弦定额或正弦扫描，但随机振动效果好。

循环次数：设备不同，循环次数也不同。表 14-1 列出了各种复杂设备所需的循环次数。

表 14-1　不同设备的筛选试验所需循环次数

设备类型	电子元器件数	所需循环次数	设备类型	电子元器件数	所需循环次数
简单型	$n \leqslant 100$	1	复杂型	$500 < n \leqslant 2\,000$	6
中等复杂	$100 < n \leqslant 500$	3	超复杂型	$2\,000 < n \leqslant 4\,000$	10

14.3　可靠性增长试验

可靠性增长试验在产品的研制阶段中进行，其目的在于通过试验分析，及时采取有效的措施消除潜在的故障可能性，及早解决大多数可靠性问题，从而提高产品的固有可靠性。

在船舶和其装备的研制过程中，其可靠性不是一成不变的。根据国内外的经验，对新研制的设备而言，可靠性的初始值只能达到固有的或预测的可靠性的 10%～40%。通过实施科学的可靠性增长计划才能最终使产品的可靠性达到预期的固有值。

可靠性增长是在产品的研制过程中通过一系列试验来达到以下目的：

（1）通过试验所获得的数据取得产品有关可靠性水平的资料。

（2）通过故障分析，暴露产品的设计与制造缺陷，并获得消除这些缺陷的方法。

（3）通过当前产品的可靠性水平预测未来某一时间之后的可靠性水平或要达到规定的可靠性水平所需要的累积试验时间和工作量。

可靠性增长试验本身并不能提高产品的可靠性。只有通过试验、分析，提出并实施改进措施，才能实现研制过程中产品可靠性水平的不断增长。国内外经验表明，几乎没有不经可靠性增长试验就能达到规定的可靠性水平的新产品。

可靠性增长试验也是一种保证可靠性的管理方法。首先它通过对试验中暴露出的故障模式进行分析，提出纠正的方案，及时修正和评审 FMEA 或 FMECA 报告。再后及时进行信息反馈和再设计，重新制造并进行试验。这样构成闭式循环直至达到所希望的可靠性水平。显然，可靠性增长的速度取决于完成这个步骤的速度和成效，尤其是取决于纠正措施的准确性和解决已暴露问题的完善程度。

1) 可靠性增长计划

为了保证整个研制阶段及各个分阶段的可靠性增长的实现,承制方应制定一个可行的可靠性增长计划,其内容包括:

(1) 试验的目的和要求。

(2) 受试产品和每台产品应承受的试验项目。

(3) 试验条件、环境、使用状况、性能和工作周期。

(4) 试验进度安排。

(5) 试验装置、设备的说明及要求。

(6) 改进设计所需的工作时间和资源要求。

(7) 数据的收集和记录要求。

(8) 故障报告、分析及纠正措施。

(9) 试验产品的最后处理。

有时,可靠性增长计划需经订购方认可,但这些应该写入合同。

可靠性增长计划通常应包括产品研制过程中的可靠性增长曲线,这种曲线应能显示在产品的研制过程中的各关键时刻的可靠性特征值。

2) 可靠性增长模型

在设计及生产的过程中不断努力改进产品可靠性的薄弱环节可以使产品的可靠性随着产品的研制进展而提高,这种情形有许多数学模型都可以加以描述。这些数学模型各有其特点,适用于不同的场合。丹尼(Duane)的可靠性增长模型就是其中一个应用较广的模型。

丹尼可靠性增长模型所描述的产品研制过程中的累积故障率 λ_Σ 为

$$\lambda_\Sigma = N/T = Kt^{-m} \tag{14-2}$$

式中: N 为累积故障次数; T 为累积试验时间; K 为由环境条件确定的常数; m 为增长率,且满足 $m < 1$。 m 的取值大小与采取纠正措施的有效程度有关。在认真进行研究,系统地进行可靠性增长的情况下,一般在 $0.3 \sim 0.6$ 的范围内。在毫无纠正措施的情况下,也可小于 0.1。

利用可靠性增长模型可以指导以下工作:

(1) 安排可靠性增长试验方案,预测达到可靠性目标将花费的时间,并由试验时间和设置的增长率。估计出试验中要付出的人力和物力。

(2) 对可靠性增长试验进行监测,将可靠性增长的预测曲线与实际曲线相比较,以分析增长的发展趋势。

3) 可靠性增长试验注意事项

为了使试验能充分暴露问题,在试验前、试验中和试验结束后,都应在 GJB150—2009 中规定的标准大气条件下对受试设备进行性能测试。

在试验开始前,应按照规定对受试设备进行测试,并记录性能数据,以确定是否符合性能基准,并为试验期间和试验结束时的测试提供参考。然后将受试设备放上试验台进行试验前最后的性能测试,测试不合格的设备一律不准参加试验。

在每一个试验循环期间均应记录受试设备的性能参数,并将这些参数与试验前以及其他试验循环期间的性能参数进行比较。性能测试时的环境条件应符合设备规范和试验大纲的规定和要求。

试验结束后,应对受试设备再一次进行测试,并将测试参数与试验前和试验期间的性能参数按性能基准进行比较。

为了使可靠性增长试验更加有效,在试验进行过程中应建立一套完整的故障报告、分析和纠正系统(FRACAS),并利用这个系统来收集可靠性增长试验中的所有故障信息,对这些信息进行及时的分析,同时及时记录对这些故障采取的纠正措施。因而,这套系统应与受试设备、设备接口、试验用设备、试验程序以及安装说明相关联。所有记录格式和表格应符合GJB841的要求。

在试验的各个阶段应对试验工作进行及时的评审,以保证试验的有效性。评审工作包括试验准备状态评审、试验中的审查以及试验结束后的评审。

试验准备状态评审,指的是试验准备工作完成后对大纲进行的评审。这种评审应按大纲内容逐项进行,以确定是否已具备了开始试验的条件。受试设备、试验装备和所有辅助设备是否已处于准备开始试验的状态。评审应着重以下几个方面:

(1) 受试设备设计和制造状态。

(2) 专用测试设备和试验装备的状态。

(3) 所有可用的以前的试验结果。

(4) 试验前能提供的故障及纠正措施信息。

(5) 可靠性预测的结果。

(6) 故障模式、影响及危害性分析报告。

(7) 故障报告、分析和纠正措施系统。

(8) 试验进度安排及试验程序。

(9) 其他有关项目。

(10) 评审结论(批准或不批准开始试验)。

试验中的审查可根据实际情况的需要安排在试验的预定阶段进行,并按试验大纲检查试验的进展情况,以便订购方能够对试验状况及所达到的结果进行审查。审查应尽可能考虑下列内容(但并不仅限于下列内容):

(1) 根据试验结果对当前可靠性增长的估计及预测。

(2) 对发生的问题和故障的研究及工程分析的结果。

(3) 对预防及纠正措施的建议以及由此引出的潜在的设计问题。

(4) 运行日志及测试项目的记录情况和FRACAS的运行情况。

(5) 试验前指定工作项目的执行情况。

(6) 根据审查结果指定的工作项目。

试验结束后应及时组织试验结束后的评审,以评定试验结果是否符合合同、设备规范及大纲的要求。主要应评审以下项目:

（1）试验记录的完整性。

（2）根据试验结果对当前可靠性增长的估计和达到的水平。

（3）发现的问题和故障以及故障分析和纠正措施。

（4）试验前指定的工作项目完成情况。

（5）尚未解决的问题和故障情况以及预计的设计改进措施。

（6）根据评审结果指定的工作项目。

（7）评审结论。

试验结束后，应提供以下报告：

（1）试验大纲。

（2）试验结果报告。

（3）故障报告。

（4）故障分析报告。

（5）故障纠正措施实施报告。

对于可靠性增长试验这一工作项目，应当注意以下几点：

（1）承制方应及早地在研制阶段，通过确认、分析并排除故障；验证纠正措施等有效方法来提高产品的可靠性。只对受试产品进行的修理不能作为产品可靠性的纠正措施。

（2）为了提高任务可靠性，应把纠正措施集中在对任务有致命影响的故障模式上；为了提高基本可靠性，应把纠正措施的重点放在故障频率最高的故障模式上。为了综合达到任务可靠性和基本可靠性预期的增长要求，应该权衡这两方面的工作。

（3）产品在研制与生产过程中都应促进可靠性增长。预期的可靠性增长应表现为上述每个阶段都有相应的目标值。应根据阶段目标值安排试验进度。应该为纠正试验中发现的缺陷安排一定的时间和经费，以防止故障再现。应该尽可能地减少因可靠性工程变更而拖延研制进度。

（4）可靠性增长试验不仅是电子产品，也是非电子产品最重要的可靠性试验之一。对于非电子产品来讲，进行有效的可靠性统计试验十分困难，所以更应注重研制过程中产生的数据。在可靠性增长试验中，暴露出故障，进行仔细分析，采取必要措施后，再进行试验。这种试验—分析—改进—再试验—再分析—再改进的反复过程对非电子产品非常合适。

（5）可靠性增长试验的受试样品，从工程研制的产品中选取。为了按增长试验计划进行，保证纠正措施得以实现而不拖延进度，需要适当地安排试验顺序，一般采取的顺序是：进行环境应力筛选试验以消除受试产品的缺陷，并缩短以后的试验时间；其次应按GJB150—2009中的规定，进行环境试验，最后，进行综合应力、寿命剖面的试验、分析和决定。

（6）可靠性增长试验与环境应力筛选试验的区别如表14-2所示。

表 14-2　可靠性增长试验与环境应力筛选试验的区别

指标	环境应力筛选试验	可靠性增长试验
目的	暴露和消除设计、制造缺陷导致的早期失效	确定和改正设计导致的可靠性问题
进行时间	在生产过程中	在生产之前
试验时间	一般为 10 个温度循环和 10 min 随机振动	一般试验时间是固定的,即为设备 $MTBF$ 的几倍
样品数	一般 100% 进行	至少两个产品(如果可能)
是否通过	无(筛选应最大限度地暴露早期失效)	MTBF 的增长必须与选择的增长模型相关联

14.4　可靠性测定试验

可靠性测定试验就是通过寿命试验摸清产品故障的统计规律,给出产品寿命分布类型和各种可靠性特征量,如平均寿命、可靠寿命和故障率等。可靠性测定试验是理解和实施可靠性鉴定试验和可靠性验收试验的基础。在事先没有规定可靠性指标时,也可以通过可靠性测定试验测定产品的可靠性特征量。

按照料试验目的,测定试验可分为以下两类:

(1) 储存寿命试验。它是在规定的环境条件下,产品处于非工作状态的存储试验,其目的是为了了解产品在特定环境下储存的可靠性,如鱼雷、水雷、炮弹的储存寿命试验。

(2) 工作寿命试验。它是在规定的正常或近似正常工作条件下,产品处于工作状态的试验,其目的是为了了解产品在工作条件下的可靠性,如主电缆、动力机械的工作寿命试验。

按外界施加的应力大小,测定试验可分为以下两类:

(1) 正常应力寿命试验。试验的外界条件(广义的应力)近似于实际使用的水平或技术标准中的额定水平,常称为寿命试验。

(2) 加速应力寿命试验。试验的外界应力超过正常应力,其目的是缩短试验时间,也称为加速寿命试验。

加速寿命试验还可以分为以下三类:

(1) 恒定应力加速寿命试验。它是将受试样品分成几组,分别固定在一定的应力水平下进行的试验。各应力水平均高于正常工作应力水平。试验做到各组样品中均有一定数量的样品故障为止。

(2) 步进应力加速寿命试验。开始时所有样品处于同一应力水平,经过一段时间后,提高应力至另一水平,再经过一段时间后,再提高应力至另一水平。如此继续下去,直到有一定数量样品发生故障为止。

(3) 序进应力加速寿命试验。开始时所有样品处于同一应力水平下,然后将应力水平随时间等速上升,直到有一定数量的样品发生故障为止。

对于许多产品来讲,正常应力的加速寿命试验往往耗时过长,甚至是不现实的。而加速寿命试验则可明显减少试验时间,是其明显优点。加速寿命试验是一种很有前途的试验方法。目前应用较广的是恒定应力加速寿命试验,步进应力加速寿命试验也有应用,而序进应力加速寿命试验目前很少采用。

按试验数据特点,测定试验可以分为以下两类:

(1) 完全寿命试验。试验进行到投试样品全部发生故障为止。它可以获得较完整的数据。统计分析方法较简单,结果较可信,但常常持续时间很长,花费人力、物力、财力较大,有时甚至难以实现。

(2) 截尾寿命试验。试验只要进行到部分样品发生故障为止。它只能得到部分的数据。但只要选择好统计方法,仍能得到较可信的结果。

截尾寿命试验按其截尾方式,又可分为若干类。典型的两类如下:

(1) 定数截尾试验进行到故障数达到预先规定数时为止。

(2) 定时截尾试验进行到预先规定的试验时间为止。

在可靠性寿命试验中,一般采用截尾寿命试验方式。

试验数据的统计分析应尽可能采用国家标准和国家军用标准规定的方法。如果没有这样的标准,也要尽可能选用公认合理的方法。这里不打算也不可能详尽阐述所有的试验数据统计方法,而只是简单给出下面的一个结果。

已知产品寿命服从指数分布。随机抽取 n 个产品进行无替换的截尾寿命试验,有 r 个产品发生故障,若进行定数截尾试验,可得到 r 个产品故障发生时间为

$$t_1 \leqslant t_2 \leqslant \cdots \leqslant t_r$$

若进行定时截尾试验,可得到 r 个产品的故障发生时间为

$$t_1 \leqslant t_2 \leqslant \cdots \leqslant t_r \leqslant t_0$$

式中,t_0 为预先规定的截尾时间。

采用极大似然估计方法,可以得到故障率 λ 和平均寿命 μ 的统计分析结果(见表 14-3 和表 14-4)。

表 14-3 故障率 λ 的极大似然估计与区间估计

试验	点估计 λ	置信区间 (λ_L, λ_u)	单侧置信上限 λ_u
定数	$\dfrac{r}{\sum t_1 + (n-r)t_r}$	$\left(\dfrac{\chi^2_{1-\alpha/2}(2r)}{2r}\lambda, \dfrac{\chi^2_{\alpha/2}(2r)}{2r}\lambda \right)$	$\dfrac{\chi^2_{\alpha}(2r)}{2r}\lambda$
定时	$\dfrac{r}{\sum t_{1i} + (n-r)t_0}$	$\left(\dfrac{\chi^2_{1-\alpha/2}(2r)}{2r}\lambda, \dfrac{\chi^2_{\alpha/2}(2r+2)}{2r}\lambda \right)$	$\dfrac{\chi^2_{\alpha}(2r+2)}{2r}\lambda$

表 14 - 4　平均寿命 μ 的极大似然估计与区间估计

试验	点估计 μ	置信区间(μ_L, μ_u)	单侧置信上限 μ_u
定数	$\dfrac{\sum t_i + (n-r)t_r}{r}$	$\left(\dfrac{2r}{\chi^2_{\alpha/2}(2r)}\mu, \dfrac{2r}{\chi^2_{1-\alpha/2}(2r)}\mu\right)$	$\dfrac{2r}{\chi^2_{\alpha}(2r)}\mu$
定时	$\dfrac{\sum t_i + (n-r)t_0}{r}$	$\left(\dfrac{2r}{\chi^2_{\alpha/2}(2r+2)}\mu, \dfrac{2r}{\chi^2_{1-\alpha/2}(2r)}\mu\right)$	$\dfrac{2r}{\chi^2_{\alpha}(2r+2)}\mu$

对于可靠性测定试验,应当注意以下几点:

(1) 要得到较精确的结果,一般需要投入较多的试验样品;增加试验时间,但却需要较多的人力、物力和财力。所以应当在两者之间进行权衡。

(2) 在进行寿命试验之前,必须进行详细的试验方案设计,应当考虑以下因素:

① 明确寿命试验目的;

② 试验对象应当是具有代表性的产品;

③ 试验条件应当近似于实际使用环境,要施加和控制有典型意义的应力;

④ 确定应当测量的参数;

⑤ 采用连续测试还是间隔测试;

⑥ 明确故障判据;

⑦ 确定停止试验的方式和时间;

⑧ 对故障进行故障物理分析。

(3) 在组织恒定应力加速寿命试验时,应当考虑:

① 应选择对主要的故障机理起促进作用的应力,该应力应易于控制,并且有反映应力与产品寿命间关系的加速寿命方程。

② 加速应力水平的个数不少于 4 个,其最小应力水平应尽量接近正常应力水平,而最高应力水平应在不改变其故障机理的前提下尽可能高一些。

③ 各组样品个数均不少于 5 个,最大应力组和最小应力组的样品个数应最多。

④ 测定试验中出现的故障,应加入故障报告、分析和纠正措施系统,以促进产品可靠性的增长。

14.5　可靠性鉴定试验

可靠性鉴定试验是为了验证设计的产品是否达到了规定的可靠性要求。在产品研制或试生产阶段将要结束,即将转入生产阶段的时候,应当通过试验来评定样机的技术性能和可靠性。在性能试验过程中暴露出来的缺陷应该成为改进产品所采取措施的直接依据。当产品已经通过了性能试验,但还未能证实产品在实际使用条件下能可靠地工作时,尚不能认为产品就已满足了订购方的要求。此时要进行专门的可靠性鉴定试验。

1) 试验计划

试验计划安排应将可靠性鉴定试验与性能试验、环境应力和耐久性试验尽可能结合起来,构成一个较全面的可靠性综合试验计划。这样是为了避免重复试验并且保证不漏掉那些在单独进行的试验中经常忽视的缺陷,从而提高效益,节省费用。

试验计划应由承制方、订购方认可,试验计划的主要内容为:

(1) 试验的目的。

(2) 试验方案。

(3) 试验条件。

(4) 受试产品。

(5) 试验前应具备的文件。

(6) 试验进度等。

通过可靠性鉴定试验,承制方可以向订购方提供一种满足可靠性定量要求的合格证明,承制方可以以可靠性鉴定试验的结果作为将研制阶段转入生产阶段的决策根据之一。另外,可靠性鉴定试验作为一种管理手段,促进承制方在整个研制阶段采取措施,努力提高和保证产品可靠性。

2) 试验方案

为了判断待鉴定产品的可靠性是否满足订购方的定量要求,只能随机选择部分产品(称为子样)进行可靠性寿命试验。由于子样有随机性,子样所代表的可靠性虽然能反映产品真实可靠性的信息,但却不可能恰好等于产品的真实可靠性。因此根据子样的结果来做出产品可靠性满足订购方要求(称为接受)或不满足订购方要求(称为拒受)的判断就存在犯错误(即判断错误)的可能。第一类错误是拒受满足可靠性要求的产品,其可能性称为第一类错误的风险,这是承制方(或称生产方)关心的;第二类错误是接受不满足可靠性要求的产品,其可能性称为犯第二类错误的风险,这是订购方(或称使用方)关心的。

例如,如果产品寿命服从指数分布,订购方和承制方是以平均寿命 $MTTF$ 或平均故障间隔 $MTBF$ 值的大小作为接受或拒受的标准。订购方和承制方为了确定一个抽样方案(可靠性试验且由试验结果作为接受或拒受的方案),需要确定 MTBF 的检验上限 θ_0 和检验下限 $\theta_1(\theta_0 > \theta_1)$。同时也确定了鉴别比为

$$d = \frac{\theta_0}{\theta_1}$$

此时,两类风险有以下定义:

生产方风险——MTBF 的真值 θ 等于其检验上限 θ_0 时产品被拒受的概率,记为 α。当 $MTBF$ 的真值 θ 大于 θ_0 时,产品被拒受的概率将低于 α。

使用方风险——MTBF 的真值 θ 等于其检验下限 θ_1 时产品被接受的概率,记为 β。当 $MTBF$ 的真值 θ 低于 θ_1 时,产品被接受的概率将低于 β。

为同时减少生产方风险和使用方风险,可增加子样容量,即观察大量的故障次数。但是会造成所需人力、物力和财力大量增加,甚至是不可能实现的,有时也不是必要的。所以,一般在有限子样容量的条件下制订抽样方案。

例如,如果产品寿命服从指数分布,并以平均寿命 $MTTF$ 或平均故障间隔 $MTBF$ 值的大小作为接受或拒受的标准,并采用定时截尾寿命试验方式,国家军用标准《可靠性鉴定和验收试验》给出厂标准型定时试验抽样方案(α, $\beta \approx 0.10 \sim 0.20$)和短时高风险定时试验抽样方案($\alpha$, $\beta \approx 0.30$),如表 14-5 和表 14-6 所示。

表 14-5　标准型定时试验方案

方案号	风险真值/%		鉴别比 (θ_0/θ_1)	试验总时间 (θ_0 的倍数)	拒收次数 (故障次数≥)	接受次数 (故障次数≤)
	α	β				
9	12.0	9.9	1.5	45.0	37	36
10	10.9	21.4	1.5	29.9	26	25
11	17.8	22.1	1.5	21.9	18	17
12	9.6	10.6	2.0	18.8	14	13
13	9.8	20.9	2.0	12.4	10	9
14	19.9	21	2.0	7.8	6	5
15	9.4	9.9	3.0	9.3	6	5
16	10.9	21.3	3.0	5.4	4	3
17	17.5	19.7	3.0	4.3	3	2

表 14-6　短时间高风险定时试验方案

方案号	风险真值/%		鉴别比 (θ_0/θ_1)	试验总时间 (θ_0 的倍数)	拒收次数 (故障次数≥)	接受次数 (故障次数≤)
	α	β				
19	28.8	31.3	1.5	8.0	7	6
20	28.8	28.5	2.0	3.7	3	2
21	30.7	33.3	3.0	1.1	1	0

在表 14-5 和表 14-6 中,试验总时间是指各受试产品所经受的试验时间之和。例如,如果开始试验时有 n 个产品投入,进行有替换的定时截尾寿命试验(修复故障的产品再投入试验也理解为有替换),截尾时间为 T,则试验总时间为 nT。

订购方和承制方经协商选定各自愿意承担的风险,在表 14-5 和表 14-6 中选择好相应的试验方案,在相应的试验总时间内,若故障次数等于或大于相应的规定数,就拒收,否则就接受。如在 12 号试验方案中,若故障次数等于或大于 14,就拒受;若故障次数等于或小于 13,就接受。

在国家军用标准《可靠性鉴定和验收试验》中,还给出了定数试验抽样方案和序贯试验抽样方案的结果。

定数试验是指采用定数截尾寿命试验方法进行寿命试验。

序贯试验是指每发生一次故障,就根据一定的规则进行接受或拒受的判断;如果不能做出接受或拒受的判断,就继续试验下去,等下一次故障后再进行判断。如此进行一下去,直到作出判断为止。序贯试验的优点在于可以节省抽样量(即故障次数)。

　　抽样方式选择的不同,决定着验收方式及验收风险的不同。抽样特性曲线(或称 *OC* 曲线)可以直观地表示抽样方式对检验产品质量的保证程度。理想的 *OC* 曲线如图 14 - 3 所示。它表示当设备的 *MTBF* 值达到 θ_0 时全部接收,否则全部拒收。当然这是最理想的状况。它客观上要求做完全寿命试验,实际上这是一种达不到的理想状祝。

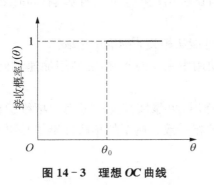
图 14 - 3　理想 *OC* 曲线

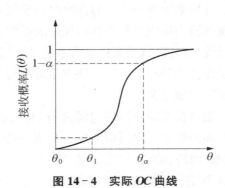
图 14 - 4　实际 *OC* 曲线

　　实际的 *OC* 曲线如图 14 - 4 所示。所谓抽样试验就是要通过样本观察值来反映实际总体的情况。由于样本观察值是随机分布的,它只能在一定程度上反映总体的情况。因而,当被抽样统计的设备的 *MTBF* 值达到 θ_0 时,仍有 $\alpha \times 100\%$ 的被判为不合格的危险,即以 α 的概率拒收,从而造成生产方的损失的风险。当被抽样统计的设备的 *MTBF* 值仅有 θ_1 时,还有 $\beta \times 100\%$ 的被判为合格产品的可能,即以 β 的概率接收,从而造成使用方损失的风险。

　　OC 曲线是由抽样方案和产品预期性能唯一确定的。一个抽样方案对应于一根 *OC* 曲线。抽样越趋于完全(样本越大),*OC* 曲线越陡,鉴别比也就越小。抽样越不完全(样本越小),*OC* 曲线越平,鉴别比也就越大。

　　3)试验条件

　　进行鉴定试验时,应仔细选择试验条件,包括工作条件、环境条件及预防性维修方面的条件。选择条件时主要考虑的因素有:

　　(1)进行产品可靠性鉴定试验的基本理由。

　　(2)产品使用条件的预期变化。

　　(3)不同应力条件引起故障的可能性。

　　(4)不同试验条件所用的试验费用。

　　(5)可供使用的试验设施。

　　(6)可以利用的试验时间。

　　(7)预期的可靠性特征值随试验条件变化的情况。

　　如果试验的目的是从安全角度来考察产品,则在选择试验条件时,决不能排除任何重要的、最严酷的使用条件。如果试验的目的是为了考察产品在正常的使用条件下的可靠性水平,以便制订最佳的维修方案,则应选择某些具有典型代表性的试验条件。如果试验的目的仅在于对同类产品进行比较,则应选择接近于使用中极限应力水平的试验条件。应该注意,在任何情况下,各种应力因素的严酷程度均不能超过产品所能承受的极限应力。

在试验过程中,如果必须考虑多种工作条件、环境条件以及维修条件的综合影响,则一般应当设计一个能周期性重复的试验周期。详细的试验方案中应包括一个试验周期图表。该图表将用以表明试验周期中各种工作条件、环境条件以及维修条件的存在、持续时间、时间间隔以及相互关系。

试验周期中各种应力的持续时间要短到不会对试验结论产生实质性影响;同时要长到足以使试验用的应力条件达到规定的程度。

只要有可能,试验条件及典型的试验周期应尽可能从相关的标准中选取。

工作条件和环境试验条件应尽可能包括实际使用中主要的条件,在使用加速试验时要找到相应的加速关系。

当设备在实际使用期间需进行例行的维护工作时,可靠性试验应考虑一项维护程序。试验期间的维护程序原则上应该与现场进行的维护相一致。典型的预防性维护是更换、调整、校准、润滑、清洗、复位、恢复等。

4)可靠性鉴定试验注意事项

对于可靠性鉴定试验这一工作项目,应当注意以下几点:

(1)可靠性鉴定试验应该经订购方认可并在下列地点和条件下进行,列出的次序为优先选取的次序:

① 在独立承制方的实验室中进行;

② 在订购方严格监督下,委托承制方试验转承制方的产品;

③ 在订购方的严格监督下并认可这种安排最为有利,允许承制方在自己的实验室里进行试验。

(2)可靠性鉴定试验的样本大小应在合同中规定或由承制方与订购方协商确定。

(3)可靠性鉴定试验的统计准则应由合同规定。准则应明确试验方案的置信水平、判断风险、"MTBF检验的上限"、"MTBF检验的下限"。这些准则的确定和选择,应以试验总时间的增加而减少置信区间的大小为依据,以免在没有改善可靠性情况下增加成本,拖延进展。

(4)若合同或产品技术规范中要求进行可靠性鉴定试验,提供MTBF可靠性的验证值,并且有固定的截止试验时间,必须选用定时截尾试验方案。若可靠性试验时间事先并无严格规定,并希望尽早对产品的MTBFF做出接受或拒受判决,可选用序贯试验方案。

(5)在按系统验证可靠性参数不现实或不充分的情况下,允许用低层次产品的试验结果推算出系统可靠性值,但必须有依据,并附有详细说明。

(6)可靠性鉴定试验是产品投入批量生产前的试验。以下情况应进行可靠性鉴定试验:

① 新设计的产品;

② 经过重大改进的产品;

③ 在一定环境条件下不能满足系统分配的可靠性要求的产品。

(7)鉴定试验条件应包括工作条件、环境条件及预防性维修方面的条件。选择试验条件主要应考虑以下因素:

① 进行可靠性鉴定试验的基本理由；

② 使用条件的预期变化；

③ 不同应力条件引起故障的可能性；

④ 不同试验条件所用的试验费用；

⑤ 可供使用的试验设施；

⑥ 可以利用的试验时间；

⑦ 预期的可靠性特征量随试验条件变化的情况。

（8）为某种产品选择可靠性试验方案时，应综合权衡考虑下列因素：

① 设备的成熟程度及计划寿命；

② 经费；

③ 提交产品的进度及可做试验的时间；

④ 试验设备的准备程序；

⑤ 判决风险；

⑥ 鉴别比对 MTBF 检验上限 θ_0 的影响；

⑦ 类似设备 MTBF 的预计值或验收值；

⑧ 费用-时间的权衡。

（9）在开始鉴定试验之前应具备下列文件：

① 经批准的试验计划；

② 详细的鉴定试验程序；

③ 受试产品清单；

④ 产品技术条件；

⑤ 统计试验方案；

⑥ 其他。

（10）对于计数抽样检验，应按 GJB179A—1996《计数抽样检查程序及表》的方法进行抽样试验，或另行规定抽样检验方法并载入合同。

14.6　可靠性验收试验与评估

14.6.1　可靠性验收试验

可靠性验收试验是为了验证产品的可靠性不随生产期间工艺、工装、工作流程、零部件质量的变化而降低。

尽管产品已通过了可靠性鉴定试验，但可能由于生产过程中工艺、工装、工作流程、零部件质量的变化而导致产品可靠性下降，使得生产出的产品并不能满足订购方的可靠性要求。为此，应在各生产批次中抽取一定量的产品进行可靠性验收试验，以验证生产过程的一致性，确保产品的可靠性水平能满足要求。可靠性验收试验作为一种管理手段，促使承制方在生产过程中采取必要的措施，加强质量管理，努力保证产品的可靠性。

可靠性验收试验的抽样方案与可靠性鉴定试验的抽样方案相同。

应当注意的是,如果订购方估计产品的生产过程稳定,质量较好,可适当放宽使用风险,以利于减少试验时间和抽样量,从而可以在保证可靠性的前提下节约费用。在 GJB179A—1996《计数抽样检查程序及表》中,就有正常检查、加严检查和放宽检查三种抽样方案,并规定了一套转移规则。

对于可靠性验收试验这一工作项目,其注意事项基本与可靠性鉴定试验的注意事项相同,此外,还需注意以下几点:

(1) 若订购方无专门的规定,可靠性验收试验的样本大小应保证每批产品有三台接受试验,推荐的样本大小是每批产品的 10%,最多不超过 20 台。

(2) 鉴于可靠性验收试验在于对交付的产品或产品批进行评价,所以应该用试验中得到的数据提供产品可靠性的估计值。应尽量采用标准推荐的或其他成熟的评估方法。

14.6.2　可靠性评估

可靠性评估工作可在产品研制的任一阶段进行,因此能及时地为产品研制阶段的转样(模样、初样、试样、正样、批生产)提供依据。在产品定型时进行可靠性评估,是可靠性工作中不可缺少的环节,有着十分重要的意义。可靠性评估的意义如下:

(1) 科学而先进的可靠性评估方法,为充分利用各种试验信息奠定了理论基础。这对减少试验经费,缩短研制周期,对合理安排试验项目,协调系统中各单元的试验量等有重要的作用。

(2) 为系统的运筹使用提供条件,例如卫星发射机冗余数量的确定,需要给出单台发射机的可靠性、重量、经费等。

(3) 通过评估,检验产品是否达到了可靠性要求,并验证可靠性设计的合理性,如可靠性分配的合理性,冗余设计的合理性,选用元器件、原材料及加工工艺的合理性,等等。

(4) 评估工作会促进可靠性与环境工作的结合。在可靠性评估中,要定量地计算不同环境对可靠性的影响,要验证产品的抗环境设计的合理性,验证改善产品微环境的效果。

(5) 通过评估,可指出产品的薄弱环节,为改进设计和制造工艺指明方向,从而加速产品研制的可靠性增长过程。

(6) 通过评估,了解有关元器件、原材料、整机乃至系统的可靠性水平,这为制订新产品的可靠性计划提供了依据。

(7) 评估工作需要进行数据记录、分析及反馈,从而加强了数据网的建设。

由此可见,可靠性评估全面地促进了产品的研制、生产及使用的可靠性管理工作。

对于大型装备来说,一则造价十分昂贵,达上亿元人民币;二则建造批量小,几乎不存在什么批量生产问题。此时,要拿一个大型装备出来做完整的可靠性鉴定试验或每次交装备前做总体的可靠性验收试验是不切实际的。通常只能在交装备前进行有限次的试验。因而,取得的信息也比较少,这就形成了所谓小子样问题,装备上的某些大型部件,如柴油机等也是如此。对于这一类产品(系统),可以分层次进行评估。

1) 设备级可靠性评估

将所评估的对象视为一个整体,利用自身的试验数据(包括研制试验数据、现场使用数据),对其实施可靠性评估。由于设备可靠性试验的成本低,可以获得大量的可靠性试验数据,用简单的数理统计方法,如经典法、Bayes法、Fiducial法,便可以实施可靠性评估。

2)系统级可靠性评估

当系统组成复杂,不能视为一个整体进行评定时,根据系统的可靠性模型,利用组成系统的不同层次单元的可靠性试验数据(包括研制试验数据、现场使用数据和相似产品可靠性数据等),对其实施可靠性评估。即根据已知系统的结构函数(如串联、并联、混联等关系),利用系统以下各级的试验信息(如成败型试验信息、指数寿命型试验信息等),自下而上一层层折合直到系统,得到系统级的折合试验信息,最终根据折合试验信息,得出在一定置信水平下系统可靠性指标的区间估计。

3)总体级可靠性评估

对一般的装备,可靠性分析评估进行到系统层次,便可以满足分析的要求。但是,对于一些大型装备,如舰船而言,由于多阶段任务属性,仅靠系统层次不足以对其可靠性属性进行客观描述。总体任务可靠度是舰船的极其重要的可靠性指标。舰船总体级可靠性评估,则是依据其总体可靠性模型,利用不同层次、不同阶段单元的可靠性试验数据(包括研制试验数据、现场使用数据和相似产品可靠性数据等等),对其实施可靠性评估。

14.7　维修性试验与评价

装备在研制过程中,进行了维修性设计与分析,采取了各种监控措施,以保证把维修性设计到装备中去。同时,还用维修性预计、评审等手段来了解设计中的装备的维修性状况。但装备的维修性到底怎样,是否满足使用要求,只有通过维修实践才能真正检验。维修性试验与评价,正是检验装备维修性的一种有效手段。通过维修性试验与评价,考核产品的维修性水平,确定其是否满足规定要求;发现和鉴别有关维修性的设计缺陷,以便采取纠正措施,实现维修性增长。

为提高效益,通常情况下,维修性试验与评价与功能试验、可靠性试验结合进行。必要时,也可单独进行。维修性试验与评价一般包括核查、验证和评价三个阶段:

维修性核查,是指承制方为实现装备的维修性要求,自签订研制合同起,贯穿整个研制过程的试验与评价工作。维修性核查与可靠性工程试验相类似,其目的是检查与修正维修性分析的模型及数据,鉴别设计缺陷并采取纠正措施,以实现维修性增长,为实现和验证维修性要求提供保证。核查可采用较少的维修性试验或维修作业时间测量、演示以及由承制方建议并经订购方同意的其他手段。应最大限度地利用与各种试验(如:研制、模型、样机、鉴定及可靠性试验等)结合进行的维修作业所得到的数据。维修性核查应当评价可达性、可视性、测试性、复杂性以及互换性等对维修性的影响。

可维修性验证,是指为确定产品是否达到规定的维修性要求,由指定的试验机构进行或田订购方与承制方联合进行的试验与评定工作。维修性验证通常在装备定型阶段进行,其目的是验证装备是否达到了合同规定的维修性要求。因此,维修性验证试验的各种条件应当与实际使用维修的条件相一致,包括试验中进行维修作业的人员、所用的工具、设备、备件、技术文件等均应符合维修与保障计划的规定。试验要有足够的样本量,在严格的监控下进行实际维修作业,按规定方法进行数据处理和判决,并应有详细记录。

可维修性评价,是指订购方在承制方配合下,为确定装备在实际使用、维修及保障条件下的维修性所进行的试验与评定工作。维修性评价的目的是确定装备部署后的实际使用、维修及保障条件下的维修性;验证中所暴露缺陷的纠正情况;重点是评价其层级和中继级维修的维修性,需要时,还应评价基地级维修的维修性。所有评价对象应为部署的装备或与其等效的样机。

14.8 保障性项试验与评价

保障性试验与评价是装备试验与评价的重要组成部分,贯穿于装备整个寿命周期,其目的是验证新研制装备是否达到规定的保障性要求,分析并确定偏离预定要求的原因,采取纠正措施,以确保实现装备的系统战备完好性,降低寿命周期费用。

14.8.1 保障性试验

保障性试验是指为获取评价装备保障性的信息而进行的试验,是装备研制和使用项试验中的一个组成部分。就其范围和资源来说,装备的研制试验和使用试验不只是为评价保障性而进行的试验,但是可以为评价装备的保障性加以利用。

保障性试验可以分为研制试验和使用试验。研制试验的是利用科学的方法,在受控的条件下收集数据,以便验证工程设计和研制产品是否符合要求。从广义的角度来说,与保障有关的研究试验包括寿命试验、环境试验、可靠性验证试验、可靠性增长试验、维修性试验、测试性试验以及功能试验等承制方实施的试验,也包括由使用组织的专用试验。开展使用项试验的目的是在尽可能逼真的使用环境中评估新装备的使用效能及其相关的保障资源的适用性。

14.8.2 保障性评价

保障性评价是利用试验与分析所取得的数据资料,通过综合与分析,对装备的保障性水平做出评定的过程。

保障性评价工作贯穿装备的整个寿命周期,研制过程应尽早评价保资源对系统战备完好性和费用的影响,评价保障资源与装备的匹配性和协调性,以及时发现和解决存在的问题。保障性评价过程如图14-5所示。

1) 保障性设计特性的评价

保障性设计特性的评价是利用装备可靠性、维修性和测试性(RMT)试验数据,通过综合与分析,对装备RMT水平进行决策的过程。其目的是发现设计和工艺缺陷,采取纠正措施,并试验保障性设计特性是否满足合同要求。保障性设计特性的评价进一步又可分为研制阶段进行的RMT评价和部署使用阶段的RMT评价。

研制阶段RMT评价,主要目的是:①发现缺陷和问题、改进不足;②试验是否符合合同

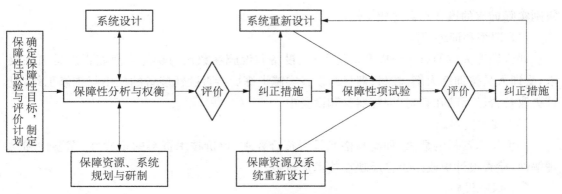

图 14-5　保障性评价过程

规定的要求；③为确定保障资源和有关的评价工作提供信息。

部署使用阶段 RMT 评价，主要目的是评价装备的 RMT 使用值，发现使用的 RMT 问题，提出改进建议。

2) 保障资源评价

保障资源的试验与评价是评估由于保障资源不能按时到位和由于管理延误对系统战备完好性带来的影响，其主要目的是发现和解决保障系统、保障资源存在的问题，评价保障资源与装备的匹配性以及保障资源之间的协调性，评估保障资源的利用和充足程度以及保障系统的能力是否满足保障性目标。各保障资源的评价和评估内容如下：

(1) 人力和人员。

评价各维修级别配备的人员的数量、专业、技术等级等是否合理，是否符合订购方提出的约束条件（如：人员编制、现有专业、技术等级文化程度等），能否满足平时和战时使用与维修装备的需要。

(2) 供应保障。

评价各维修级别配备的备件、消耗品等的品种和数量的合理性，能否满足平时和战时使用与维修装备的要求，是否满足规定的备件满足率和利用率要求，评价承制方提出的备件和消耗品清单及供应建议的可行性。

某一维修级别的备件满足率，是指在规定的时间周期内，在提出需求时能够提供使用的备件数之和与需求的备件总数之比。

某一维修级别的备件利用率，是指在规定的时间周期内，实际使用的备件数量与该级别实际拥有的备件总数之比。

(3) 保障设备。

评价各维修级别配备的保障设备的功能和性能是否满足使用与维修装备的需要，品种和数量的合理性，保障设备与装备的匹配性和有效性，是否满足规定的保障设备满足率和利用率要求。

某一维修级别的保障设备满足率，是指在规定的时间周期内，在提出需求时能够提供使用的设备数之和与需求的设备总数之比。

某一维修级别的保障设备利用率，是指在规定的时间周期内，实际使用的设备数量与该级别实际拥有的设备总数之比。

（4）训练和训练保障。

评价训练大纲的有效性以及训练器材、设备和设施在数量与功能方面能否满足训练要求，受训人员按训练大纲、教材、器材与设备实施训练后能否胜任装备的使用与维修工作，设计更改是否已反映在教材、训练器材和设备中。

（5）技术资料。

评价技术资料的数量、种类与格式是否符合要求，评价技术资料的正确性、完整性和易理解性，检查设计更改是否已反映在技术资料中。

（6）保障设施。

评价保障设施能否满足使用、维修和储存装备的要求，应对其面积、空间、配套设备、设施内的环境条件以及设施的利用率等进行评价。

（7）包装、装卸、储存和运输保障。

评价装备及其保障设备等产品的实体参数（长、宽、高、净重、总重、重心）、承受的动力学极限参数（振动、冲击加速度、挠曲、表面负荷等）、环境极限参数（温度、湿度、气压、清洁度）、各种导致危险的因素（误操作、射线、静电、弹药、生物等）以及包装等级是否符合规定的要求，评价包装储运设备的适用性和利用率。

（8）保障资源的综合评价。

除为可以对单项保障资源评价外，还应当将保障资源作为一个整体，即保障资源包进行评价。保障资源包主要包括零件、保障设备、技术文件和出版物、保障人员、任何特殊保障要求和待试验试件，简而言之，就是装备使用时最终可能需要的所有保障资源。在试验开始之前，整个保障资源包必须在试验场。某些保障项目在可用性上的延误时间可能造成试验不能按进度进行。保障性试验规划人员必须确保所需人员经过训练并能在位，试验设施安排灵活以允许正常的延迟，以及确保保障资源包及时到位。

3）保障性目标评估

保障性目标评估是装备使用试验与评价工作的重要内容，主要包括装备战备完好性、任务可靠性、任务维修性、作战持续性、保障机动部署性、经济承受性和保障互用性等方面的评估。这些评估工作可以在研制过程中采用仿真、分析计算等方法进行分析评估，主要是在使用试验与评价中评估，通常是在装备试用期间、初始部署使用期间进行。使用评估的主要目的是评价、评估、验证装备保障性目标的达到程度。

保障性目标评估需要在实际的使用环境和保障条件下进行，评估的是装备执行任务的能力，因而必须包括所建立的保障系统，是一种综合性的评估。

保障性目标评估的内容包括对装备保障性目标要求达到情况的度量，至少应当考虑评估如下使用参数：

（1）战备完好性参数。

通用的参数有使用可用度（A_o），表示装备能够持续执行任务的时间的百分比，反映了装备的作战能力。对于飞机也可以采用能执行任务（MC）率（平时）或出动架次率（战时）表示。不同装备所用的参数可能有所不同，即使是使用了同一参数，所考虑的影响因素和统一方法也可能不同。

（2）任务可靠性和维修性参数。

任务可靠性是对装备实现任务成功目标的度量（实现目标的百分比）。根据装备的不同，任务目标可以是出动、巡航、发射、到达目的地或者其他的服务或系统的具体参数。

任务维修性反映了装备恢复任务功能的能力，通常以现场基层级的能力来衡量。

（3）保障规模参数。

保障规模是指基层为部署、维持和移动装备所投入的必需的保障资源的体积和数量。保障规模所涉及的要素包括现有装备或设备、人员、设施、运输器材和实际资源。

保障规模（重量）＝部署的消耗品、保障设备、能源和备件的总重量；

保障规模（人员）＝在部署地域需要运输和维持武器系统的人员总数；

保障规模（体积）＝部署的消耗品、保障设备、能源和备件的总体积。

消耗品是指在基层级为了保障在适当的和适用的时间内，维修和保障装备及其有关的保障与训练设备所需的消耗性材料。

能源是指为了保障在适当的和适用的时间内，装备执行其任务所使用的燃料、润滑油、润滑脂等辅助性油料。

保障设备是指使用或维护主要装备、子系统、训练系统和其他的保障设备所需的设备。

备件是指为了保障在适当的和适用的时间内，在基层级维护设备所需的修理件和修理主要装备及其保障与训练设备所需的材料。

（4）保障响应时间参数。

保障响应时间是指从保障物资需求信号发出到满足这些需求所经历的时间。"保障需求"是指装备保障所必需的设备、部件或资源，包括人力。

（5）每使用小时的费用参数。

可以用每使用小时所花费的费用表示。其度量方式为，用花费的总费用除以相应的度量单位。根据装备的不同，任务日标可以是出动、巡航、发射、到达目的地或者其他的服务或系统具体参数。

14.8.3 保障性试验与评价和其他试验与评价的协调

保障性试验与评价本身就涉及保障性设计特性的试验与评价、保障资源的试验与评价和保障性目标评估三个方面，内部就有大量的协同和协调工作以及相互提供信息的问题，因此在制订计划时，就应该明确这些协调关系和信息的输入与输出。

保障性试验与评价涉及研制过程的试验与评价工作，也涉及使用阶段的试验与评价工作，必须明确两者在试验与评价目标上的区别和联系。通常情况下，前者是满足合同要求，后者是满足使用要求，前者是后者的基础和保证。

保障性试验与评价，尤其是研制过程的保障性试验与评价工作，应充分利用其他研制项试验与评价工作的信息，并尽可能结合进行。保障性试验与评价工作会产生大量的信息，同时也需要来自其他途径信息的支持，因此，应将保障性试验与评价的信息管理工作纳入到整个项目的信息管理之中，并予以协调统一。

14.9 泛可靠性数据收集与处理

14.9.1 以数据为基础的泛可靠性工程体系

为了在装备的设计、建造和使用过程中实施可靠性工程,需要各种各样的数据作支持,因此,可靠性数据是开展泛可靠性工程的基础。在可靠性工程活动中,可靠性数据分析是一项基础性的工作,始终发挥着重要的作用。

在装备的寿命周期内,可靠性数据的收集与分析伴随着各阶段可靠性工程活动而进行。在论证阶段,设计者不仅需要根据总的战术及使用设想提出可靠性要求,还需要大量的反映现有技术水平的数据作支撑,研究所提出的要求是否合理。通常,在这一阶段不可能对装备本身作很细致的剖析工作,所需的数据往往是总体数据,如战备完好率、出勤可靠度、任务可靠度等。这些数据都是在平时同类装备的使用过程中收集的,因而客观地反映了现有的技术和使用水平。

在方案阶段,设计者需要对装备本身作较为细致的分析,工作重点在如何满足战术技术要求。因而,往往要以系统可靠性数据和分系统可靠性数据作为基础开展工作,这些数据有平均无故障工作时间、平均危险性故障间隔时间、系统可靠性分布参数等。

在工程研制阶段,一方面需要收集和分析同类装备的可靠性数据,以便对新装备的设计进行可靠性预测;另一方面,通过收集可靠性研究和试验产生的数据,用于分析产品的初始可靠性、故障模式和可靠性增长规律等,并为产品的改进和定型提供托派的依据。

在生产阶段,为对装备的质量进行控制,必须进行抽样检查与试验,来确定装备合格与否,从而指导生产,保证质量。由于生产阶段产品数量和试验数量大大增加,此时所进行的可靠性数据的分析和评估,反映了装备的设计和制造水平。

在使用阶段,通过收集和分析可靠性数据,可对装备的设计和制造进行权威的评价,因为它反映的使用与环境条件最真实,参与评估的数据较多,其评估结果反映了装备趋向成熟期或达到成熟期时的可靠性水平,是该装备可靠性工程的最终检验,也是今后开展新装备可靠性设计和改进原装备设计的最有价值的参考。

14.9.2 可靠性数据的特点

可靠性数据是指在产品寿命周期各阶段的可靠性工作及活动中所产生的能够反映产品可靠性水平及状态的各种数据,包括数字、图表、符号、文字和曲线等形式。

在通常的课题(非可靠性问题)中,数据收集并不成问题。只要很好地注意测量技术的优劣,抽样是否有代表性等几个问题就可以了。如果忽视了这些问题,也多半会自然地觉察出来,因此,这种课题失误的例子并不多见。可是对于可靠性数据,收集不当的例子屡见不鲜。可以说,其根本原因在于可靠性数据是用时间表示的量。虽然数据用时间表示这一点在测量技术上并不成为特别的问题,但是与抽样的关系却很复杂。例如,对使用中的装备在某一时刻所进行的抽样,有可能多是片面的抽样。还有,在观测结束时,有时装备尚未出现故障,由于这种数据(观测中断数据)是不可避免的,因此也要事先考虑好收集方法。总之,可靠性数据是用时间来表示的这一特征,是产生种种问题的原因,因而要在数据收集阶段,就充分考虑到这一点。

可靠性数据是可靠性分析的基础,并且多是用时间表示的量。在最简单的情况下,所收集的基本数据中,最重要的值是故障时间。对此项数据进行分析,就可以得出各种可靠性指标。

可靠性的基本数据是时间,对此时间要观测到何时结束是不知道的,而要等到数据收集齐全,再做分析常常是太迟了。此外,不仅要在实验室有计划地取得数据,也还要在实际使用状态下收集数据。由于数据是时间这一特点,就产生了数据收集的各种复杂问题。

问题之一是抽样的代表性问题,再一个是观测中断数据的问题。这两个问题不单是数据分析中的问题,在收集阶段也必须予以注意。如果忽视这些问题,对所收集的数据无论怎样分析,也难以得到正确的结果。此时,虽然采取某些办法,有时也可以得到正确结果,但不是使用通常的方法,而是需要相当复杂的手续,并且其估计精度很差。在这种情况下,一般是采取什么办法也得不出正确结果的,致使所收集的数据失去作用。

从另一个方面看,可以说可靠性数据是"高价"的数据。因为是以故障时间作数据,所以要使作为对象的装备发生故障,以致被废弃。即使这些故障装备能够修理好,也不能再作为商品出售,还有那些未发生故障的试验装备,也是这样。总之,凡是做过寿命试验的装备,就不再作为商品处理。

14.9.3 可靠性数据的来源

由可靠性数据的定义可知,产品寿命周期各阶段的一切可靠性活动都是可靠性数据的产生源。因此,可靠性数据的来源贯穿于产品设计、制造、试验、使用、维护的整个过程,如研制阶段的可靠性试验、可靠性评审报告;生产阶段的可靠性验收试验、制造、装配、检验记录,元器件、原材料的筛选与验收记录,返修记录;使用中的故障数据、维护、修理记录及退役、报废记录等。

从数据的分类来看,可靠性数据可分为实验室数据和现场数据。在实验室数据中还可分为完全数据、定时截尾数据和定数截尾数据(见图 14 - 6)。

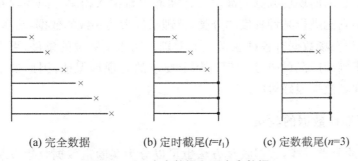

(a) 完全数据 (b) 定时截尾($t=t_1$) (c) 定数截尾($n=3$)

图 14 - 6 完全数据和不完全数据

完全数据由产品的全数试验获得,在做试验时,要等到全部参试样品都失效才结束。在实际工程中,往往可以在某一定时刻中断试验,用当前数据进行分析,以尽快得到试验分析结果。这种数据相当于经过某段时间后,使试验中断所取得的数据,故称为定时截尾数据,又称为Ⅰ型截尾数据。采取故障数达到某一预定值而中断试验的方法所取得的数据称为定数截尾数据,又称为Ⅱ型截尾数据,其数据结构如图14-6(c)所示。此时的观测中断数据值,与最大的故障时间相等。试验结束时间是不定的,但由于故障数目一定,可以使估计的精度大体一致。

定时截尾和定数截尾数据,都含有观测中断数据,即运转了某些时间,尚未发生故障的数据,这种包含观测中断数据,称为不完全数据。

定时截尾和定数截尾,也可以不中止试验,试验继续到最后,就得到完全数据。也就是说,定时截尾数据和定数截尾数据,是在取得完全数据的过程中所得到的短时间的部分数据。因此,它们是不完全数据中具有易处理性质的数据。根据其由来,也称为有计划的不完全数据,以便与其他不完全数据有所区别。

实验室寿命试验数据,与其他普通试验(性能试验等)数据相比,其费用之昂贵是明显的,这是因为要把对象产品一直试验到不能使用为止。另外,可靠性试验所耗费的时间,也比其他试验的长,寿命试验更是如此。

产品在实际使用中的可靠性数据称为现场数据。在故障频发(可靠性低)的状态下,在实验室做试验时,就可以很容易地获得数据;但产品的可靠性提高之后,故障并不轻易发生,此时通过实验室试验取得数据就很困难。为了解决后一问题,可以采用加速度试验等方法缩短试验时间,但又发生了试验数据如何与现实数据相对应等问题。在这种情况下,现场数据得到了重视,应当收集产品在现场使用状态下发生故障与缺陷的有关信息,并对其进行分析。

虽然现场数据是体现产品可靠性的数据,但因实际使用环境不同,并且通常连使用条件、使用状况也不相同,故可以说比实验室数据难以处理。

比应力更大的问题,是实际使用时间的不同。装置的使用状况,随设置地点的不同而有很大差异。比如同样是使用了一年,但实际使用月时间常常是差别很大。另外,不知道实际使用时间的情况很多,因而有的用日历时间代替实际使用时间,还有的用与使用时间成正比变化的其他物理量(如轮胎的磨耗量)来代替时间。

由于上述原因,因而现场数据的波动要比实验室数据大得多。因为存在各种条件不同的数据,故必须将它们进行某种程度的分类,整理条件大约一致的数据,然后再进行分析。

实验室数据与现场数据有各种意义上的差别。实验室数据的条件,可以做到相当严格的一致,因而适于判明产品的性质。但实际上要求的是现场保证,因而如果利用实验室数据,就应使之与现场数据很好对应。

14.9.4 可靠性数据的收集

与数据本身的分类一样,数据收集方法也可以分为实验室数据收集方法和现场数据收集方法。

1) 实验室数据的收集

在实验室内,可有计划地进行寿命试验,测定故障发生时间,再对所测数据进行分析。这种数据最容易处理。实验室数据的收集,也没有太大的问题。在此情况下,数据的收集者,常常也就是数据分析者,或是对分析的目的、方法完全了解的人员。只要在试验中随机地选择受试产品,就不会产生抽样的片面性问题。另外,由于已经发生故障的产品就在身边,事后发生疑问也便于再研究。实验室数据是质量极为优良的数据。

只要以故障时间作为数据项目,就可以立即进行可靠性特征量的估计。但为了将来进一步分析的需要,还应当对故障零件、故障模式作记录。建议尽可能保留发生故障的产品,因其包含着各种各样的信息。在通常情况下,实验的应力条件,如温度、电压、外力等,都是一定的,但也会出现不稳定的条件,而且有时还要有意地改变条件,对这些条件都应当做出记录。

表 14-7 和表 14-8 分别用于成败型数据和变量型数据的试验记录。

表 14-7　功能数据表—成败型数据

项目:海神式导弹		试验报告编号:PV42735			
名称:回收程序装置		图号:692D912P003		序号:	
等级:元件		类型:工厂验收试验		试验地点:工厂实验室	
试验细则(T1):SWS3793		试验等级:元件		安全类别:	

T1 §	日期	环境	状态 *	持续时间 分钟	持续时间 周期数	通过/失效	失效报告编号
3.1.1		实验台	D		—		
3.1.2		实验台	C	—			
3.1.3		高温	A				
3.1.4		高温	D		—		
3.1.5		高温	C	—			
3.1.6		实验台	D		—		
3.1.7		实验台	C		—		
3.1.8		振动	A		—		
3.1.9		实验台	D		—		
3.1.10		实验台	C				

所用试验设备	设备名称	型号	校正 日期	校正 状态
	试验装置	T4273		
	笔描记录仪	BR418		
	振动器	MB11		
	恒温器	TC4823		
	伏特计	V234		
	示波器	TCCL4817		

附注			
试验人	日期	质量控制工程师批准/日期	记入数据系统的日期

　* 状态说明:A——非运行,但必须存活,且在以后的使用阶段必须运行;B——非运行,不允许过早运行,在以后的使用阶段必须运行;C——运行。持续时间用周期数或离散的事件数计量;D——运行。用时间单位度量的持续时间。

表 14 - 8　功能数据表—变量型数据

项目：海神式导弹		试验报告编号：P42735		安全类别：	
名称：回收程序装置		图号：692D912P003		序号：	
等级：元件		类型：工厂验收试验		试验地点：工厂实验室	
试验细则(T1)：SWS3793		试验等级：元件		记入数据系统的日期：	
T1§	试验证明	环境	测量单位	特征类别	规范极限值	实际读数	试验日期
2.1.1	视觉检查	实验台	通过/失效	M	通过/失效		
2.1.2	灯光指示	实验台	通过/失效	M	通过/失效		
2.1.3	信标电压	实验台	伏特	M	13.2~15.6		
2.1.4	计时器	实验台	秒	C	0.6~1.5		
2.1.5	信标电压	高温	伏特	M	13.5~16.0		
2.1.6	计时器	高温	秒	C	0.4~1.2		
附注							
试验人	日期		质量控制工程师批准/日期			记入数据系统的日期	

2) 现场数据的收集

对于舰船,现场数据包括船上试验数据和使用数据。现场数据收集的问题,在于收集工作本身。如果所收集的数据是不完全的,当然就无法进行分析,因此,必须在充分计划的基础上进行收集。如果数据收集不充分,分析也就不合理,其结果当然不会正确,并且会随着场合的不同,给出不同的错误信息。这种事例时有发生,其原因几乎都是数据抽样的不均衡性,忽略观测中断数据等也是重要原因。

在现场使用的产品,各台之间大都有使用环境、使用条件的差异,其寿命受到各种复杂因素的影响。因此在收集数据时,也切不可忘记这些项目的数据。对于现场数据,在很多情况下是不可能过行事后调查的,在收集时要没有遗漏。

使用可靠性数据的收集就不这么简单了。既然装备的系统可靠性与维修性参数是以使用可靠性提出的,那么装备的可靠性定量分析工作就离不开使用阶段的可靠性数据,所以在研制阶段开始就要制定有关可靠性信息积累的规划和制度。这些信息包括对维修性及后勤保障的分析、设计所需要的可靠性信息。以往不重视该工作的做法已经部分地造成了海军装备维修与备件供应等方面的被动局面。因此,可靠性信息管理是所有可靠性管理工作中的关键。

在使用阶段,影响装备可靠性的因素是多方面的。其中一个主要因素就是使用、维修中的人为差错。这就需要在装备的研制与生产阶段,就要考虑如何遵循人的能力与弱点兼容的原则来设计、研制与生产装备的硬件,降低对操作使用人员的技能要求。但是,使用、维修中的人为差错是很难收集到的,也很难能反馈给研制部门,从而不能保证装备的改型设计能消除那些设计中存在的缺陷。

除此之外,即使研制部门有一个非常完善的数据收集系统,但没有使用部门的配合,要在真正发生了故障的零部件上获得有用的工作应力时间和故障数据也是非常困难的。这是由于装备使用与维修的技术综合性、快速反应性、环境复杂性和人员流动性等基本特点,限制了使用阶段可靠性数据的收集与积累。改善这种状态的途径之一就是建立与完善装备的维修数据管理系统。保证装备的使用信息与维修信息的完善。承制方有责任向该系统提供必要的可靠性技术文化,包括故障模式、影响及危害度分析报告、修复性维修的规程步骤、预防性维修大纲、故障诊断与判别准则等,同时也有权获取由维修数据管理系统所提供的成果。

另外,使用数据收集者,不像实验数据收集者那样能很好地理解收集、分析计划,而且水平不一。因此,数据收集必须有计划地进行,务必作好充分准备,必须就记录纸的设计、记录方法等做相当详细的准备。否则,得来不易的数据就无法进行分析。

对待故障的态度,也在很大程度上影响着使用数据收集的质量。使用可靠性数据的收集以故障记录为主要形式,若单纯地把故障看作人为使用不当或是管理不当造成的,则当船上出现故障时,当事者总希望大事化小,小事化了,而不做报告或记录,以免受到上级的批评或影响到评功评奖。如果把故障科学地看成是船舶可靠性的客观表现,并贯彻到船舶的日常使用和管理之中,则影响使用可靠性数据收集的这一层障碍应该可以消除。

收集数据总是有某种目的。所采用的数据收集方法,当然要与此目的相适应。如果要分析有关寿命的数据,就需要故障前工作时间。进行数据分析要按顺序有步骤地进行,自一开始就有很多应该虑的项目,如这个数据是否合适,这些数据是一起处理还是要进一步详细分类等。随着分析的进展,还需进一步形成各种项目。因此,数据收集要与这些要求充分对应,并可由数据分析过程来决定记录项目。

可靠性数据是相当昂贵的数据,不希望所收集的数据只利用一次,应当使数据得到充分有效的利用。因此,在收集数据时,要注意适应这种要求。

使用可靠性数据可通过下列具体步骤获得:

(1) 制定使用可靠性数据的收集大纲。

所收集到的数据要能准确完整地反映出装备的可靠性,且能从这些数据中得出较高置信度的结论。不完整而又不准确的数据报告,必会导致数据无法利用,所得出的结论丧失置信度,甚至是完全错误的,必将进一步导致做出错误的决定和错误的作法。为了确保数据的可信性与完整性,因此有必要制订使用可靠性数据的收集纲要,在制订纲要时,应考虑的因素有:①收集数据所用的表格,利用这些表格可确保所得到的数据能准确地反映出装备在实际使用条件下的真实情况;②所需的数据量;③为达到所需数据量所花费的时间与费用,④数据交换的程序和处理方式的规定。

(2) 故障报表。

无论故障报表是由承制方编制的,还是由其他管理部门提供的,故障报表至少应包含下述数据项目:

① 故障部件的名称、编号、代码等,以便对此故障部件或组件进行鉴别;

② 部位(舰船型号、舷号、舱室号码、装备所处的位置);

③ 故障的时间与日期;

④ 上一次故障后持续的工作时间；

⑤ 故障发生时的工作应力及周围环境，特别要指出值得注意的任一异常情况；

⑥ 故障模式及影响；

⑦ 故障原因或机理，包括诸如操作人员的差错。从属故障，非正常使用（超出正常寿命的使用，极端的工作、环境、冲击等）；

⑧ 用通用的名称、代码或标号注明故障部件或更高一级组件；

⑨ 维修的原因（预防性维修或校正性维修）以及维修工时；

⑩ 维修与保障费用。

为了保证通过故障报表所得到的使用数据及时、准确、适用、完整，表格的制作应注意系统与统一原则。所谓系统原则就是表格要相互配套，分发和反馈要由相应信息管理机构负责进行监督、管理和协调。所谓统一的原则就是要保证表格的编码方式统一、格式统一、填写的方法步骤统一。对于由使用部分填写的表格，应特别注意表格的内容尽量简单明确，适应使用人员的理解与写作水平，尽可能消除容易引起数据混淆的不确定因素。操作使用人员的理解与能力不同，维护、保养和检修的各种方法以及可能出现的人为差错都会给数据的正确解释和说明造成困难。

3）数据分类

通常的故障报表中所包括的基本数据分为结构数据、工程数据和维修统计数据三类。

结构数据用来定义被分析装备的边界，组成该装备的设备、组件、零件，以及有关定义装备设备的定额部件。确定结构数据至关重要的一点就是应有一设备部件编号或代码系统，或舰船武器装备结构分类表。依据这样一个编号、分类系统，无论是装备的承制部门，还是订购、使用部门，都能准确地理解其数据的含义，也便于信息管理与利用。

工程数据包括装备工作小时记录、设备技术手册、说明书、工程图纸、故障模式与影响分析、修理规程步骤及要求等。工程数据用于说明装备的功能、接口、工作、测试和维修要求。

维修统计数据记录了维修工时、平均停机时间、部件消耗、操作使用人员对装备实施修复性维修的详细情况、一个维修周期内的各维修等级的活动、重大事故报告记录及有关装备和设备临界状态的故障信息和征兆等。维修统计数据为装备承制方或修理厂提供了统计资料。数据的其他来源包括大修前的试验和检查报告。

数据收集到后，应由专人对数据进行检查。对有计划、有目的地从试验中获取的数据进行专门检查尤为必要。

从事数据检查的人员必须具有进入试验场所的机会，以保证记录所有的数据，保证所有的表格都转送去接受数据检查口将收集数据的表格中的方框编上序号是一种防止试验人员遗漏数据系统中任何数据（表格）的办法。另一种方法是分发给数据检查机构一种核对清单，清单中包含了计划被试单元的图号和序一号。核对清单要和以后处理的数据比较，说明有差别的地方并返回填写数据的人以求解决。

应该在数据检查的地方人工地筛选一次所有填好的表格，以便发现显著的错误。筛选包括验证清晰性、核对系统标志、核对数据的记录，核对是否满足签名的要求口如这些方面有错误，就返回原始填表人纠正。

除了对数据进行人工检查外,应该开发一分计算机程序来校订数据。应该用计算机程序来对数据进行精确性、有效性和完整性检验,并提出一分错误清单。错误清单应该包含识别错误类型的代号。应该将错误送回有关人员纠正。经验证明,这种方法使错误的数量迅速减少。

数据精确性的计算机检验应该保证,数字数据不应该出现在为这字符保留的表列中,反过来也一样。它也应该校核数字的合适的范围(例如,日期由 1 到 31,月由 1 到 12,年由 00 到 99,分由 00 到 60,等级由 1 到 7 等)。数据完整性的计算机检验应该保证,所有需要的数据都出现在每一个项目中(出现失效时还需要更多的数据)。使用有效性检验监测试验的结果(时间或周期数)。对状态 A、B 和 D 可以将时间的允许范围预置于计算机内,对状态 C 可以将允许的周期数范围预置于计算机内。报告中超过这些范围的数据应返回试验场所进行验证。例如,当振动试验的允许范围是 15~30 min 时,试验报告进行了 4 h 振动试验,因而必须返回验证。

错误清单确实能检出被报告数据中的一些错误,然而它不能查出完全遗漏的数据。核对清单的目的在于定期地检查,看是否报告了所有的数据。所有安排好被试的编好序号的硬件都应列入一个清单,并将它输入计算机。输出报告指出已经收到的试验数据,然后可以研究为什么遗漏了某些数据,并可以采取纠正措施。这样构成了一个闭环。

一般的数据检查功能监督被报告数据的及时性、完整性和精确性,然后对数据进行变换以便计算机处理。数据检查机构必须指定数据获取及分发、复制点,日程安排、分发办法和对数据系统收到的数据所负的责任。必须要建立一些措施来复制、分发、收集、校订和编辑由试验场和舰队服役中收来的数据表格。这种措施应该包括人工和自动的方法,它可筛选报告的数据以使其符合要求,它还为纠正报告数据中的错误提供条件。

数据检查机构应和数据处理机构一起工作,确定可用计算机程序核对的数据段,可用的核对逻辑以及除数据本身以外为检出错误所需要的信息;使用通过分析所确定的项目特有的要求,数据检查机构必须要具有上述信息。

为了要从收集的数据中检出错误,所需要的信息包括所有可接受硬件的标志及试验证明,字符段,包括持续时间在内的变量标志,变量取值范围,决定在原始文件中何时应该出现特定的数据或者保留空白的标准(如在试验表格中报告了一次失效,它应伴随有失效报告号码以供参考)。对于承制方的数据检查办公室来说,由于存在外来数据,要完全纠正所有的错误可能是困难的。因此,在处理数据时应注意,使系统的输出对有高出错率的数据元素尽可能不敏感,同时要注意综合叙述性的统计结果,使有可能近似地纠正数据库中未发现的错误。

应该在原始文件上做记号,指出已经摘出的重要信息,可在要标出的地方盖上印或打一个孔。可用红笔圈出文件中没有很好填入的数据段或方框,或者圈出不能解释的信息。然后复制处理过的文件,原件返回原始填写机构,若有需要可纠正错误。必须提供一分中断文件,以保证在最终处理以前纠正所有检出的数据错误,同时保证在纠正错误的循环中没有一个数据从系统中丢失。文件应该包含所有尚未纠正的错误记录。当数据用作计算机的输入时,必须要建立有一定格式的指令和表列信息,以便自动进行错误校订和有效性核对。

管理部门在数据检查工作中起着关键的作用,这种作用是依靠不断检查数据(至少一周一次)和强调数据的重要性来发挥的。管理部门应该仔细地监视中断文件并纠正人为错误。

14.9.5 可靠性数据的处理

数据处理功能编排筛选好的数据,在计算机的可读装置中将它们记录下来,在存储装置中产生并维持一项数据历史文件;对硬件单元来说凡元件等级及以上的数据,对软件单元,凡"模块"等级及以上的数据都储存在该文件中。它应用累积数据来产生摘要报告,可靠性分析机构将利用这些报告去评估和报告正在开发或已在舰队服役的系统可靠性和可用性。

在处理时若发现数据中的错误,可准备好一些表格,上面清楚地对错误下定义,然后将表格送往数据检查机构。数据检查机构必须保证纠正错误,他们或者直接纠正错误;或者迅速把原始文件转送到原填表人手中,以便原填表人可以准确地回忆报告时的情况。在数据检查机构中维持一分这种错误的中断文件,以保证在纠正错误的循环中没有数据从系统中丢失。纠正以后的数据再一次准备进行处理并进入下一个处理循环中。

数据处理功能必须要有能力在数据的所有范围内进行分类挑选,有能力清除旧的数据(按日期、批量、试验类型等分类),有能力纠正数据库中的错误数据。

在建立数据处理功能时包含以下几项任务:①决定被处理信息的类型和数量;②决定对数据进行检查(计算机化的错误检查工作)的工作量;③进行数据处理系统分析;④制订计算机编程规范;⑤编制和验证计算机程序;⑥编制计算机操作指令。在进行这些工作时,数据处理机构应该与向数据系统提供信息的小组和使用数据系统输出信息的小组共同工作。

为了要产生一个用于准备 RMA 报告的公式化和程序化的历史文件,可能需要计算机运算多次,通常需要运算五次:①格式标准化;②初步处理;③项目选择;④更新和编译;⑤统计计算以便按数据使用功能的要求提供输出报告。在每次计算机运算过程中进行的数据处理工作讨论如下。

1) 格式标准化

为了今后的处理,数据输入格式必须重新安排成标准的记录格式。这样,只要试验场提供数据收集机构所需要的普通的和不矛盾的信息,他们就可使用最适合他们需要的表格。标准定长记录格式使数据处理很方便,也免去了今后将信息单元和它们在记录单上的位置对应起来的工作。

2) 初步处理

在这一步检查试验和失效数据,以便验证其精确性、简明性、完整性和被处理信息的有效性。可以人工地或用编辑程序或两者并用来进行检查。应该妥善设计错误清单,使人工纠错人员易于读它。因为为一个特定的被试系统收集的试验结果也可能适用于其他的使用同类型硬件的系统,应该在数据系统中包括一些措施和标准以便在开发的项目之间交换试验数据。

在某些情况下,可能需要对子元件等级上的硬件进行可靠性估计,但是可能完全无法将这些子元件作为分离的装置来进行试验,而只能将它们作为较大装置的一部分来试验。因此,为了从元件等级下降到子元件等级估计试验结果,可能需要在初步处理阶段准备好条件。为了实现这一点,必须对计算机提供影响元件的子元件母体的信息(结构信息)。

例如,若型号 A 的元件包含三种型号的子元件(A1,A2,A3)每样一个,又若试验仅包含两个元件 A1 和 A3,但不包含 A2。那么仅仅赋予 A1 和 A3 两个元件运行时间或运行周期数,赋予第三个子元件 A2 非运行时间,但两种时间相等。

3) 更新和编译

将利用被处理的试验数据记录更新已有的试验历史文件。不论做出多大的努力来保证试验数据的准确性,在历史文件中总会出现错误。因此,有必要提供一个方法,在这一步纠正文件中的错误。

因为仅仅当需要项目的报告时才更新历史文件,因此应该提供条件,以除了产生可靠性和可用性状态的综合报告这一基本输出信息外,还要能产生各种选定的报告。这些选定的报告通常由汇总试验结果构成,它们可能汇总跨类试验结果,也可能汇总某单类的试验结果。

对于在舰队服役的系数,数据处理功能应该进行某些数据运算,除了为开发中系统提供的那些信息以外还能提供其他一些信息输出。这些附加的输出信息可能包括计算的运行可靠度和可用度、反复失效的失效清单、纠正措施有效性的评价以及高失效率元件的次序清单。

4) 统计分析

如果数据是完全数据,则很容易用一般的统计方法将产品的故障特性表现出来。即使是定时截尾试验和定数截尾试验所得到的不完全数据,也可以作为完全数据的一部分采用完全相同的处理,从而找到设备及系统的可靠性分布特征。具体方法在一般数据统计教材中均有叙述,有兴趣的读者可以从有关书籍中方便地找到适当的计算方法。

需要一提的是,在日常工作中,提到可靠性数据往往就关心可靠度、失效率、平均无故障工作时间等,对可靠性分布形式则不太注意。在电子产品的可靠性工作中,这样做是可行的,因为大家都公认电子元器件及产品的可靠性是服从指数分布的,给出指数分布的失效率只就等于给出了全部参数,所有所需的信息都可以由此推导出来。在一些大型复杂装备上,如舰船,就不一样了,大量的机械系统和结构件失效率并不服从指数分布,如果沿用老习惯,仅给出失效率。则无法确定可靠性分布。若仍用指数分布来表示失效率,会给分析带来较大的误差,工作的可信度大大降低。

15

泛可靠性管理

　　可靠性很早就被认为是产品的重要特性,但长期以来一直没有得到应有的重视。至于质量管理,作为一种重要的管理方法,却很快得到了社会各界的肯定。随着可靠性技术的不断发展,可靠性工作开始渗透到产品的设计、生产、维修和使用的各个环节。这样,以提高产品质量的稳定性为目的的可靠性技术和全面质量管理的思想必然要在产品的设计、生产、维修和使用的各个环节中相互融合。这种融合的结晶就是可靠性管理技术。

　　泛可靠性管理是指实现产品可靠性预期而进行的各项管理活动的总称,是从系统的观点出发,通过制订和实施一项科学的计划,去组织、控制和监督可靠性活动的开展,以保证用最少的资源,实现用户所要求的产品可靠性。

15.1　可靠性管理概述

　　站在现在的立场上看问题,可靠性管理和全面质量管理几乎是同义词。离开了可靠性技术,就无所谓现代全面质量管理,而离开了全面质量管理的轨道,可靠性管理就无从谈起。如此,我们可以对可靠性管理作如下定义：所谓可靠性管理,就是用工程的方法对产品的可靠性进行控制和管理。

　　如前所述,可靠性是表示产品所具有的综合能力的一种参数,是产品质量的标志,对这个参数进行控制和管理与对产品的性能参数和功能参数进行控制和管理一样,是通过在设计阶段的设计管理、生产阶段的工艺和材料管理,以及使用阶段的使用和维修管理来实现的。我国全国军事技术装备可靠性标准化技术委员会出版的《国家军用标准〈装备研制与生产的可靠性通用大纲〉实施指南》中对可靠性管理作了如下描述："可靠性管理就是从系统出发,通过制订和实施一项科学的计划,去组织、控制和监督可靠性活动的开展,以保证用最少的资源实现用户所要求的产品可靠性"。

　　可靠性管理的目的,是保证用户所要求的可靠性指标的实现。只有用户提出了明确具体的可靠性目标,才需要在产品的研制过程中把可靠性作为一个单独的问题来加以研究和管理。如果合同和任务书中没有单独提出可靠性要求,或只是笼统地提出要保证产品的可靠性,或是虽提出了具体的可靠性指标要求,但却是"弹性的",缺乏必要的可靠性经费,当然也不可能进行实质性的可靠性管理。因而,可以说用户的需求是推动可靠性管理技术发展的源动力。

可靠性管理的职能是计划、组织、监督和指导。管理的对象是产品的研制、生产和使用过程中与可靠性有关的全部活动,但重点是产品研制阶段中的设计和试验活动。由于产品的设计、试验和生产过程是相互关联、彼此依赖的统一整体,任何一个阶段的失败都将导致整个产品的失败。所以,可靠性管理要贯穿了产品研制、生产和使用的全过程。强调从头抓起,从上层抓起,有一个全面的计划。在另一方面,对产品可靠性的影响多来自其薄弱环节。因而,在制订计划和实施管理时要抓住关键,突出重点,以提高可靠性工作的效率。

可靠性管理标准的制定和实施,进一步推动了可靠性管理活动的深入。美国空军副司令埃斯特斯在 1964 年全国(美国)可靠性和质量控制会议上介绍导弹可靠性管理经验时曾经说道:"首先,我们的绝大部分系统现今已转到了定量的可靠性管理,已经废除了那些虚假的、含糊的术语,如'无缺陷'、'工程质量良好'等,取而代之的是一些具体的,如'平均无故障工作时间'、'任务成功率'或其他定量术语……我们已经制定如下方针:所有合同都应包括以规定的最低可靠性数值为准的定量的可靠性要求和定量的维修性要求。"美国在 20 世纪 60 年代初研制大力神Ⅱ导弹、民兵Ⅱ导弹和阿波罗工程的过程中,都制订和实施了内容广泛的工程可靠性大纲,有效地保证了这些工程可靠性目标的实现。

随着武器装备和工程系统的日益大规模化和复杂化,其重要性和研制费用也在不断增加,可靠性的要求也越来越细,越来越具体。这一切都进一步推动了可靠性管理的发展。可靠性管理的重点也从对可靠性要求的控制转向改进和保证可靠性目标的实现。这些发展集中体现在美军 80 年代初制订和颁发的一系列国防部指示指令以及可靠性军标中,如"DODD5000·40——可靠性与维修性指令"和"MIL-STD-785B——系统和设备研制与生产阶段的可靠性大纲"。

综合起来,可靠性管理工作有以下三个要点。

1) 产品保证和可靠性保证

要保证产品研制成功,并能有效地运行,不仅要靠传统的工程设计和制造,而且要靠在研制过程中从各个方面对产品实施一系列保证。这就要求产品的研制单位做好各方面的工作。这些为保证产品目标的实现而开展的全部活动和工作组成一个有机的整体,这个整体被称之为产品保证。产品保证是综合保证,总体保证。可以按保证的目标和专业将产品保证分解成若干个专业保证,把每项专业保证需要开展的活动和工作用一个大纲组织起来,以实现产品保证的目标。典型的产品保证系统如图 15-1 所示。

可靠性保证是整个产品保证的一个组成部分,是为了实现产品的可靠性目标而开展的可靠性活动的一个有机的整体,是通过制订和实施产品的可靠性通用要求而进行的。可靠性要求一般包括管理、设计分析和试验任务三个部分,每个部分的任务又包括若干项工作,典型的可靠性工作通用要求结构如图 15-2 所示。

产品研制过程的管理是一项系统工程,它是一个具有特定目标和功能、由多个部分组成的有机综合体。产品保证是一个大系统,可靠性保证是它的一个子系统。要实现可靠性保

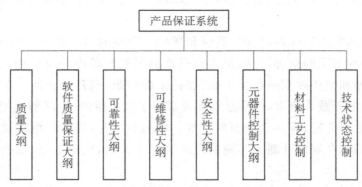

图 15 - 1　产品保证系统

证就必须开展可靠性管理。

2）可靠性管理

保证产品具有合同所规定的可靠性要求,是承制方应尽的职责。承制方要履行这一职责,必须在产品的设计和制造过程中开展一系列活动,采取一系列措施,防止和控制产品可靠性缺陷的产生,即通过一组工作来保证。要使这一组工作既经济,又有效,就必须实施可靠性管理。

"保证"和"管理",就目标内容来说是一致的,都要求在研制过程中有计划、有组织地开展并完成一系列与产品的可靠性有关的工作,以实现规定的产品可靠性。所不同的是,"保证"强调的是承制方对订购方的责任,而"管理"则强调承制方内部关系中领导层的职能,强调对可靠性工作的有效监督和控制,是保证能力的体现。

3）可靠性管理方法

可靠性管理是运用反馈控制原理去建立和运行一个管理系统。通过这个系统的有效运行,保证可靠性目标的实现。可靠性管理的基本方法是计划、组织、监督和控制。

（1）计划。开展可靠性管理首先要分析确定目标,选择为达到产品可靠性要求所必须进行的一系列可靠性工作,并制订每项工作的实施要求,估计完成这些工作所需的资源。这些开展产品可靠性工程的前期工作就叫计划。

（2）组织。进行产品的可靠性工作要有一套完善的组织机构,在这个机构的各个层次上都应有专职的或兼职的工作人员。同时,还要明确相互的职责、权限和关系,形成产品可靠性工作的组织体系和工作体系,以完成计划确定的目标和工作。

（3）监督。监督是利用报告、检查、评审、鉴定和认证等活动,及时取得各种信息,以督促可靠性工作按计划进行。同时,利用转包合同,订购合同,现场考察认证,参加设计评审以及产品验收等方法,对协作单位和供货单位进行监督。

（4）控制。控制是通过制订和建立各种标准、规范及程序指导和控制各项可靠性活动的开展,并通过设立一系列检查和控制点,使产品的研制和生产过程处于受控状态。同时,还要建立可靠性信息系统,以便及时分析和评价产品可靠性状态,制定改进策略。

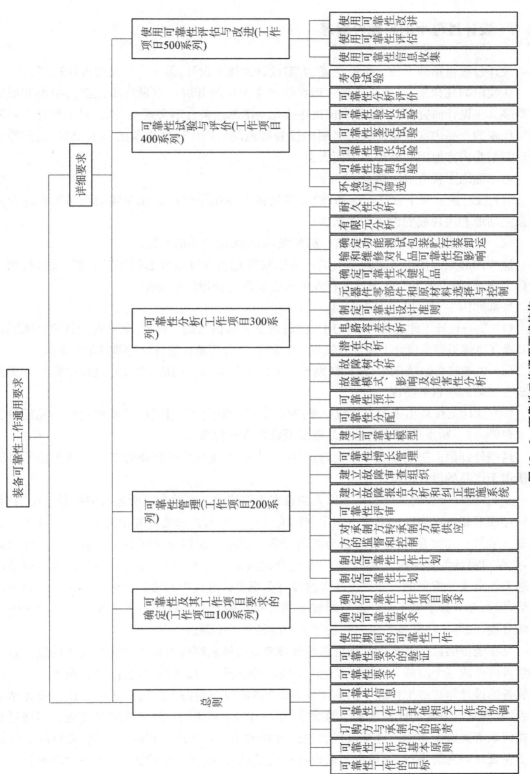

图 15 - 2　可靠性工作通用要求结构

15.2　设计过程中的可靠性管理

设计过程包括战术技术指标论证、方案设计和技术设计,是一个广义的设计过程。

从我国的现状来看,全面质量管理在生产企业中的开展比在设计研究部门中的开展要好得多。在设计研究部门,质量管理往往演化为图纸线条合不合规格,格式对不对等。对图纸所反映的产品内在质量却缺乏必要的监督和控制。产生这种现象的原因很多,这些原因可以归结为内部原因和外部原因两大类。

内部原因主要有以下两点:

(1) 设计活动属于创造性活动,设计者往往对创纪录的产品或新颖的产品感兴趣而不愿意主动地利用现成的设计和图纸。

(2) 设计者往往自尊心与自信心都很强,不易听取别人的意见。

这些内部原因使得真正意义上的产品质量管理在设计研究部门不易开展。同时,加上设计工作是"脑力劳动",从事这一行业的人容易忽视管理的必要性。

外部原因主要有以下三个方面:

(1) 装备设计工作通常是根据用户的订货要求而进行的。因而,常常提出许多特殊的设计要求。这使得很多设计工作带有较强的探索性,这种现象在装备设计部门尤为突出。

(2) 由于装备系统庞大,设计初期考虑不周是常见的。因而,在设计过程中常常发生必须改变和追加项目的情况。

(3) 设计工作拿出来的直接成果是产品的设计图纸。通过图纸所反映出的产品质量比通过焊缝、加工精度所反映出的产品质量要难以察觉得多。

这些外部原因决定了在标准化、批量生产中所形成的生产企业的质量管理方法不可能直接用于产品的设计活动之中。

然而,设计阶段的重要性是不以人的意志为转移的。有关专家所进行的统计分析表明,设计过程对装备可靠性的影响占到全部影响的40%左右。如此高的比例不能不引起人们的重视。从另一方面看,设计阶段是为装备可靠性这座大厦打下坚实基础的阶段。设计结束后,产品可靠性的框架也就基本定了型,变化的余地已经不大了。因而,设计阶段的可靠性管理工作是十分重要的。如果说在以前没有重视设计过程中的可靠性管理是由于认识不足的话,那么在充分了解了设计过程对装备的可靠性的意义之后还不重视在这个过程中的可靠性管理,就等于将装备的可靠性及装备的质量置于不顾。

要在装备的设计过程中开展可靠性管理究竟应该从哪些方面入手呢? 装备的设计过程通常可以分成三个阶段:战术技术论证阶段、方案设计阶段和技术设计阶段(至于存在于任何装备的设计与建造工作之中的施工设计,严格地说应划归生产过程之中。技术设计结束以后,装备及其系统的详细技术性能指标都已确定,而施工设计要解决的是在施工建造过程中如何来落实这些指标。这可以视为生产过程的第一道工序。正因为如此,有时施工设计并不在设计研究所进行,而是在工艺设计科完成的)。在这三个阶段中,每一阶段的目的不一样,特征也不一样。要在各个阶段开展装备的可靠性管理,就必须扣住各个阶段的活动特征以及中间产品的特征来开展工作。

在战术技术论证阶段(对于民用装备则是经济技术论证阶段),设计工作的重点是按照用户总的要求以及装备本身的基本战术设想(使用方案)在进行了战术技术性能、可靠性、可维修性以及安全性等指标论证的基础上向有能力承制的单位提出招标书。有意承制的单位则以投标书的形式进行投标。中标者则转为承制方,然后双方可以对装备的具体要求进行协商,确定下来并写入合同或战术技术任务书的有关文件中。在这一阶段,作为可靠性管理的第一步就是提出并与承制方商定可靠性大纲要求,包括装备及其主要系统的可靠性的定量要求和定性要求,试验项目要求及基本工作项目等。

如果没有对装备可靠性的定量要求,可靠性管理将失去努力的目标,也没有验证的可能性和必要性。因而,首先要根据装备的特征及使用需求选定合适的系统可靠性参数,然后经过反复论证确定其量值,提出为评定装备可靠性是否达到要求所作统计试验的置信水平和判决风险,并规定使用值和合同值的转换程序和模型。

装备可靠性的定量要求是影响装备的战备完好性、任务可靠性和寿命周期费用的十分重要的因素。因而,装备可靠性的确定是件重要的大事。要在了解国内外同类装备及其主要组成部分的可靠性、费用、研制周期、新技术以及工艺等信息的基础上,根据任务需求和资源条件采用系统分析和经济分析等方法进行综合权衡,分析风险大小,最后确定量值。权衡包括两个方面,一是可靠性与其他技术的权衡,二是可靠性水平与寿命周期费用的权衡。国内外统计资料表明,为提高装备的可靠性所进行的投资是十分有效的,它将在使用维修阶段获得加倍的收益。同时,可靠性增长技术能有效地提高装备的可靠性水平。这些因素在确定装备可靠性定量要求时都应该考虑。

可靠性大纲要求是承制方进行可靠性工作的依据。必须在研制合同签订之前由订购方提出,并进行可靠性费用的预算。以保证研制与生产过程中可靠性工作的开展。它是订购方为保证装备的可靠性而提出的工作程序要求,也是订购方参与可靠性管理工作的第一步。

要保证可靠性大纲的全面实施并达到预期的费用效益,必须对大纲的执行情况进行连续的观察和监控。其方法就是在研制生产过程中设置一系列检查、评审点,实行分阶段的评审。由于产品的固有质量和可靠性主要取决于设计,因而,必须进行严格的设计评审。

设计评审是设计决策中的关键,参加评审的应是非直接参加设计工作的同行专家和有关方面代表。评审工作应及时进行,其主要目的在于及时发现潜在的设计缺陷,加快设计的成熟,从而降低决策风险。

实施设计评审的具体作用是:

(1) 评价设计是否满足合同要求,是否符合设计规范及有关标准、准则。

(2) 发现和确定设计的技术缺陷、薄弱环节和可靠性风险较高的区域,研讨并提出改进意见。

(3) 对研制试验、检查程序和维修资源进行预先考虑。

(4) 检查和监督可靠性大纲的全面实施。

(5) 减少设计更改,缩短研制周期,降低寿命周期费用及决策风险。

对于订购方来说,设计评审是用来监督承制方可靠性活动的重要方法。对于承制方来说,设计评审既是一种对设计进行监控的手段,又是一项完善设计决策的技术咨询活动。通过邀请非直接参加设计的同行专家和有关方面的代表对设计成果和设计工作进行审查、评论,把专家们的集体智慧和经验运用于设计中,弥补主管设计人员的知识和经验等方面的不足。对那些新方案、新技术,新设备的应用,可靠性风险较高,更需要集中各方面的智慧。

设计评审并不改变原有的技术责任,更不是代替或干涉设计决策,只是在设计决策前增加一个控制点,以降低决策风险。

评审组织应根据产品的重要性、复杂性、协调范围以及评审类型而定。一般可分为二级,即订购方(或合同双方)的上级主管部门主持的一级评审和承制方主持的二级评审。事前应由承制方和订购方事先商定评审级别,提出评审申请,由上级主管单位批准确定。

为了搞好产品的可靠性设计评审,承制单位应预先准备好评审资料,其深度和广度应能反映可靠性工作内容和进度以及可靠性大纲工作项目的要点。

论证阶段的设计评审工作一般安排在战术技术指标论证的后期,应在完成了包括可靠性、可维修性指标在内的战术技术指标论证,编写了《论证报告》和《可靠性大纲要求》之后进行,其目的是评价装备的维修性、可靠性的各项要求是否能满足装备的使命任务的需要以及在现有工业技术水平下能否实现这些要求。评审结论为审批装备的战术技术指标提供必要的依据。评审内容主要是系统可靠性、可维修性参数的适用性、完善性;组成系统备选方案的可行性、先进性;论证的任务剖面和寿命剖面的正确性等。需要准备的资料有:①战术技术指标(含可靠性和可维修性)及其论证报告;②可靠性大纲要求;③效能与费用分析报告。

方案设计阶段的主要任务是根据装备的战术技术任务书,探索及拟定若干个装备的可行方案,综合性能、可靠性及费用等诸因素进行选优,确定基本方案。然后以此深入分析研究,进行细节设计。对比较大的技术问题,如动力系统选型,武器配置方案等予以定位,从而确认设计能满足任务书的要求。在此阶段,可靠性的估计值应以历史数据为依据,利用各备选方案的费用效能及可靠性的估计值来进行方案选优,最后拿出最佳方案及配套文件。

本阶段可靠性管理的重点是:

(1) 考核和选定系统承制单位。

(2) 订好可靠性保证大纲和计划。

可靠性保证大纲和计划是实施可靠性管理的核心。制定大纲时特别要注意工作项目的选择,不允许剪裁为一个没有可靠性实质内容的大纲,也不允许用可靠性的预计值来判定装备的可靠性是否达到了定量要求。计划要规定做什么,怎么做,何时做,谁来做。在编制计划的同时应编制预算,以保证有足够的资源、资金和其他条件来获得所要求的可靠性。对装备进行可靠性管理,所需要增加的经费大致有:可靠性管理机构的费用,可靠性管理计划落实的费用,可靠性教育、培训费用,可靠性设计费用,可靠性设计评审费用,可靠性数据的收集与处理的费用,制订可靠性管理文件的费用,对外协厂进行可靠性管理的费用,采用高可靠性元器件的费用,元件筛选费用,产品、元器件试验费用等。应该确信,增加的投资能在寿命周期费用、战备完好性和任务成功性方面得到更多的补偿,因而是非常合算的。

(3) 抓住设计和设计评审这两个环节。

设计可以看作是赋予装备可靠性的过程。抓可靠性应从设计开始,已成为一项普遍适用的原则。

在方案设计阶段抓设计的可靠性主要包括以下几个内容：

（1）方案分析评估。可靠性设计评估对设计质量有重大影响。分析评估进行得越早，收获也就越大。通过分析评估，优选和审定基本方案，确定装备的可靠性指标。

（2）可靠性指标分配。将总体可靠性指标分配到系统乃至设备，同时确定并评估系统及设备的方案。分配的依据是各系统、分系统和设备的复杂程度、重要程度、母型的故障数据资料和费用等因素。在设计和评审中要掌握两条基本原则，即简单就是可靠以及尽可能采用经过实际考验的设计或产品及标准件。

（3）关键技术、零部件的预研和认定。对于关键性的零部件、结构以及工艺技术必须提前进行研究。对采用新设计、新工艺生产的元器件及零部件也应提前进行质量认定，以保证细节设计的成功。可靠性关键件是指它的故障会严重影响系统的安全性、可用性、任务成功性或后勤保障总费用的那些零部件。它包括那些可靠性实际特性尚未完全摸清的或同规格的数量达到零部件总数10％以上的零部件。可靠性关键件在确定后应列入清单，如有可能，还应按其重要性分类或排序，以便作为分析、设计、工艺试验及管理的重点。

（4）制订可靠性增长计划。利用"试验—分析—改进"这一过程来暴露设计和工艺方面的系统性缺陷，并采取纠正措施来加以克服，从而实现产品可靠性的增长，是目前改进和提高产品可靠性的一种十分有效的方法，在装备工程中也是一样。增长应有目标值，有时间及经费方面的保证。延误产品系统性缺陷的排除将使故障重复出现，从而拖延工程进度，降低产品的可靠性。从大型装备总体（如舰船）本身来说，没有制造样船这么一个过程，因而，不可能用大型装备总体来做可靠性增长试验。但从总体角度出发制订可靠性增长计划却有很大的实际意义。装备是一个由各种系统组成的有机整体，各个系统的可靠性指标在这个总体中归结成为总体可靠性指标。由于各个系统在这个整体中所起的作用不一样，其可靠性指标在归结成总体可靠性指标时并不是靠简单的叠加来实现的，而是按其在整体中所起的不同作用叠加起来的。这样，各个系统的可靠性指标在归结成总体可靠性指标时所处的地位是不一样的。从总体的角度出发制订可靠性增长计划，其意义在于把有限的经费投入到最需要的地方，从而避免一拥而上造成的浪费。

（5）组织方案设计评审。方案设计阶段的评审一般安排在方案论证及方案设计阶段后期，应在完成了方案设计，编制了《方案论证报告》之后，转入技术设计之前进行，其目的在于评价产品的可靠性、可维修性设计方案能否满足《战术技术任务书》的要求，从而取得较好的费用效益。评审结论将为技术设计提供必要的依据。评审内容及项目的要点在于可靠性、可维修性设计方案的先进性；可靠性大纲、可维修性大纲的适用性、完整性；关键技术预研及攻关的可行性；重要元器件、组合件、材料货源、质量稳定性以及制定的设计准则与标准规范的一致性等。需要准备的资料有：①可靠性、可维修性方案论证报告（可靠性、可维修性模型，指标分配，指标的预计以及相应的框图等）。②可靠性大纲、可维修性大纲以及经费预算分析报告。③关键技术预研及攻关（试验）的可行性分析报告。④新采用技术的可行性分析报告。⑤关键元器件、组合件、材料货源及质量情况调研报告。⑥选用的标准、设计准则及说明等。

在技术设计阶段，设计的主要任务是将方案评审通过了的方案用各种具体的技术途径来实现。在这一阶段，以总体形式出现的设计工作相对较少。但在总体协调下各系统的具体设计工作才刚刚展开。此时可靠性管理的主要工作如下。

（1）组织细节设计。

根据方案设计评审通过了的基本方案进行详细设计，贯彻可靠性要求，进一步对性能、可靠性、费用、进度等进行权衡分析，最终确定产品的可靠性。在某些情况下，宁可适当降低装备的性能以确保产品的可靠性。此时，可以进行较为详细的可靠性预测及分析，预测时使用的原始故障率数据应得到使用方的同意。预测中不能遗漏装备各组成部分可能出现的各种故障模式。因为预测是修改设计的依据，越早发现不恰当的设计，及时采取纠正修改措施就越有利。分析方法包括FMECA及FTA等。FMECA要求全面系统地研究装备发生故障的所有可能途径，每种可能出现的故障的原因以及其在装备执行任务的不同阶段的影响，以确定装备中的可靠性薄弱环节，从而可以采取有针对性的改进措施，提高装备的可靠性。同时，这项研究的结果对确定可靠性关键件，制订预防维修大纲，进行维修保障分析等均是十分重要的。它牵涉的技术知识面很宽，因而，需要组织有关部门共同进行。

（2）落实可靠性增长计划。

在很多有可靠性要求的情况下，方案的成立是以可靠性增长计划的落实为前提的。可靠性增长计划的落实与否牵涉到整个设计的成败。因而，在技术设计阶段要重点抓好可靠性增长计划的落实。

（3）控制元器件的选择。

（4）运转闭环的信息数据系统，以便从所有的试验中获得可靠的数据，用于了解问题，制订改进措施和管理决策。

（5）完成用于施工设计阶段的装备设计规范的编制。它包括明确定义的可靠性定量要求，为实现这些要求所必需的所有相应的可靠性设计要求，即元器件选择标准、机内测试特性、组装件配置及环境标准等。

（6）完成用于各级产品的验收规范的编制，规定在研制及生产阶段应进行的可靠性验收试验，其中包括试验方案及试验等级、故障及分类的基本规则。此外，还必须规定试验环境。

（7）组织设计评审。

当技术设计完成后，应组织高规格的可靠性评审，对总体方案、结构图、计算书、可靠性预计和分析报告、新采用的零部件的认定报告、工艺试验报告以及各项具体的可靠性设计文件进行评审，及时发现和纠正设计缺陷，保证产品的固有可靠性。评审组应由知识结构齐全、代表性充分、理论水平高、实践经验丰富的专家组成，以求依靠集体的智慧来把好质量和可靠性关。

技术设计评审的重点在可靠性、可维修性设计（冗余设计、漂移设计、降额设计、环境设计、电磁兼容设计、故障自检设计、互换性设计、安全性设计等）技术的现实性；可靠性分析（FMECA，FTA，潜电路分析，容差分析，应力分析）技术的有效性；贯彻标准化以及设计准则的正确性；可靠性、维修性试验计划及方案与标准规范要求的一致性；可靠性、维修性大纲计划的进展状况等。技术设计评审需要准备的资料有：①可靠性、维修性技术设计情况报告（含可靠性、维修性分配，可靠性、维修性预计及相应的模型框图）；②可靠性增长试验报告；③FMECA资料；④元器件大纲；⑤可靠性关键件、重要件控制措施及关键问题解决情况报告；⑥可靠性研制试验及鉴定试验的计划和方案；⑦方案阶段评审遗留问题的解决情况。

以上方法主要用于军用装备的可靠性管理工作。当运用于民用装备时,可视具体情况进行筛选。

15.3　定型过程中的可靠性管理

如果说设计过程是使装备从朦胧的概念到具体的技术方案的过程,那么,建造及定型过程则是一个使装备从具体技术方案到实际装备的过程。按照建造定型过程的特点,可以把整个设计定型过程分解为施工设计阶段,施工建造阶段及试验定型阶段。

施工设计有时也称为生产设计,是将详细完整的技术设计方案图纸划分为作业单元;是为了便于施工而编制施工中所需的各种指示,绘制作为施工直接依据的施工图纸的阶段。通常,施工设计是和施工建造紧紧连在一起的,完成一部分施工设计马上可以进行施工建造。这样,施工设计的图纸、文件要求能直接指导生产,有明确的施工作业要求。在图纸上按各工程阶段还应计算出如焊接长度及工作量等数据,有时甚至连船体分段吊装、翻身用的吊环位置和脚手架的焊接部位也明确地表示在施工设计图纸上。根据这样的图纸,稍加训练的工人就能不加思索、一目了然地知道该干什么和怎么干。管理人员也可以方便地通过它把各种管理工作贯彻到生产过程中去。

在施工设计阶段要产生大量的这种类型的图纸。从数量上看,有时比技术设计图纸要多好几倍。如果要等到施工设计全部完成后组织一次设计评审,然后投入施工建造,无疑将花费很多的时间。从另一方面来看,施工设计图纸可以看作是技术设计图纸的一种标准化的翻译。使用的语言是标准化的,翻译的格式也是标准化的。对这样的工作组织专门的评审意义不大。因而,施工设计阶段的可靠性管理往往是通过在设计过程中加强标准化教育、培训以及检查来实现的。检查的内容通常包括下面两个方面:

(1) 施工图纸的技术内容是否和技术设计的一致。

(2) 图面质量是否合格,包括所采用的符号、线条是否标准等。

施工建造阶段可靠性管理的内容很多,主要有人员管理、设备管理、材料管理、施工环境管理、工艺工序管理、元器件筛选及排除早期故障管理、检验管理以及信息管理等。这么多的管理项目的中心目的就是要最大限度地排除和限制不可靠因素,最大限度地剔除不可靠因素所造成的影响,最完美地体现技术设计所反映的装备质量。

从国内外情况看,造船工业的机械化程度远比其他工业界差。因而,人员管理就成了施工建造阶段装备可靠性管理中重要的一环。人员管理包括人员培训和人员选择。培训的主要内容有施工图纸的识别、生产工具的使用方法以及基本工艺过程的培训。选择则是根据每道工序约特征选择最合适的人选来承担相应的工作。

设备管理的主要内容是生产设备的技术状态管理,包括设备的维护、保养、检测和更新。

材料管理的主要内容包括原材料、元器件、零部件、结构件、外协件和外购件的管理。在原材料、元器件、零部件和结构件的进货时,要按照《可靠性保证大纲》的要求把好质量关,同时还要合理存放,合理加工。对于外协件和外购件,这些控制是通过订货合同的履行来实现的。

环境管理主要是指施工现场环境管理,以使得施工人员有个最佳的工作环境,设备和原材料到了现场不被损坏,装备建成后初始应力最小等。管理控制的主要方面有现场温度、湿度、尘埃、有害气体和照明控制以及静电、噪声、振动和电磁场等控制。

工艺和工序管理主要指对关键工序及关键参数建立管理点,如装备分段管理等。其目的是把一个较长的施工建造过程科学地分段,以便于随时进行质量跟踪及管理控制。

元器件筛选和排除早期故障管理是通过严把筛选和检测关来消除故障隐患。其具体办法是对被筛选件施加稍大应力或利用无损探伤检测技术来发现被筛选件的故障隐患和缺陷,也可以用跑合、老化等手段使装备工作在稍为严酷的环境条件下以暴露缺陷,从而将这些有问题的材料、零部件或设备拒之于船外。筛选工作可以在元器件、组件、设备和系统等各级上进行。级别越高,筛选的成本也就越大,当然,暴露的问题也就越多,这些问题的正确解决和处理对提高装备总体可靠性来说就越有利。在装备的建造施工过程中,应尽量进行关键设备的设备级筛选工作。即使这些关键设备在其生产时已进行过元器件的筛选工作,但在其成型、安装和焊接等工序上还会引入新的缺陷。这样,只有进行设备级的筛选才能消除这些故障隐患。

检验是排除制造缺陷、防止可靠性退化的重要手段。检验管理是装备建造过程中可靠性管理工作的重要组成部分。它包括检验点的设置、检验方式的确定、缺陷严重性分级以及检验员的培训四个方面的内容。

在装备的建造过程中会不断地产生大量的信息,其中许多信息与装备的可靠性有关。开展装备建造过程中的信息管理就是要对生产过程中产生的信息进行有目的,有计划的收集、传递、储存和处理,并充分加以利用,这对于保证装备的可靠性具有十分重要的意义。为此,应该在生产线上设置信息收集点,使用统一的格式有计划的收集信息,并由各级信息中心汇总分析,各有关管理部门做出相应的决策和指令,实现信息反馈的闭环控制。信息收集点的重点是检验工位和修理工位。这里产生的信息数量最多,而且与可靠性关系最密切,重点收集能达到事半功倍的效果。在信息管理中有两种通病,一是信息的丢失,造成信息不完整,不准确。主要原因是负有信息收集责任的工位怕麻烦或掩盖、调和矛盾,有意不做记录。另一种是把经过千辛万苦找来的信息草草归档了事,不做科学的分析和利用。这些在实际工作中都应该避免发生。

在试验定型阶段,主要工作是按照设计过程中制订的验收试验方案组织各种试验,并根据施工过程中出现的问题以及试验过程中出现的问题及处理方法组织定型设计,并编制完工文件,为后续装备建造作准备。该阶段可靠性管理的主要工作包括验收试验的管理、完工定型数据的管理以及进行装备定型设计的可靠性评审。评审的内容包括:①可靠性设计报告;②性能测定报告;③环境试验报告;④可靠性鉴定试验报告;⑤安全性试验报告;⑥原材料及元器件认定试验报告;⑦现场及用户试验报告。

15.4 建造过程中的可靠性管理

15.4.1 概述

著名科学家钱学森指出:产品的质量与可靠性是设计出来的、生产出来的、管理出来的。产品设计阶段规划了质量与可靠性的要求,而建造过程则是通过科学地集成工艺要素将原材料、设备等加工、总装成产品,确保设计阶段规定的质量与可靠性指标在建造过程中得以实现。建造过程中采用的工艺方法、工序手段会直接影响到产品的尺寸精度、表面质量等制造质量参数,进而影响到使用性能及其稳定程度,最终影响到产品的质量与可靠性。

我国曾在航天系统工程中开展过一次质量问题清理整顿工作,对 20 多个型号在研制试验中暴露出来的 3 000 多个问题进行研究,统计分析表明因设计方面产生的质量问题约占 25.1%,制造工艺约占 24%,管理方面约占 15%,电子元器件方面约占 26%,其他方面约占 10%。而电子元器件问题也是由于加工工艺及筛选造成的质量问题,因此制造工艺引起的质量问题占比最大。另有资料统计显示,产品的工艺费用约占产品成本的 50%,因建造过程的工艺因素造成的产品问题占总数的 60%~70%。

因此,可以说装备质量来源于两个方面,一方面是科学的设计,另一方面是完善的建造。要想提高产品的质量,仅仅提高装备的质量设计能力是不够的,更重要的还要提高制造过程对装备质量的控制与保证能力。

制造过程的质量控制一直人们高度关注的问题,是对满足设计质量要求的装备最终展现在顾客面前的有效保障。多年来,众多学者投身到质量控制方法研究,也取得了丰硕的成果,相继提出一些制造过程的质量控制/管理方法,如质量控制(QC)新老七种工具(老七种工具包括分层法、因果分析法、排列法、直方图法、调查表法、散布图法和控制图法;新七种工具包括关系图法、KJ 法、系统图法、矩阵图法、矩阵数据分析法、PDPC 法、网络图法)、统计过程控制(SPC)、质量功能展开技术(QFD),正是这些方法的应用才使得装备的建造质量得到了极大的提升。

然而,对一个大型装备(如舰船)而言,建造质量的保证应该是这些方法的综合运用,当然不仅限于这些方法。

众所周知,研制装备的目的是为了其种特定的功能需求。在研制环节中,无论是设计还是建造,都是围绕实现装备的功能而进行的。大型装备的建造是一项复杂的系统工程,往往需要从功能的角度出发,有效地明确每一个建造模块的质量目标,方能确保整体建造质量目标。因此,对大型装备而言,运用以功能为导向的舰船建造质量控制方法(function oriented quality control,FOQC)来保证其建造质量,显得尤为重要。

FOQC 的总体思想是,将装备总体功能总体功能分解并关联映射到各建造模块中,以确定各模块的建造质量目标。由此可将复杂的建造总目标分解成特定任务的过程目标,从而确定各层级成品化中间产品,在此基础上,从一体化、区域化生产等角度,制定各生产任务包的作业标准,明确施工细则,从而更好地保障装备建造质量,实现高效的装备建造质量控制;最终达到建造的总体目标,实现装备的总体功能。

下面以大型舰船的建造为示例,进一步对 FOQC 进行阐述。以功能为导向的舰船建造质量控制方法,其技术要点有三个方面:

(1)从舰船模块功能出发,按照功能—使用性能—建造质量参数—工艺方案的顺序逐级展开,以进行工艺方案规划。

（2）从工艺方案出发，进行工艺对舰船质量与可靠性的影响分析，以确定工艺薄弱环节、关键工艺和关键质量参数等。

（3）在此基础上，对质量控制和质量检验工作进行有针对性的规划，相应地确定质量控制要点和质量检验要点。

FOQC框架体系如图15-3所示。

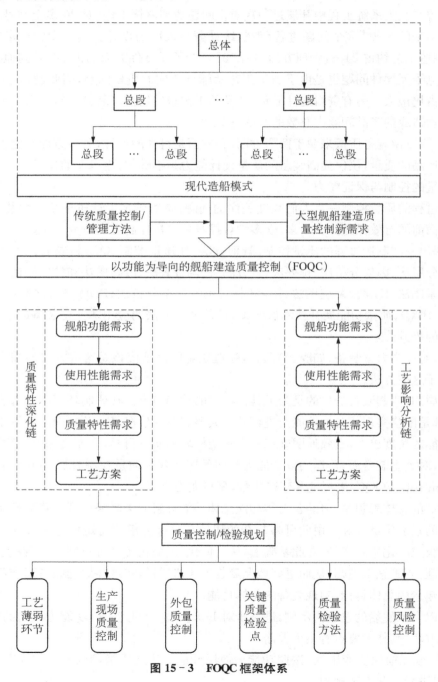

图 15-3 FOQC 框架体系

15.4.2 舰船总体功能分解及建造模块质量目标分析

1）舰船总体功能分解

对舰船总体功能进行分解，以对舰船建造提出技术要求。针对舰船总体作战功能进行划分，划分出航空保障功能、海上机动航行功能、通信和作战指挥功能、舰员生活保障功能等。而每一个子功能又可以逐级细分，对舰船各项作战功能进行分解。以航空保障功能分解为例，航空保障功能可以分解为下列几项：

（1）保证舰载机起飞的功能，主要由舰载机弹射起飞装置、飞行甲板和舰载机起飞指挥室来具体实现。

（2）保证舰载机着舰的功能，主要由舰载机着舰阻拦装置和舰载机贵行助降装置来具体实现。

（3）保证舰载机运转的功能，主要由升降机来具体实现。

（4）舰载机后勤保障功能，具体包括舰载机保养、维修、加油、充电、供养、挂弹、冲洗、牵引、系留等功能。

舰船总体功能分解树如图 15-4 所示。

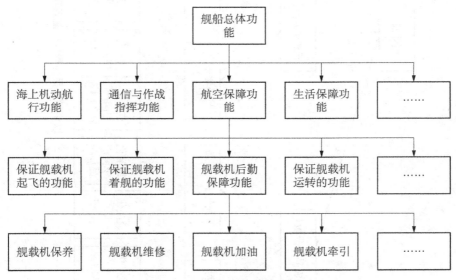

图 15-4 舰船总体功能分解树

2）舰船建造模块分解

将舰船总体功能需求分解并关联到各建造模块中，这一工作的关键是基于现代区域造船模式，确定并分析舰船建造各模块之间的层级影响关系。

现代舰船建造是以中间产品为导向，按区域组织生产，壳舾涂作业在空间上分道，时间上有序，实现设计、生产、管理一体化，均衡、连续的总装造船模式。舰船建造按基本的作业类型分为船体分道作业、区域舾装作业、区域涂装作业，以成品化分段为生产导向，将舰船总体逐级分解到各层级中间产品，如图 15-5 所示。

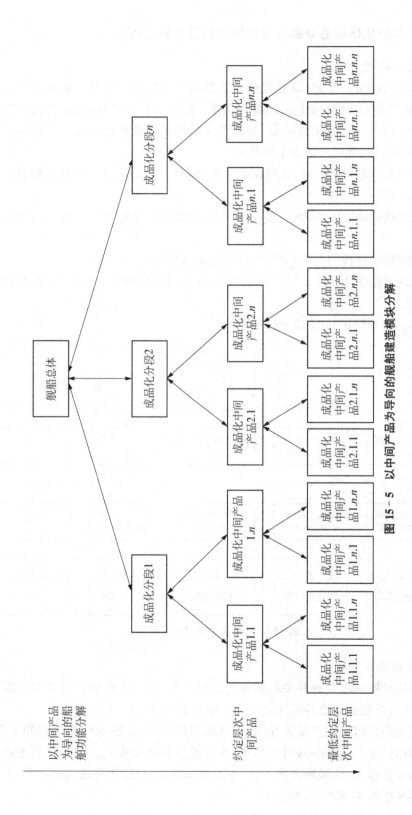

图 15 - 5　以中间产品为导向的舰船建造模块分解

对图 15-5 中的几个要素定义如下：

（1）最低约定层次中间产品：由于中间产品的划分是面向舰船质量控制与检验的，于是，对于舰船产品的分解，不需要一直分解到原材料级，只需要分解到约定的质量控制/检验最低级。将连续作业生产的具有质量特性综合特征的产品作为最低约定层次中间产品。例如，典型平面板架可以作为一个最低约定层次中间产品。

（2）成品化分段：分段作为最上层的中间产品，是构成舰船总体的基本子单元，其质量标准将直接决定舰船总体质量与可靠性水平。因此，成品化分段可为最基本的质量控制与检验对象。

（3）生产任务包：将舰船从总体分解到分段、到最低约定层次中间产品，结合到建造流程，得到一个个生产任务包。生产任务包作为组织生产的最基本形式，出现在作业人员或作业小组面前。成品化中间产品的制造、装配等作业看做是一个个生产任务包。

3）舰船建造模块功能关联模型

在船舶总体功能分解工作的基础上，可构建船舶功能分解树，其对应于功能域；基于现代区域造船模式，研究舰船建造各模块之间的层级及装配关系，建立如图 15-4 所示的建造模块分解树，其对应于结构域；由此建立航母作战子功能于建造模块之间的关联关系，将航母总体作战功能分解并映射到各个建造模块中，由此构建各建造模块的质量树，得到各建造模块的建造质量标准，其对应质量域；由此，完成功能域、结构域、质量域之间的相互对应和关联关系，如图 15-6 所示。

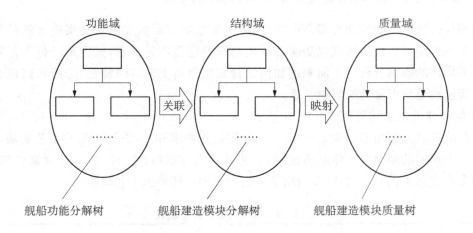

图 15-6 舰船建造模块功能关联模型

4）舰船建造模块质量目标分析

为了使舰船建造模块能更好地提炼出建造质量目标，用关联矩阵的形式描述如图 15-6所示的关联模型（见表 15-1）。

表 15 - 1　舰船建造模块功能关联矩阵

建造模块分解 \ 总体功能分解			航母总体功能				
			航空保障功能	海上行机动功能	通讯及作战指挥功能	舰员生活保障功能	模块建造质量目标汇总
			子功能…	子功能…	子功能…	子功能…	
总段1	分段 1.1	子模块	质量技术要素	质量技术要素	质量技术要素	质量技术要素	
	分段 1.2	子模块	质量技术要素	质量技术要素	质量技术要素	质量技术要素	
	……	子模块	质量技术要素	质量技术要素	质量技术要素	质量技术要素	
	分段 1.n	子模块	质量技术要素	质量技术要素	质量技术要素	质量技术要素	
总段2	分段 2.1	子模块	质量技术要素	质量技术要素	质量技术要素	质量技术要素	
	分段 2.2	子模块	质量技术要素	质量技术要素	质量技术要素	质量技术要素	
	……	子模块	质量技术要素	质量技术要素	质量技术要素	质量技术要素	
	分段 2.n	子模块	质量技术要素	质量技术要素	质量技术要素	质量技术要素	
…			……	……	……	……	……

根据表 15 - 1,可得舰船各建造模块为实现各子功能而必须实现和具备的质量技术要素,将质量技术要素转化成制造质量参数,集成制造质量参数可得各模块建造质量目标。

15.4.3　建造工艺对舰船质量与可靠性的影响分析

舰船保持规定功能的能力即是可靠性,分析工艺如何影响舰船功能实质上就是分析工艺如何影响舰船可靠性。实现以功能为导向的舰船建造质量控制,关键是进行工艺对建造质量与可靠性的影响分析。下面阐述如何结合舰船建造工艺故障特性,分析研究建造工艺故障对舰船质量与可靠性的影响关系。

1) 舰船建造工艺故障模式

工艺故障模式是指不能满足产品加工、装配过程要求和/或设计意图的工艺缺陷。舰船建造是一个典型的多源多工序制造过程,工艺受到人、机、料、法、环、测等多因素影响,不可避免的会产生加工误差。表 3 - 2 给出了普遍适用的一些典型工艺故障模式。

表 15 - 2　典型的工艺故障模式

(1)	弯曲	(7)	尺寸超差	(13)	表面太光滑
(2)	变形	(8)	位置超差	(14)	未贴标签
(3)	裂纹	(9)	形状超差	(15)	错贴标签
(4)	断裂	(10)	(电的)开路	(16)	搬运损坏
(5)	毛刺	(11)	(电的)短路	(17)	脏污
(6)	漏孔	(12)	表面太粗糙	(18)	遗留多余物

注:工艺故障模式应采用物理的、专业的术语,而不要采用所见的故障现象进行故障模式的描述

结合舰船建造工艺特点,舰船建造过程中产生工艺故障的原因大致可以分为以下几类(见图 15 - 7):

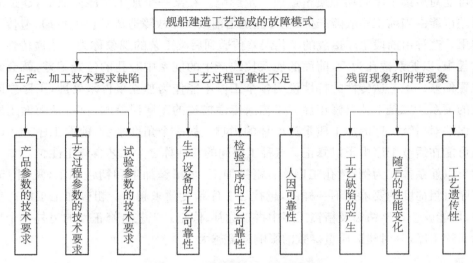

图 15 - 7 舰船建造工艺故障原因分类

（1）舰船产品生产、加工的技术要求的缺陷。

① 舰船产品参数的技术要求是不合理的,如进行全船精度分配时,因分配错误导致建造过程各中间产品的精度参数是不合理的;

② 舰船生产设计给出的工艺过程参数的技术要求是不合理的,以焊接工艺导致的船体变形为例,针对不同的焊接方法、焊接顺序、构件固定方法、焊缝参数等焊接条件,其产生的船体变形是不同的,在生产过程中因工艺过程参数的设置不合理而造成产品故障是显而易见的;

③ 试验用的技术要求是不合理的,舰船建造过程中需要大量的试验、质量检验来保障舰船的建造质量,质检部门给出的试验条件、质量检验的依据不合理同样会引起产品故障。

（2）舰船制造系统的故障引起的舰船建造工艺过程的可靠性不足。舰船建造系统是一个典型的分层分布式多级制造系统,这样一个制造系统引起工艺过程可靠性不足。

① 生产设备的工艺可靠性或者是说生产设备加工能力的稳定性,生产设备故障将直接影响输出的产品质量参数;

② 检验工序的工艺可靠性,检验手段是否合理也将影响舰船中间产品的质量,加工过程失败但是检验工序却报验合格将直接导致不合格的产品流到下一个工艺环节中,从而造成产品故障;

③ 人因可靠性,舰船建造过程有大量的人工操作,由生产人员操作故障而导致的工艺故障明显而又普遍。

（3）工艺故障在多级生产过程中的残留现象和附带现象的产生。残留现象明显的例子是船体构件中的焊接残余应力,附带现象指的是因焊接残余应力从而导致焊接件中出现应力腐蚀裂纹,这一附带引起的材料性质改变最终将导致产品使用性能的下降。

综上分析三个舰船建造工艺故障模式产生的原因和特点,舰船建造工艺故障具备以下特性:一是工艺遗传性。建造质量参数的产生受到多个工序影响,前面工序产生的加工误差仍能可能对后续工序的加工质量造成一定影响。在某一个加工工序完成后,建造质量参数的误差可能由当前工序故障产生,也可能是由前段工序故障造成的误差传递、遗传下来产生的结果。这种由前段工序造成的工艺误差传递到后续工艺的现象称为工艺遗传性。舰船建造过程中,以舵系镗孔为例,前面的舵系拉线产生的舵系中心孔的位置偏差,就会影响到镗孔位置偏差。工艺遗传性的特性说明各个工序不能作为独立事件来处理,工序之间具备相关性的关系。二是工艺自修正性。工艺遗传性描述的工序误差的传递,是前面工序产生的加工误差对后续工序的加工质量产生坏的影响。换一个角度来看,前面工序产生的加工误差亦可能在后续工序中予以修正。这种工序间的特性称之为工艺自修正性。

这里以舵系镗孔为例,镗孔工序有:粗镗加工、半精镗加工和精镗加工(见图 15-8)。每个工序对粗糙度的要求是不一样的,越往后工序精度要求越高。粗镗加工工序产生的加工误差,可能就会在半精镗及精镗工序中得以弥补、修正。工艺自修正性的另外一个特点是越到后面的工序,其对建造质量参数的影响程度越大。

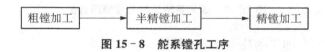

图 15-8 舵系镗孔工序

在了解了舰船建造工艺故障特性的基础上,才能进一步分析工艺故障将如何影响使用性能,最终影响舰船任务可靠性。

2) 建造工艺对舰船可靠性的影响关系

舰船在出厂时经过一系列的航行试验和质量检验工作,能够确保出厂的这个时刻舰船质量是满足订购方要求的。产品可靠性的另一个解释为"随时间变化的质量",意味着如果考虑时间因素,舰船产品即使在出厂时虽然质量是满足检验要求的,但是工艺故障这样一种渐发性故障,会加快舰船产品寿命的衰减,并不能保证出厂时的可靠性水平是满足设计要求的,因此在分析舰船任务可靠性时就需要考虑工艺故障所带来的影响。

建造工艺故障对舰船任务可靠性直接的影响关系很难确定。图 15-9 给出了工艺过程参数对产品可靠性指标的层级影响关系。下面通过如图 15-9 所示的逻辑关系,结合舰船建造工艺特点,分步阐述建造工艺如何影响舰船任务可靠性。

首先,工艺过程将影响舰船建造的中间产品质量参数。舰船建造系统这样一个分层分布式多级制造系统,工艺方案、生产设备、施工人员、检验测量方案等等都直接影响中间产品的质量参数,包括精度、表面质量等。

其次,舰船产品的制造质量参数将影响其使用性能,如零件的几何形状偏差会影响宏观磨损期,表面粗糙度会影响微观磨损期等,制造质量参数对使用性能的影响是复杂的。

最后,使用性能的下降,会加快产品可靠性指标的下降,最终影响到舰船总体任务可靠性。

因此,舰船工艺故障对舰船总体任务可靠性的影响分三个层级(见图 15-9):一是建造工艺故障影响舰船建造质量参数；二是舰船建造质量参数影响舰船系统或设备的使用性能；三是舰船系统或设备的使用性能下降导致舰船任务可靠性下降。

图 15 – 9 建造工艺影响舰船可靠性水平的层级关系

总之，建造工艺故障对舰船任务可靠性水平的影响关系是具有层级关系且十分复杂，涉及多个学科，难以用具体的数学模型来描述这种不确定的影响关系。

3）以功能为导向的舰船建造工艺可靠性模型

工艺可靠性模型是进行舰船建造工艺系统分析和评价的依据。现有文献大多只针对工艺系统的可靠性进行分析，而忽略了工艺故障对产品可靠性的影响。基于产品可靠性的对工艺系统进行的可靠性分析研究刚刚起步。

故障树是可靠性分析的有效工具，可以直观地展示顶事件与底事件之间的层级关系，方便地找到系统发生故障的原因以及计算系统失效的概率。考虑到建造工艺故障发生概率的随机性以及不确定性，三个层级的影响关系均不能准确地描述清楚，再加上系统及影响关系的复杂性，运用模糊集合论的理论结合故障树模型来分析、评估有一个有效地办法。本节将讨论基于模糊故障树的舰船建造工艺可靠性模型。

传统的故障树的事件之间是具备独立假设的关系的，而由于建造工艺具备故障自修正性和遗传性的特点，各工序之间具有强相关性。为方便地用模糊故障树进行可靠性的分析，这里只用模糊故障树模型描述舰船系统功能到建造质量参数的影响关系，作为工艺可靠性的第一层级模型，第二层级模型则描述工艺与质量参数间的关系，如图 15 – 10 所示。

建立舰船系统功能-质量参数模糊故障树模型的具体步骤如下：

（1）建立舰船功能——结构树关联模型。

传统的舰船可靠性分析模型按照总体—系统—设备区分，而针对舰船建造，则需按照总段—分段—中间产品的模块间的层级关系进行分析，按此层级关系可建立舰船建造模块结构树模型。

（2）建立舰船功能——使用性能层级影响关系。

将舰船系统功能要素展开，确定功能属性对应的使用性能，在考虑建造工艺故障的舰船任务可靠性模型中，这里的使用性能特指会影响舰船任务可靠性水平的使用性能，并且是在时间维度上体现出来的。典型的具备时间效应且受建造工艺故障影响的使用性能有：耐磨性，抗疲劳、抗腐蚀性等等。

（3）建立使用性能——建造质量参数层级关系。

从舰船使用性能出发，逐级分析哪些舰船建造的质量参数会使舰船使用性能下降的。舰船建造过程工艺可靠性就是由这些建造质量参数来评定的。

在清楚了功能-质量参数的层级影响关系的基础上，按照故障树建立方法，逐级建立舰船功能-质量参数模糊故障树。

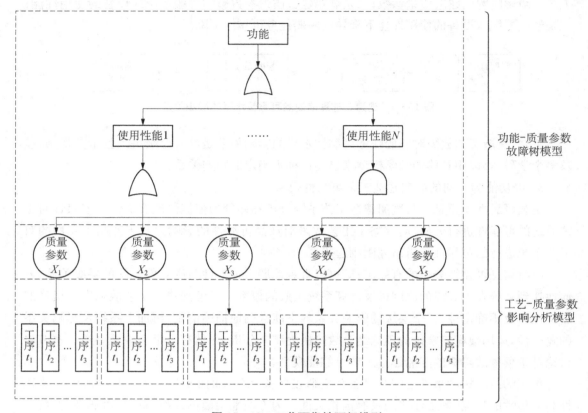

图 15 - 10　工艺可靠性两级模型

4）建造工艺对质量参数的影响分析模型

舰船建造工艺的遗传性和自修正性两个特性都意味着工序之间存在相关性关系。为准确描述建造工艺故障对舰船建造质量参数的影响，可采用可靠性框图形式来体现其逻辑关系。依据工序间的逻辑关系，工艺可靠性模型有以下几种形式。

（1）工艺对质量参数的顺序关联模型。

假设某质量参数 x_i 由 n 个工序 $t_j (j=1, 2, \cdots, n)$ 加工完成，考虑到工艺自修正性的特点，只要前面的工序产生的加工误差最终能通过后面的工序来予以修正，也就是说，保证最后一个加工工序的输出能够满足质量参数的要求即可。为保证后续工序顺利展开，也需要前面的工序的加工偏差在一定的范围之内，否则将不能得到修正。将影响质量参数的 m 个工序按照先后加工顺序，建立工艺对质量参数的顺序关联模型，如图 15 - 11 所示。

制造质量参数 x_i 由 m 个有先后次序的相关工序完成，也就是说，每一个相关工序的输出会影响制造质量参数 x_i。每一个工序输出的质量参数符合规范的概率可以表示为 $P(x_i^{(q)})$，$j=1, 2, \cdots, m$。基于工艺自修正性的特点，需要考虑的是，即使第 j 个工序的输出超出工艺规范，但是依旧可能被后续工序修正，这个可以被修正的概率为 $P(x_i^{[q]})$。

以两个顺序关联的工序为例，其输出的质量参数 x_i 满足工艺规范要求的概率，即这两个工序过程的工艺可靠度 $P(x_i)$ 可以表示为

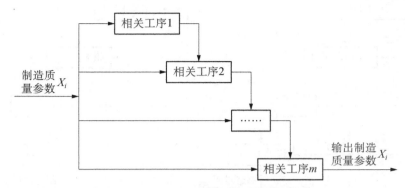

图 15 - 11　工艺对质量参数的顺序关联模型

$$P(x_i) = \left[(1 - P(x_i^{(t_1)}))P(x_i^{[t_1]}) + P(x_i^{(t_1)})\right]P(x_i^{(t_2)}) \tag{15 - 1}$$

则对于 m 个顺序关联的加工工序，其输出的质量参数满足工艺规范的概率可以从式 (15 - 1) 中求得。

（2）工艺对质量参数的串联模型。

假设质量参数 x_i 由 m 个工序加工完成，且仅当这 m 个工序均不发生故障时，才能保证相应的质量参数满足规范要求，这样的工序过程称为工艺对质量参数的串联模型如图 15 - 12 所示。

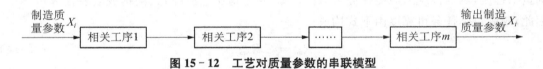

图 15 - 12　工艺对质量参数的串联模型

假设串联模型内 m 个工序都是独立的，则输出的质量参数 x_i 满足工艺规范要求的概率，即工艺可靠度 $P(x_i)$ 可以表示为

$$P(x_i) = P(x_i^{(t_1)}) \cdot P(x_i^{(t_2)}) \cdots P(x_i^{(t_m)}) \tag{15 - 2}$$

（3）工艺对质量参数的混联模型。

将工艺对质量参数的顺序关联模型与串联模型融合到一起，成为混联模型。以装配工艺为例，只有在装配零件 1 和 2 均符合要求，且装配工艺不发生故障的情况下，才能保证输出的质量参数如同轴度符合规范要求，如图 15 - 13 所示。

质量参数 x_i 由建造过程质量参数①和②并在装配工序 $m+1$ 下完成，则相应的输出的制造质量参数 x_i 符合规范要求的计算式如下：

$$P(x_i) = P(①) \cdot P(②) \cdot P(x_i^{(t_{m+1})}) \tag{15 - 3}$$

式中，$P(①)$，$P(②)$ 代表建造过程质量参数①和②符合工艺规范的概率，其可由顺序关联模型求出。

5）建造工艺对舰船可靠性影响的定量分析

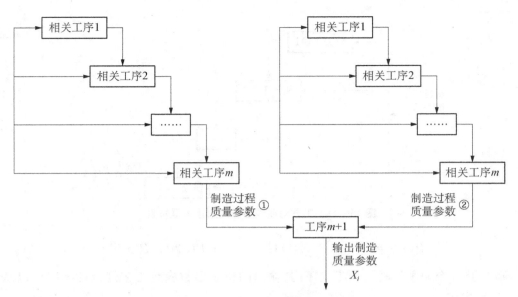

图 15 - 13　工艺对质量参数的混联模型

(1) 舰船建造工艺影响系数。

建造工艺对舰船任务可靠性的影响具有不确定性的特点，难以定量描述并分析。但是，我们可以引入舰船建造工艺影响系数的概念，描述建造工艺故障对舰船总体任务可靠性 R_m 的贡献程度，其与传统的舰船任务可靠性模型（不考虑工艺故障）共同构成舰船任务可靠性。因此，舰船总体任务可靠度由下式构成：

$$R_m = C_t R_{wm} \tag{15-4}$$

式中：C_t 表示舰船建造工艺影响系数；R_{wm} 表示未考虑建造工艺即现有的舰船可靠性模型所求得的任务可靠性指标，可由传统的系统可靠性分析方法求得。

建造工艺对舰船可靠性影响的定量分析问题的关键是，如何求得舰船建造工艺影响系数 C_t。

在建造工艺可靠性模型中，模糊故障树顶事件描述的是因建造工艺故障导致的舰船功能失效或者性能下降。则顶事件发生概率 $P(F_{Top})$ 与舰船建造工艺影响系数 C_t 的关系可以表示如下：

$$C_t = 1 - P(F_{Top}) \tag{15-5}$$

因此，计算 C_t 的关键在于求得模糊故障树顶事件发生概率 $P(F_{Top})$。

(2) 模糊故障树计算分析。

在舰船系统功能-质量参数模糊故障树中，采用下行法可求得故障树的最小割集，则故障树的结构函数 $\psi(x)$ 可表示为

$$\psi(x) = \bigcup_{j=1}^{J} G_j(x_i) \tag{15-6}$$

式中：$G_j(x)$ 表示第 j（$1 \leqslant j \leqslant J$）个最小割集，假设第 j 个最小割集内有 M 个单元，x_i（$1 \leqslant$

$i \leqslant M)$ 表示为割集所对应的底事件向量,其对应的是舰船建造质量参数不符合规范要求这一事件,其可用 $F(x_i)$ 表示:

$$F(x_i) = 1 - P(x_i) \qquad (15-7)$$

则故障树顶事件发生的概率为

$$P(F_{\text{Top}}) = \sum_{j=1}^{J} P(G_j(x)) - \sum_{j<k=2}^{J} P(G_j(x)G_k(x)) + \sum_{j<k<l=3}^{J} P(G_j(x)G_k(x)G_l(x))$$
$$+ \cdots + (-1)^{J-1} P(G_1(x)G_2(x)\cdots G_J(x)) \qquad (15-8)$$

由式(15-8)可以看出,求得 $P(F_{\text{Top}})$ 的关键在于确定最小割集 $G_j(x)$ 的发生概率,假设最小割集 $G_j(x)$ 内底事件向量为 $\{x_1, x_2, \cdots, x_n\}$,则有

$$P(G_j(x)) = F(x_1) \cdot F(x_2) \cdot \cdots \cdot F(x_i) \cdot \cdots \cdot F(x_n)$$
$$= [1 - P(x_1)] \cdot [1 - P(x_2)] \cdot \cdots \cdot [1 - P(x_i)] \cdot \cdots \cdot [1 - P(x_n)] \qquad (15-9)$$

式中,$P(x_i)(i=1, 2, \cdots, n)$ 代表的是建造质量参数 x_i 符合工艺规范要求的发生概率,则 $F(x_i)$ 对应的是建造质量参数 x_i 不符合工艺规范要求的发生概率。则有

$$C_t = 1 - P(F_{\text{Top}}) = 1 - f(F(x_1), F(x_2), \cdots, F(x_n)) \qquad (15-10)$$

式中,$f(x)$ 函数为式(3-22)所表示的 $P(F_{\text{Top}})$ 计算多项式。因此,为求得 C_t,其关键变成求模糊故障树底事件发生概率 $F(x_i)$,即建造质量参数 x_i 不符合规范要求的发生概率。

(3) 工艺对质量参数的影响分析。

模糊故障树底事件发生概率 $F(x_i)$ 对应的是建造质量参数 x_i 不符合规范要求的发生概率。根据实际建造过程工艺之间的相关关系,按照工艺对质量参数的影响分析模型:即工艺对质量参数的顺序关联模型、工艺对质量参数的串联模型和混联模型,分别进行 $F(x_i)$ 的计算。

$$F(x_i) = 1 - P(x_i) = M(P(x_i^{(t_1)}), P(x_i^{[t_1]}), \cdots, P(x_i^{(t_j)}), P(x_i^{[t_j]}), \cdots, P(x_i^{(t_n)})) \qquad (15-11)$$

式中:$t_j(j=1, 2, \cdots, n)$ 表示建造工序;$F(x_i^{(t_j)})$ 表示针对影响质量参数 x_i 的相关建造工序故障模式的发生概率,则 $P(x_i^{(t_j)}) = 1 - F(x_i^{(t_j)})$,$P(x_i^{[t_j]})$ 是针对工艺的自修正性,表示 $P(x_i^{(t_j)})$ 所表示的工序故障模式能够被后续工序修正的概率,则 $F(x_i^{[t_j]}) = 1 - P(x_i^{[t_j]})$ 表示不能被后续工序修正的概率;$M(x)$ 表示质量参数与工序故障模式发生概率间的函数关系,其函数模型分别对应三个工艺影响分析模型。

15.5 使用过程中的可靠性管理

在装备寿命周期内可靠性工作目的随着工作阶段的不同而有不同的侧重点,其工作的

性质也不一样。设计阶段是为可靠性奠定基础,生产阶段是要保证可靠性的实现,而在使用阶段则是为了保持和恢复装备的可靠性。

设计和施工建造阶段赋予可交付使用的装备的可靠性通常是固有可靠性,它是仅考虑设计和生产的影响,并假定在理想的使用和保养环境条件下的可靠性。而使用可靠性除了要考虑以上影响外,还要考虑装备使用和维修等多方面的综合影响。它反映的是装备的真正可靠性。因而,使用过程中的装备可靠性管理也倍受人们重视。使用过程中的装备可靠性管理的主要项目有故障信息的收集、分析和处理以及维修大纲的制订与完善等。这些工作严格地说应在装备的研制过程中就加以考虑,并在装备的发展过程中不断得到完善。

使用可靠性需要在装备的实际应用中跟踪记录各种数据。这种记录一方面可以把故障和装备的可靠性参数联系起来,并验证装备的可靠性。另一方面也可以用于判断这些故障是装备设备本身所固有的还是由于使用和维修等因素造成的。从而把信息反馈给有关部门,以便采取相应的对策,为改进设计、提高装备的使用可靠性提供依据。如此说来,使用阶段的可靠性管理的关键就在于做好故障数据的收集和处理工作,并采取相应的对策,真正做到善始善终。

要收集到完整而又准确的可靠性信息,应编制和执行装备可靠性数据收集纲要。纲要应包括合适的故障报表、系统的故障数据编制方法,完善的数据处理程序以及可靠的工作分析判据。但是,如果仅仅是收集信息,而不将所收集到的信息反馈到有关单位,则所做的一切工作都是毫无价值的。因而,在编制可靠性数据收集纲要时,必须要从装备使用部门的观点出发考虑到各个有关方面,以确定有助于促进使用部门人员提供保证纲要成功所要进行的各项工作。比较可行的方法就是依靠维修数据管理系统来实施纲要。

据资料报道,美国海军已建成舰船维修与器材管理系统,即所谓 3M 系统。维修数据系统作为 3M 系统的一个分系统,其作用就在于提供准确的完整的和及时的信息。岸上机构(包括装备的承制部门)依据由维修数据系统提供的报告来制订计划,改进舰船装备的可靠性、维修性及对后勤和人员保障的要求。

因此,在目前,使用可靠性数据的管理应通过相应的装备可靠性保证大纲和使用可靠性数据收集纲要或相应的合同条款进行。在这些文件中,应明确装备承制方和用户的责任,订购方负责对各自责任进行监督与协调。需要明确的有以下 5 点:

(1)承制方应按订购方的要求提供故障报表一览表。

(2)承制方应阐明编制故障报告所用的方法。

(3)承制方所提出的可靠性数据收集纲要应与订购方或使用单位的维修数据收集系统相适应,以保证在装备的整个寿命期内可靠性数据的连续性。

(4)订购方或使用部门必须向承制方提供有关的可得到的使用可靠性(工作时间与故障)、维修性(平均故障修复时间)、维修工时、故障和维修保障费用等数据以及更改设计的建议。如有可能,应明确规定使用周期和期限。

(5)承制方应对提供的使用可靠性数据加以分析,并将结论反馈给订购方或使用部门。有关的结论应包括操作使用,维修保养规程步骤的修改,检测仪器的配备或改进,现行装备或设备组件的可靠性与维修性,如有可能,应明确规定提供反馈信息的期限。

　　此外,尽管使用阶段的可靠性管理工作由装备的使用部门开展,但承制方应当为使用部门提供必要的使用、维修等技术文件,负责使用人员的培训,负责对装备的一些关键项目进行跟踪管理,订购方与使用部门应当监督、检查这些工作的开展与实施。使用阶段的可靠性管理工作在很大程度上都要被纳入使用方的维修管理系统中去,在此阶段,作为订购方进行可靠性管理的一项重要工作就是要配合使用部门协调好产方与用户的联系,保证装备的可靠性信息渠道能够畅通。实行信息反馈闭环控制,促进承制方改进和提高装备的设计、生产水平,提高可靠性。帮助使用方完善操作使用、维护保养的规程,完整后勤保障,提高装备的使用可靠性。

　　在装备的使用过程中,备件及维修保障也可以对使用可靠性产生影响。如在维修工作中所需的备件、检测设备不能及时得到,就会明显地降低使用可靠性。解决这些问题的唯一方法就是全面地进行维修和器件管理,帮助使用部门进行管理、安排计划和实施维修作业。

下篇

工程工具篇

16

计算机辅助可靠性分析

要获得较高的可靠性,必须系统地实施可靠性工程。对于小型、简单的系统,可靠性设计与分析等工作可由人工来完成。然而,随着社会的发展,人们对生活品质的追求越来越高,反映到产品上,就是对产品质量和性能的追求越来越高。为了满足各项性能指标,必然将导致系统日趋庞大、复杂。对于大型、复杂的系统,用人工分析方法来进行可靠性设计与分析显然十分复杂和烦琐,不但浪费大量人力、财力和物力,最终还达不到预期的效果。

如何快速有效地提升可靠性设计分析的规模和效率,已经成为可靠性工程实践中迫切需要解决的问题。随着可靠性理论的不断深入和计算机技术的广泛应用,功能实用、灵活易用的可靠性分析软件必将成为可靠性工程开展的重要工具。

16.1 可靠性分析的统一模型方法

在可靠性领域,框图模型和故障树模型是两种常用的可靠性模型表达方式。在工程实践中,技术人员选择哪一种模型表达方式,取决于个人偏好。可靠性框图法从系统正常来考虑问题,以系统可靠度为分析对象;而故障树分析法则从系统失效的角度来考虑,以系统失效为分析对象。事实上,两种模型在数学逻辑上是等价的。严格地说,任何一个可靠性框图都可以转换成与之逻辑完全相同的故障树,反之则不然。但是故障树不能等效转换成框图的部分,可以转换成与之逻辑在一定程度上相似的框图。

在可靠性分析软件设计时,采用统一模型方法,建模时可以任意选择可靠性框图模型或者故障树模型,并实现两种模型之间的相互转换,对提到软件的可使用性大有益处。

16.1.1 框图模型和故障树模型相互转换的理论依据

虽然故障树分析法和可靠性框图法有许多不同之处,但两者并非两种毫不相干的模型,正如前面所说,它们在数学上是统一的。因为他们反映的是同一个系统,同一个逻辑。

虽然复杂系统可靠性框图通常由串联、并联、n 中取 r、和联、旁联等逻辑关系组合而成,但其最基本的逻辑关系只有串联(见图 16-1)和并联(见图 16-2),其逻辑关系可以分别用式(16-1)和式(16-2)表示。其他逻辑关系都可以用这两个逻辑关系及其组合来表出(或近似表示）：n 中取 r 可以通过先并联后串联的等价模型表出；和联可以用并联模型近似表出，与一般并联的区别在于各并联部分只是多了一个系数；旁联也可以用一般并联逻辑来近似表出，与一般并联的区别在于各并联部分只是多了一个表征不同时开机的参数而已。

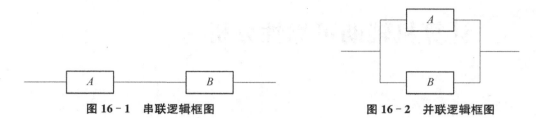

图 16-1　串联逻辑框图　　　　　　　图 16-2　并联逻辑框图

$$F = A \cdot B \tag{16-1}$$

$$F = A + B \tag{16-2}$$

与框图模型类似，故障树模型也有两个最基本的逻辑关系：与门（见图 16-3）和或门（见图 16-4），其逻辑关系可以用式（16-3）和式（16-4）表示。其他逻辑关系都可以用这两个逻辑关系及其组合来表示（或近似表示）。

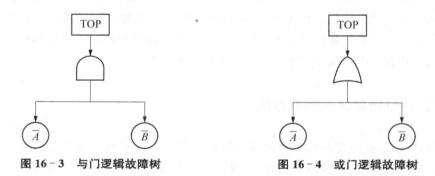

图 16-3　与门逻辑故障树　　　　　　图 16-4　或门逻辑故障树

$$\overline{F} = \overline{A} \cdot \overline{B} \tag{16-3}$$

$$\overline{F} = \overline{A} + \overline{B} \tag{16-4}$$

通过以上分析，只要能将框图的串联逻辑和并联逻辑能用故障树的与门逻辑和或门逻辑表示出来就可实现框图模型到故障树模型的转换，反之亦然。

根据逻辑代数的性质有

$$A + B = \overline{\overline{A} \cdot \overline{B}} \tag{16-5}$$

$$A \cdot B = \overline{\overline{A} + \overline{B}} \tag{16-6}$$

$$F = \overline{\overline{F}} \tag{16-7}$$

由式（16-5）和式（16-7）可知，框图串联逻辑与故障树或门逻辑等价；由式（16-6）和式（16-7）可知，框图并联逻辑与故障树与门逻辑等价。

16.1.2　框图和故障树模型相互转换的方法

框图模型转换为故障树模型可以按以下步骤进行：

（1）将框图模型中非基本逻辑关系用基本逻辑关系（串联、并联）表示（或近似表示）。

（2）从整个框图出发，找出其第一层次，并根据该层次将框图划为几个部分，如果该几部分是串联关系则等效成故障树或门，否则等效成与门，这几个部分的反事件即为等效后门下输入。

（3）对每个部分按照步骤（2）进行等效，直至每一部分只含有一个事件即为故障树的底事件。

故障树模型转换为框图模型可以按以下步骤进行：

（1）从故障树顶事件出发，将每个逻辑门用故障树基本逻辑门（与门，或门）表示。

（2）从故障树顶事件出发，遇到或门，用该门下所有输入的串联替代框图中与该门对应的事件，遇到与门，则用该门下所有输入的反事件并联替代框图中与该门对应的事件。

（3）重复步骤（2），直到故障树中每个逻辑门都被代换。

16.2　故障树模型的数字化描述

运用计算机辅助进行故障树分析，首先要解决的问题是如何用计算机代码来表示一棵故障树。表示故障树的方式多种多样，其中数组是一种有效的方式。

仔细考查一个棵树，可以发现，故障树就是用一个个逻辑门的输入和输出关系来描述基

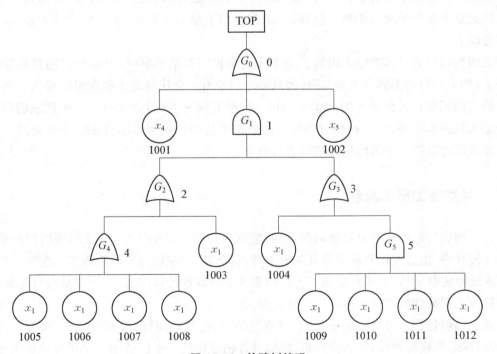

图 16 - 5　故障树编码

本事件和顶事件之间的关系。逻辑门在此起连接作用,对上,它代表一级原因事件;对下,它又代表一级结果事件。因而,抓住了逻辑门的输入输出关系,也就理清了整个故障树。计算机代码就是以逻辑门的输入和输出为核心建立的。

对如图 16-5 所示的一棵故障树,有 6 个逻辑门和 12 个基本事件。对 $G_0 \sim G_5$ 这 6 个逻辑门,分别编上号:0,1,2,3,4,5。对 $x_1 \sim x_{12}$ 这 12 个底事件,分别编上号:1001,1002,1003,…,1012。六个逻辑门的输入和输出关系反映了这棵故障树的逻辑关系。因而,可以用下面这张数组表来表示这棵故障树。

0	1	12	1	1001	1002	0
1	0	20	2	3	0	0
2	1	11	4	1003	0	0
3	1	11	5	1004	0	0
4	1	04	1005	1006	1007	1008
5	0	04	1009	1010	1011	1012

表中六行数据分别对应六个逻辑门的输入情况,其中:

第一列是门名,本例中分别为 0,1,2,3,4,5,即 6 个门的编号。

第二列表示门的性质。"0"代表"与"门,"1"代表"或"门。

第三列表示各个门的输入情况。这是一个两位数数字,其中十位数表示门下输入的逻辑门个数,个位数表示门下输入的基本事件的个数。显而易见,在这样的安排下,可处理的故障树中每一个逻辑门最多能有 9 个门输入和 9 个基本事件输入。对于一般故障树来说这样就足够了。若要增大容量,则可把该列数改为四位数,前两位代表逻辑门的输入个数,后两位代表基本事件的输入个数。这样,一个逻辑门下最多可有 99 个逻辑门输入和 99 个基本事件输入。

第四列以后是具体的输入内容。为了区别逻辑门和基本事件,可以把门用其原来的代码表示,如第一行的第四列上的"1"代表这一个门中有一个代号为 1 的逻辑门输入。而基本事件的代码则是在其编号上加 1000。如第一行第五列的 1001,表示在该行所代表的门下有一个输入是基本事件 x_1。这样,该程序所能处理的故障树最多只能含 999 个逻辑门。用这样的方法就可以把一个故障树完整地表示出来。

16.3 可靠性工程工具包

为了解决可靠性计算电算化问题,课题组先后开发了 CAFTA 和 CTIGER 计算辅助可靠性分析软件,尔后又针对舰船及其系统的特点,开发了"舰船可靠性工程工具包"。该工具包引入故障树数字仿真,重点突出了可维修系统的可靠性计算问题,为大型复杂可维修系统的可靠性工程的开展提供了有效的工具支撑。

该工具包包涵了可靠性统一模型、可靠性分配、可靠性预计、可靠性分析、可靠性评估、维修性分配、维修性预计、维修性分析、维修性评估等模块。不仅适用于舰船可靠性工程,对其他大型装备,如航天、铁路运输等装备可靠性工程也适用。本章节对"舰船可靠性工程工具包"作简要介绍。

16.3.1　工作单元编码规则

1) 工作单元定义及的划分原则

工作单元是指装备功能分解层次体系中的某个部分。

按照功能分解的原则,对组成功能系统的单元逐级向下划分。

所有对装备功能起作用的系统、分系统、设备、零部件,都应该视为工作单元。

依据功能隶属关系,确定该工作单元在功能分解层次体系中的位置。

2) 工作单元的编码层次与规定

(1) 编码层次。

采用四层九位系次,其左端为最高层次,右端为最低层次。依次是:

系统层次:第一、二位代表"系统";

分系统和设备层次:第三、四位代表"分系统",第五、六位代表"设备";

零部件层次:第九、八和九位代表"零部件"。

(2) 系统。

编码的第一位表示"系统"编码。采用数字 10～99 编码。如:

10——动力系统	11——电力系统
12——综合通信系统	12——综合导航系统
14——作战系统	15——辅助系统
16——其他系统	

注:如果以"系统"作为工作单元(即故障树的底事件),则该工作单元编码后七位以"0"补齐。如:10,00,00,000

(3) 分系统和设备层次。

工程上分系统和设备同属一个层次,用四位表示。

如果设备直属于系统,则前位为"00",如 00 01。

如果设备直属于分系统,前两位表示分系统代码(01～99),后两位为设备代码(01～99),如 01 01。

如果以"分系统"作为工作单元(即故障树的底事件),则该工作单元编码后五位以"0"补齐。如"作战系统"之"舰舰导弹武器系统",以 14,08,00,000 表示。

如果以"设备"作为工作单元(即故障树的底事件),则该工作单元编码后三位以"0"补齐。如 14,08,12,000。

如果"设备"直接隶属于某"系统",而不隶属于某个"分系统",则 6 位编码中,第三位、四位表示"分系统"编码以"00"表示。如 14,00,12,000。

(4) 零部件。

编码的第七、八、九位表示"零部件"编码。采用 01～999 编码。如 14,00,12,123。

如果"设备"直接隶属于某"系统",而不隶属于某个"分系统",则 6 位编码中,第二位、三位表示"分系统"编码以"00"表示。如 14，00，12，123。

（3）工作单元编码库维护。

在主菜单中单击【数据库管理】→【工作单元编码库】按钮，或在底事件输入界面中单击【编码库维护】按钮便可以进行工作单元编码库的维护，如图 16－6、图 16－7、图 16－8 和图 16－9所示。

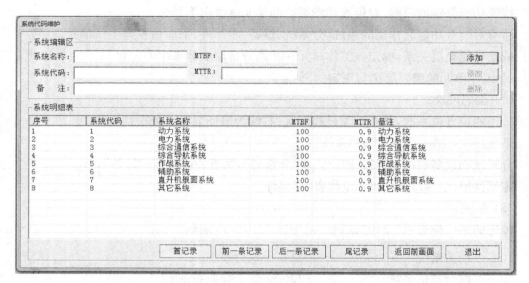

图 16－6　系统代码维护主界面

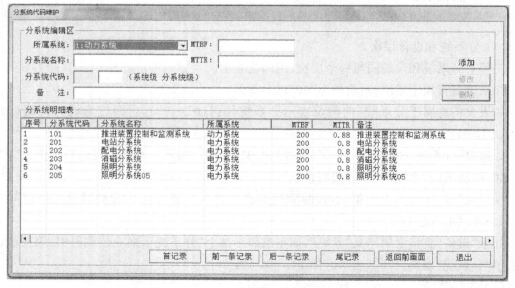

图 16－7　分系统代码维护主界面

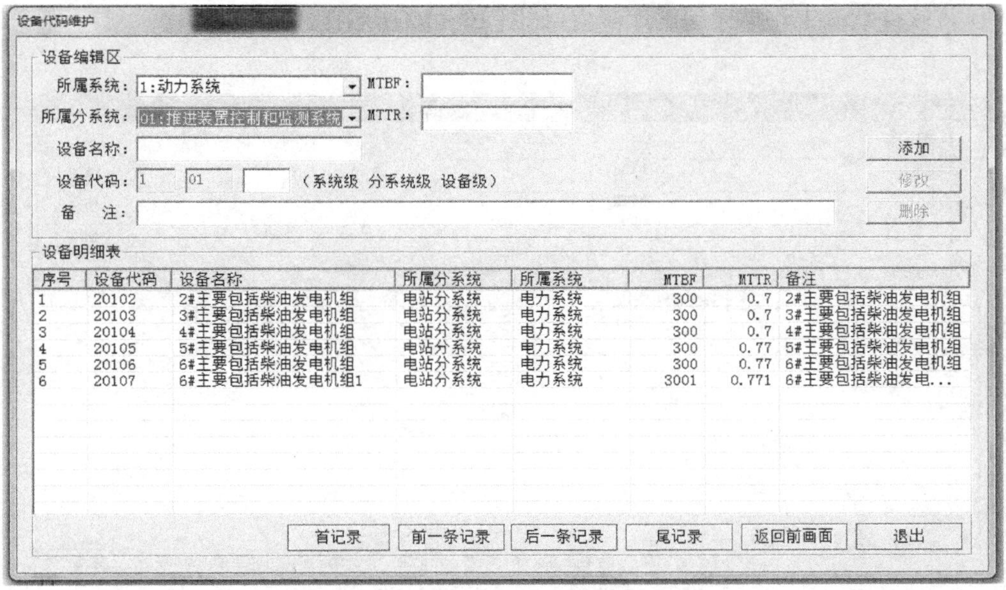

图 16 - 8　设备代码维护主界面

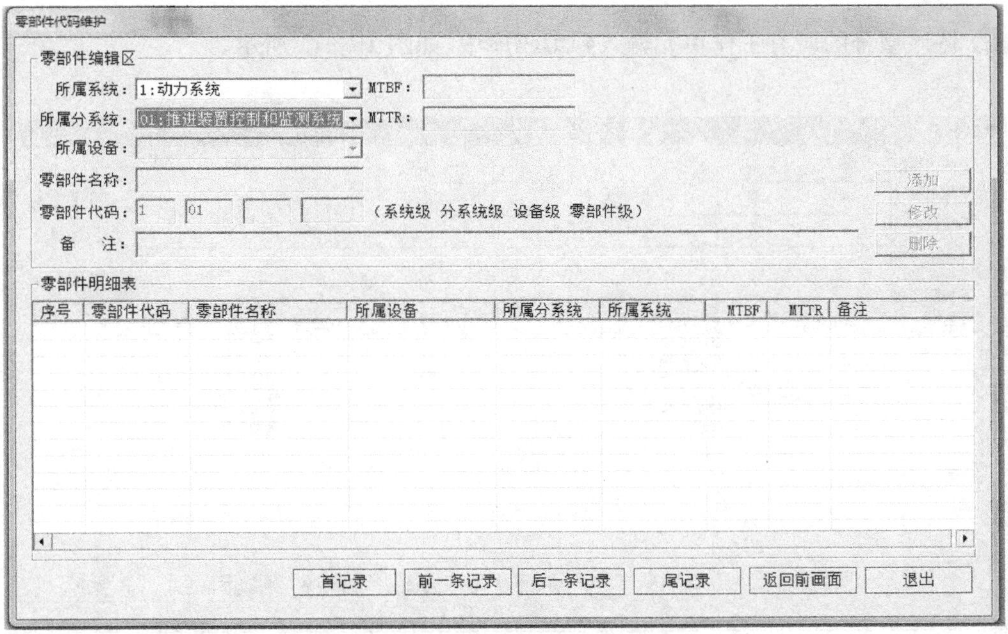

图 16 - 9　零部件代码维护主界面

（4）工作单元编码库二次开发。

该软件为舰船可靠性维修性设计与分析通用软件,将此软件运用于某一具体型号工程时,需要工作单元编码库进行二次开发。也就是,根据该型号的特点,为此型号单独建立一个工作单元编码数据库文件。

工作单元编码数据库文件的建立,通过软件来实施。实施步骤如下:

① 将软件默认工作单元编码库清空,如图 16-10 所示。

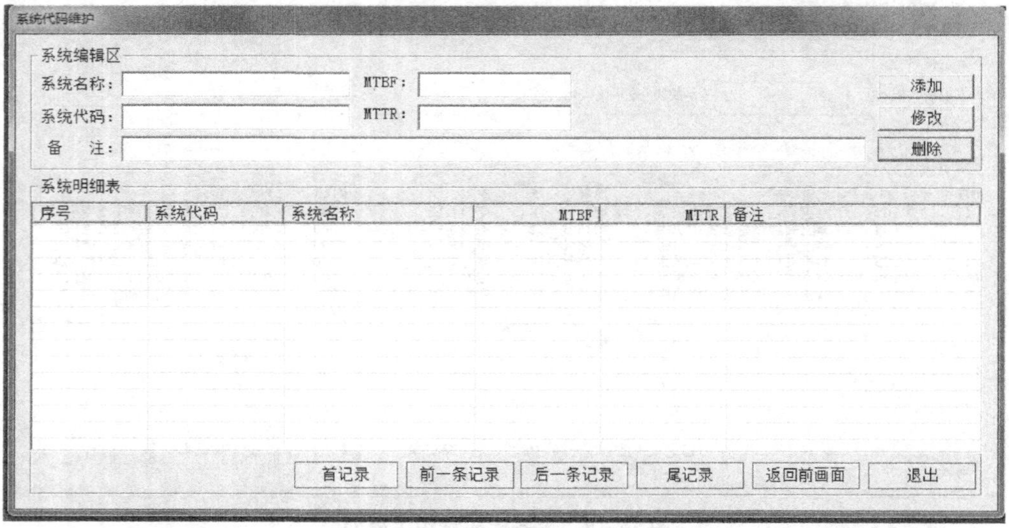

图 16-10　清空默认工作单元编码库

② 将该型号的所有工作单元输入到编码库中,如图 16-11 所示。

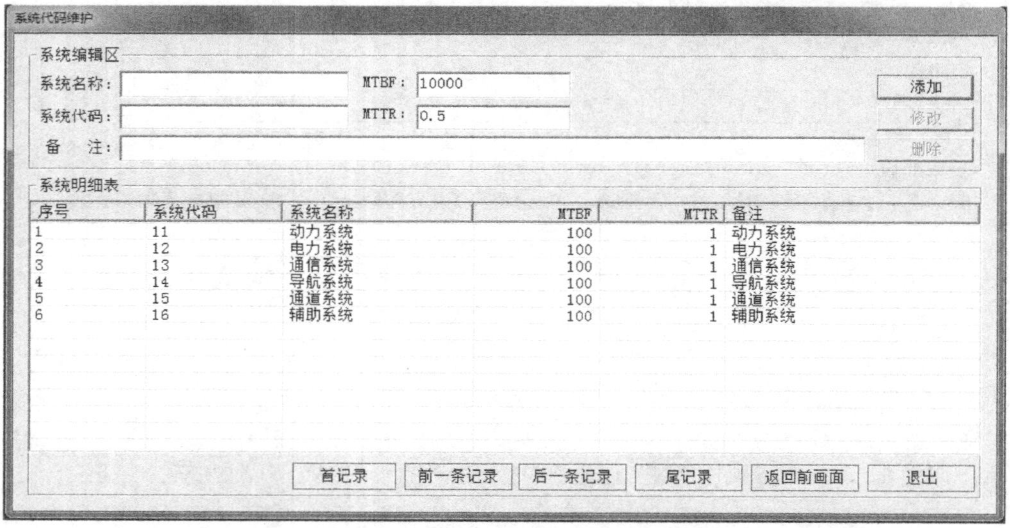

图 16-11　某型舰工作单元编码库(部分)

③ 数据导入、导出。建立某型号工作单元编码库后,可以将数据库文件导出(见图 16-12 和图 16-13)。

将软件运用于具体某型号时,将该型号工作单元编码库导入到默认工作数据库中即可,如图 16-14 所示。

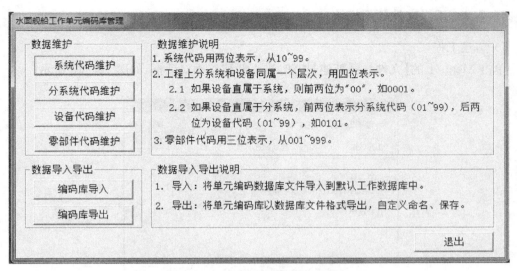

图 16 - 12　工作单元编码库维护界面

图 16 - 13　工作单元编码库导出

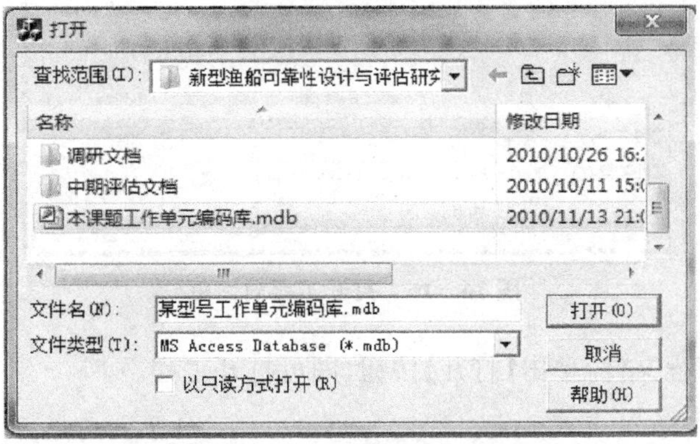

图 16 - 14　工作单元编码库导入

16.3.2 工程文件管理模块

1) 新建工程

单击 Menu 上的【文件】→【新建】按钮,进入新建工程对话框,如图 16-15 所示。

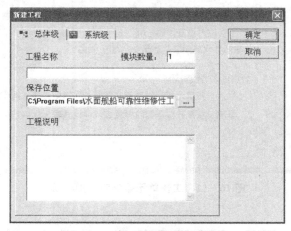

图 16-15 新建工程对话框

在新建工程对话框中,可新建总体级或系统级的工程,其中系统级工程不能指定模块数量。

输入工程名称、选择工程的保存位置,并输入工程说明,单击【确定】按钮,可新建指定的工程。

2) 打开工程

单击 Menu 上的【文件】→【打开工程】按钮,进入打开工程对话框,如图 16-16 所示。

图 16-16 打开工程对话框

选择要打开的工程文件,单击【打开】按钮,即可打开工程。

3) 修改工程属性

选择工程窗口中的工程,单击鼠标右键,在弹出的菜单中单击【工程属性】按钮,打开工程属性对话框,如图 16-17 所示。

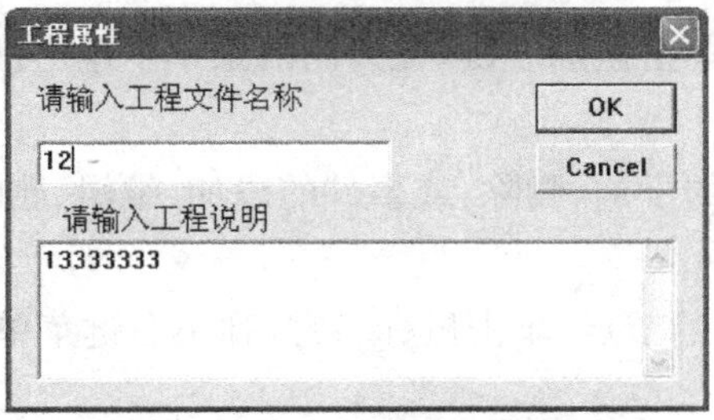

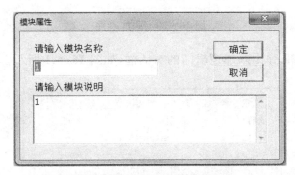

图 16-17 工程属性对话框

输入工程文件名和工程说明,即可修改选定工程的名称和说明。

4)修改模块属性

选择工程窗口中的模块,单击鼠标右键,在弹出的菜单中单击【工程属性】按钮,打开模块属性对话框,如图 16-18 所示。

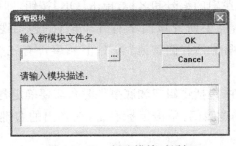

图 16-18 模块属性对话框

5)保存工程

在 Menu 中单击【文件】→【保存工程】按钮,或单击工具栏中的 图标。

6)新建模块

在总体级建模方式下,选择工程窗口中的工程,单击鼠标右键,在弹出的菜单中单击【新建模块】按钮,打开新建模块对话框,如图 16-19 所示。

图 16-19 新建模块对话框

输入新建模块的文件名及模块描述,单击【OK】按钮,即可在工程下新建工程。

7)删除模块

选择需要删除的模块,单击鼠标右键,在弹出的菜单中单击【删除模块】按钮。

8)故障树编辑模块

建立故障树,即进行门的添加、删除,或事件的添加、编辑、删除。

(1)逻辑门。

添加:选择需要添加门的节点,单击鼠标右键,弹出右键菜单,如图16-20所示。

图16-20 添加事件

单击【添加门】按钮,弹出新建逻辑门的对话框,如图16-21所示。

图16-21 新建逻辑门对话框

选择逻辑门类型,输入逻辑门编号和名称,单击【OK】按钮,即可新建逻辑门。

在新建"冷储备门"时,需要研究该门下有几个事件(包括逻辑门和底事件),即确定"储备池"。如下属事件有两个,则"储备池"为1;下属事件有三个,则"储备池"为2,依次类推。

在"和联门"下新建事件(包括逻辑门和底事件时),需要确定各事件的"和联比"。

删除:选择需要删除的逻辑门,单击鼠标右键,在弹出的右键菜单中单击【删除】按钮,即可删除选择的逻辑门。

(2)底事件。

添加：选择需要添加事件的逻辑门，单击鼠标右键，在弹出的右键菜单中单击【添加事件】按钮，弹出新建事件对话框，如图 16 - 22、图 16 - 23 所示。

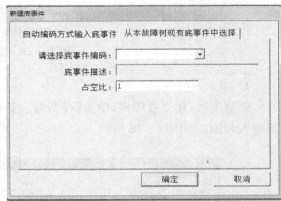

| 图 16 - 22　新建事件对话框 1 | 图 16 - 23　新建事件对话框 2 |

从底事件编码库中选择底事件，输入占空比，或从现有的事件列表中选取事件编号 PID，单击【确定】按钮，即可在选定的逻辑门下添加指定编号的事件。

删除：选择需要删除的事件，单击鼠标右键，在弹出的右键菜单中单击【删除】按钮，即可删除选择的事件。

编辑：选择需要编辑的事件，单击鼠标右键，在弹出的右键菜单中单击【编辑】按钮，弹出修改底事件属性对话框，如图 16 - 24 所示。

图 16 - 24　修改底事件属性对话框

16.3.3　模型输入模块

启动"水面舰船可靠性维修性设计与分析软件"，创建工程并建立故障树后，即可在 Menu 单击【模型输入】→【输入基础数据】按钮，进行故障树底事件的基础数据的修改；单击【模型输入】→【MCS Search】按钮，进行最小割集的搜索，如图 16 - 25 所示。

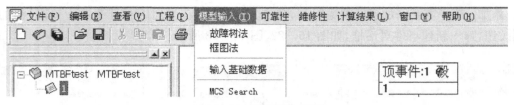

图 16-25　模型输入界面

1）输入基础数据

创建工程，建立故障树，单击【模型输入】→【输入基础数据】按钮，显示底事件的基础数据输入画面，如图 16-26 所示。

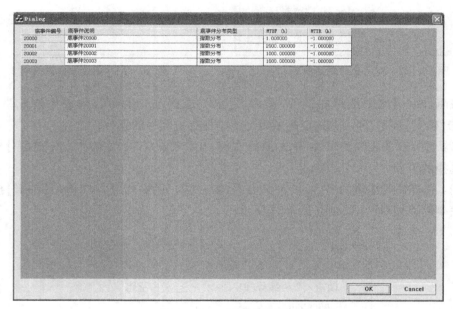

图 16-26　基础数据输入

在基础数据画面中，可修改底事件的底事件分布类型、平均故障间隔时间（$MTBF$）、平均维修时间（$MTTR$），其中底事件分布类型只能进行选择输入。

2）最小割集搜索

创建工程，建立故障树，单击【模型输入】→【最小割集搜索】按钮，对故障数进行最小割集的搜索，并显示搜索完成信息。

16.3.4　可靠性模块

启动"水面舰船可靠性和可维修性设计与分析软件"，创建工程并建立故障树后，即可在Menu 单击【可靠性】→【可靠性分配】按钮，进行可靠性分配计算；单击【可靠性】→【可靠性预计】进行固有可用度预计和任务可靠度预计的计算；单击【可靠性】→【可靠性分析】按钮，进行重要度分析、最小割集分析、FMECA 的处理，如图 16-27 所示。

图 16 - 27　可靠性分析界面

1）可靠性分配

创建工程，建立故障树后，单击【可靠性】→【可靠性分配】按钮，进入输入可靠性分配控制指标画面，如图 16 - 28 所示。

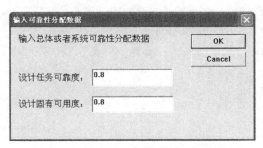

图 16 - 28　可靠性分配控制指标输入

输入"设计任务可靠度""设计固有可用度"后，单击【OK】按钮，进入可靠度分配因子输入画面，如图 16 - 29 所示。

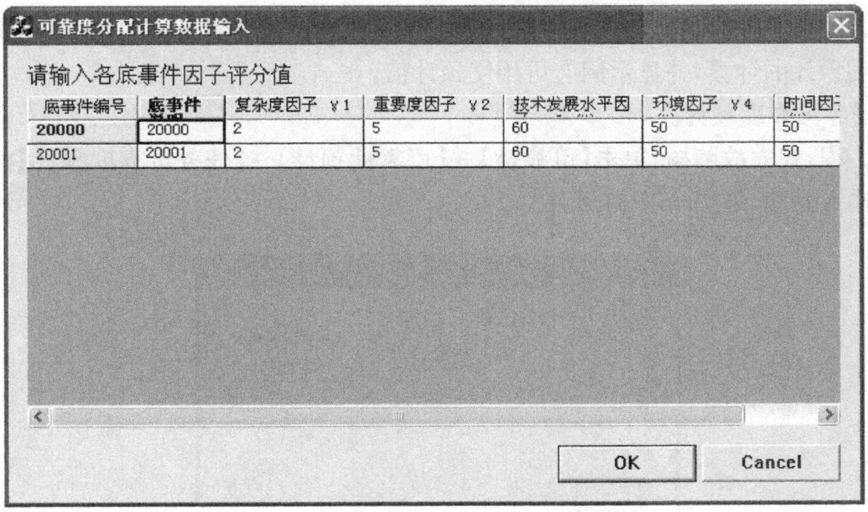

底事件编号	底事件	复杂度因子 ¥1	重要度因子 ¥2	技术发展水平因	环境因子 ¥4	时间因
20000	20000	2	5	60	50	50
20001	20001	2	5	60	50	50

图 16 - 29　可靠性评分因子输入

输入每个底事件的复杂度因子、重要度因子、技术发展水平因子、环境因子、时间因子。单击【OK】按钮，进入可靠度分配输入参数画面。

输入可靠度分配需要的每个模块的任务时间和维修时间。单击【OK】按钮,关闭参数输入画面,进行可靠性分配的计算,如图 16 - 30 所示。

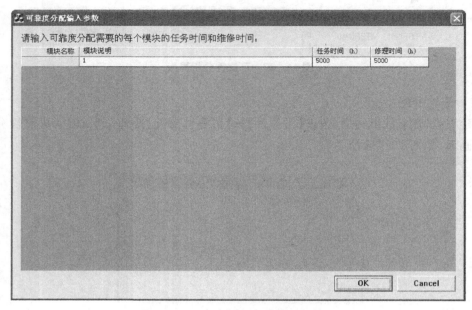

图 16 - 30　任务时间和维修时间输入

2) 可靠性预计

可靠性预计包括固有可用度预计、任务可靠度预计。

(1) 固有可用度预计。

创建工程,建立故障树,单击【可靠性】→【可靠性预计】→【固有可用度预计】按钮,进行固有可用度预计的计算,并显示固有可用度预计值。

(2) 任务可靠度预计。

创建工程,建立故障树,单击【可靠性】→【可靠性预计】→【任务可靠度预计】按钮,进入仿真次数输入画面,如图 16 - 31 所示。

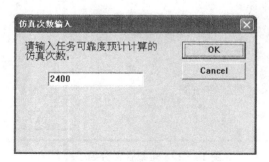

图 16 - 31　仿真次数输入

输入任务可靠度预计计算的仿真次数,单击【OK】按钮,进入任务可靠度预计输入参数画面,如图 16 - 32 所示。

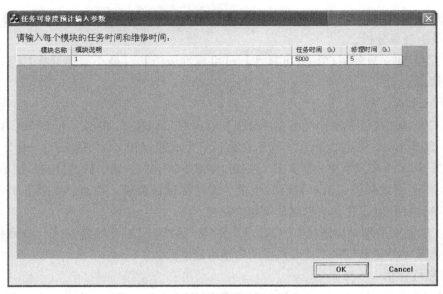

图 16 - 32 可靠度预计参数输入

输入每个模块的任务时间和维修时间,单击【OK】按钮,进行任务可靠度预计的计算,并显示任务可靠度预计值。

3) 可靠性分析

可靠性分析包括重要度分析、最小割集分析、FMECA。

(1) 重要度分析。

创建工程,建立故障树,单击【可靠性】→【可靠性分析】→【重要度分析】按钮,进入任务可靠度预计输入参数画面,如图 16 - 33 所示。

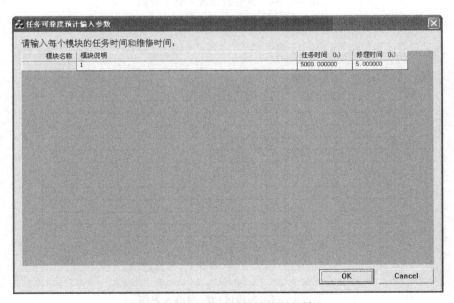

图 16 - 33 任务时间和维修时间输入

输入每个模块的任务时间和维修时间,单击【OK】按钮,进行重要度分析的计算。

(2)最小割集分析。

创建工程,建立故障树,单击【可靠性】→【可靠性分析】→【最小割集分析】按钮,进行最小割集的搜索。

(3)FMECA。

创建工程,单击【可靠性】→【可靠性分析】→【FMECA】按钮,根据":\\FMECA_Format\FMECA 表 Format.xls"文件,在工程所在路径下生成并打开文件"FMECA.xls"。

编辑"FMECA 表"后,单击【FMEA】按钮,生成 FMEA 表;单击【CA】按钮,生成 CA 表;单击【Ⅰ类严酷度故障模式清单】按钮,生成Ⅰ类严酷度故障模式信息;单击【Ⅱ类严酷度故障模式清单】按钮,生成Ⅱ类严酷度故障模式信息。

注意:严酷度类别只能选择"Ⅰ"或"Ⅱ"或"Ⅲ"或"Ⅳ",不可随意输入。故障模式概率等级只能选择"A"或"B"或"C"或"D"或"E",不可随意输入。

4)可靠性评估

单击【可靠性】→【可靠性评估】按钮,进行可靠性评估计算,如图 16-34、图 16-35、图 16-36 和图 16-37 所示。

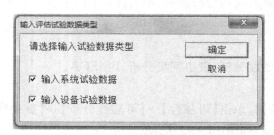

图 16-34　试验数据输入选择界面

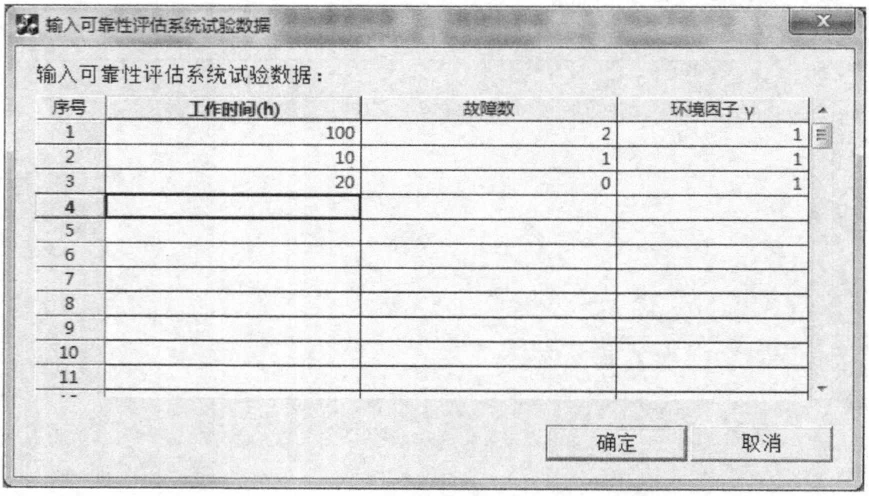

图 16-35　系统试验数据输入界面

图 16 - 36　设备试验数据输入界面

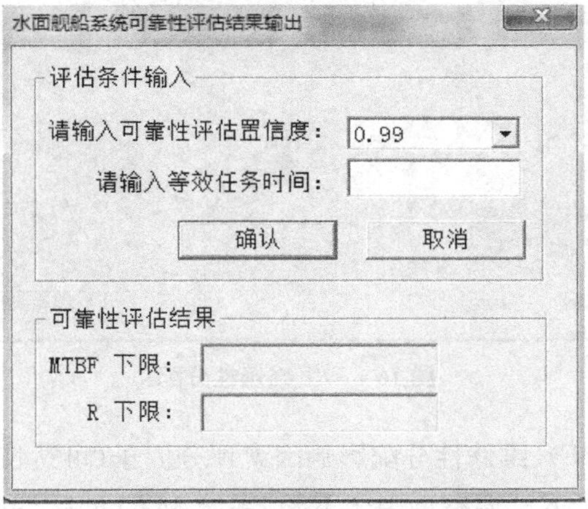

图 16 - 37　可靠性评估计算界面

从本工程底事件库中选择库事件,输入工作时间、故障数和环境因子。用户进行可靠性评估试验数据输入时,有以下注意点:

（1）本工程底事件库中的每个事件都要选择。

（2）工作时间、故障数、环境因子栏不能为空。

选择置信度,输入等效任务时间,单击【确定】按钮,便可以实现可靠性评估计算。

16.3.5　可维修性模块

启动"水面舰船可靠性维修性设计与分析软件"软件,创建工程并建立故障树后,即可在 Menu 单击【维修性】→【维修性分配】按钮,进行维修性分配计算,单击【维修性】→【维修性预计】按钮,进行系统 MTTR 预计的计算,单击【维修性】→【维修性分析】按钮,进行维修过程影响分析、维修影响因素敏感性分析、维修工作类型制订工作,如图 16 - 38 所示。

图 16 - 38　维修性分析

1) 维修性分配

创建工程,建立故障树后,单击【维修性】→【维修性分配】按钮,进入维修性分配画面,如图 16 - 39 所示。

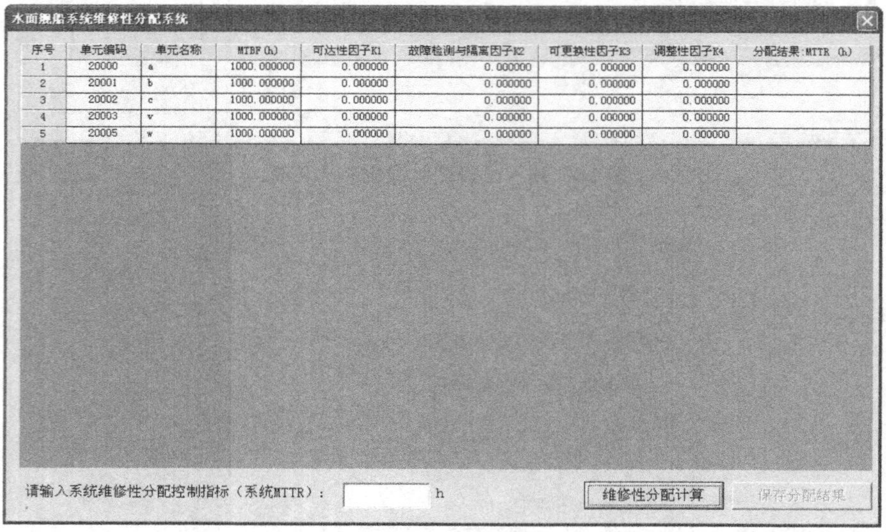

图 16 - 39　维修性分配

输入基本参数(MTBF)、维修性分配影响因素评分因子(可达性因子 K1、故障检测与隔离因子 K2、可更换性因子 K3、调整型因子 K4)、系统 MTTR 后,单击【维修性分配计算】按钮,进行维修性分配的计算。计算完成后,单击【保存分配结果】按钮,保存结果。

用户进行维修性分配计算时,有以下注意点:

(1) 基本参数 MTBF 不能为 0。

(2) MTBF、可达性因子 K1、故障检测与隔离因子 K2、可更换性因子 K3、调整型因子 K4、系统 MTTR 为数值。

(3) MTBF、可达性因子 K1、故障检测与隔离因子 K2、可更换性因子 K3、调整型因子 K4 参数修改后,系统自动清空分配结果 MTTR。

(4) 只有当所有的分配结果计算完毕后,才能保存分配结果,否则【保存分配结果】按钮不可用。

2) 维修性预计

创建工程,建立故障树后,单击【维修性】→【维修性预计】按钮,进入维修性预计画面,如图 16 - 40 所示。

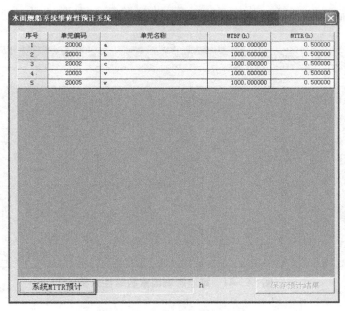

图 16 - 40 维修性预计

输入基本参数(MTBF、MTTR)后,单击【系统 MTTR 预计】按钮,进行维修性预计的计算。计算完成后,单击【保存预计结果】,保存系统 MTTR 预计值。

用户进行维修性预计计算时,有以下注意点:

(1) 基本参数 MTBF、MTBF 不能为 0 的数值。

(2) 基本参数 MTBF、MTBF 为数值。

(3) MTBF、MTTR 修改后,系统自动清空系统 MTTR 预计值。

(4) 只有当系统 MTTR 预计计算完毕后,才能保存预计结果,否则【保存预计结果】按钮不可用。

3) 可维修性分析

可维修性分析包括维修过程影响分析、维修影响因素敏感性分析、维修工作类型制订。

(1) 维修过程影响分析。

创建工程,单击【维修性】→【维修性分析】→【维修过程影响分析】按钮,根据":\\FMECA_Format\维修过程影响分析 Format.xls"文件,在工程所在路径下生成并打开文件"维修过程影响分析.xls"。

编辑"维修过程影响分析表"后,单击按钮【Ⅰ类维修影响因素清单】按钮,生成Ⅰ类维修影响因素清单表;单击【Ⅱ类维修影响因素清单】按钮,生成Ⅱ类维修影响因素清单表。

注意:影响维修程度类别只能选择"Ⅰ"或"Ⅱ"或"Ⅲ",不可随意输入。影响维修过程的因素(简称影响因素)只能选择"可更换性"或"可达性"或"调整性"或"故障检测与隔离性",不可随意输入。

(2) 维修影响因素敏感性分析。

创建工程,建立故障树后,单击【维修性】→【维修性分析】→【维修影响因素敏感性分析】

按钮,进入维修影响因素敏感性分析画面,如图 16 - 41 所示。

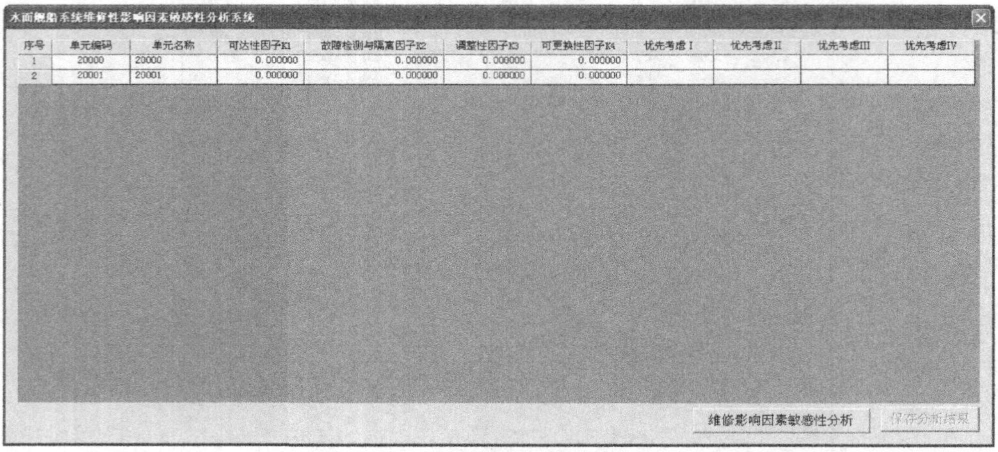

图 16 - 41 维修影响因素敏感性分析

输入基本参数(可达性因子、故障检测与隔离因子、调整性因子、可更换性因子)后,单击【维修影响因素敏感性分析】按钮,进行维修影响因素敏感性分析计算,计算完成后,在 List 中显示优先考虑顺序,单击【保存分析结果】按钮,保存每个单元的优先考虑顺序。

用户进行维修性预计计算时,有以下注意点:

① 基本参数可达性因子、故障检测与隔离因子、调整性因子、可更换性因子为数值。

② 可达性因子、故障检测与隔离因子、调整性因子、可更换性因子修改后,系统自动清空单元的优先考虑顺序。

③ 只有当维修影响因素敏感性分析计算完毕后,才能保存分析结果,否则【保存分析结果】按钮不可用。

(3)维修工作类型制定。

创建工程,单击【维修性】→【维修性分析】→【维修工作类型制定】按钮,进入 RCM 维修分析画面,如图 16 - 42 所示。

图 16 - 42 RCM 分析

① 单击【RCM 维修工作类型制定】按钮,进入 RCM 维修工作类型制定画面,如图 16 - 43所示。

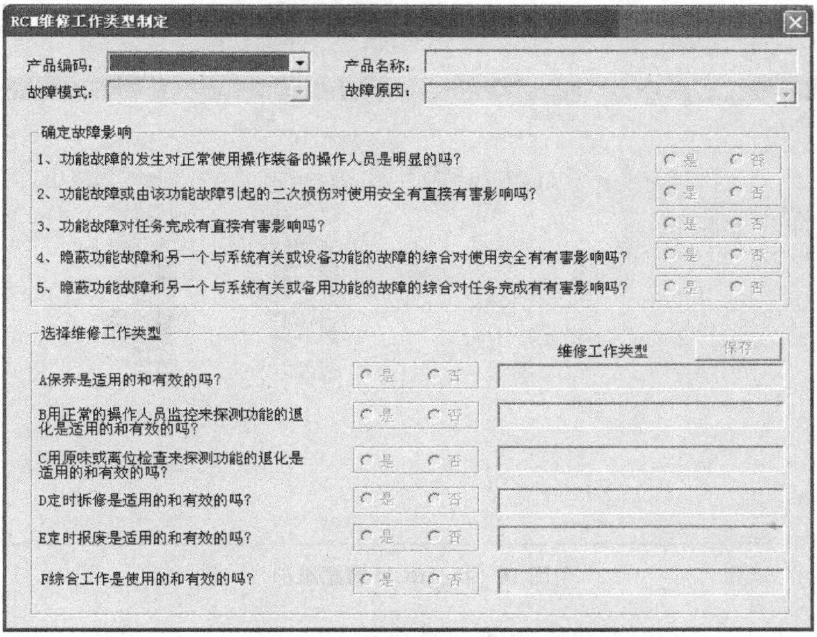

图 16-43 RCM 维修工作类型制定

选择“产品编码”，根据“产品编码”，在画面上显示产品编码对应的产品名称。“产品编码”没有选择时，“故障模式”和“故障原因”不可选择。

“产品编码”选择后，“故障模式”可选择；当选择“故障模式”后，“故障原因”可选择；否则“故障原因”不可选择。

只有当“故障原因”选择后，【保存】按钮可用。

单击【保存】按钮，保存所选择故障的维修工作类型。

② 单击【RCM 维修工作类型查看】按钮，进入 RCM 维修工作类型查看画面，如图 16-44 所示。

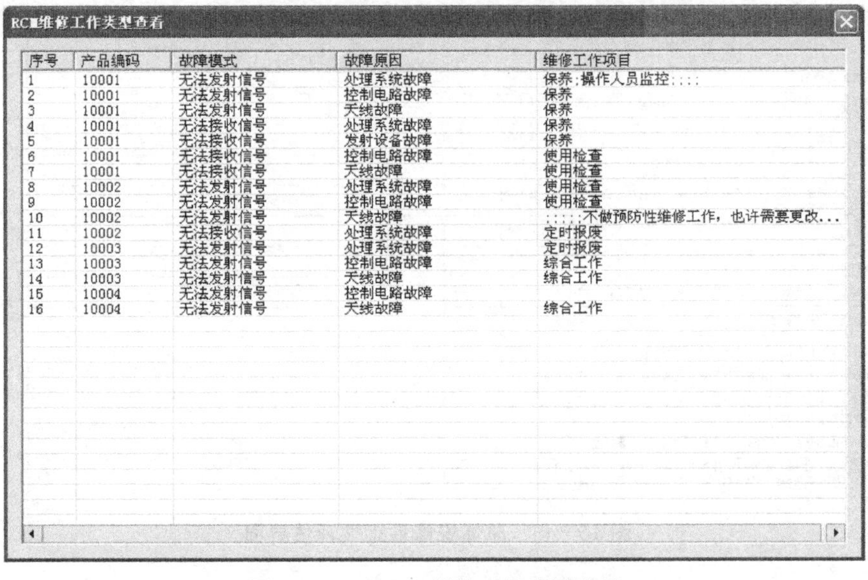

序号	产品编码	故障模式	故障原因	维修工作项目
1	10001	无法发射信号	处理系统故障	保养;操作人员监控::::
2	10001	无法发射信号	控制电路故障	保养
3	10001	无法发射信号	天线故障	保养
4	10001	无法接收信号	处理系统故障	保养
5	10001	无法接收信号	发射设备故障	保养
6	10001	无法接收信号	控制电路故障	使用检查
7	10001	无法接收信号	天线故障	使用检查
8	10002	无法发射信号	处理系统故障	使用检查
9	10002	无法发射信号	控制电路故障	使用检查
10	10002	无法发射信号	天线故障	:::::不做预防性维修工作，也许需要更改...
11	10002	无法接收信号	处理系统故障	定时报废
12	10003	无法发射信号	处理系统故障	定时报废
13	10003	无法发射信号	控制电路故障	综合工作
14	10003	无法发射信号	天线故障	综合工作
15	10004	无法发射信号	控制电路故障	
16	10004	无法发射信号	天线故障	综合工作

图 16-44 RCM 维修工作类型查看

③ 单击【RCM 数据维护】按钮，进入 RCM 数据管理画面，如图 16-45 所示。

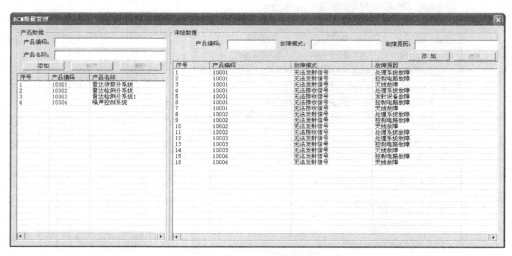

图 16-45　RCM 数据维护

操作画面左边，即可添加、修改、删除产品信息。

操作画面右边，即可添加、删除产品故障模式的故障原因数据。

④ 单击【退出】按钮，退出 RCM 维修工作类型制定画面。

4）可维修性评估

（1）可维修性定性评估。

创建工程，单击【维修性】→【维修性评估】→【维修性定性评估】→【总体维修性定性评估】按钮，调出总体维修性定性评估界面，如图 16-46 所示。

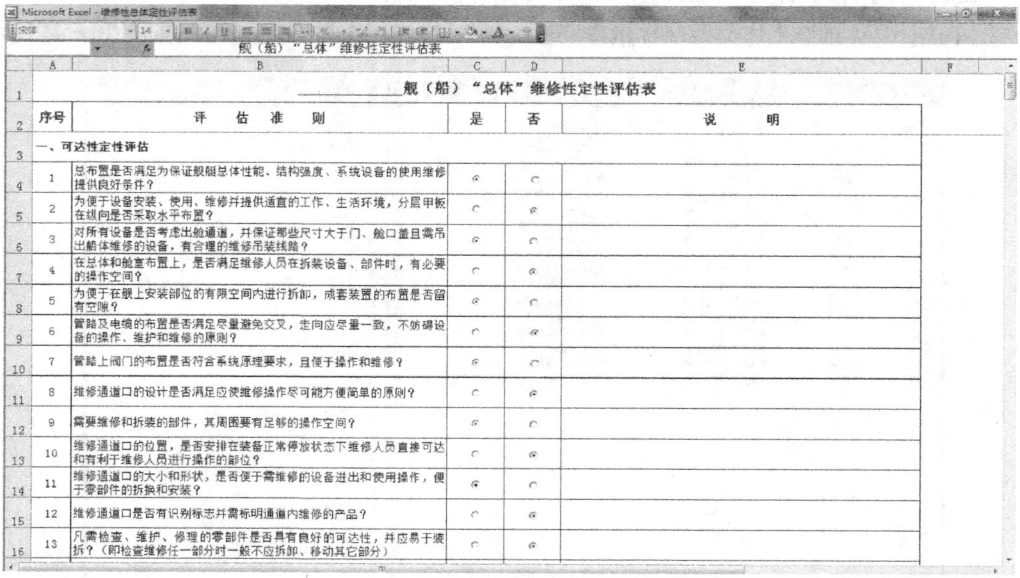

图 16-46　总体维修性定性评估界面

根据总体维修性定性评估准则，选择是否，并填写相关说明（见图 16－47）。

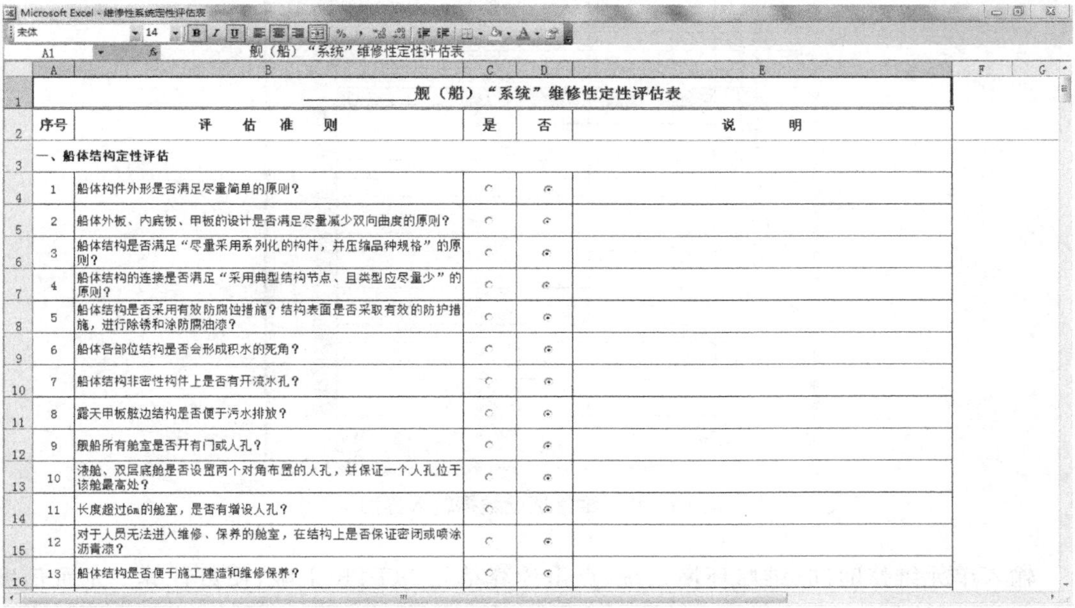

序号	评估准则	是	否	说明
一、船体结构定性评估				
1	船体构件外形是否满足尽量简单的原则？			
2	船体外板、内底板、甲板的设计是否满足尽量减少双向曲度的原则？			
3	船体结构是否满足“尽量采用系列化的构件，并压缩品种规格”的原则？			
4	船体结构的连接是否满足“采用典型结构节点、且类型应尽量少”的原则？			
5	船体结构是否采用有效防腐蚀措施？结构表面是否采取有效的防护措施，进行除锈和涂防腐油漆？			
6	船体各部位结构是否会形成积水的死角？			
7	船体结构非密性构件上是否有开流水孔？			
8	露天甲板舷边结构是否便于污水排放？			
9	舰船所有舱室是否开有门或人孔？			
10	液舱、双层底舱是否设置两个对角布置的人孔，并保证一个人孔位于该舱最高处？			
11	长度超过6m的舱室，是否有增设人孔？			
12	对于人员无法进入维修、保养的舱室，在结构上是否保证密闭或喷涂沥青漆？			
13	船体结构是否便于施工建造和维修保养？			

图 16－47　系统维修性定性评估界面

根据系统维修性定性评估准则，选择是或否，并填写相关说明。

（2）可维修性定量评估。

创建工程，单击【维修性】→【维修性评估】→【维修性定量评估】按钮，调出维修性定量评估界面，如图 16－48 所示。

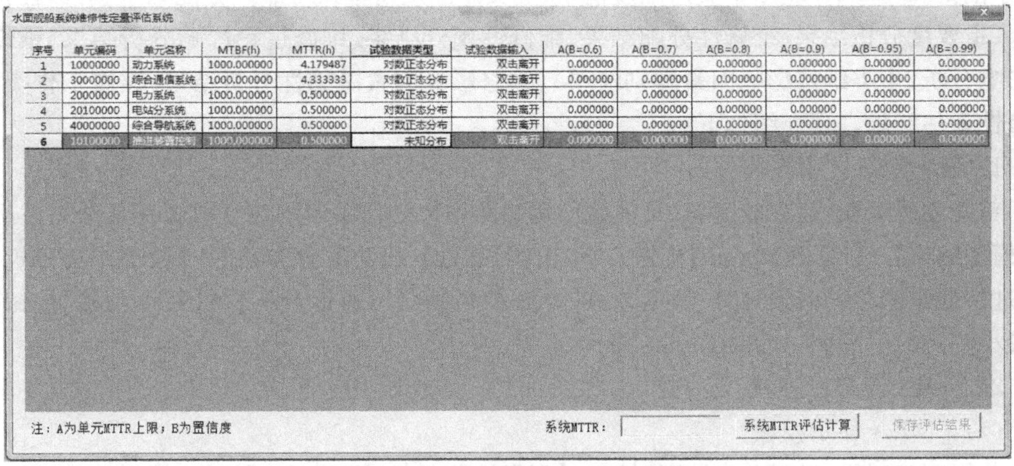

序号	单元编码	单元名称	MTBF(h)	MTTR(h)	试验数据类型	试验数据输入	A(B=0.6)	A(B=0.7)	A(B=0.8)	A(B=0.9)	A(B=0.95)	A(B=0.99)
1	10000000	动力系统	1000.000000	4.179487	对数正态分布	双击离开	0.000000	0.000000	0.000000	0.000000	0.000000	0.000000
2	30000000	综合通信系统	1000.000000	4.333333	对数正态分布	双击离开	0.000000	0.000000	0.000000	0.000000	0.000000	0.000000
3	20000000	电力系统	1000.000000	0.500000	对数正态分布	双击离开	0.000000	0.000000	0.000000	0.000000	0.000000	0.000000
4	20100000	电站分系统	1000.000000	0.500000	对数正态分布	双击离开	0.000000	0.000000	0.000000	0.000000	0.000000	0.000000
5	40000000	综合导航系统	1000.000000	0.500000	对数正态分布	双击离开	0.000000	0.000000	0.000000	0.000000	0.000000	0.000000
6	10100000	推进装置控制	1000.000000	0.500000	未知分布	双击离开	0.000000	0.000000	0.000000	0.000000	0.000000	0.000000

图 16－48　维修性定量评估界面

在维修性定量评估界面中，选择试验数据类型（对数正态分布或未知分布），双击试验数据输入栏，调出维修试验数据输入界面，如图 16－49 所示。

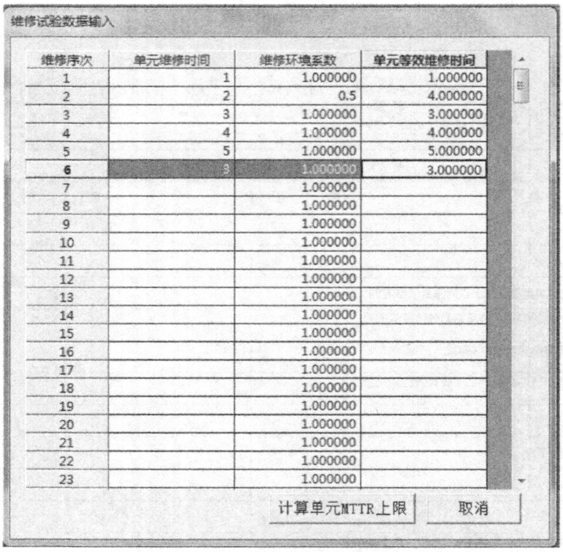
维修试验数据输入

维修序次	单元维修时间	维修环境系数	单元等效维修时间
1	1	1.000000	1.000000
2	2	0.5	4.000000
3	3	1.000000	3.000000
4	4	1.000000	4.000000
5	5	1.000000	5.000000
6	3	1.000000	3.000000
7		1.000000	
8		1.000000	
9		1.000000	
10		1.000000	
11		1.000000	
12		1.000000	
13		1.000000	
14		1.000000	
15		1.000000	
16		1.000000	
17		1.000000	
18		1.000000	
19		1.000000	
20		1.000000	
21		1.000000	
22		1.000000	
23		1.000000	

计算单元MTTR上限　取消

图 16-49　维修试验数据输入界面

输入单元维修时间、维修环境系统，点击计算单元 MTTR 上限，便可计算一定置信度下，工作单元的 MTTR 上限。

当每个单元的维修试验数据输入完成后，单击维修性定量评估界面中【系统 MTTR 评估计算】以及【保存评估结果】按钮。

16.3.6　分析结果显示模块

本系统采用图形界面或 Excel 形式来清晰显示系统的各项计算结果，包括可靠性分析（最小割集、FMEA、CA、Ⅰ类严酷度清单、Ⅱ类严酷度清单）、可靠性分配结果、可靠性预计结果、重要度分析结果、维修性分配结果、维修性预计结果、维修过程影响分析结果（维修过程影响分析、Ⅰ类维修影响因素类别清单）、维修影响因素敏感性分析结果、维修工作类型、维修性评估结果。现介绍如下。

1）最小割集显示模块

首先创建工程，建立故障树（具体操作请参照用户操作手册的建立故障树部分）；然后单击【模型输入】→【MCS Search】按钮，或单击【可靠性】→【可靠性分析】→【最小割集分析】按钮，进行最小割集的搜索计算；最后单击【计算结果】→【可靠性分析】→【最小割集】按钮，进入最小割集显示画面，如图 16-50 所示。

2）FMECA 显示模块

（1）FMEA 显示模块。

首先创建工程；然后单击【可靠性】→【可靠性分析】→【FMECA】按钮，编辑故障模式、影响及危害性分析（FMECA）表，单击【FMEA 表】按钮，提取 FMEA 信息；最后单击【计算结果】→【可靠性分析】→【FMEA】按钮，以 Excel 形式显示 FMEA 信息。

在 FMEA 表中，单击【打印】按钮，可打印 FMEA 表。

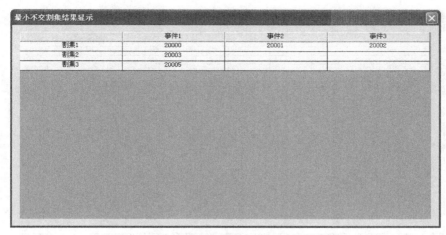

图 16 - 50 最小割集显示画面

（2）CA 显示模块

首先创建工程；然后单击【可靠性】→【可靠性分析】→【FMECA】按钮，编辑故障模式、影响及危害性分析（FMECA）表，单击【CA 表】按钮，提取 CA 信息；最后单击【计算结果】→【可靠性分析】→【CA】按钮，以 Excel 形式显示 CA 信息。

在 CA 表中，单击【打印】按钮，可打印 CA 表。

（3）Ⅰ类严酷度清单

首先创建工程；然后单击【可靠性】→【可靠性分析】→【FMECA】按钮，编辑故障模式、影响及危害性分析（FMECA）表，单击【Ⅰ类严酷度故障模式清单表】按钮，提取Ⅰ类严酷度故障模式信息；最后单击【计算结果】→【可靠性分析】→【Ⅰ类严酷度清单】按钮，以 Excel 形式显示Ⅰ类严酷度信息。

在Ⅰ类严酷度信息表中，单击【打印】按钮，可打印Ⅰ类严酷度信息。

（4）Ⅱ类严酷度清单

首先创建工程；然后单击【可靠性】→【可靠性分析】→【FMECA】按钮，编辑故障模式、影响及危害性分析（FMECA）表，单击【Ⅱ类严酷度故障模式清单表】按钮，提取Ⅱ类严酷度故障模式信息；最后单击【计算结果】→【可靠性分析】→【Ⅱ类严酷度清单】按钮，以 Excel 形式显示Ⅱ类严酷度信息。

在Ⅱ类严酷度信息表中，单击【打印】按钮，可打印Ⅱ类严酷度信息。

3）可靠性分配结果显示

首先创建工程，建立故障树（具体操作请参照用户操作手册的建立故障树部分）；然后单击【可靠性】→【可靠性分配】按钮，进入可靠性分配画面（具体操作请参照用户操作手册的可靠性分配部分），进行可靠性分配的计算；最后单击【计算结果】→【可靠性分配结果】按钮，显示可靠性分配结果，如图 16 - 51 所示。

4）可靠性预计结果显示

首先创建工程，建立故障树（具体操作请参照用户操作手册的建立故障树部分）；然后单

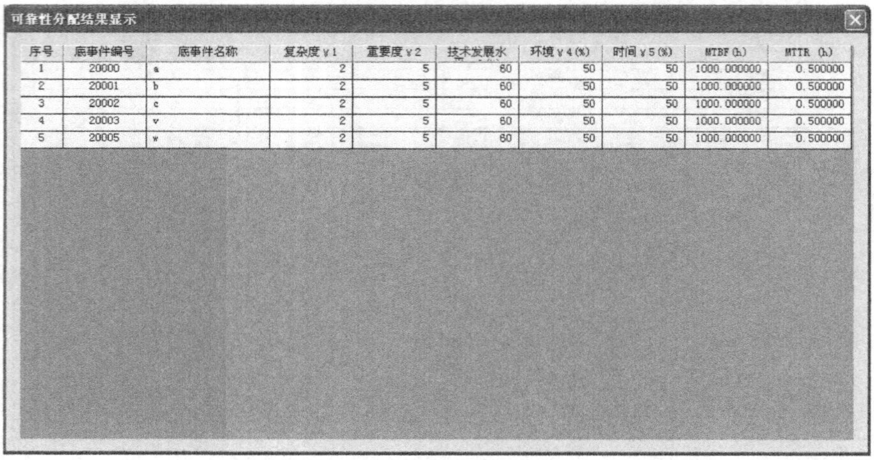

序号	底事件编号	底事件名称	复杂度γ1	重要度γ2	技术发展水	环境γ4(%)	时间γ5(%)	MTBF(h)	MTTR (h)
1	20000	a	2	5	60	50	50	1000.000000	0.500000
2	20001	b	2	5	60	50	50	1000.000000	0.500000
3	20002	c	2	5	60	50	50	1000.000000	0.500000
4	20003	v	2	5	60	50	50	1000.000000	0.500000
5	20005	w	2	5	60	50	50	1000.000000	0.500000

图 16－51　可靠性分配结果

击【可靠性】→【可靠性预计】→【固有可用度预计】按钮，进行固有可用度预计的计算，单击【可靠性】→【可靠性预计】→【任务可靠度预计】按钮，进入任务可靠度预计画面（具体操作请参照用户操作手册的可靠性预计部分），进行任务可靠度预计的计算；最后单击【计算结果】→【可靠性预计结果】按钮，显示可靠性预计结果，如图 16－52 所示。

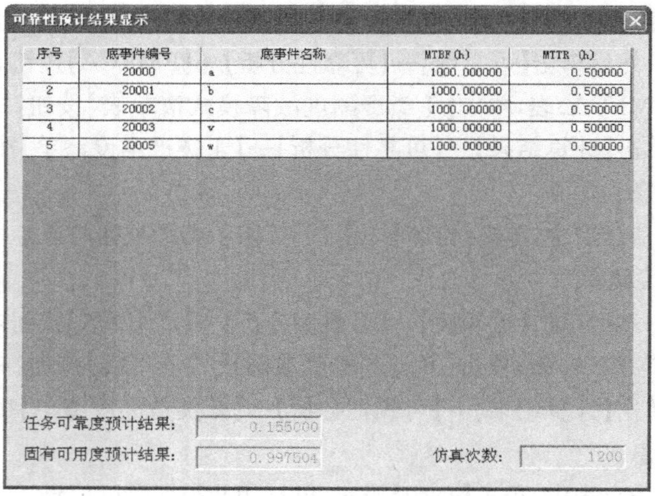

序号	底事件编号	底事件名称	MTBF(h)	MTTR (h)
1	20000	a	1000.000000	0.500000
2	20001	b	1000.000000	0.500000
3	20002	c	1000.000000	0.500000
4	20003	v	1000.000000	0.500000
5	20005	w	1000.000000	0.500000

图 16－52　可靠性预计结果

5）重要度分析结果显示

首先创建工程，建立故障树（具体操作请参照用户操作手册的建立故障树部分）；然后单击【可靠性】→【可靠性分析】→【重要度分析】按钮，进入重要度分析画面（具体操作请参照用户操作手册的可靠性分析的重要度分析部分），进行重要度分析的计算；最后单击【计算结果】→【重要度分析结果】按钮，显示可靠性重要度分析结果，如图 16－53 所示。

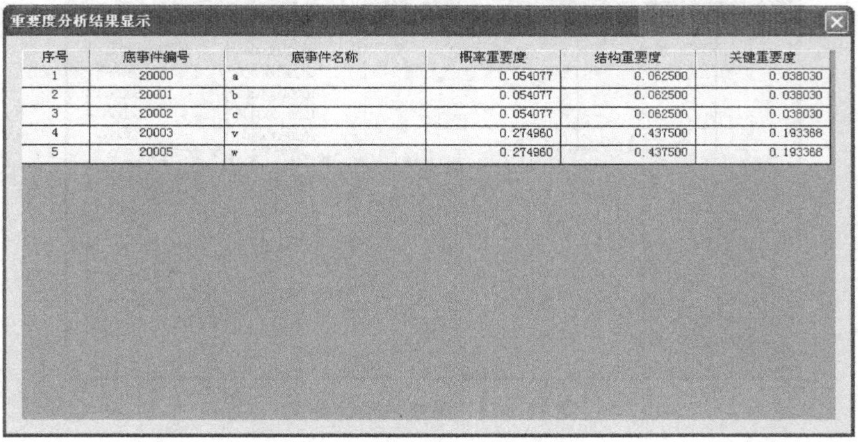

重要度分析结果显示

序号	底事件编号	底事件名称	概率重要度	结构重要度	关键重要度
1	20000	a	0.054077	0.062500	0.038030
2	20001	b	0.054077	0.062500	0.038030
3	20002	c	0.054077	0.062500	0.038030
4	20003	v	0.274960	0.437500	0.193368
5	20005	w	0.274960	0.437500	0.193368

图 16－53　重要度分析结果

6）可维修性分配结果显示

首先创建工程，建立故障树（具体操作请参照用户操作手册的建立故障树部分）；然后单击【维修性】→【维修性分配】按钮，进入维修性分配画面，进行维修性分配的计算，保存分配结果（具体操作请参照用户操作手册的维修性分配部分）；最后单击【计算结果】→【维修性分配结果】按钮，显示维修性分配结果，如图 16－54 所示。

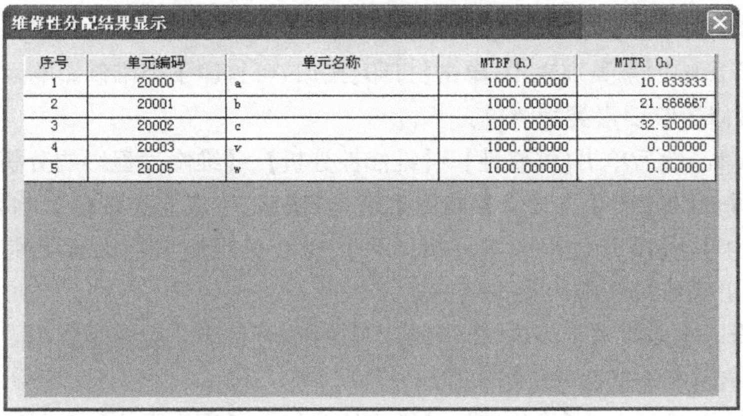

维修性分配结果显示

序号	单元编码	单元名称	MTBF (h)	MTTR (h)
1	20000	a	1000.000000	10.833333
2	20001	b	1000.000000	21.666667
3	20002	c	1000.000000	32.500000
4	20003	v	1000.000000	0.000000
5	20005	w	1000.000000	0.000000

图 16－54　维修性分配结果

7）维修性预计结果显示

首先创建工程，建立故障树（具体操作请参照用户操作手册的建立故障树部分）；然后单击【维修性】→【维修性预计】按钮，进入维修性预计画面，进行维修性预计的计算，保存预计结果（具体操作请参照用户操作手册的维修性预计部分）；最后单击【计算结果】→【维修性预计结果】按钮，显示进入维修性预计结果，如图 16－55 所示。

8）维修过程影响分析表显示

首先创建工程；然后单击【维修性】→【维修性分析】→【维修过程影响分析】按钮，编辑维

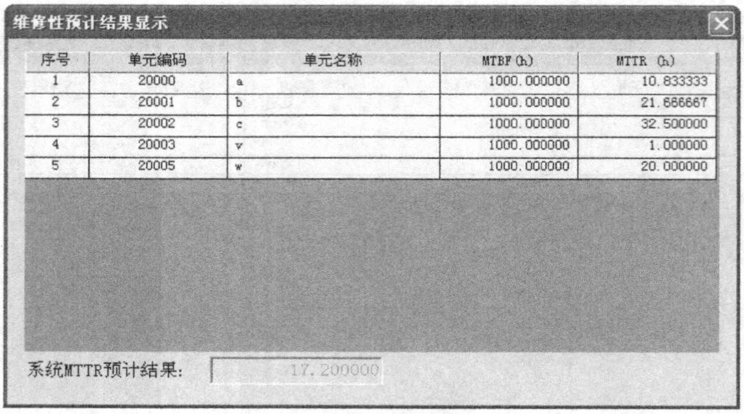
维修性预计结果显示

序号	单元编码	单元名称	MTBF(h)	MTTR (h)
1	20000	a	1000.000000	10.833333
2	20001	b	1000.000000	21.666667
3	20002	c	1000.000000	32.500000
4	20003	v	1000.000000	1.000000
5	20005	w	1000.000000	20.000000

系统MTTR预计结果: 17.200000

图 16-55 维修性预计结果

修过程影响分析表；最后单击【计算结果】→【维修过程影响分析结果】→【维修过程影响分析表】按钮，以 Excel 形式显示维修过程影响分析信息。

在维修过程影响分析表中，单击【打印】按钮，可打印维修过程影响分析信息。

(1) Ⅰ类维修影响因素类别清单。

首先创建工程；然后单击【维修性】→【维修性分析】→【维修过程影响分析】按钮，编辑维修过程影响分析表，单击【Ⅰ类维修影响因素清单】按钮，生成Ⅰ类维修影响因素清单表；最后单击【计算结果】→【维修过程影响分析结果】→【Ⅰ类维修影响因素类别清单】按钮，以 Excel 形式显示Ⅰ类维修影响因素类别信息。

在Ⅰ类维修影响因素类别表中，单击【打印】按钮，可打印Ⅰ类维修影响因素类别信息。

(2) Ⅱ类维修影响因素类别清单。

首先创建工程；然后单击【维修性】→【维修性分析】→【维修过程影响分析】按钮，编辑维修过程影响分析表，单击【Ⅱ类维修影响因素清单】按钮，生成Ⅱ类维修影响因素清单表；最后单击【计算结果】→【维修过程影响分析结果】→【Ⅱ类维修影响因素类别清单】按钮，以 Excel 形式显示Ⅱ类维修影响因素类别信息。

在Ⅱ类维修影响因素类别表中，单击【打印】按钮，可打印Ⅱ类维修影响因素类别信息。

9) 维修影响因素敏感性分析结果显示

首先创建工程；然后单击【维修性】→【维修性分析】→【维修影响因素敏感性分析】按钮，进入维修影响因素敏感性分析画面(具体操作请参照用户操作手册的维修影响因素敏感性分析部分)，进行维修影响因素敏感性分析的计算；最后单击【计算结果】→【维修影响因素敏感性分析】按钮，进入维修影响因素敏感性分析结果显示画面，如图 16-56 所示。

10) 维修性定性评估结果显示显示

(1) 总体维修性定性评估结果显示。

首先创建工程；然后单击【维修性】→【维修性评估】→【维修性定性评估】按钮，单击【总体维修性定性评估】按钮，进入总体维修性定性评估画面(具体操作请参照用户操作手册的总体维修性定性评估部分)，进行总体维修性定性评估；最后单击【计算结果】→【维修性评

维修性分析结果显示

序号	单元编码	单元名称	优先考虑Ⅰ	优先考虑Ⅱ	优先考虑Ⅲ	优先考虑Ⅳ
1	20000	20000	可更换性因子	可达性因子	调整性因子	故障检测与隔离因子
2	20001	20001	可达性因子	可更换性因子	故障检测与隔离因子	调整性因子

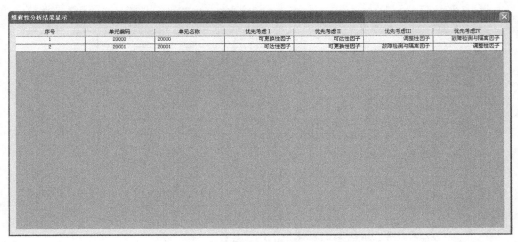

图 16－56　维修影响因素敏感性分析结果

估】→【维修性定性评估】→【总体维修性定性评估】按钮，以 Excel 形式显示维修工作类型制定信息，如图 16－57 所示。

Microsoft Excel - 维修性总体定性评估结果表

舰（船）“总体”维修性定性评估表　　打印

序号	评　估　准　则	结果	说　　明
一、可达性定性评估			
1	总布置是否满足为保证舰艇总体性能、结构强度、系统设备的使用维修提供良好条件？	是	
2	为便于设备安装、使用、维修并提供适宜的工作、生活环境，分层甲板在纵向是否采取水平布置？	否	
3	对所有设备是否考虑出舱通道，并保证那些尺寸大于门、舱口盖且需吊出船体维修的设备，有合理的维修吊装线路？	是	
4	在总体和舱室布置上，是否满足维修人员在拆装设备、部件时，有必要的操作空间？	否	
5	为便于在舰上安装部位的有限空间内进行拆卸，成套装置的布置是否留有空隙？	是	
6	管路及电缆的布置是否满足尽量避免交叉，走向应尽量一致，不妨碍设备的操作、维护和维修的原则？	否	
7	管路上阀门的布置是否符合系统原理要求，且便于操作和维修？	是	
8	维修通道口的设计是否满足应使维修操作尽可能方便简单的原则？	否	
9	需要维修和拆装的部件，其周围要有足够的操作空间？	是	
10	维修通道口的位置，是否安排在装备正常停放状态下维修人员直接可达和有利于维修人员进行操作的部位？	否	
11	维修通道口的大小和形状，是否便于需维修的设备进出和使用操作，便于零部件的拆换和安装？	是	
12	维修通道口是否有识别标志并需标明通道内维修的产品？	否	
13	凡需检查、维护、修理的零部件是否具有良好的可达性，并应易于装拆？（即检查维修任一部分时一般不应拆卸、移动其它部分）	否	
14	对故障频率高、预防性维修频繁的设备、维修部位、重要测试点、应急开关等是否提供最佳可达性？	否	

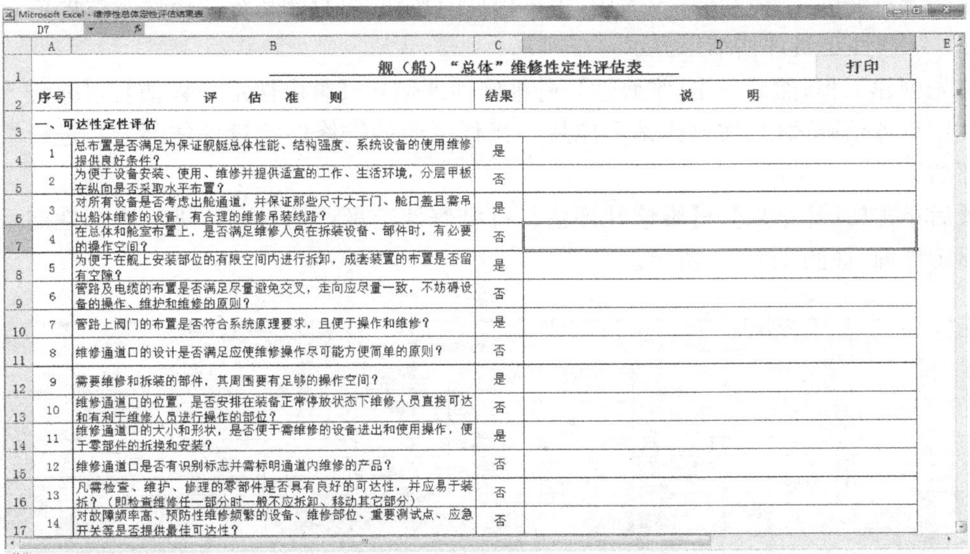

图 16－57　总体维修性定性评估结果显示

在总体维修性定性评估输出表中，单击【打印】按钮，可打印总体维修性定性评估表。

(2) 系统维修性定性评估结果显示。

首先创建工程；然后单击【维修性】→【维修性评估】→【维修性定性评估】按钮，单击【系统维修性定性评估】按钮，进入系统维修性定性评估画面(具体操作请参照用户操作手册的系统维修性定性评估部分)，进行总体维修性定性评估；最后单击【计算结果】→【维修性评估】→【维修性定性评估】→【系统维修性定性评估】按钮，以 Excel 形式显示维修工作类型制定信息，如图 16－58 所示。

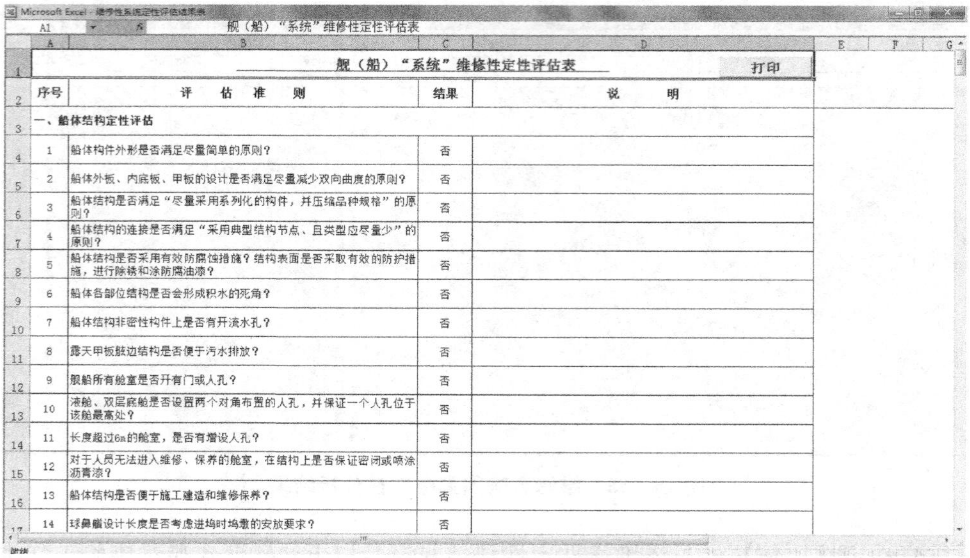

图 16 - 58　系统维修性定性评估结果显示

在系统维修性定性评估输出表中,单击【打印】按钮,可打印系统维修性定性评估表。

11) 维修性定量评估结果显示

首先创建工程;然后单击【维修性】→【维修性评估】→【维修性定量评估】按钮,进入系统维修性定量评估画面(具体操作请参照用户操作手册的维修性定量评估部分),进行维修性定量评估;

最后单击【计算结果】→【维修性评估】→【维修性定量评估】按钮,进入维修性定量评估结果显示界面,如图 16 - 59 所示。

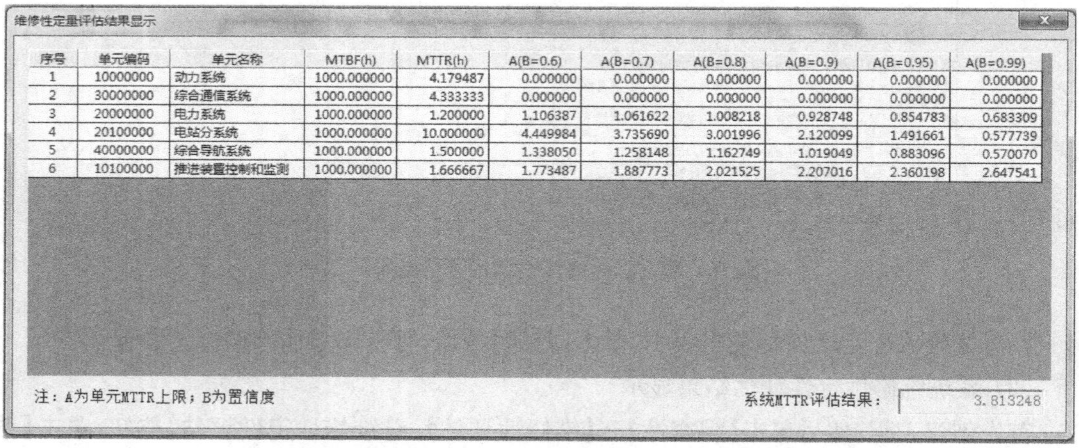

序号	单元编码	单元名称	MTBF(h)	MTTR(h)	A(B=0.6)	A(B=0.7)	A(B=0.8)	A(B=0.9)	A(B=0.95)	A(B=0.99)
1	10000000	动力系统	1000.000000	4.179487	0.000000	0.000000	0.000000	0.000000	0.000000	0.000000
2	30000000	综合通信系统	1000.000000	4.333333	0.000000	0.000000	0.000000	0.000000	0.000000	0.000000
3	20000000	电力系统	1000.000000	1.200000	1.106387	1.061622	1.008218	0.928748	0.854783	0.683309
4	20100000	电站分系统	1000.000000	10.000000	4.449984	3.735690	3.001996	2.120099	1.491661	0.577739
5	40000000	综合导航系统	1000.000000	1.500000	1.338050	1.258148	1.162749	1.019049	0.883096	0.570070
6	10100000	推进装置控制和监测	1000.000000	1.666667	1.773487	1.887773	2.021525	2.207016	2.360198	2.647541

注:A为单元MTTR上限;B为置信度　　　　　　　　　　系统MTTR评估结果:　3.813248

图 16 - 59　维修性定量评估结果显示界面

参 考 文 献

［1］黄祥瑞. 可靠性工程［M］. 北京：清华大学出版社,1990.

［2］周源泉,翁朝曦. 可靠性评定［M］. 北京：科学出版社,1990.

［3］章国栋,陆延孝,屠庆慈,等. 系统可靠性与维修性分析与设计［M］. 北京：北京航天大学出版社,
　　1990：330－333.

［4］梅启智,廖炯生,孙惠中. 系统可靠性工程基础［M］. 北京：科学出版社,1991.

［5］郭余庆,王岩. 系统可靠性理论及应用［M］. 北京：煤炭工业出版社,1991.

［6］曾天翔,杨先振,王维翰. 可靠性及维修性工程手册［M］. 北京：国防工业出版社,1994.

［7］杨为民,阮镰,俞沼等. 可靠性·维修性·保障性总论［M］. 北京：国防工业出版社,1995.

［8］潘吉安. 可靠性维修性可用性评估手册［M］. 北京：国防工业出版社,1995.

［9］易宏,张祖卫,霍步洲,等. 船舶可靠性工程导论［M］. 北京：国防工业出版社,1995.

［10］王少萍. 工程可靠性［M］. 北京：北京航空航天大学出版社,2000.

［11］王江萍. 机械设备故障诊断技术及应用［M］. 西安：西北工业大学出版社,2001.

［12］高社生,张玲霞. 可靠性理论与工程应用［M］. 北京：国防工业出版社,2002.

［13］高社生,张玲霞. 可靠性理论与工程应用［M］. 北京：国防工业出版社.2002.

［14］李海泉,李刚. 系统可靠性分析与设计［M］. 北京：科学出版社,2003.

［15］金星,洪延姬,沈怀荣,等. 可靠性数据计算及应用［M］. 北京：国防工业出版社,2003.

［16］肖刚,李天柁. 系统可靠性分析中的蒙特卡罗方法［M］. 北京：科学出版社,2003.

［17］张凤鸣,郑东良,吕振东. 航空装备科学维修导论［M］. 北京：国防工业出版社,2006.

［18］曹晋华,程侃. 可靠性数学引论［M］. 北京：高等教育出版社,2006.

［19］龚庆祥,赵宇,顾长鸿. 型号可靠性工程手册.［M］北京：国防工业出版社,2007.

［20］胡适军. 船舶动力装置安装工艺［M］. 哈尔滨：哈尔滨工程大学出版社,2007.

［21］宋太亮. 装备保障性工程［M］北京：国防工业出版社,2008.

［22］茆诗松,汤银才,王玲玲. 可靠性统计［M］. 高等教育出版社,2008.

［23］马麟. 保障性设计分析与评价［M］. 国防工业出版社,2012.

［24］易宏,朱煜,林洲,等. 舰船总体可靠性分配方法［J］. 上海交通大学学报,1998(07)：99－104.

［25］沈国鉴,易宏. 舰船可靠性设计探讨［J］. 舰船科学技术,1990(5)：23－29.

［26］易宏,沈国鉴. 常规潜艇总体任务可靠性模型研究［J］. 舰船科学技术,1991(05)：17－27.

［27］易宏,袁远. 以最小割集为基础的可靠性数值仿真［J］. 上海交通大学学报,1997(09)：117－121.

［28］褚卫明,易宏,张裕芳. 基于故障树结构函数的可靠性仿真［J］. 武汉理工大学学报,2004(10)：80－82.

［29］郭奎,于丹. 靠性综合评估 L－M 法推广［J］. 可靠性工程,2003,2(4)：157－160.

［30］顾冰芳,龚烈航,高久好. 基于模糊集合论的故障树分析［J］. 机床与液压,2004(3)：174－176.

［31］黄一民. 舰船建造工艺失效模式及影响分析方法简介［J］. 船舶,2005(6)：35－38

[32] 付桂翠,上官云,史兴宽,等. 基于产品可靠性的工艺系统可靠性模型[J]. 北京航空航天大学学报,2009(1): 9－12.

[33] 汪雅棋,赵虹,王晓亮. 现代造船模式下过程质量控制研究[J]. 造船技术,2011(4): 1－4.

[34] 王鸿东,梁晓锋,余平,等. 以功能为导向的舰船建造质量控制方法[J]. 中国舰船研究,2016,11(5): 134－142.

[35] 王晓亮,王大钧. 舰船建造过程可靠性工作系统的建立与实施[C]. 第三届中国质量学术论坛论文集,2008.

[36] 易宏. 舰船总体可靠性通用模型及舰船可靠性工程方法研究[D]. 上海:上海交通大学,2003.

[37] 王承文. 管理科学与工程[D]. 哈尔滨:哈尔滨工程大学,2006.

[38] 张余庆. 基于 Fuzzy-FTA 的喷水推进器液压系统故障模式分析[D]. 大连:大连海事大学,2007.

[39] 杜世昌. 多源多工序加工系统偏差流建模、诊断和控制系统研究[D]. 上海:上海交通大学,2008.

[40] 蒋平. 机械制造的工艺可靠性研究[D]. 长沙:国防科学技术大学,2010.

[41] 梁晓锋. 以顶层参数为目标的舰船可靠性关键技术研究[D]. 上海:上海交通大学,2011.

[42] 石海林. 基于 QFD 的中间产品质量控制方法研究[D]. 浙江:江苏科技大学,2012.

[43] 中国船舶工业总公司可靠性中心. 小子样复杂产品可靠性评定方法[R]. 1998.

[44] 上海交通大学. 陆军船艇可靠性分析方法及可靠性工程工具包研究[R]. 2005.

[45] 中国舰船研究院,上海交通大学. 水面舰船可靠性维修性分析技术研究报告[R]. 2009.

[46] 中国人民解放军总装备部电子信息基础部.. GJB450A—2004 装备可靠性工作通用要求[S]//中国人民解放军总装备部电子信息基础部技术基础局. 北京:总装备部军标出版发行部,2004.

[47] 中国人民解放军总装备部电子信息基础部. GJB&Z1391—2006 故障模式、影响及危害性分析指南[S]//中国人民解放军总装备部电子信息基础部. 北京:总装备部军标出版发行部,2006.

[48] 中国人民解放军总装备部电子信息基础部.. GJB451A—2005 可靠性维修性保障性术语[S]//中国人民解放军总装备部电子信息基础部. 北京:总装备部军标出版发行部,2005.

[49] 国防科工委综合计划部. GJB1909.1—1994 装备可靠性维修性参数选择和指标确定要求总则[S]//国防科学技术工业委员会. 北京:国防科工委军标出版发行部,1994

[50] 航空航天工业部. GJB841—1990 故障报告、分析和纠正措施系统[S]//国防科学技术工业委员会. 北京:国防科工委军标出版发行部,1990

[51] 中国航天工业总公司. GJB/Z768A—1998 故障树分析指南[S]//国防科学技术工业委员会. 北京:国防科工委军标出版发行部,1998

[52] 中国人民解放军总装备部电子信息基础部.. GJB3872—1999 装备综合保障通用要求[S]//中国人民解放军总装备部电子信息基础部. 北京:总装备部军标出版发行部,1999

[53] 中国人民解放军总后勤部军械部. GJB1378 装备预防性维修大纲的制定要求与方法[S]//国防科学技术工业委员会. 北京:国防科工委军标出版发行部,1993

[54] 中国人民解放军空军. GJB2961—1997 修理级别分析[S]//国防科学技术工业委员会. 北京:国防科工委军标出版发行部,1993

[55] 中国人民解放军总后勤部军械部. GJB/Z57 维修性分配与预计手册[S]//国防科学技术工业委员会. 北京:国防科工委军标出版发行部,1994

[56] 中国航空工总公司 301 所.. GJB2547—1995 装备测试性大纲[S]//国防科学技术工业委员会. 北京:国防科工委军标出版发行部,1995

[57] 中国人民解放军总后勤部军械部. GJB2072—1994 维修性试验与评定[S]//国防科学技术工业委员会. 北京:国防科工委军标出版发行部,1994

[58] 国防科技工业委员会科技与质量司. GJB1406A－2005 产品质量保证大纲要求[S]//国防科学技术工业委员会. 北京:国防科工委军标出版发行部,2005

索　引

A

AGREE分配法　210
按故障率分配法　226,227,231,235

B

BIT 预计　250,253
γ 百分率寿命　146,147
保障规模参数　343
保障人力与人员规划　297
保障设备规划　298
保障设施规划　299,300
保障响应时间参数　343
保障性　5,6,10,11,15,25,131,134,135,138,139,
　　159,160,204,235,237,294,295,297,298,304,
　　340－343,415,416
保障性分析　10,62,294,296,300,302,304
保障性目标评估　342,343
保障性评价　340
保障性项试验　340
保障资源规划　297
保障资源评价　341,342
备件供应规划　302,304
比例分配法　205,207,208,210
表决系统　41－43
并联系统　35,38,39,43,46,55,215,217,244,260,
　　261,263,265
并行作业模型　192
不可靠度函数　16,26,33,38,259,314

C

测试性　6,8,9,62,66,135,137－139,204,228－
　　235,250,251,253,276,279,281,284,285,290,
　　293,339,340,416
撤离阶段　172,173,175,183
乘加同余方法　111,112
乘同余方法　111
出勤可靠度　140,344
储存寿命　136,139,153,301,330
串联比例分配法　206,208
串联系统　35－37,43,46,205,210,212,213,220,
　　222,260,261,264,292,310,311
串行作业模型　191

D

单元对比法　248,249
等分配法　206,226,235
底事件　72,73,76,77,92－98,104,106,176－178,
　　181,286－288,313,315,373,377,385－388,
　　394－397,401
顶事件　73,77,79,83,92－100,103,176,180－
　　183,248,259,260,287,315,373,376,377,
　　385,386
定时截尾数据　345,346
定数截尾数据　345,346

F

二项分布　33

发射可靠度　136,152

发生概率等级（OPR）　67,68,70,283

返航阶段　172,173,184

泛可靠性　3,4,6,10,11,13,15,28,100,127—131,
　　134,135,157,164,195,197,242,257,320,
　　344,354

泛可靠性合同参数　157

泛可靠性合同指标　157

泛可靠性使用参数　157

泛可靠性使用指标　157

飞行可靠度　136,140

非基本事件　72—74,84,88

非门　73,74,76

费用-可靠性关系曲线　11,12

风险优先数（RPN）　62,67,70

J

伽马分布　32—34

G

概率重要度　257,259—264,266

割顶点法　104

割集　46—48,92,93,96—98,101,105,121—123,
　　287,377

更换寿命　21,22,32

工艺遗传性　372

工艺自修正性　372,374

工作不可靠度　145

工作可靠度　136,141,145

功能 FMEA　62—64

攻击阶段　172—174,182

固有可靠性　9,24,127,130,134,161,195,196,
　　321,323,326,362,378

固有可用度　24,135,138,149,235—240,309,313,
　　396—398,410

故障隔离率　137—139,250,285

故障隔离时间　137,138,285

故障检测率　137,139,250,253,285

故障检测时间　6,137,138,285—287

故障率预计法　242,245

故障模式的危害度　69

故障上浮率　152

故障树　72—74,76—79,83—99,102—106,164,
　　175—184,187—189,240,242,246—248,257,
　　259,260,286,314,315,373,376,377,383—
　　387,394—403,408—411,415

故障树分析　72,77,92,102,103,105,175,287,
　　383,385,415,416

故障树割集　92,96

关键重要度　257,264,266,267,286—288

过程 FMEA　62,63

H

航班可靠度　140,142

航渡阶段　107,172,173,176,178,184

航行可靠度　140,141

环境应力筛选试验　321—323,325,329,330

恢复功能用的任务时间　137

或门　73,76,78,96,384—386

J

基本可靠性　134—136,139,141,157,229,246,329

基本事件　72—74,84—91,103—105,257,313,386

基层级维修　204,268,299

基地级维修　268,296,299,340

技术寿命　146,308

技术维修单位年度平均劳动量　143—145

技术维修总劳动量　144

加权分配法　226,228,231,232,235,236,249

加权因子预计法　249

检修周期　137,152

建造工艺故障模式　370,372

建造工艺影响系数　376

舰船建造模块分解　367

舰船建造模块功能关联模型　369

舰船总体功能分解树　367

舰船总体任务可靠性模型　169

接敌阶段　172,174,181

结构函数　45—48,54,56,58—60,95—99,105,
　　106,259,260,339,376,415
结构重要度　257,261—264,266
结果事件　73,74,78,83,93,386
禁门　73—75

K

卡诺图　52—54
可达可用度　25,136,138
可靠度　4,11,15—18,21,24,26,28,38—44,46,
　　48,50,51,53—56,58—60,77,98—101,105,
　　107,134—137,139,144,150—152,159,165,
　　167—169,173—175,195,196,205—225,235—
　　240,243—248,259,260,264,266,311,313,
　　314,319,339,344,353,374—376,383,396—
　　399,410
可靠度函数　15,17,21,26,32—34,38,175,239
可靠寿命　21,22,26,32,34,330
可靠性　3—16,18,21,22,24—31,33,35—45,56,
　　61,62,66,72,77,107,110,121,127—130,132,
　　134—136,138—144,146,149,150,152—165,
　　167—171,173,175,176,184,195—201,204—
　　206,208,211,218,223,226—229,231—233,
　　235—240,242—248,250,251,257,260,261,
　　265,266,270—272,278,281,282,286,293,
　　295,308,310,311,313,314,318—340,344—
　　349,352—356,358—366,369—379,383,386,
　　387,389,395—401,408—410,415,416
可靠性测定试验　321,330,332
可靠性工程工具包　286,386,387,416
可靠性管理　338,348,354—356,358—360,362—
　　364,377—379
可靠性鉴定试验　321,322,330,332,333,335—
　　338,364
可靠性框图　35,36,38,39,41—43,45—48,62—
　　65,164,167,217,242,246,247,258,263,284,
　　374,383
可靠性门限值　158,160,163
可靠性目标值　158,163
可靠性评估　130,338,339,386,400,401

可靠性试验　157,195,198,320—323,329,333,
　　336,337,339,345,346
可靠性数据　175,205,246,247,293,322,323,339,
　　344—346,348,349,352,353,360,378,415
可靠性数字仿真　107,121,123
可靠性为中心的维修(RCM)　8,9,270,271
可靠性、维修性综合分配　238
可靠性验收试验　321,322,330,337,338,345,362
可靠性增长试验　129,321,322,326—330,340,
　　361,362
可维修性　5,6,8—11,15,22,24,27,28,128,131,
　　135—139,142—144,147,160,184,189,190,
　　197,198,200,203,226,228,235—240,248,
　　250,267,270,310,339,340,359—362,396,
　　401,403,406,407,411
可用度　24,25,107,136,138,159,160,165,174,
　　175,235,240,285,308,310,353
可用性　5,6,10,24,135,139,149,153,189,227,
　　231,270,272,286,301,311,312,342,352,353,
　　361,415
空中停车率　136,141

L

LRU 测试性预计　250,251,253
邻阶矩阵　56—58,60
路集　46,47

M

民用船舶的任务可靠性模型　166

N

NP 问题　103
耐久性　4,135,136,139,142,152,198,322,333

P

旁联系统　35,43,44
平均非计划拆卸间隔时间　141
平均故障间隔时间　11,21,25,27,28,107,134,
　　136,138,139,141,145,149,152,240,308—
　　310,396

平均故障前工作时间　21,26

平均故障修复时间　23,25,28,107,240,249,378

平均后勤延误时间　25,240

平均舰体寿命　153

平均寿命　21,22,27,29,32－34,39,41,42,196,
211,212,307,323,330－334

平均危险性故障舰上修复时间　151

平均维修时间　23,25,160,396

平均坞(排)修间隔时间　153

平均小修间隔时间　153

平均修复时间　137,139,149,152,191,226－228,
235,249,304,305,308－310

平均预防维修时间　23,139,152

平均预防性维修时间　137,139

平均中修间隔时间　153

Q

全概率公式分解法　45,54,55

R

RCM 逻辑决断图　273

n 中取 r 系统　35,41,42,46,76

人因可靠性　311,313－315,319,371

任务成功率　136,151,160,268,320,355

任务可靠性　131,134－136,139,150,157,169,
173,175,229,246,318,329,342,343,359,372,
373,376

任务可靠性模型　164,170,171,173,176,184,373,
376,415

任务剖面　63,65,128,132－135,137,139,154,
155,158,159,171,240,325,360

容斥定理　56,58,59,98－100

软件 FMEA　62,63

S

SRU 测试性预计　250,251

上、下限法　242－244

上行法　92,94,105

舍取抽样法　117

设备冗余　39,40

失效率　18,19,21,22,26,27,32－34,37－39,41,
42,44,145,153,168,196,197,205,206,208－
211,214,216,217,243,245,249,260,304－
306,323,325,353

失效模式及影响分析(FMEA)　61,415

失效模式、影响及危害性分析(FMECA)　61

时间累加预计法　249

使用可靠性　63,127,134,157,308,320－323,348,
349,378,379

使用可用度　25,135,136,139,149,154－156,159,
160,235,238,240,246,248,303,308－310,342

使用期限　142,146,147,303

寿命剖面　128,129,132,134,139,154,155,158,
322,329,360

送修率　141,142

随机数　110－116,118,169

损坏模式及影响分析(DMEA)　62,63

T

特征寿命　21,22,26,29

统计推断法　155,159,248

统一模型　383,386

图估法　245－247

W

完全数据　345,346,353

网络法　45,56,164,242,246

网络作业模型　192

危害性分析(CA)　61,67,69,281,328,408,409,416

危害性矩阵　68－70

危险性故障间隔任务时间　151

威布尔分布　31,32,34,119,246,307

维修度　22－24,28,107,137,190

维修工时率　137,152

维修级别分析　267,269,270

维修级别分析决策树　270

维修率　23

维修时间密度函数　22

维修性　6,8－10,22,24,62,66,137,147,152,155,
159－161,184,189－191,193,194,197－204,

226－229,235－238,248－250,295,339,340,
342,343,348,355,360,362,378,386,389,395,
401－404,406－408,411－416

维修性模型　189,191,194

维修性评价　340

维修性试验　197,339,340,362,416

伪随机数　111,112

X

系统测试性预计　250

系统平均恢复时间　137

系统冗余　39,40,221

下行法　92－95,105,376

线性回归预计法　248

相当故障树　97,285－287

相似产品法　156,242,246

修复率　27,137,238

修复时间中值　23

修理系数　143,144

虚警率　9,137－139,285

Y

严酷度等级(ESR)　67－70,283,285

以功能为导向的舰船建造质量控制　365,370,416

以可靠性为中心的备品备件配置策略　308

异或门　73－76

因失误树　313,315

应力分析法　156,242,244－246

营运系数　143

硬件 FMEA　62－64

优化分配法　205,231,234

游弋阶段　172,174,180,181

与门　73－76,78,96,295,384,385

浴盆曲线　18－20,32

元器件计数法　242－246

运输包装储存(PHS&T)规划　300

运行功能预计法　248,249

Z

早期不交化方法　105,106

战备完好性　8－11,135－139,149,154,155,159,
160,204,227,294,295,297,301－303,320,340
－342,359,360

真值表　48－50

正态分布　23,30,34,113,119,246,305,307,407

直接抽样法　116

指数分布　21,23,24,28－30,32－34,37－39,41,
44,107,119,168,206,208,211,216,217,246,
304－306,331,333,334,353

中继级维修　204,205,268,299,340

中间事件　73,83－87,89,91,176－183

中位寿命　21,22,26,29,32,34,147

贮存报废期　153

装备危害度　69,70

装载可靠度　150

状态枚举法　45,48,55,56

准备系数　143

准底事件　73,74,103,104,176－184

组合与门　73,74,76,77

最大修复时间　23,137

最小割集　47,48,92－100,103,105,106,121－
123,175,247,248,260,263,286,287,376,377,
395,396,399,400,408,415

最小路集　47,48,56－60,99